普通高等教育教材

环境工程大数据建模和分析技术

张晶 宋仁升 李金晓 主编

化学工业出版社

·北京·

内容简介

《环境工程大数据建模和分析技术》主要介绍了数字中国与大数据时代、环境工程大数据、环境工程大数据资源中心的设计及构建、环境工程大数据的采集、环境工程大数据建模技术、环境工程大数据的分析与应用实例、环境工程大数据的产业现状及就业机会等。

本书可作为高等学校环境工程、环境科学、环境生态工程、信息技术、地理信息系统等专业的本科教材使用,还可供从事环境监测、环境管理等环境保护和数据分析工作的科研人员和技术人员参考。

图书在版编目(CIP)数据

环境工程大数据建模和分析技术 / 张晶,宋仁升,李金晓主编. -- 北京:化学工业出版社, 2025.4. (普通高等教育教材). -- ISBN 978-7-122-47069-0

Ⅰ. X5-39

中国国家版本馆 CIP 数据核字第 2025PV6325 号

责任编辑:满悦芝 文字编辑:贾羽茜 杨振美
责任校对:杜杏然 装帧设计:张 辉

出版发行:化学工业出版社
（北京市东城区青年湖南街 13 号 邮政编码 100011）
印　　装:三河市君旺印务有限公司
787mm×1092mm 1/16 印张 17¼ 字数 428 千字
2025 年 3 月北京第 1 版第 1 次印刷

购书咨询:010-64518888   售后服务:010-64518899
网　　址:http://www.cip.com.cn
凡购买本书,如有缺损质量问题,本社销售中心负责调换。

定　价:65.00 元   版权所有　违者必究

本书编写人员名单

主　　编：张　晶　大连大学环境与化学工程学院
　　　　　宋仁升　大连大学环境与化学工程学院
　　　　　李金晓　大连大学环境与化学工程学院

副 主 编：董世城　大连大学环境与化学工程学院
　　　　　祝雄涛　广州市城建规划设计院有限公司

参编人员：
　　　　　杨春花　大连大学环境与化学工程学院
　　　　　潘立卫　大连大学环境与化学工程学院
　　　　　钟和香　大连大学环境与化学工程学院
　　　　　陈淑花　大连大学环境与化学工程学院
　　　　　王亚玲　大连大学环境与化学工程学院
　　　　　蔡远航　中国科学院大连化学物理研究所
　　　　　王艳青　中国科学院大连化学物理研究所
　　　　　姚　盼　黑蝙蝠（大连）科技有限公司

前　言

随着物联网和信息技术的快速发展，数据量呈指数级增长，数据的发展进入了多样化和高速化的时代。万物互联和由此产生的海量数据正在前所未有地深刻地改变着我们的社会。经历了第一次工业革命——蒸汽机时代、第二次工业革命——电气时代、第三次工业革命——信息化时代之后，我们的社会正在全面步入以互联网、云计算、大数据为特征的第四次工业革命——大数据时代。

在大数据时代背景下，环境工程的数据量变得越来越多，已经具有数据体量大、数据类型多、数据处理速度快、数据价值密度低的大数据特征，改变了我们对环境工程问题的认知、研究和治理方式，传统的基于统计分析的方法已经难以应对。在此背景下，本书将环境工程时代发展与大数据技术相结合，运用大数据思维和技术来处理和分析环境工程数据，通过采集、存储、分析和应用大量的环境信息，实现更准确、高效的环境保护和治理。对看似毫无关联、碎片化的环境工程数据信息进行深层次分析和挖掘，发现问题、预测趋势、把握规律，实现环境工程"用数据说话，用数据管理，用数据决策"，帮助环境工程研究人员、决策者和公众更准确全面地了解环境状况、预测环境变化，并制定更加科学和有效的环境工程保护措施。

由于编者能力所限，书中难免有不足之处，恳请专家、学者评判指正。

编　者

目 录

第 1 章 数字中国与大数据时代 … 1
1.1 数字中国 … 1
1.1.1 "互联网+" … 2
1.1.2 物联网 … 4
1.1.3 云计算 … 7
1.1.4 人工智能 … 9
1.2 大数据时代 … 12
1.2.1 大数据的概念 … 12
1.2.2 大数据的要素 … 13
1.2.3 大数据的存储 … 15
1.2.4 大数据的分析与挖掘 … 17
1.2.5 大数据的应用 … 18
1.2.6 国内外大数据的发展概况 … 19
1.2.7 了解 ChatGPT … 23
习题 … 25

第 2 章 环境工程大数据 … 26
2.1 环境工程大数据背景 … 26
2.1.1 建设环境工程大数据的重要意义 … 26
2.1.2 环境工程大数据的特点 … 26
2.1.3 环境工程大数据的应用 … 27
2.1.4 国内外环境工程大数据的发展概况 … 30
2.2 环境工程大数据的发展趋势 … 33
2.2.1 大数据推动环境工程的信息化 … 33
2.2.2 大数据推动环境工程的智能化 … 34
2.2.3 大数据推动环境工程的多元化 … 34
2.2.4 大数据促进公众积极参与环保 … 34
2.2.5 环境大数据的发展趋势 … 36
2.2.6 培养环境工程专业复合型人才 … 37
习题 … 38

第3章 环境工程大数据资源中心的设计及构建 …… 39
3.1 环境工程大数据资源中心的设计 …… 39
3.1.1 研究的主体和目标 …… 39
3.1.2 研究的时空属性 …… 40
3.1.3 环境工程大数据资源中心的科学设计 …… 41
3.2 环境工程大数据资源中心的构建 …… 42
3.2.1 环境工程大数据资源中心的总体架构 …… 42
3.2.2 环境工程大数据资源中心的关键技术 …… 44
3.2.3 环境工程大数据的应用服务 …… 50
3.2.4 环境工程大数据的安全保障与运行保障 …… 54
3.3 环境工程大数据资源中心的可视化 …… 55
3.3.1 大数据可视化算法 …… 55
3.3.2 大数据可视化分析方法 …… 56
3.3.3 大数据可视化发展方向 …… 57
习题 …… 58

第4章 环境工程大数据的采集 …… 59
4.1 环境工程大数据来源 …… 59
4.1.1 环境监测和管理 …… 59
4.1.2 物联网大数据 …… 69
4.1.3 互联网大数据 …… 76
4.2 环境工程大数据采集的方法 …… 77
4.3 环境大数据的采集体系构建 …… 78
习题 …… 79

第5章 环境工程大数据建模技术 …… 81
5.1 大数据建模方法 …… 81
5.1.1 大数据建模概述 …… 81
5.1.2 环境工程大数据建模常用方法 …… 82
5.1.3 环境工程大数据建模应用与发展现状 …… 94
5.2 大气环境数据建模技术 …… 95
5.2.1 大气环境建模概述 …… 95
5.2.2 大气环境建模方法 …… 97
5.2.3 大气环境数据建模的发展现状 …… 111
5.3 水环境建模与分析技术 …… 113
5.3.1 水环境建模与分析概述 …… 113
5.3.2 水环境建模方法 …… 114
5.3.3 水环境数据建模的发展现状 …… 129
5.4 其他数据建模技术 …… 135
5.4.1 固体废物模型 …… 135
5.4.2 物理性污染建模 …… 141

习题 ··· 145

第6章 环境工程大数据的分析与应用实例 ··· 147
6.1 大数据的分析方法与应用 ··· 147
6.1.1 传统环境数据建模的劣势 ··· 147
6.1.2 大数据分析技术概述 ··· 148
6.1.3 数据挖掘 ··· 149
6.1.4 模式识别 ··· 154
6.1.5 机器学习 ··· 160
6.1.6 虚拟现实技术 ··· 167
6.1.7 大数据分析软件 ··· 172
6.1.8 大数据核验 ··· 175
6.2 环境工程大数据的应用领域 ··· 175
6.2.1 科学研究 ··· 175
6.2.2 商业应用 ··· 176
6.2.3 政府决策 ··· 178
6.3 环境工程大数据的应用实例 ··· 180
6.3.1 环境工程大数据在大气污染控制中的应用案例 ·································· 180
6.3.2 环境工程大数据在水污染控制中的应用实例 ····································· 206
6.3.3 环境工程大数据在固体废物污染控制中的应用实例 ························· 227
6.3.4 环境工程大数据在物理性污染控制中的应用案例 ····························· 235
6.3.5 "碳中和"核算中大数据技术的应用 ··· 244
习题 ··· 249

第7章 环境工程大数据的产业现状及就业机会 ··· 250
7.1 全球大数据时代 ··· 250
7.1.1 全球开启大数据时代 ··· 250
7.1.2 全球大数据产业的应用现状 ··· 251
7.1.3 大数据产业的发展趋势 ··· 253
7.2 环境工程大数据的产业发展现状和机遇 ··· 254
7.2.1 环境工程大数据产业现状 ··· 254
7.2.2 环境工程大数据产业的机遇与挑战 ··· 255
7.2.3 环境工程大数据的产业发展展望 ··· 257
7.2.4 环境工程大数据的未来 ··· 257
7.3 环境工程大数据产业中的就业机会 ··· 258
7.3.1 专业融合和创新 ··· 258
7.3.2 必备就业技能 ··· 259
7.3.3 就业机会思考 ··· 260
习题 ··· 261

参考文献 ··· 262
附录 数字人简介与实例 ··· 264

第1章

数字中国与大数据时代

1.1 数字中国

数字中国是指中国在数字化技术的推动下实现的全面数字化转型的过程,旨在以遥感卫星图像为主要的技术分析手段,在可持续发展、农业、资源、环境、全球变化、生态系统、水土循环系统等方面管理中国。如图1-1所示,本节包含"互联网+"、物联网、云计算和人工智能四个部分。

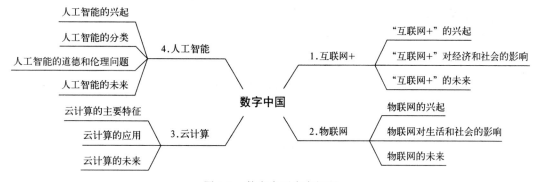

图1-1 数字中国内容概要

数字中国概念最早可以追溯到2015年全国网络安全和信息化工作会议提出的发展数字中国的目标和重要性。2023年2月,中共中央、国务院印发的《数字中国建设整体布局规划》提出,要夯实数字中国建设基础,一是打通数字基础设施大动脉,二是畅通数据资源大循环。有专家表示,《数字中国建设整体布局规划》为数字中国建设体系化布局提供了纲领性指导,同时为培育数字经济核心产业发展、推动产业数字化与数字产业化进程找准了主攻方向。"数字经济"于2024年已经是第七次在政府工作报告中出现,同时在全国两会上,更有超过50位人大代表、政协委员的建议和提案涉及了"数字经济""数字化"。数字化是未来经济最大的确定性因素之一。

人工智能、智能制造、储能产业、物联网、工业互联网等热点产业异彩纷呈,其中数字中国热点产业如图1-2所示。数字中国的建设不仅推动了政府效能的提升和社会服务的智能化,也为企业发展提供了更多的机遇和可能。数字化转型让传统产业焕发新的生机,同时也催生了一批新兴产业。

1.1.1 "互联网+"

"互联网+"（Internet plus）作为一个广泛应用于各个领域的概念，正以磅礴之势深刻改变着我们的生活。

（1）"互联网+"的兴起　随着互联网、大数据、云计算等新一代信息技术的迅猛发展，信息交流和数据处理的能力大幅提升，为传统产业与互联网的融合提供了技术基础和支持。传统产业面临市场竞争加剧、需求变化、效率提升等挑战，发展趋势和模式也需要与时俱进。"互联网+"的

人工智能	数据要素	物联网
阿里巴巴	中国科传	海康威视
华为	三六五网	京东方
百度	四维图新	中兴通讯
腾讯	金山办公	大华股份
字节跳动	超图软件	小米
智能制造	储能产业	工业互联网
航天科工	阳光电源	卡奥斯COSMOPlat
海尔智家	比亚迪	宝信软件
大疆创新	宁德时代	数银互联
京东方	科华数能	用友精智
科大讯飞	浩博思创	太极股份

图 1-2　2022数字中国热点产业

提出旨在通过互联网技术和数字化手段，推动传统产业的转型升级，提升效率、降低成本、增加附加值。

互联网与移动互联网的普及和智能终端的广泛应用，推动了信息消费的快速崛起。由于人们对个性化、定制化、便捷化的需求增加，传统产业需要通过互联网技术提供更多服务和产品，满足用户的需求，"互联网+"战略的提出推动了经济转型升级和创新驱动发展。

综上所述，信息技术的发展、传统产业转型的需要、信息消费的崛起以及政府政策的引导催生了"互联网+"。引入互联网技术，有利于促进传统产业与互联网的融合，实现资源优化配置，提升产业附加值和创新能力，推动经济社会发展。

表1-1列出了从2013年"互联网+"概念提出开始，至2023年的"互联网+"的发展历程。

表 1-1　"互联网+"的发展历程

年份	阶段	具体内容
2013年	"互联网+"概念提出	国家发展和改革委员会首次提出了"互联网+"的概念，意味着将互联网与传统产业结合，通过信息技术推进传统产业的转型升级
2014年	"互联网+"作为新工具、新引擎	11月，李克强出席首届世界互联网大会时指出，互联网是大众创业、万众创新的新工具
2015年	"互联网+"行动计划出台	7月，国务院发布了《关于积极推进"互联网+"行动的指导意见》，提出了推动互联网与经济社会各行业深度融合的具体行动计划
2016年	"互联网+"全面推进	中国"互联网+"指数发布，更好地把握"互联网+"的时代机遇，为新常态下的政务、民生、各行各业的转型升级助力赋能
2017年	"互联网+"智能制造兴起	"互联网+"产业链不断延伸，涌现出更多的创新型企业和项目。中国政府提出了"互联网+"智能制造的发展战略，鼓励传统制造业通过互联网技术实现智能化、数字化转型
2018年	"互联网+"新零售崛起	中国的新零售概念开始兴起，通过互联网技术和大数据应用，实现线上线下融合、个性化推荐、智能物流等全新的消费模式
2019年	"互联网+"深度融合	"互联网+"进入深度融合阶段，各行各业加速数字化转型。区块链、5G等新技术逐渐成为"互联网+"的重要支撑
2020年	"互联网+"在线教育迅猛发展	"互联网+"发展加速，推动了线上办公、在线教育等模式的普及。数字化、智能化程度进一步提升，加速了传统产业的转型升级

续表

年份	阶段	具体内容
2021年	"互联网+"医疗健康进一步普及	互联网技术在医疗健康领域的应用得到进一步推广,包括远程医疗、健康管理、医疗大数据等
2022年	"互联网+"智能交通加速发展	智能交通与互联网技术的融合趋势进一步加强,自动驾驶、智能交通管理系统等应用逐渐普及
2023年	"互联网+"进入新阶段	"互联网+"以智能化、高效化为主要特征,推动全球经济的持续发展

"互联网+"的兴起具有十分重要的意义。"互联网+"改变了传统产业的商业模式和管理方式,使得各个环节更加高效。物联网、大数据分析、云计算等技术的应用,提高了生产和服务的效率,降低了成本。"互联网+"为传统产业提供了更多的服务方式,改善了用户体验。通过互联网,用户可以更方便地获取产品信息、下单购买、享受售后服务等。"互联网+"使得信息的传播和交流更加方便快捷,打破了地域限制,促进了城乡之间、地区之间的均衡发展。"互联网+"促进了产业间的协同合作,促进了资源的共享和优化配置。不同产业之间的合作,可以形成新的产业链和价值链,提高整个产业的竞争力。

"互联网+"的兴起是数字时代的产物,它以互联网技术为核心,为传统产业带来了新的机遇和挑战。通过深度融合,可以实现产业的升级和创新,推动经济的发展和社会的进步。

(2)"互联网+"对经济和社会的影响　"互联网+"对经济产生了深刻的影响。"互联网+"推动了传统产业的升级转型,通过数字化、智能化技术的应用,提高了生产效率、降低了成本,实现了生产方式的优化。"互联网+"推动了新兴产业的发展,打造了一批以互联网为核心的新业态和新模式,如电商、共享经济、在线教育、在线医疗等,为经济增长注入了新的动力。"互联网+"也改变了消费模式和行为,提供了更多便利的在线购物、在线支付、在线娱乐等服务,推动了消费升级和消费结构的变革。"互联网+"还推动了创新创业的繁荣,通过互联网技术的赋能,降低了创业门槛,促进了创新创业的活跃,推动了经济结构的变革和创新能力的提升。

"互联网+"对经济的影响是全面而深远的。它既为传统产业带来了新的发展机遇,也推动了新兴产业的崛起。"互联网+"促进了经济的创新、增长和结构升级,为经济的可持续发展提供了重要支撑。

"互联网+"也深刻地改变了人们的社交方式和社会结构。"互联网+"推动了信息的快速传播和共享,打破了时空限制,提供了广泛的沟通和交流平台,促进了社会的互动和交流。人们可以通过社交媒体、即时通信工具等与全球范围内的人进行交流。"互联网+"改变了人们的生活方式和习惯。例如,网上购物、在线支付、外卖订餐等成为人们的日常选择,节省了时间和精力。在线教育、远程办公等也成为常见的学习和工作方式。"互联网+"让人们的生活更加便利和多样化。"互联网+"推动了社会组织的创新和发展。通过互联网技术,人们可以更方便地组织志愿活动、参与公益事业,促进社会公益和社会组织的发展。"互联网+"还推动了知识的普及和教育的改革。通过在线教育平台,人们可以随时随地获取各种学习资源,打破了传统教育的局限,提供了更多的学习机会和知识交流的平台。

"互联网+"改变了人们的生活方式,影响了社交和娱乐方式,提供了更多的教育和学习机会,推动了商业和消费行为的变革,促进了社会互动和公众参与的方式,为社会发展带来了许多新的机遇和挑战。

（3）"互联网＋"的未来　可以预见"互联网＋"将继续发展壮大，并深入影响更多领域。

① 人工智能。人工智能（AI）技术在"互联网＋"中的应用将进一步加强。通过机器学习、自然语言处理等技术，AI可以实现更智能化、个性化的服务，如智能助理、推荐系统、智能家居等。

② 移动互联网。随着智能手机的普及和移动互联网的快速发展，移动应用程序成为人们获取信息、进行社交和消费的主要媒介。未来，移动应用程序将继续发展，为用户提供更多的功能和便利，如移动支付、增强现实（AR）/虚拟现实（VR）应用、在线教育等。

③ 5G技术。随着5G技术的商用化，"互联网＋"将迎来更快速、更稳定的网络连接，为各种应用场景提供更好的支持，如远程医疗、智能制造、虚拟现实等。

④ 生物识别技术。生物识别技术如人脸识别、指纹识别等将广泛应用于"互联网＋"中，提供更安全、便捷的身份验证和支付方式。

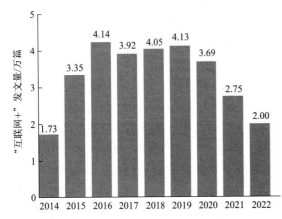

图1-3　以"互联网＋"为主题的学术论文发文量

编者通过中国知网查询以"互联网＋"为主题的学术论文，并根据2014～2022年的发文量绘制了如图1-3所示的柱形图。可以发现，"互联网＋"的研究热度在2016年和2019年出现了两个高峰，从2020年开始逐渐下降，虽然2022年发文量仍为较高的2.00万篇，但是下降较为明显。这是由于如上所说，"互联网＋"逐渐向移动互联网、人工智能和大数据等领域发展，"互联网＋"的未来仍旧是充满活力和创新的。随着技术的不断发展和应用的不断拓展，"互联网＋"将更好地服务于人们的生活和工作，推动社会的进步和发展。然而，"互联网＋"也面临着挑战，例如网络安全和隐私保护等问题，需要在发展过程中加以重视和解决。

1.1.2　物联网

物联网（Internet of Things，IoT）是指将普通物体（如家电、车辆、传感器等）通过互联网连接起来，实现互相通信和数据交换的网络系统。

（1）物联网的兴起　物联网的概念起源于1999年，由麻省理工学院（MIT）自动识别中心的凯文·阿什顿提出，表1-2列出了物联网的发展历程。凯文·阿什顿指出，通过将日常物品与互联网相连接，可以实现实时数据采集和信息交换，从而增强物体的感知、远程控制和自动化能力。

表1-2　物联网的发展历程

年份	阶段	具体内容
1948年	射频识别（RFID）技术的推出	RFID技术的出现奠定了物联网的基础。RFID标签和读写器的使用，使得物体能够通过无线电信号与网络连接，并实现信息的交换
1982年	第一个物联网设备的互联	由卡内基梅隆大学实施的"Coca-Cola"自动售货机的远程监控被认为是第一个真正的物联网设备

续表

年份	阶段	具体内容
1998年	应用服务提供方(ASP)的兴起	ASP的兴起使得企业可以通过网络提供软件作为服务,为物联网的发展打下了商业化的基础
1999年	IPv6协议的推出	IPv6协议的引入为物联网的发展提供了足够的IP地址空间,以连接更多的设备
1999年	物联网概念的提出	麻省理工学院的凯文·阿什顿教授首次提出了"物联网"一词,该概念强调物体之间通过网络连接和通信,实现信息的交换和智能化协同
2000年	无线传感器网络的发展	无线传感器网络的兴起使得物联网的边缘设备可以广泛部署,收集环境数据并实现远程监测和控制
2008年	物联网标准化的推动	各行业和组织开始意识到物联网的重要性,并推动制定统一的标准和协议,以促进设备互操作性和系统的可扩展性
2010年至今	物联网的广泛应用	物联网得到了广泛的应用,如智能家居、智能城市、智能交通等,为人们的生活、工作和社会带来了巨大的变革

随着物联网关键技术如传感器、通信技术、云计算和人工智能的不断发展,连接物体和收集数据的成本大幅下降,推动了物联网的快速发展。此外,社会对于更智能、更高效和便利的生活和工作方式的需求促使物联网应用的进一步推广。例如智能家居、智慧城市、智能交通等,都是以提高生活质量和便捷度为目的。

物联网连接的大量物体和传感器产生了海量的数据,这些数据具有很大的价值。通过分析这些数据,可以为决策和业务的优化提供支持。此外,物联网技术在许多行业中具有广泛的应用,如制造业、农业、医疗保健、供应链等,推动了相关行业的数字化和智能化转型。

物联网的快速发展带来了许多机遇和挑战。它可以提高生活和工作的效率,推动产业升级和经济发展。然而,物联网也面临着安全和隐私保护、标准化、技术成熟度等方面的挑战,需要多方的合作和努力。总体来说,物联网的应用前景广阔,将持续深入影响人们的生活和社会。

(2)物联网对生活和社会的影响　物联网对生活和社会的影响是广泛而深远的,它正在改变人们的生活方式、工作方式以及社会运行的方式。如图1-4所示,物联网的影响主要表现在智慧城市、智能家居、工业互联网、健康医疗、资源管理和环境保护等方面。

① 智慧城市。物联网技术在城市中的应用,使得城市的基础设施更具智能化和互联互通的能力。通过传感器和数据分析,可以实现交通优化、垃圾管理、能源管理等,提高城市的运行效率,促进可持续发展。

② 智能家居。物联网使得家居设备能够互相连接和自动化控制,实现智能化管理。通过智能家居系统,人们可以通过手机或其他设备远程控制家中的灯光、温度、安全系统等,提高生活的便利性和舒适度。

③ 工业互联网。物联网技术使得工厂和制造业能够实现更高效的生产和管理。通过设备的互

图1-4　物联网对生活和社会的影响

联和数据的实时分析,可以实现生产线的优化和智能化,提高生产效率和产品质量。

④ 健康医疗。物联网在健康医疗领域的应用可以实现个性化和远程的医疗服务。例如,通过可穿戴设备和传感器,可以实时监测患者的健康状况,并进行预警和提醒,为医疗机构提供实时数据分析和远程诊断。

⑤ 资源管理和环境保护。物联网的应用可以帮助实现资源的智能管理和环境保护。通过传感器和数据分析,可以实现能源节约和优化、垃圾分类和处理、水资源监测和管理等,推动可持续发展和环境保护。

物联网的广泛应用促使生活和工作更加智能化和便利化,提高了生活质量和工作效率。然而,物联网也面临着安全和隐私等问题,需要在发展过程中加以重视和解决。对于社会而言,物联网的发展为经济增长和社会进步带来了新的机遇和挑战。

(3) 物联网的未来　物联网在未来的发展方向和前景是非常广阔和令人兴奋的。

① 边缘计算和边缘智能化。随着物联网设备的不断增加和数据量的不断增长,传统的云计算中心可能面临压力。边缘计算将计算和数据处理功能移到接近设备的边缘,减轻了数据传输压力,减少了延迟,并增强了实时决策和响应能力。

② 人工智能和机器学习。物联网的大量数据为机器学习和人工智能的训练和优化提供了更多机会。物联网设备通过学习和适应用户和环境的行为,能够实现更智能化的运行和决策,提供更好的体验和服务。

③ 跨行业和跨领域整合。物联网将各个行业和领域的设备和系统进行连接和整合,实现协同工作和信息共享。例如,通过将智能家居、智慧交通、智能医疗等系统进行整合,可以实现更智能、便捷、安全的生活和工作方式。

④ 安全和隐私保护。随着物联网设备的增加,安全和隐私保护成为重要的挑战。未来将更加关注设备和通信的安全性,加强身份认证、数据加密和访问控制等安全措施。

⑤ 可持续发展和环境保护。物联网可以在资源管理、能源利用和环境保护方面发挥重要作用。未来物联网的发展将更加注重能源的高效利用、废物的减少和循环利用、生态系统的保护和可持续发展。

⑥ 标准化和互操作性。物联网涉及多个设备、厂商和平台,标准化和互操作性的建立将是未来发展的关键。通过制定共同的通信协议、数据格式和安全标准,推动物联网设备和系统之间的互联互通。

通过中国知网查询以"物联网"为主题的学术论文,并根据 2014～2022 年的发文量绘制了如图 1-5 所示的柱形图。可以发现,物联网的研究热度在 2020 年达到最高,此后其研究热度逐渐下降。这是由于物联网逐渐向更具活力的人工智能和机器学习等领域发展。

物联网的未来发展将是多领域、多方面的,并且与其他技术(如人工智能、区块链、5G 等)的结合将会产生更多新的应用。物联网将通过提供智能化、便捷化、高效性和可持续性的解决方案,对人们的生活和社会产生深远的影响。

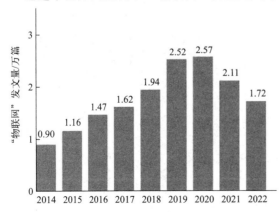

图 1-5　以"物联网"为主题的学术论文发文量

1.1.3 云计算

云计算是一种基于互联网的计算模式,通过网络提供计算资源和存储服务,以满足用户的需求。它可以将计算资源、存储设备和应用程序等集中在一起,以高效地实现大规模的数据处理和分析。

(1) 云计算的主要特征　云计算的主要特征体现在弹性伸缩、按需自助服务、资源共享、虚拟化、快速交付、高可靠性等方面(图1-6)。这些特征使得云计算成为一种灵活、高效、可靠和安全的计算和服务模式。

图1-6　云计算的特征

① 弹性伸缩。云计算平台可以根据用户需求动态分配和释放资源,实现弹性伸缩。用户可以根据业务需求灵活调整计算资源的规模,提高系统的性能和响应能力。

② 按需自助服务。用户可以根据自己的需要,通过简单的界面或应用程序接口(API)自助使用所需的云计算资源,无须直接依赖管理员或提供商的干预。

③ 资源共享与虚拟化。云计算通过虚拟化技术将物理资源(如服务器、存储、网络)划分为多个虚拟资源实例,多个用户可以共享这些资源,提高资源利用率。

④ 快速交付。云计算平台提供快速部署和配置的能力,用户可以迅速获取所需资源和环境,加快应用程序的开发和上线速度。

⑤ 高可靠性。云计算平台通过使用冗余、备份和容错技术,提供高可靠性的服务,避免单点故障,提高系统的可靠性和稳定性。

综上所述,云计算提供了一种灵活、高效、经济的计算和存储方式,可以用于各种应用场景,包括企业的信息技术(IT)基础设施、大规模数据处理、物联网和人工智能等。它使用户无须购买昂贵的硬件和软件,只需按需使用,并减少了维护和管理的负担。同时,云计算也带来了安全和隐私保护的挑战,需要采取有效措施来保护用户的数据和隐私。

(2) 云计算的应用　云计算的应用广泛,为个人和企业带来了许多益处。

许多企业选择将自己的业务和数据迁移到云端中。云计算提供了可扩展的计算和存储资源,企业可以根据需求灵活地调整资源规模。同时,云计算还提供了备份、恢复和容灾等解决方案,以确保业务的连续性和数据的安全。

云计算提供了强大的处理和分析能力,使得企业可以高效地处理和分析海量的结构化和非结构化数据。通过云计算平台,企业可以实现数据的实时处理、可视化分析和智能决策,从而提升业务的竞争力和效率。

云计算在物联网领域的应用十分广泛。通过将物联网设备连接到云平台,可以实现物联网设备的远程监控、数据收集和分析。云计算还可以为物联网应用提供实时数据处理、可视化展示和智能化决策支持,帮助实现智能家居、智慧交通、智能制造等领域的应用。

云计算提供了大规模科学计算和工程模拟的平台。科学家和工程师可以利用云计算的弹性和高性能计算能力,进行复杂的模拟和分析工作。这在天气预报、气候变化、基因组学、药物研发等领域具有重要意义。

云计算为教育领域提供了全新的教学方式和资源分享平台。通过云计算,学生和教师可以方便地获取教育资源、在线课程和使用学习工具,实现远程教学和协作学习。同时,云计算还可以提供学生数据、进展的实时监控和个性化指导。

云计算为娱乐和媒体行业提供了新的创作、信息存储和分发方式。通过云计算,媒体公司可以存储和管理大量的音频、视频和图像资源,并利用云计算平台进行后期制作、内容推荐和用户互动。

云计算在零售和电子商务领域有广泛的应用。通过云计算,零售商可以建立弹性的电子商务平台,实现线上线下的一体化销售和服务。云计算还可以提供个性化推荐、库存管理和供应链优化等解决方案,提升消费者体验和业务效率。

云计算的应用场景丰富多样,涵盖了许多行业和领域。利用云计算的弹性、可扩展性和高性能,可以实现更高效、灵活和智能化的业务和服务。

(3) 云计算的未来　云计算作为一种重要的信息技术模式,将在未来继续发展,并引领数字化时代的变革。

① 混合云和多云架构。随着企业的数字化转型和IT需求的增长,混合云和多云架构将成为常态。混合云是指将公有云、私有云和传统数据中心等不同类型的云环境相互融合,形成统一的资源池。多云架构则是指企业同时使用多个云服务提供商的解决方案。混合云和多云架构可以帮助企业灵活选择和管理不同的云服务,实现更高的灵活性、可扩展性和弹性。

② 边缘计算。边缘计算是将计算和存储资源尽可能地靠近数据源和终端设备,以实现低延迟的数据处理和响应。随着物联网、智能制造等应用的快速发展,边缘计算成为云计算的重要补充。边缘计算可以提供实时的数据处理和分析,减少对云数据中心的依赖,同时也可以减少数据传输的带宽和成本,提升应用的响应速度和可靠性。

③ 人工智能和机器学习。人工智能和机器学习技术将在云计算中得到更广泛的应用。云计算提供了强大的计算和存储能力,为人工智能和机器学习提供了理想的平台。云计算可以支持大规模的数据处理和训练,帮助构建和训练更复杂的机器学习模型。同时,云计算还可以为人工智能提供分布式和协作式的计算环境,推动人工智能的发展和创新。

④ 安全与隐私保护。随着云计算应用的不断增长,安全和隐私保护成为云计算的重要挑战。未来云计算将更加关注数据的保护和隐私安全,加强数据加密、身份认证、访问控制等安全措施。同时,云计算还需要遵守各国的隐私法律和法规要求,确保用户的数据安全和隐私保护。

⑤ 可持续发展。云计算将越来越注重可持续发展和环境保护。云计算提供商将积极采用更节能、更环保的数据中心技术,减少能源的消耗和碳排放。同时,云计算也可以帮助企业实现绿色和可持续的业务模式。例如,通过云存储和云办公等方式,减少纸张和物质的使用,减少能源和资源的浪费。

通过中国知网官方网站查询以"云计算"为主题的学术论文,并根据2014～2022年的发文量绘制了如图1-7所示的柱形图。可以发现,云计算的研究热度一直比较平缓,但是从

2020年开始，其研究热度下降较明显。这是由于如上所说，和物联网一样，云计算也逐渐向人工智能和机器学习等领域发展。

未来云计算将继续迅速发展，并与其他技术如物联网、人工智能、边缘计算等相互融合，推动数字化转型和社会的智能化发展。同时，云计算也面临着诸多挑战，如安全性、隐私保护等，需要多方合作来解决这些问题。

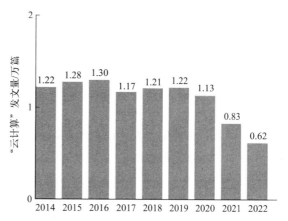

图1-7 以"云计算"为主题的学术论文发文量

1.1.4 人工智能

人工智能（artificial intelligence，AI）是指计算机系统能够模拟和模仿人类智能的一门技术和科学领域。它以机器学习、深度学习、自然语言处理、计算机视觉等技术为基础，旨在使计算机具有像人一样的学习能力、推理能力、理解能力和决策能力。

(1) 人工智能的兴起　人工智能的发展可以追溯到20世纪50年代。1956年召开的达特茅斯会议被认为是人工智能领域的开端，该会议聚集了一批计算机科学家和数学家，他们首次提出了人工智能的概念，并认为计算机可以模拟人类的思维过程。

在接下来的几十年中，人工智能经历了多个发展阶段。在20世纪50～70年代，人工智能主要集中在逻辑推理和专家系统的研究上。然而，由于计算机计算能力的限制和问题复杂度的提高，当时的人工智能研究进展缓慢。

20世纪80～90年代，随着计算能力的提升和大量数据的积累，基于统计学习和机器学习的方法逐渐兴起。这一阶段的人工智能研究主要集中在语音识别、图像识别和专家系统的应用上，取得了一定的成功。

2000年以后，随着云计算、大数据和深度学习等技术的发展，人工智能开始迅速崛起。深度学习技术在计算机视觉、自然语言处理和语音识别领域取得了巨大成功，超过了以往的方法，并在图像分类、目标检测和机器翻译等方面取得了突破。同时，智能机器人、自动驾驶和智能助手等领域的应用也在不断涌现。

目前，人工智能已经逐渐渗透到各个行业和领域，包括金融、医疗、制造、交通等。人工智能的应用包括但不限于自动化流程、智能客服、智能推荐、智能监控、智能辅助决策等。人工智能的发展将带来巨大的经济和社会影响，并对人类社会产生深远的影响。

(2) 人工智能的分类　人工智能可以根据不同的技术和应用领域进行分类。

① 基于知识的人工智能。这种人工智能模型基于具体的领域知识和规则，利用逻辑推理和专家系统等技术进行问题求解。它在医疗诊断、法律案件分析和金融风险评估等领域有广泛应用。

② 机器学习。机器学习是一种让计算机能够从数据中学习和改进的技术。基于机器学习的人工智能应用包括图像识别、语音识别、自然语言处理和推荐系统等。例如，人脸识别、语音助手（如Siri、Alexa）和智能推荐系统等都是机器学习在人工智能领域的应用。

③ 深度学习。深度学习是一种基于人工神经网络的机器学习方法，模拟人脑神经元结构，能够处理大量的数据和复杂的任务。深度学习在计算机视觉、自然语言处理和语音识别

等领域取得了巨大成功。例如，图像分类、语义分割和机器翻译等都是深度学习在人工智能领域的应用。

④ 自然语言处理。自然语言处理是一种让计算机能够理解和处理人类语言的技术。它包括语音识别、语义分析、机器翻译和聊天机器人等。自然语言处理在智能客服、智能助手和智能翻译等领域有广泛应用。

⑤ 计算机视觉。计算机视觉是一种让计算机能够处理和理解图像和视频的技术。它包括图像分类、目标检测、人脸识别和视频分析等。计算机视觉在智能监控、智能驾驶和医学图像分析等领域有广泛应用。

⑥ 智能机器人。智能机器人是一种能够感知环境、理解任务并与人类进行交互的机器系统。智能机器人的应用涵盖了工业制造、医疗卫生、军事防务和家庭服务等领域。例如，自动驾驶汽车、无人机和工业机器人等都是智能机器人的应用。

除了以上列举的应用领域，人工智能还广泛应用于金融风险评估、市场预测、DNA 序列分析、药物研发等一系列领域。随着人工智能技术的不断发展，预计将在更多领域实现更具创新性和影响力的应用。

图 1-8　人工智能的道德与伦理

（3）人工智能的道德和伦理问题　人工智能的迅速发展和广泛应用给我们带来了巨大的机遇，但也同时引发了一系列道德与伦理问题（图 1-8）。

① 隐私权。人工智能经常需要大量的个人数据用于训练和改进算法。然而，隐私权成为一个重要的问题，因为这些数据可能包含敏感信息。如何保护个人数据的隐私成为一个迫切需要解决的问题。

② 偏见与歧视。人工智能系统的训练数据可能带有潜在的偏见，导致系统产生不公平的结果，例如在招聘、贷款和法律判决等方面。解决人工智能系统中的偏见和歧视问题，保证公正和平等对待，是一个重要的伦理挑战。

③ 自主性与责任。随着人工智能的发展，人们开始关注人工智能系统的自主性和责任问题。如果人工智能系统能够自主做出决策，那么对于相关的行为谁来负责会成为一个问题。确保人工智能系统在进行决策时遵循伦理准则，同时保持透明度和可追溯性，是一个重要的问题。

④ 就业与社会变革。人工智能的广泛应用可能导致部分工作岗位的自动化，从而给一些人的就业带来影响。如何应对人工智能在就业和社会结构方面带来的变革，确保社会公平和人的福祉，是一个重要的道德问题。

⑤ 安全与风险。人工智能系统的安全性是一个重要的道德和伦理问题。如果人工智能系统被滥用或被黑客攻击，可能会给个人、组织和社会带来巨大的风险。如何确保人工智能系统的安全性和稳定性，是一个迫切需要解决的问题。

⑥ 透明度与解释性。人工智能系统的黑箱性质，即无法解释它们的决策过程，可能带来信任和伦理问题。特别是在需要人工智能系统做出重要决策的领域，如医疗诊断和司法判

决，解释性和透明度变得尤为重要。

在解决这些道德与伦理问题的同时，我们需要建立严格的监管机制和法律框架，以确保人工智能的发展和应用符合道德原则，并对违反伦理准则的行为进行纠正。同时，倡导广泛的公众讨论和社会参与，以共同制定人工智能的发展和使用规范，推动人工智能的可持续发展。

（4）人工智能的未来　人工智能的未来发展趋势是非常令人期待的。

强化学习是一种让计算机能够通过试错来学习和改进的技术。未来，强化学习将继续发展，逐渐实现更复杂和智能的决策能力。强化学习在自动驾驶、游戏策略和机器人控制等领域有广泛应用。

自动化和机器人技术将继续与人工智能相结合，实现更高效的生产和工作环境。智能机器人将在制造业、物流、医疗、服务行业和家庭中发挥更重要的作用，提高生产效率和服务质量。

边缘计算将使人工智能能够更快速地处理和分析海量数据，实现更实时和更具响应性的决策。人工智能与物联网的结合将为智能家居、智慧城市、智能交通等领域带来更多创新应用。

人工智能的发展将继续促进与其他领域的交叉融合，如生物学、认知科学、社会科学等。这将推动人工智能技术的进一步应用和创新。

人工智能将继续向个性化和定制化方向发展。通过深度学习和大数据分析，人工智能可以提供更个性化的产品和服务，如个性化医疗、智能助理和智能推荐系统等。

随着人工智能的广泛应用，人们对该领域的伦理和社会影响也越来越重视。未来的发展将聚焦于确保人工智能的公平性、安全性和透明度，建立伦理准则和法律框架，促进人工智能的可持续发展。

通过中国知网查询以"人工智能"为主题的学术论文，并根据 2014～2022 年的发文量绘制了如图 1-9 所示的柱形图。可以发现，人工智能的学术研究热度呈上升趋势，2020 年的发文量高达 4.31 万篇。人工智能将在多个方面持续发展，包括强化学习、自动化与机器人技术、边缘计算和物联网、交叉融合、个性化和定制化，以及伦理和社会影响等。这些发展趋势将进一步推动人工智能的创新与应用，为社会和经济带来巨大的变革。

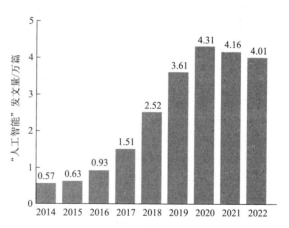

图 1-9　以"人工智能"为主题的学术论文发文量

通过数字中国的四部分内容的学习，可知云计算为其他技术提供了大规模的计算和存储资源，支持物联网设备和系统的连接和数据处理。物联网提供了海量的传感器数据，为人工智能的训练和算法优化提供了数据基础。人工智能可以通过分析物联网数据，提高物联网系统的智能化水平和决策能力。而"互联网＋"则是一个更加综合的概念，包含了云计算、物联网和人工智能等多个技术和应用领域，通过互联网技术推动传统产业与新兴技术的融合发展。综上所述，"互联网＋"、云计算、物联网和人工智能相互关联，共同推动了信息科技的发展和社会的转型升级。

1.2 大数据时代

大数据时代是信息技术快速发展的背景下，数据量呈指数级增长，多样化和高速化的时代，图1-10所示为大数据时代的内容概要。

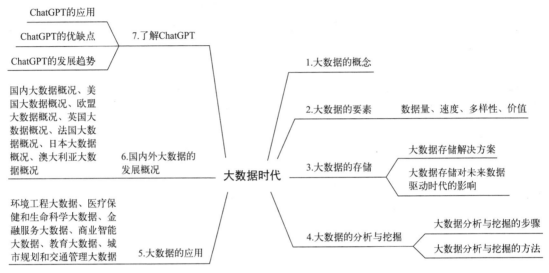

图1-10 大数据时代内容概要

传统的数据处理技术面临挑战，需要采用新的技术和工具来管理、存储、分析和提取价值。在大数据时代，数据不仅仅是信息的载体，更是决策的重要依据和创新的动力。大数据技术的出现和发展，使得人们能够从庞大的数据中挖掘出有意义的信息，并应用于商业、科研、医疗、安全等领域。同时，大数据时代也带来了隐私和安全等方面的问题，需要制定相应的法律和规范。大数据时代的到来，加速了信息社会的发展，推动了各行各业的创新和进步，为人们的生活和工作带来了巨大的改变。

1.2.1 大数据的概念

到底什么是大数据？

20世纪90年代：大数据的萌芽阶段。在互联网兴起和信息技术发展的推动下，数据量开始快速增长。随着企业和机构越来越多地开始数字化和自动化数据处理，人们开始关注如何有效管理和利用海量的数据。

21世纪初：谷歌与大数据的联系。2001年，谷歌的联合创始人拉里·佩奇提出了"网页按重要性排序"的想法，并意识到了大量的网页数据可以被用来提升搜索引擎效果。谷歌开始研究并使用大数据技术，建立了分布式计算和存储系统，如MapReduce和Google File System。谷歌的成功使大数据的概念开始被广泛关注和讨论。

2008年：麦肯锡报告与大数据概念的正式提出。麦肯锡全球研究院发布了一份名为 *Big data: The next frontier for innovation, competition, and productivity*（《大数据：创新、竞争和生产力的下一个前沿》）的报告，首次正式提出了"大数据"（big data）的概念。该报告指出，大数据指的是数据集规模超出了当前软件工具的处理能力，并且具有高速生成、多样化和复杂性的特点。

21世纪第二个十年：大数据的兴起和应用拓展。随着云计算、分布式存储和计算技术的发展，大数据的处理能力得到了提升。各行各业开始关注大数据的挖掘和应用，如金融、零售、医疗、交通等领域。2012年，《哈佛商业评论》将大数据列为"管理的下一个前沿"之一，进一步强调了其重要性。

大数据概念是在互联网和信息技术的推动下逐渐形成的。谷歌的成功经验和麦肯锡报告的发布促进了大数据概念的正式确立和广泛认知，而后大数据的应用也得到了迅速的发展。

在《从混沌中提取价值》（*Extracting Value from Chaos*）中国际数据公司（International Data Corporation，IDC）给大数据下了一个定义：大数据技术是新一代技术与架构，它被设计用于在成本可承受的条件下，通过非常快速的采集、发现和分析，从大体量、多类别的数据中提取价值（图1-11）。这些数据可以来自各个领域，包括社交媒体、互联网、传感器、移动设备等。大数据技术通过分布式计算、并行处理、机器学习和人工智能等方法来获取、存储、管理、分析和提取价值。

图1-11 大数据大智慧

1.2.2 大数据的要素

IDC的定义描述了大数据时代的四大特征，即"4V"（volume、velocity、variety、value），而这"4V"也被广泛地认为是大数据的最基本要素（图1-12）。

① 数据量（volume）。大数据的一个核心特征是数据的规模巨大。它涉及以前无法处理的数据量级，包括大规模的数据集、大量的数据记录和交易等。搜索引擎谷歌（Google）每天每分钟处理数百万个搜索查询，这意味着每天处理的数据量非常庞大。这些搜索查询包含了用户输入的关键词，搜索引擎需要处理和索引这些关键词，并找到相关的网页进行呈现。随着智能家居、智能城市和工业物联网的发展，传感器网络和物联网设备正在迅速增长。这些设备和传感器（例如智能电表、智能交通信号灯、气象传感器和工厂中的传感器等）每秒

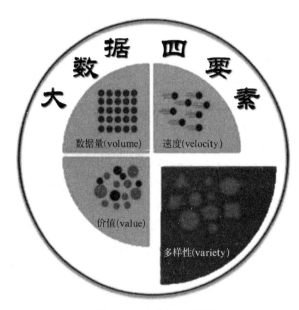

图 1-12 大数据四要素

钟都会产生大量的监测数据。这些例子表明，大数据中的数据量巨大，处理和分析这些海量数据需要强大的计算和存储资源，以及高效的数据处理算法。

② 速度（velocity）。大数据的产生速度非常快。数据源源不断地产生，数据传输和处理也需要快速进行，以满足实时或近实时的需求。

数据存储快速化。大数据存储快速化是指通过采用高性能存储技术，例如分布式文件系统、列式存储和内存数据库等，以加快数据的读写速度，提高存储容量。例如，一个电商平台使用分布式文件系统存储大量的产品信息，以提供快速的产品搜索和访问功能。

数据传输快速化。大数据传输快速化是指通过使用高带宽网络和专用传输协议，以及数据压缩和并行传输等技术，加快数据的传输速度和减少传输延迟。例如，一个科研机构使用专用的数据传输网络，将观测数据从遥感卫星传输到地面站，以实现快速的数据接收和处理。

数据处理快速化。大数据处理快速化是指通过利用分布式计算和并行处理等技术，以加速大数据的处理和分析过程。例如，一个社交媒体平台使用分布式计算平台和大规模并行处理框架，对用户生成的海量数据进行快速的实时分析和个性化推荐。

数据分析快速化。大数据分析快速化是指通过采用实时流数据处理、机器学习算法和图计算等技术，以加速大数据的分析和模型训练过程。例如，一个在线广告平台使用实时流数据处理技术和机器学习算法，对广告点击数据进行快速实时的用户画像和广告定向。

③ 多样性（variety）。大数据包含各种类型的数据，不仅仅是结构化数据，还包括非结构化和半结构化数据。这些数据可以是文本、图片、视频、声音等多种形式。

数据类型多样性。大数据可以包含结构化数据（如关系型数据库中的表格数据）、半结构化数据（如 XML 和 JSON 格式的数据）、非结构化数据（如文本、图像和音频数据）等不同类型的数据。例如，一个电商平台的大数据集可能包含产品信息（结构化数据）、用户评论（半结构化数据）和商品图片（非结构化数据）等多种数据类型。

数据来源多样性。大数据可以有各种不同的来源，包括传感器设备、社交媒体、网页爬虫、日志文件、金融交易等多种数据源。例如，一个智能城市的大数据集可以包含来自交通监控摄像头、气象站、公共交通工具、社交媒体平台等多个数据源的数据。

数据格式多样性。大数据可以以不同的格式进行存储和传输，如文本文件、数据库表格、图像文件、视频文件、音频文件等。例如，一个广告公司的大数据集可能包含广告文本（文本文件）、用户点击数据（数据库表格）和广告视频（视频文件）等。

数据结构多样性。大数据可以具有不同的数据结构，例如关系型数据、图形数据、文本数据、时间序列数据等。例如，一个金融机构的大数据集可能包含客户信息（关系型数据）、交易网络关系图（图形数据）、新闻文本数据（文本数据）和股票市场数据（时间序列数据）等。

数据内容多样性。大数据可以涵盖各个领域的信息，例如商业数据、科学数据、医疗数据、社交数据等。例如，一个医疗研究机构的大数据集可以包含医疗记录数据、基因组数据、医疗图像数据以及社交媒体数据等。

④ 价值（value）。大数据分析的最终目的是从中获取有价值的信息和洞察。通过分析大数据，可以发现隐藏的模式、趋势和关联关系，从而提供商业价值和决策支持。

数据驱动决策。通过大数据分析，企业可以基于数据而不是直觉做出决策。数据驱动决策可以帮助企业识别趋势、发现机会、减少风险并提高决策的准确性和效果。例如，一个零售商使用大数据分析用户购买、行为和偏好数据，以制订个性化的产品推荐、定价策略和市场营销计划。

洞察消费者行为。通过大数据分析消费者行为和偏好，企业可以深入了解消费者需求，并提供个性化的产品和服务，以增强消费者体验和满意度。例如，一个电信运营商使用大数据分析用户的通话记录、上网行为和社交媒体数据，以开展精确的用户定位和个性化的营销活动。

创新产品和服务。通过分析大数据，企业可以发现新的市场机会，创新产品和服务，满足用户需求，并在市场竞争中保持领先地位。例如，一个智能家居公司使用大数据分析用户家庭中的能源使用模式，为用户提供智能能源管理系统，帮助用户节省能源和降低成本。

优化运营和提高效率。通过对大数据进行深入分析，企业可以优化内部运营流程、资源配置和供应链管理，以提高效率、减少成本并提升竞争力。例如，一个物流公司使用大数据分析货物运输路线、运输时效和车辆使用率，优化物流网络，提高送货效率和客户满意度。

预测和风险管理。通过大数据分析，企业可以利用历史数据和模型来预测未来趋势和行为，以减少风险、提前做好准备并做出更明智的决策。例如，一个保险公司使用大数据分析历史赔付数据和风险因素，建立预测模型来评估保险风险和定价策略。

1.2.3 大数据的存储

大数据的爆发式增长和普及已经成为当今社会的一个重要趋势。随着互联网、物联网、社交媒体、传感器技术等的快速发展，人们可以在各个领域和行业中生成大量的数据。这些数据涵盖了从结构化数据（如关系型数据库）到半结构化数据（如日志文件、传感器数据）和非结构化数据（如文本、图像、音频、视频等）的广泛范围。

传统的数据管理和存储系统已经无法满足大数据时代对数据的处理和分析需求。大数据的特征，如数据量庞大、速度快、多样性高以及价值密度低等，对存储技术和架构提出了挑战。因此，大数据存储的定义和技术应运而生，以应对大数据时代的数据管理和分析需求。

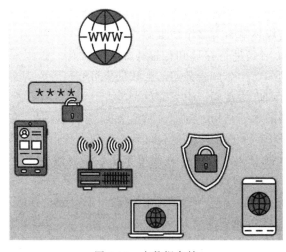

图 1-13　大数据存储

图 1-13 为大数据存储示意图。

大数据存储的目标是提供高容量、高性能、高可用性和高可扩展性的存储解决方案，以满足大规模数据的持久化存储、高速读写和实时处理的需求。同时，大数据存储还需要考虑数据安全性和隐私保护的问题，确保数据的保密性和完整性。

综上所述，大数据存储是指为了有效地管理、存储和处理大规模、高速增长的数据而建立的专门的技术和架构。这些数据通常具有多样性、不确定性和高速性，无法通过传统的存储和处理方法来管理。

（1）大数据存储解决方案

① 云存储和混合云存储。云存储是指将数据存储在云平台上的一种解决方案。而混合云存储是指将数据同时存储在私有云和公有云中的一种解决方案。如果有高度敏感的数据，可能更适合使用私有云存储来保护数据安全和隐私。云存储提供按需付费的模式，将硬件设备的购买和维护成本转变为使用成本。混合云存储可以降低总体的存储成本。如果需要全球范围内的数据访问和较低的网络延迟，云存储可能更适合。

② 数据备份和容灾。在大数据存储中，数据备份和容灾是关键的方面，用于确保数据的安全性和可用性。冗余备份是指将数据复制到不同的存储介质或位置，以提供不同级别的容灾能力。常见的冗余备份策略包括本地冗余存储（如镜像和磁带备份）和异地冗余存储（将数据备份到远程数据中心）。将数据实时地复制到远程位置，以提供即时的数据备份和容灾能力。远程复制可以通过数据复制、数据同步或数据镜像等技术来实现，配置备份的复制设备或数据中心，以便在主设备或数据中心发生故障时提供无缝的切换和连续的数据访问。容灾复制通常是异地复制，并在故障发生时自动启动。数据备份和容灾方案的选择应根据具体的业务需求、数据重要性和预算限制等因素进行。需要注意的是，这些方案需要定期测试和验证，以确保备份数据的可靠性和可恢复性。

③ 存储系统的性能优化和扩展能力。提升存储系统的性能和扩展能力，以满足不断增长的大数据存储需求。通过增加存储设备、更换高性能硬盘或使用固态硬盘（SSD）等方式来提升存储系统的读写性能。将大数据切分成更小的数据块，并将这些数据块分散存储在多个节点上。这样可以并行读写数据，提高系统的性能和容量。使用内存缓存或磁盘缓存来提高数据的读写性能。缓存技术可以将常用的数据加载到内存中，从而减少对存储系统的访问次数和响应时间。通过升级存储节点的硬件资源如中央处理器（CPU）、内存或存储介质来提升存储系统的性能和容量。

（2）大数据存储对未来数据驱动时代的影响　大数据存储对未来数据驱动时代的影响是巨大的。随着数字化程度的不断提高，各种领域产生的数据量呈指数级增长，如社交媒体、物联网、传感器技术等。这些数据包含了宝贵的信息，并且对决策、创新和发展具有重要的指导意义。

大数据存储能够对海量数据进行高效、可靠和安全的存储，为数据的后续分析和应用提供了基础。它可以帮助企业和组织更好地理解和把握市场需求、用户行为、产品品质等,从而进行精准营销、个性化推荐、定制化服务等。同时,大数据存储也为科学研究、医疗健康、城市规划等领域提供了强有力的支撑,有助于发现和解决各种问题。

此外,大数据存储还能支持远程办公、云计算、大规模协同等新兴的工作方式和业务模式,打破传统的地理限制,提高工作效率和灵活性。

然而,大数据存储也面临着一些挑战和问题,如数据安全性、隐私保护、数据质量等。随着数据规模的不断扩大和数据种类的增多,如何有效地管理和利用这些数据成为一个亟待解决的问题。

总的来说,大数据存储对未来数据驱动的时代具有重要影响,对于推动社会、经济和科技的发展具有重要意义。同时,需要加强相关技术和管理手段的研究和创新,以更好地开发和利用大数据存储的潜力。

1.2.4 大数据的分析与挖掘

大数据分析与挖掘是指通过收集、整理和分析海量的数据,从中发现潜在的模式、趋势和洞见,以帮助组织做出更明智的决策和创新的战略规划。如图 1-14 所示,这种分析和挖掘过程涵盖了数据采集与存储、数据清洗与预处理、特征提取与选择、分析方法与建模和可视化与解释等环节,以实现对数据的深入理解和价值发掘。

(1) 大数据分析与挖掘的步骤

① 数据采集与存储。首先需要收集和存储大量的数据。这可能涉及传感器数据、社交媒体数据、交易记录等。合理的数据采集和存储策略可以确保数据的完整性和可用性。

② 数据清洗与预处理。由于大数据的多样性和复杂性,需要进行数据清洗和预处理,包括重复值去除、缺失值处理、异常值检测等。这些步骤可以提高数据质量,减少对后续分析的干扰。

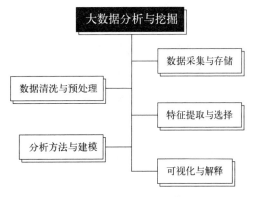

图 1-14 大数据分析与挖掘过程

③ 特征提取与选择。在大数据中,有大量的特征可供选择和提取。选择合适的特征可以降低模型的复杂度,并提高模型的准确性和解释力。常用的特征选择方法包括方差分析、决策树、主成分分析等。

④ 分析方法与建模。根据问题的具体需求,选择合适的分析方法和建模技术,以发现数据中的模式、规律和趋势。这可能涉及机器学习算法、统计分析方法、数据挖掘技术等。

⑤ 可视化与解释。大数据的分析与挖掘结果通常需要通过可视化的方式展示,以便于理解和传达。同时,解释模型的推理和结果也是非常重要的,以确保分析结果的可信度和可靠性。

在大数据的分析与挖掘中,还需要注重数据隐私和伦理的保护。合理的数据使用和共享策略可以平衡数据挖掘的需求和个人隐私的保护。

总之,大数据的分析与挖掘是一个复杂而关键的过程,通过合理的数据处理和分析方法,可以从大数据中发现有价值的信息和洞见,为决策、创新和发展提供重要的支撑。

(2) 大数据分析与挖掘的方法　大数据的分析与挖掘涉及许多不同的方法和技术。

① 统计分析方法。统计分析方法是最常见和常用的大数据分析方法之一。它包括描述统计分析、推断统计分析等,可以用于数据的整体描述、关系分析和模型建立。

② 机器学习方法。机器学习是一种能够从数据中学习并建立模型的方法,包括监督学习、无监督学习和强化学习等。通过机器学习算法,可以从大数据中自动发现模式、分类、聚类、预测等。

③ 数据挖掘方法。数据挖掘是从大量数据中发现模式、规则和信息的方法,包括关联规则、分类、聚类、时序分析、异常检测等。通过数据挖掘方法,可以发现隐藏在数据中的潜在关系和规律。

④ 自然语言处理方法。自然语言处理(NLP)是用于处理和分析文本数据的方法。通过 NLP,可以进行文本分类、情感分析、文本挖掘等。在大数据分析中,NLP 可以帮助理解和分析大量的文本数据。

⑤ 知识图谱方法。知识图谱是一种用于表示和组织知识的方法,通过建立实体和关系之间的链接,形成结构化的知识模型。在大数据分析中,知识图谱方法可以帮助组织和分析复杂的关联关系,挖掘知识和洞见。

⑥ 时间序列分析方法。时间序列分析方法用于处理具有时间维度的数据,可以分析数据的走势和周期性,预测未来的趋势和变化。在大数据分析中,时间序列分析可以帮助预测销售额、股票价格等。

以上方法只是大数据分析与挖掘领域中的一小部分,实际应用中还有很多其他方法和技术,需要根据具体问题和数据的特点来选择合适的方法。此外,还需要结合数据预处理、特征选择、模型评估等步骤来完善整个分析与挖掘过程。

1.2.5 大数据的应用

随着信息技术的高速发展和互联网的普及,大数据已经成为当今社会的热门话题之一。大数据不仅仅是指数据的规模庞大,更重要的是通过有效的处理和分析,从中挖掘出有价值的信息和洞察。大数据的应用正在各个领域展现出巨大的潜力和影响力,为决策、创新和发展提供了宝贵的支持。

(1) 环境工程大数据 大数据技术可以用于环境监测和预测,帮助识别环境污染源、评估污染程度和推测污染物传输路径。通过分析大量的环境数据,可以实现对水质、空气质量、土壤污染等方面的实时、准确监测,并提供相关预警,帮助环境工程师快速响应和处理环境问题。

利用大数据技术,可以对污染源进行追踪和识别。通过收集和分析大量的环境数据,可以确定污染物的来源、传输路径以及对环境的影响程度,从而有针对性地制定污染物治理策略和措施。

大数据技术可以用于构建智能环境监控系统,实现对环境参数的实时监测和分析。通过传感器网络和大数据分析算法,可以实时监测水质、空气质量、噪声等环境参数,并根据监测结果自动触发报警和控制系统,提供实时的环境数据和决策支持。

大数据技术可以应用于环境资源的管理和优化。通过分析大量的环境数据,可以优化水资源的分配和利用、实现节能减排、优化废物处理和再利用等,从而提高资源的利用效率和环境可持续性。

大数据分析可以用于评估环境政策的效果和影响。通过对环境数据的分析和挖掘,可以评估环境政策的实施效果、识别潜在的环境风险，并为政策制定者提供科学依据和建议，有助于改进和优化环境政策。

大数据技术可以提供更准确、实时、智能的环境信息和决策支持，帮助环境工程师更好地解决环境问题、优化环境管理并实现可持续发展。

（2）医疗保健和生命科学大数据　大数据在医疗领域的应用包括基因组学研究、疾病预测和个性化治疗。通过分析大规模的医疗数据、生物样本和遗传信息，科学家可以发现新的治疗方法和疾病风险因素，并提供更精确的医疗诊断和治疗方案。

（3）金融服务大数据　银行和金融机构利用大数据进行风险管理、欺诈检测和客户关系管理。大数据分析可以帮助识别异常交易、预测市场波动，并提供个性化的金融产品和服务，提升客户满意度。

（4）商业智能大数据　利用大数据技术可以对消费者数据、市场趋势和竞争情报进行分析，帮助企业做出更准确的决策。通过深入了解消费者的偏好和需求，企业可以定制个性化的营销策略，提高市场竞争力。

（5）教育大数据　收集、分析和利用庞大的教育相关数据来改进教学和学习过程的方法。教育大数据包括学生的学习数据、学校的管理数据、教师的教育数据等。教育大数据的应用可以帮助教育机构更好地了解学生的学习情况、预测学生的学习需求，并通过个性化的教学方法来提高教学质量。

（6）城市规划和交通管理大数据　大数据可以帮助城市规划者和交通管理部门优化城市基础设施和交通流动。通过分析交通数据、公共设施使用情况和人口迁移趋势，可以预测交通拥堵、改善交通路线和公共交通服务，促进城市的可持续发展。

此外，大数据还被广泛应用于能源管理、农业科技和航空航天等领域，为这些领域提供更有效的决策支持。

1.2.6　国内外大数据的发展概况

随着互联网、物联网和数字化技术的快速发展，大数据变得越来越重要。大数据的发展呈现出数据量爆发式增长、数据处理技术不断创新、数据应用领域不断拓展等趋势。

通过中国知网查询以"大数据"为主题的学术论文，并根据2014～2022年的发文量绘制了如图1-15所示的柱形图。可以发现，大数据的学术研究热度在2019年达到最高，2020年开始研究热度逐渐下降，但在2022年仍处于较高的2.70万篇，表明"大数据"这一主题仍是热点研究方向。

（1）国内大数据概况

早期阶段（2000年前）。这个阶段主要是大数据技术和应用的起步阶段。由于当时硬件设备和软件技术的限制，大数据的采集、存储和处理能力有限，应用范围有限。主要应用在电信运营商、金融和科学研究等领域。

初级阶段（2000～2010年）。随着互联网的快速发展，大数据的规模和种类呈

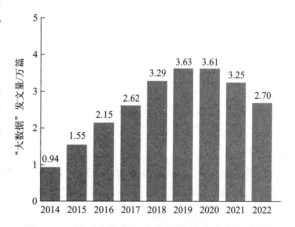

图1-15　以"大数据"为主题的学术论文发文量

现爆发式增长。大量的数据积累在互联网平台上，促使大数据技术和应用得到了进一步发展。此时，国内企业开始关注大数据的商业价值，并创立了一些大数据企业，如百度和阿里巴巴。

发展阶段（2010年至今）。这个阶段是国内大数据发展的高速增长阶段。政府积极推动大数据产业发展，并发布一系列政策和计划，如国家大数据战略和"互联网＋"行动计划。大数据技术得到了广泛应用，涵盖金融、电子商务、交通、医疗等各个领域。

未来，国内大数据发展仍然面临一些挑战和机遇。

数据安全和隐私保护。随着大数据规模的不断增大，对于数据安全和隐私保护的需求也越来越重要。政府和企业需要加强数据安全管理措施，确保大数据的安全使用和存储。

人才培养和技术创新。大数据领域需要大量的专业人才，包括数据科学家、分析师和工程师等。政府和企业应加强大数据人才培养和技术创新，增强国内的大数据竞争力。

产业协同和创新发展。大数据行业的发展需要跨学科和跨行业的合作。政府和企业应加强协同，共同推进大数据应用和产业创新。特别是与人工智能、物联网、区块链等新兴技术的结合，将创造更多的商业机会。

国内大数据发展的未来充满机遇，将在经济、社会和科技领域带来深远的影响和变革。

（2）美国大数据概况

初期研究阶段（20世纪50～80年代）。在这个阶段，美国开始进行一些与大数据相关的初步研究。早期的研究主要集中在计算机科学和信息技术领域的数据处理和存储技术。

互联网时代的崛起（20世纪90年代）。随着互联网的崛起，美国开始面临海量数据的挑战。大型互联网企业如谷歌、亚马逊和雅虎开始收集和处理大规模数据，从而推动了大数据技术和应用的发展。

大数据概念的提出（2000年）。2000年，美国国家科学基金会提出了对大数据的认知并给出了定义。大数据开始受到学术界和工业界的关注，成为研究和应用的热点。

大数据技术和工具的发展（2000年至今）。从2000年开始，美国大数据技术和工具得到了快速发展。各种大数据处理和分析框架如Hadoop、Spark和NoSQL数据库相继出现，为大数据的存储、处理和分析提供了强大的支持。

大规模数据分析和应用的兴起。美国的大数据应用范围非常广泛，包括金融、医疗、电子商务、社交媒体等各个领域。大数据分析被广泛应用于商业智能、市场预测、精准营销、个性化推荐和风险管理等方面。

政府支持和推动（2012年至今）。美国政府对大数据的发展给予了重要支持和推动。2012年，奥巴马政府发布了《大数据研究和发展倡议》，鼓励政府、学术界和私营部门合作推进大数据的应用和创新。

（3）欧盟大数据概况

初期阶段（20世纪90年代至21世纪初）。在这个阶段，欧盟开始认识到大数据的重要性，并开始投入研究和发展。欧盟各成员国的学术界、政府和企业开始探索大数据的技术和应用领域。

数据保护和隐私保护法规的制定（2000年至今）。欧盟一直重视数据保护和隐私保护，制定了一系列相关法规和指导原则。其中最重要的是2018年实施的《通用数据保护条例》（GDPR），对欧盟内的数据处理和隐私保护提供了强有力的法律保障。

数据共享和开放数据倡议（2010年至今）。欧盟鼓励数据共享和开放数据，以促进创新和经济增长。通过开放数据倡议，欧盟鼓励机构和企业将数据开放给公众和其他利益相关者，以促进数据的再利用和创新。

大数据战略和政策的制定（2012年至今）。欧盟在2012年提出了"欧洲数字议程2020"并制定了大数据战略。该战略旨在促进欧洲大数据产业的发展，并推动大数据技术和应用的创新。

跨国合作和项目的推进。欧盟通过跨国合作和项目推动跨界数据流动和共享。例如，欧洲开放科学云（EOSC）计划旨在构建一个跨学科的数据基础设施，促进数据的共享和跨学科研究。

（4）英国大数据概况

初期阶段（20世纪80年代至21世纪初）。在这个阶段，英国开始意识到大数据的重要性，并开始投入研究和发展。大学和研究机构开始探索大数据的技术和应用，特别是在计算机科学和数据分析领域。

公共和私营部门的数据整合（2010年前）。英国政府鼓励公共和私营部门将数据整合起来，以便更好地利用数据资源。例如，英国交通部将交通数据与全球定位系统（GPS）数据相结合，以提供实时交通信息。

大数据应用和领域推动（2010年至今）。英国在各个领域推动大数据的应用，包括医疗保健、金融服务、城市规划和交通管理等。例如，在医疗保健领域，英国推动了电子病历的数字化和健康数据的集成，以提供更好的医疗服务和决策支持。

工业界的参与和投资（2010年至今）。英国的许多企业也加入了大数据的发展队伍。大型企业如英国电信、劳埃德银行和金融时报等都在积极利用大数据技术来改进业务和服务。

大数据创新中心的建立（2011年至今）。从2011年开始，英国政府设立了多个大数据创新中心，如数据科学创新中心（The Data Science Innovation Centre）和英国数据服务（The UK Data Service）。这些中心旨在促进大数据的技术创新和应用开发。

数据保护和隐私保护法规的制定（2018年至今）。英国与欧洲其他国家一样，也十分重视数据保护和隐私保护。英国在2018年颁布了《数据保护法》，加强了对个人数据的保护和管理。

（5）法国大数据概况

初期阶段（20世纪90年代至21世纪初）。在这个阶段，法国开始意识到大数据的重要性，并开始在学术界和工业界进行相关的研究和开发。学术机构和企业开始研究大数据的处理和分析方法。

政府支持和推动（2010年至今）。法国政府开始重视大数据并提出了相关的政策和计划。例如，《数字法国2020》旨在促进数字经济的发展，将大数据作为其中的重要组成部分。法国政府投资于大数据基础设施和技术研发，并鼓励企业和研究机构加强合作。

大数据产业的兴起（2010年至今）。法国的大数据产业开始兴起。许多大型企业如斯威士兰中央银行、马塞尔提供商和达索系统等开始投资和开发大数据相关技术和解决方案。法国的一些创业公司也涌现出来，专注于大数据分析和咨询服务。

与欧洲和国际合作（2010年至今）。法国积极参与与欧洲和国际组织的合作，推动大数据的跨界合作和共享。例如，法国与欧洲航天局合作，将遥感数据与其他数据源结合，用于环境监测和城市规划等领域。

大数据中心的建立（2015年至今）。法国政府在2015年成立了巴黎-萨克雷大数据中心

(Paris-Saclay Data Center),旨在为大数据领域的研究和发展提供支持和资源。该中心聚集了大量的研究人员和企业,促进了大数据技术和应用的创新。

数据保护和隐私保护法规的制定(2018年至今)。与欧盟其他成员国一样,法国也十分重视数据保护和隐私保护,制定并实施了《通用数据保护条例》(GDPR),加强了对个人数据的保护和管理。

(6)日本大数据概况

科研和技术发展阶段(20世纪90年代至21世纪初)。在这个阶段,日本开始认识到大数据的重要性,并开始在学术界和科技领域进行研究,大学和研究机构开始探索大数据的技术和应用,尤其是在信息技术和计算机科学领域。

数据整合和共享(2010年前)。日本政府鼓励各部门和机构将数据整合和共享,以实现更好的数据利用和价值创造。例如,日本国土交通省将交通数据整合起来,以提供实时交通信息。

大数据应用和产业推动(2010年至今)。日本在各个领域推动大数据的应用,包括智慧城市、健康医疗、金融服务等。例如,在健康医疗领域,日本推动了电子病历的数字化和健康数据的集成,以提供更好的医疗服务和决策支持。

跨界合作和国际交流(2010年至今)。日本积极参与与其他国家和国际组织的合作,促进大数据的跨界合作和共享。例如,日本与欧盟签署了数据保护和隐私保护方面的合作协议,推动数据的安全流动。

大数据政策和计划的制定(2012年至今)。日本政府于2012年发布了《大数据战略实施计划》,明确提出了在大数据领域的发展目标和政策。该计划旨在促进大数据的技术研发和应用创新,提高数据价值和利用效率。

数据保护和隐私保护法规的制定(2017年至今)。日本也重视数据保护和隐私保护,与其他国家一样,制定了相关法规和方针。2017年实施的《个人信息保护法》(APPI)加强了对个人数据的保护和管理。

(7)澳大利亚大数据概况

知识共享和数据整合(20世纪90年代至21世纪初)。在这个阶段,澳大利亚开始意识到大数据的重要性,并开始在学术界和政府领域推动知识共享和数据整合。一些大学和研究机构开始进行大数据的研究和实践,并推动数据资源的整合和共享。

数据治理和政策制定(2010年前)。澳大利亚政府开始制定相关的数据治理政策和法规。例如,澳大利亚政府推出了"数字大数据战略"(Digital Big Data Strategy),旨在促进大数据的技术研发和应用创新。

大数据应用和创新(2010年至今)。澳大利亚在各个领域推动大数据的应用和创新。例如,在农业领域,澳大利亚利用大数据分析农田的土壤和气象数据,提供准确的农业技术和管理建议。

大数据教育和人才培养(2010年至今)。澳大利亚政府和学术界加强大数据教育和人才培养。大学和培训机构提供与大数据相关的课程和培训,以培养具备大数据分析和管理能力的人才。

国家大数据基础设施的建设(2014年至今)。澳大利亚政府于2014年启动了"8亿澳元数据中心工程",旨在建设国家级的大数据基础设施。这些数据中心将提供高性能计算和存储能力,用于支持大数据的处理和分析。

数据安全和隐私保护(2018年至今)。澳大利亚政府制定了数据安全和隐私保护法规,以确保大数据的安全和合法使用。澳大利亚也与其他国家和国际组织加强合作，推动数据的安全流动和共享。

1.2.7 了解 ChatGPT

ChatGPT 是一种基于人工智能技术的对话生成模型。它是美国 OpenAI 公司开发的一种大型语言模型，用于生成具有上下文和语义连贯性的自然语言对话（图 1-16）。GPT 是 "generative pre-trained transformer" 的缩写，即生成式预训练转换器。它通过在大规模文本语料库上进行训练来学习语言模式和语义知识，可以用于生成高质量的对话回复。

ChatGPT 采用了 Transformer 模型架构，这种模型结构在处理自然语言任务中非常有效。它可以理解上下文信息，并生成与前文相关的连贯回复。通过大量的预训练和调整，ChatGPT 可以生成自然流畅的对话内容，适应各种对话场景和话题。

OpenAI 的目标是通过持续的改进和优化，提供更加智能和人性化的对话生成能力。然而，ChatGPT 仍然面临一些挑战，

图 1-16　ChatGPT

例如，对于敏感话题或具有误导性的输出，以及对于对话的准确性和全面性要求。

为了确保 ChatGPT 的正确和负责任的使用，OpenAI 已经采取了一些措施，例如限制其在某些领域的应用，与用户进行合理的警示和交互等，旨在防止滥用和误导性使用，同时保护用户的隐私和数据安全。

（1）ChatGPT 的应用　ChatGPT 可以应用于许多交互的场景，并且有着广阔的应用前景。如图 1-17 所示，为利用 ChatGPT 进行的一次问答的举例。

① 聊天机器人。ChatGPT 可以作为聊天机器人的核心引擎，与用户进行自然语言对话交互。它可以回答用户的问题、提供信息、解决问题，或者简单地进行闲聊。聊天机器人可以应用于在线客服、虚拟助手、智能问答系统等。

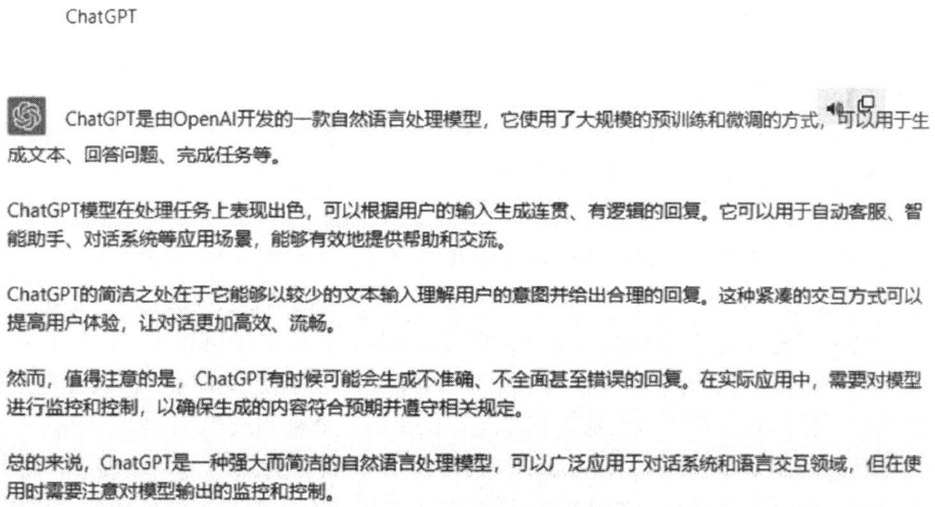

ChatGPT

ChatGPT是由OpenAI开发的一款自然语言处理模型，它使用了大规模的预训练和微调的方式，可以用于生成文本、回答问题、完成任务等。

ChatGPT模型在处理任务上表现出色，可以根据用户的输入生成连贯、有逻辑的回复。它可以用于自动客服、智能助手、对话系统等应用场景，能够有效地提供帮助和交流。

ChatGPT的简洁之处在于它能够以较少的文本输入理解用户的意图并给出合理的回复。这种紧凑的交互方式可以提高用户体验，让对话更加高效、流畅。

然而，值得注意的是，ChatGPT有时候可能会生成不准确、不全面甚至错误的回复。在实际应用中，需要对模型进行监控和控制，以确保生成的内容符合预期并遵守相关规定。

总的来说，ChatGPT是一种强大而简洁的自然语言处理模型，可以广泛应用于对话系统和语言交互领域，但在使用时需要注意对模型输出的监控和控制。

图 1-17　ChatGPT 问答举例

② 在线客服和支持。ChatGPT 可以应用于网站或应用程序的在线客服和技术支持中。它可以自动回答用户的常见问题、提供问题解决方案，或者引导用户解决特定的技术难题。

③ 智能助手和虚拟家庭助手。ChatGPT 可以作为智能助手或虚拟家庭助手，帮助用户处理日常事务和提供服务。例如，它可以回答日程安排、提供天气预报、控制智能家居设备等。

④ 教育和培训。ChatGPT 可以应用于在线教育和培训领域，作为学习助手和知识交互工具。它可以回答学生的问题、提供解释、引导学习过程，甚至可用于进行自适应学习或个性化教育。

⑤ 智能搜索和问答系统。ChatGPT 可以用于智能搜索和问答系统，帮助用户查找和理解各种信息。它可以回答用户的问题、提供相关的搜索结果、解释和总结文本内容等。

尽管 ChatGPT 有着广泛的应用领域，但仍需要注意使用的合理性和限制。每个应用场景都需要仔细考虑和定义使用的范围，确保用户体验和数据安全。此外，对于一些敏感或重要的领域，可能需要额外的人工监督和验证，以确保结果的准确性和可靠性。

（2）ChatGPT 的优缺点　ChatGPT 具有十分明显的优点。ChatGPT 能够生成自然流畅、连贯的回复，使得对话更加自然和易于理解。ChatGPT 能够理解上下文信息，以生成更加准确和相关的回复，提升了对话的连贯性和一致性。ChatGPT 可以适用于各种不同的领域和话题，具有很高的灵活性和适应性。通过不断的预训练和微调，ChatGPT 可以学习并适应新的语言和语义知识，不断提升其生成能力和质量。

然而，ChatGPT 也有一定的缺点。由于 ChatGPT 是基于大规模文本数据进行训练的，它可能反映社会偏见、非准确信息和误导性观点。这可能导致一些不准确或有偏见的回复。ChatGPT 生成的回复可能缺乏确定性，不同的输入可能产生不同的回答。这使得控制生成结果变得困难。如果 ChatGPT 缺乏相关的背景知识或上下文信息，它可能会给出错误或不相关的回答。在长时间的对话中，ChatGPT 可能会出现信息遗忘或回应不一致的情况，因为它没有记忆能力。ChatGPT 缺乏对情感和情绪的深入理解，可能无法适当地回应用户的情感需求。

尽管 ChatGPT 具有许多优点，但对其应用需谨慎，确保其输出的准确性、合适性和可解释性。在特定领域和关键任务中使用前，可能需要额外的人工审核和验证。

（3）ChatGPT 的发展趋势　ChatGPT 是一门相对新颖的技术，但它有着广阔的发展前景，并且可能在未来几年内经历以下趋势。

模型规模的增加。未来的 ChatGPT 模型可能会变得更大更复杂。增加模型的规模可以提高其语言理解和生成能力，让回答更准确、自然和多样化。

领域特定的训练和微调。随着需求的增加，将会出现更多以特定领域为焦点的模型。这些模型将通过针对特定领域的数据进行训练和微调，提供更专业、精准的回答。

更好的人机交互和对话管理。未来的 ChatGPT 模型将更加注重人机交互和对话管理的能力。它们将能够更好地理解和回应用户的意图，根据上下文提供更连贯和一致的回答。

规避偏见和错误信息。为了减少社会偏见和错误信息，会有更多的工作投入改进 ChatGPT 的训练数据和验证过程。这将帮助提高模型生成结果的准确性和公正性。

个性化和多模态对话。未来的 ChatGPT 模型可能会具备更强的个性化能力，能够根据用户的偏好和历史对话，提供个性化的回答。同时，模型还可能进一步扩展到多模态对话，能够处理文字、语音、图像等多种形式的输入和输出。

强化学习的应用。强化学习技术可能会被应用于 ChatGPT 以优化对话质量和交互体验。通过结合强化学习，模型可以在与用户交互的过程中不断学习和改进。

2023 年，基于 GPT4.0 的 ChatGPT 出现，截至 7 月份，以"ChatGPT"为主题的学术论文发文量仅为 633 篇。如图 1-18 所示，为 1～7 月份的学术论文发文量，可以发现在 3 月份达到最大，之后持续降低，说明关于 ChatGPT 浅显部分的研究论文逐渐被发表，后续文章内容会逐渐深入。如此少量的学术论文说明 ChatGPT 还处在初级阶段。未来 ChatGPT 的发展将集中在模型的规模增加、领域特定训练、更好的人机交互、规避偏见和错误信息、个性化和多模态对话，以及强化学习的应用等方面。这些发展趋势将使 ChatGPT 更加智能和实用，并为各种应用场景提供更好的语言交互能力。

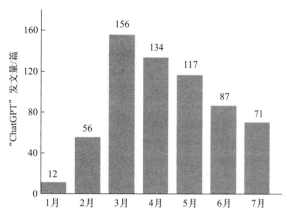

图 1-18　2023 年 1～7 月以"ChatGPT"为主题的学术论文发文量

习题

1. 数字中国是指中国在_____的推动下实现的_____的过程。
2. 数字中国的概念最早在_____工作会议上提出。
3. "互联网＋"的未来发展主要包括_____、_____、_____、_____等方面。
4. 物联网的定义是什么？
5. 云计算的主要特征是什么？
6. 大数据时代是信息技术快速发展的背景下，数量呈_____增长，_____和_____的时代。
7. 大数据的定义是什么？
8. 大数据的四大特征是什么？
9. 大数据存储的目标是什么？
10. 大数据分析与挖掘的步骤是什么？

第2章

环境工程大数据

2.1 环境工程大数据背景

2.1.1 建设环境工程大数据的重要意义

社会经济的快速发展对环境工程的数据采集、存储、处理和应用提出了更高的要求,大数据技术的不断发展为环境工程领域的创新与发展提供了新的机遇。环境工程大数据是指通过收集、整理、存储和分析大量与环境相关的数据,帮助进行科学规划和预测环境工程项目的影响和结果。它涵盖了多个数据来源,包括传感器监测数据、遥感数据、气象数据、水文数据、地理信息系统(GIS)数据等。环境工程大数据能够提供庞大、复杂的环境数据,通过分析大量的环境数据,可以从多个角度、多个维度来研究环境问题的成因,找出问题的关键影响因素,并建立环境模型,帮助人们探索环境问题背后的深层次原因,为制定科学、准确的环境保护措施提供依据。

2.1.2 环境工程大数据的特点

环境工程大数据提供了丰富的信息资源,可以用于环境监测、预测建模、优化资源配置、促进智慧城市建设、决策支持等方面,为环境工程问题的深入研究和解决提供了新的机会。但其分析具有一定的挑战性,具体特点包括以下几个方面(图2-1)。

(1)数据量大 环境工程涉及的数据范围广泛,包括大气、水质、土壤、噪声等领域的检测数据、模拟数据等,每个领域都会产生大量的监测数据。这些数据以时间序列的形式存在,并且随着时间的推移数据量不断增长,因此涉及的数据量非常大,需要大规模的数据存储和处理能力。

(2)多样性 环境工程大数据涵盖了不同来源、不同类型的数据,包括传感器网络、卫星遥感、气象站点、水质监测站等。这些数据可能具有不同的格式、结构和精度,涵盖了数值数据、图像数据、文本数据等多种类型,需要进行多维度的统一化整合、集成和分析。

(3)多维关联和复杂性 环境工程大数据往往涉及多个维度的信息,例如时间、空间、污染物种类、监测指标等。这些信息之间可能存在复杂的关系,需要进行多维度的数据分析和挖掘。通常,环境工程大数据与地理位置相关联,涉及不同地区、不同监测站点的数据。

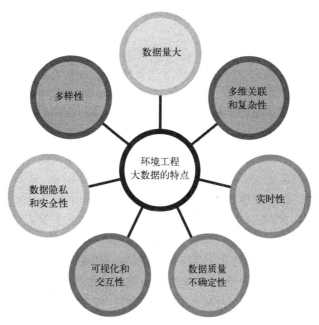

图 2-1　环境工程大数据的特点

地理信息对于环境工程问题的分析和建模至关重要，可以考虑采用空间分析、地图可视化等方法进行数据处理。

（4）实时性　环境工程大数据具有较高的实时性要求。监测环境数据的实时变化对于环境污染的治理和预警非常重要。因此，环境工程大数据需要具备实时采集、实时处理和实时分析的能力。例如，对于空气质量监测，需要实时获取空气污染物的浓度数据，并进行实时分析。

（5）数据质量不确定性　环境工程大数据的测量和采集往往受到多种因素的干扰，数据存在一定的误差和不确定性，如传感器精度、数据采集误差、数据丢失、人为错误等。这使得环境工程大数据的分析和建模变得更加复杂，需要考虑数据质量、不确定性和可靠性等因素，并采取相应的数据清洗、校正和异常检测方法。环境工程大数据的共享和开放对保证数据质量具有重要意义。通过建立数据共享平台和开放数据接口，可以促进不同机构和研究人员之间的合作，提高环境问题的解决效率和准确性。

（6）可视化和交互性　因其涉及数理统计、机器学习、地理信息系统、环境科学等多个学科和领域，环境工程大数据需要通过可视化和交互方式进行分析和展示。通过数据可视化和交互性界面，可以更好地理解和分析环境工程的复杂性，并为决策提供更好的支持。

（7）数据隐私和安全性　环境工程大数据包含大量敏感信息，如个人隐私、企业机密、位置信息等。因此，保护数据隐私和确保数据安全性成为环境工程大数据处理中的重要问题，需要采取合适的数据加密、权限管理等安全措施。

2.1.3　环境工程大数据的应用

2.1.3.1　应用步骤

环境工程大数据可以用于科学预测和规划，从而提高环境管理的科学性和有效性，为可持续发展提供支持。一般来说，利用环境工程大数据进行科学预测和规划包含以下步骤。

（1）数据的收集与整合

① 明确研究的目的，例如水质监测、空气污染预测等。根据研究目标收集相关的大数据，包括气象数据、水文数据、土壤数据、空气质量数据、生态监测数据等。数据可以来自各种传感器、监测站点、实地采样、卫星遥感等。

② 把收集到的数据整合到一个集中的数据平台中，使其便于访问和分析。然后清洗和处理数据，包括去除噪声、重复数据和错误数据，标准化和格式化数据，以便于进一步分析和比较。同时对数据进行质量评估，确保数据的准确性和有效性。

（2）数据分析与建模

① 根据研究目标，从数据中提取有用的特征，排除不相关的特征，利用统计学和机器学习等方法对环境工程大数据进行分析和建模。可以使用各种数据挖掘技术，如聚类分析、相关性分析、时间序列分析等，来挖掘数据中的模式和关联。同时，可以构建预测模型，例如回归模型、时空预测模型、神经网络等，来预测环境参数的变化趋势。

② 根据数据集的特点和需求合理选择模型框架和参数，进行模型的训练和优化。建立持续的监测系统，收集相关数据，更新和完善数据集。根据实时数据对模型进行持续改进和优化，提高预测和规划的准确性。对建立的模型进行评估，可以采用交叉验证、留出法等方法进行模型表现评估，比较模型的效果和性能。不断将实际结果反馈到模型中，验证和修正模型，提高其可靠性。

（3）科学预测与规划　利用模型分析历史数据和实时数据，可以对环境问题进行诊断，并预测可能的未来发展趋势。这有助于为制定相应的灾害响应和应急预案提供科学的决策依据，提前采取措施减少环境风险，也可以为环境政策、规划和项目提供建议和指导。例如，根据大气污染预测结果制定相应的减排措施，或者根据水质监测结果调整水资源管理策略。在城市规划中，可以利用环境工程大数据评估不同方案对环境影响的差异，从而选择最优方案。

2.1.3.2　应用场景

利用环境工程大数据进行科学预测和规划可以帮助我们更好地理解和管理环境问题，并制定有针对性的措施。其具体步骤涵盖了从数据采集到结果展示的全过程，需要结合领域专业知识和数据科学技术，以提供科学的环境决策和规划支持。具体的方法和技术选择会根据具体问题和数据特点进行调整和优化。环境大数据的应用场景如图2-2所示。

（1）空气质量监测与预测　环境工程大数据可以收集和分析来自不同城市的空气质量数据，包括污染物浓度、气象数据、交通流量等。通过对这些数据的分析与建模，可以预测特定地区空气质量的变化趋势，并作出相应的决策，例如调整工业排放标准、交通管理措施等，以改善空气质量。

（2）水资源管理　环境工程大数据可以用于监测和分析水资源的利用情况、水质状况等。通过对这些数据的分析与挖掘，可以预测未来供水需求、水质变化趋势，并据此进行科学规划和决策，例如合理分配水资源、开展水体治理工程、优化灌溉方案、提前采取措施来应对干旱或洪水等极端气候事件等。通过监测水质和水文数据，结合气象和地理信息系统数据，可以进行水资源管理的科学规划和预测。基于这些数据，可以建立水资源模型，预测水文循环、降雨模式和地下水补给。

（3）垃圾处理与回收　环境工程大数据可以用于监测和分析垃圾的产生、处理和回收情

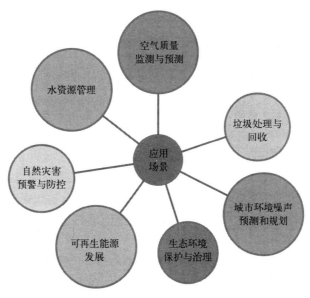

图 2-2 环境大数据的应用场景

况。通过对这些数据的分析，可以了解垃圾产生的规律和源头，并据此进行决策，例如修订垃圾管理政策、优化垃圾收集和处理系统等，以实现高效的垃圾处理与资源回收。此外，利用大数据分析技术，还可以预测未来的垃圾产生量，并相应地规划垃圾处理设施和资源的配置。

（4）自然灾害预警与防控　环境工程大数据可以用于监测和分析自然灾害的发生和演变过程，包括飓风、地震、洪涝、干旱等。将这些数据与历史性灾害数据结合，使用机器学习和数据模型进行分析和预测，可以预警自然灾害的发生，及时采取相应的应急措施，并据此进行科学规划和决策，例如修建防洪堤坝、加强地震安全措施等，以最大限度地减少灾害损失。

（5）生态环境保护与治理　环境工程大数据可以用于监测和分析生态环境的变化和破坏情况，包括森林覆盖率、土地退化、生物多样性等。通过对这些数据的分析与建模，可以评估生态环境的健康状况并预测未来的变化趋势，据此制定科学的生态保护与治理方案，例如加强森林保护、推动生物多样性保护等。

（6）城市环境噪声预测和规划　在城市规划过程中，噪声污染是一个重要的问题。利用环境工程大数据的科学预测和规划方法可以帮助城市决策者更好地了解噪声的空间分布规律和时间变化趋势，预测未来噪声污染趋势，并制定相应的规划和管理措施。例如，可以通过调整道路布局、限制建筑高度、增加绿化覆盖等方式减少噪声污染。同时，通过评估不同规划方案的影响，选择最佳方案。

（7）可再生能源发展　大数据在可再生能源领域的应用也非常重要。通过对天气数据、能源需求和供应数据以及能源市场数据的分析，可以进行可再生能源的科学规划和预测。例如，通过分析太阳能和风能的潜力，可以确定最佳的能源开发地点和投资策略，以实现可持续发展目标。

这些例子仅仅涵盖了环境工程领域大数据应用的一小部分。随着技术的不断进步和数据丰富性的提高，大数据在环境工程中的应用将继续增加，并为科学规划和预测提供更多可靠的方法和工具。

2.1.4 国内外环境工程大数据的发展概况

世界环境工程大数据的发展经历了从手工记录到计算机处理再到大数据分析的演进过程，具体的发展沿革如下。

1960~1979年。在这个时期，大数据的概念还未被提出，全球对环境工程数据的收集和分析主要依赖于传统的手工记录和数据处理方法。虽然大数据技术尚未应用于环境工程领域，但环境保护方面的数据开始被广泛收集和记录。

1980~1989年。计算机技术的快速发展为环境工程大数据的收集和分析提供了新的机会。在这个时期，环境监测技术得到了显著改进，传感器和自动数据记录设备开始广泛应用于环境工程实践中。这使得环境工程领域的数据量急剧增加，计算机系统开始用于处理和存储这些大量的数据。

1990~1999年。随着互联网的普及和计算能力的进一步提升，环境工程领域开始涌现大规模的环境监测网络，全球各地的环境监测站点开始实现实时数据传输。此外，出现了第一个环境信息系统，为环境工程大数据的整合和分析提供了新的平台。

2000~2009年。随着大数据技术的不断发展，环境工程领域开始使用更先进的方法和技术来处理和分析大量的环境数据。数据挖掘、机器学习和模型预测等技术在环境工程大数据领域得到广泛应用，这使得对环境问题的诊断和预测能力大大提高。

2010~2019年。在这个时期，大数据技术在环境工程领域得到了更广泛的应用。云计算和分布式计算技术的发展为海量环境数据的存储和处理提供了更多的可能。此外，物联网技术的不断发展使环境传感器的使用更加普及，从而进一步增大了环境工程大数据的规模。

2020年至今。目前，世界各地的环境工程大数据正在呈指数增长趋势。大数据分析技术的不断进步和创新，为环境工程的数据驱动决策提供了更好的支持。同时，随着人工智能技术的发展，环境工程大数据的分析能力和预测能力也将进一步提升。

目前，许多国家以环境工程大数据技术为基础采取了积极的政策措施，并且许多企业和组织正在利用这些先进的技术应用来监测、管理和减少环境影响。

美国制定了一系列环境保护法律和规章制度，其中包括《清洁空气法》《清洁水法》等。这些法律和规章制度要求监测和报告环境数据，提供了数据收集的法律依据，为环境工程大数据的建设提供了基础。美国政府还推动数据共享和开放标准，以促进公众对环境数据的访问和利用。通过建立环境数据收集网络，如美国环境保护署（EPA）的环境现场数据系统等，收集各类环境数据并进行整合和管理。这些数据收集网络有效地提高了数据的获取和管理效率，为环境工程大数据的应用提供了支持。美国政府在环境工程大数据方面积极开展技术研发和创新支持。例如，美国国家科学基金会（NSF）经常支持与环境工程大数据相关的研究项目，并且设立了一些专门的研究中心和实验室，如"智能城市与可持续建筑创新中心"和"环境信息集成研究中心"等。这些支持措施不仅推动了环境工程大数据技术的发展，也促进了相关领域的创新和应用。

加拿大在环境保护和可持续发展方面一直处于领先地位，政府出台了一系列政策和法规，以促进环境工程大数据的发展和应用。例如，加拿大于2019年发布了环境数据访问、管理和共享政策，旨在提供更多的环境相关数据供公众和研究机构使用。该政策要求政府机构将环境数据公开，并建立了在线平台，方便公众获取和利用这些数据。这一政策的出台为环境工程大数据的研究和应用提供了更多的数据资源。此外，加拿大政府还重视环境工程大数据的研究和创新。政府通过资助研究项目和创新公司，支持环境工程大数据的开发和应用。例如，加拿大自然科学和工程研究委员会（NSERC）近年来资助了许多与环境工程大数据相关的研究项目，包括环境监测网络及传感器数据处理和分析、环境污染预测与模拟等方面的研究。这些资助项目推动了环境工程大数据的创新和技术进步。

德国制定了一系列与环境工程大数据相关的法律法规，以确保相关数据的收集和分析能够得到合法、有效的保护和利用。例如，制定了《开放数据法》，鼓励公共机构将相关数据开放，以促进创新和经济发展。

日本政府成立了专门机构，如日本环境省的环境信息平台，旨在收集、整合和提供环境相关的大数据。该平台提供了各种环境监测数据、污染源信息等，以便公众和研究机构进行环境分析和决策制定。政府还推动了相关的技术研发和创新，致力于开发环境工程领域的大数据解决方案。例如，日本引入了物联网（IoT）技术和传感器网络，以实时监测环境污染和资源利用等情况。这种技术的应用可以帮助环境工程师更准确地评估环境状况，优化资源利用，及时响应污染事件。日本政府还鼓励公私合作，以促进大数据在环境工程领域的应用与发展。日本政府与各大企业、研究机构合作建立了数据共享平台，确保各方能够共享环境数据和分析结果。这种合作能够促进环境数据的积累和统一处理，提高数据分析的准确性和效率。

我国政府发布了一系列国家战略文件，明确提出要加强大数据在环境保护和治理中的应用。2008年《环境信息公开办法（试行）》开始施行，要求各级环境保护部门主动公开环境监测数据、环境评估数据、环境应急数据等相关信息，维护公民、法人和其他组织获取环境信息的权益，为推动公众参与环境保护提供了法律法规的依据，为环境工程大数据提供了数据基础。2015年国务院印发了《促进大数据发展行动纲要》，明确将大数据技术应用于环境保护领域。根据该纲要，我国将加大对大数据技术和平台的投资，推动环境工程大数据的开发和利用，并建立环境信息管理系统。2016年环境保护部印发《生态环境大数据建设总体方案》，提出了利用大数据支持环境形势综合研判、环境政策制定、环境风险预测预警、重点工作会商评估等，提高生态环境综合治理科学化水平，提升环境保护参与经济发展的能力。2022年国务院办公厅发布的《全国一体化政务大数据体系建设指南》中提到，各地区和各部门应根据指南要求，推动全国一体化政务大数据体系建设，其中包括生态环境大数据的汇聚和管理，以应对生态环境保护和治理的需求。2022年，科技部等五个部门联合发布的《"十四五"生态环境领域科技创新专项规划》提出开展多源遥感、实时监控等大数据协同分析，研究重要生态环境空间人类活动干扰快速识别技术，建立生态环境破坏影响评估技术方法，以推进生态环境保护和修复。

同时，我国推动了环境监测设施的网络化和智能化建设，提高了环境数据的采集和共享水平。我国在全国范围内建立了环境监测站网络，覆盖了城市、农村和工业园区，并配备了先进的监测设备，实时监测环境参数，大大提高了数据的时效性和准确性。我国目前已经积累了大量的环境数据，有助于对环境污染和变化进行深入了解。

我国在2013年启动了空气质量监测网络建设，通过安装大量的空气质量监测仪器，收集和记录全国范围内的空气质量数据，包括$PM_{2.5}$、PM_{10}、二氧化硫、氮氧化物等主要污染物的浓度信息。通过整合各种数据源，包括监测数据、天气数据、传感器数据等，利用大数据分析算法，可以准确地推断出空气污染的源头和扩散路径。这对于环境保护部门和决策者来说非常重要，可以帮助他们及时采取措施，减少污染物排放，改善空气质量。我国在各大水域部署了大量的水质监测站点，以收集水体中污染物的浓度、生物多样性等数据，同时应用大数据技术对水污染进行监测和预测。通过分析水质数据和水文数据，可以预测污染物的传播路径和影响范围，为环境保护部门提供决策依据。目前国内的空气质量数据（每1小时进行更新）和水质自动监测数据（每4小时进行更新）均可以从中国环境监测总站实时查询，如图2-3和图2-4所示。

实时监测数据	(单位:μg/m³;CO为mg/m³)						
站点	AQI	PM₂.₅	PM₁₀	SO₂	NO₂	O₃	CO
开发区	25	6	15	6	12	80	0.4
甘井子	25	9	20	4	18	78	0.5
周水子	—	9	20	—	30	68	0.5
青泥洼桥	24	10	24	5	23	72	0.5
星海三站	32	16	32	7	24	68	0.2
七贤岭	27	9	24	5	16	84	0.4
傅家庄	23	—	19	10	20	73	0.2
旅顺	32	9	15	5	—	100	0.5

图2-3　辽宁大连的空气质量监测数据（数据采集时间：2023年8月29日21时）

省份	流域	断面名称	监测时间	水质类别	水温(℃)	pH(无量纲)	溶解氧(mg/L)	电导率(μS/cm)	浊度(NTU)	高锰酸盐指数(mg/L)	氨氮(mg/L)	总磷(mg/L)	总氮(mg/L)	叶绿素a(mg/L)	藻密度(cells/L)	站点情况
辽宁省	辽河流域	麦家	08-29 20:00	Ⅲ	23.6	7.66	6.17	392.2	27.5	3.65	0.120	0.164	2.85	*	*	正常
辽宁省	辽河流域	三台子	08-29 20:00	Ⅲ	25.5	7.64	7.17	592.4	7.1	3.97	0.110	0.124	5.40	*	*	正常
辽宁省	辽河流域	万泰	08-29 20:00	Ⅱ	24.4	8.88	8.06	120.7	14.6	3.18	0.035	0.032	2.41	*	*	正常
辽宁省	辽河流域	英那河入海口	08-29 20:00	Ⅱ	24.6	8.01	8.78	120.7	9.0	2.45	0.025	0.037	1.97	*	*	正常
辽宁省	辽河流域	登化	08-29 20:00	Ⅴ	22.5	7.67	8.42	541.8	37.1	6.73	1.218	0.387	8.28	*	*	正常

图2-4　辽宁大连的地表水水质自动监测数据（数据采集时间：2023年8月29日20时）

为确保公众健康和辐射环境安全，2007年国家环境保护总局建立了国家辐射环境监测网，包括全国辐射环境质量监测、国家重点监管的核与辐射设施周围环境监督性监测和核与辐射事故应急监测。主要布设了地级以上城市、部分口岸、海岛、核电周边区县等辐射环境空气自动监测站，重点核设施周围核环境安全预警监测点，主要江河流域、重点湖泊、地下水、饮用水水源地水、海水等水体监测点，还包括陆地、空气、土壤、生物样品监测点以及电磁辐射监测点等。通过生态环境部辐射环境监测技术中心网站的全国空气吸收剂量率发布系统可以查看相关城市监测点和核电厂监测点的空气吸收剂量率值（如图2-5）。

在我国的城市规划中也广泛应用了环境工程大数据。通过收集空气质量、水质、噪声等环境数据，结合人流、交通流量等社会经济数据，可以为城市规划提供科学依据。根据大数据分析结果，可以在城市规划中合理安排绿地、道路和建筑，以减少环境污染和交通拥堵。

我国在环境工程大数据方面的努力已经取得了一些成效。通过环境大数据技术的应用，有关部门能够更加准确地把握环境状况和问题的动态变化，及时发布环境预警信息，有效地防控污染事件的发生。与此同时，环境大数据分析也为环境决策提供了更加科学和精准的支持，使政府能够更加精确地制定环保政策和措施。

图 2-5　部分直辖市及省会城市的空气吸收剂量率监测数据（数据采集时间：2023 年 8 月 28 日）

2.2　环境工程大数据的发展趋势

2.2.1　大数据推动环境工程的信息化

大数据技术在环境工程中的信息化应用，可以提供更全面、准确的环境信息，加强对环境状况的监测与预警，提高资源利用效率，支持科学决策和政策制定。这将有助于实现可持续发展目标，减少环境污染和生态破坏，构建更健康、可持续的社会与环境。具体体现在以下方面。

（1）数据收集和存储　大数据技术允许环境工程师从各种传感器、监测设备和遥感设备中收集大量环境数据。这些数据可以包括空气质量、水质、土壤污染等参数。通过使用云计算和分布式存储技术，可以有效地存储和管理环境数据。

（2）数据整合和共享　大数据技术使得不同来源和格式的环境数据可以进行整合和共

享。环境工程师可以将来自不同部门、组织和地理位置的数据整合在一起，形成更完整、全面的环境信息。这有助于提高决策的准确性和可靠性，并促进跨领域的合作和交流。

（3）数据处理和分析　大数据分析技术可以处理庞大的环境数据集，并从中提取有价值的信息。通过应用统计分析、机器学习和人工智能算法，可以揭示数据背后的模式、趋势和关联性。这有助于深入理解环境问题的本质，并支持决策和规划过程。

2.2.2　大数据推动环境工程的智能化

大数据技术为环境工程提供了更深入、全面的数据支持，使得环境管理和保护更加智能化。通过数据的收集、分析和应用，可以实现环境问题的早期预警、快速响应和有效治理，从而推动环境工程的可持续发展。具体体现在以下方面。

（1）预测和优化　基于大数据分析的环境模型和算法可以进行环境问题的预测和优化。通过对历史数据的学习和建模，可以预测未来的环境变化趋势和事件发生概率。这使得环境工程师能够及时采取措施减轻负面影响，提高资源利用效率。

（2）自动化和远程监控　大数据技术与物联网（IoT）的结合可以实现环境设备的自动化和远程监控。传感器网络和智能设备可以收集环境数据并进行实时传输，使得环境工程师能够远程监测和控制环境系统。这提高了工作效率，减少了对人工操作的需求。

（3）智能决策支持　大数据分析可以为环境工程师提供智能决策支持。通过整合多源数据、构建预测模型和优化算法，可以生成多个决策方案的评估和比较。这有助于环境工程师做出更明智、可行的决策，实现对环境问题的精细管理。

2.2.3　大数据推动环境工程的多元化

大数据在环境工程中的应用推动了多元化的发展，通过提供全面的数据支持、优化资源利用、提高工程效率、预警风险和促进参与合作，为解决环境问题提供了更加科学、综合和可持续的方法。具体体现在以下方面。

（1）跨领域合作　大数据技术促进了环境工程领域与其他领域的跨界合作。通过共享和开放环境数据，政府、学术界、企业和公众可以共同参与环境问题的解决。这种多元化的合作有助于增强环境工程解决方案的创新性和可持续性。

（2）多源数据整合　大数据技术可以整合不同来源和类型的环境数据，包括传感器数据、遥感数据、社交媒体数据等。这种多源数据整合提供了更全面、准确的环境信息，帮助环境工程师全面评估和解决环境问题。

（3）多样化应用场景　大数据在环境工程中具有广泛的应用场景。例如，大数据可以应用于城市规划中的环境影响评价、水资源管理中的预测和优化、气象灾害预警系统的建设等。这些多样化的应用场景推动了环境工程的发展和创新。

2.2.4　大数据促进公众积极参与环保

大数据在促进公众积极参与环保方面具有重要意义和巨大潜力。可以从多个渠道搜集环保相关数据，通过数据分析和展示，可以更加直观地向公众传递环保知识和信息，提高公众的环保意识，激发公众参与环保行动的积极性。大数据可以分析公众对环保的态度、需求和行为特征，了解公众的实际参与情况和偏好，从而有针对性地制订环保行动计划，提高环保行动的效果。通过大数据分析，还可以深入研究环境问题的成因和发展趋势，为决策者提供科学依据，帮助他们制定更有效的环境政策，推动环境保护工作的持续发展。

大数据可以从多渠道搜集，包括环境监测指标、社交媒体数据、人工采集数据等。这些数据种类丰富、数量庞大，提供了充足的信息基础，支持环保行动的开展。目前已经有各种先进的大数据分析工具和技术，可以对大数据进行高效分析和挖掘，从中提取有用的环保信息，帮助公众及决策者做出有针对性的行动。而且随着移动互联网的普及，公众可以随时随地通过手机等终端接收和分享环保信息，方便地参与到相关活动中。

通过收集、分析和开放环境大数据，可以实时获取环境污染水平、空气质量、水资源等信息，并将这些数据公开共享给公众，让公众可以通过手机应用程序或网站随时随地获取相关环保信息，并提供互动交流的平台。这样公众可以根据实际环境情况，采取相应的环保行动。例如，生态环境部在其官方网站上公开发布空气质量监测数据，供公众查询和参考。利用大数据技术收集和分享环境信息，如环境政策、科研成果、技术创新等。这种信息分享可以促进公众之间的互动和合作，推动环境保护工作的共同进步。同时，借助社交媒体和移动应用，权威机构通过发布环保提示、教育文章和案例研究，引发公众对环保问题的讨论和关注。公众也可以分享环保经验、观点，互相激励和支持。这种互动方式可以扩大环保的影响范围，并促进公众参与环保活动。

运用大数据分析和预测技术，可以为公众提供预测环境变化的信息，增强公众的参与意识。利用大数据技术进行环境监测和预警，可帮助公众及时掌握环境变化和污染情况。公众可以通过手机应用、手机短信或电子邮件等方式接收实时环境数据和预警信息，并采取相应的行动。例如，生态环境部利用大数据和人工智能技术，开发出空气质量预测系统，预测并发布未来几天的空气质量状况。一些手机应用也可以提供空气质量实时监测和预警信息，并给出个人防护建议。

通过分析个体的行为和消费数据，大数据可以为公众提供个性化的环保建议。根据公众的兴趣、偏好和定位信息等，可定向推送相关环保信息和活动，提高公众参与的积极性。例如，许多智能手机上都有类似"碳足迹计算器"的应用，通过分析用户的出行、能源消耗等数据，计算出用户的碳足迹，并提供相应的减排建议。利用大数据技术提供定制化的环境教育和意识增强活动。根据个人兴趣和需求，为公众提供相关的环保信息、培训和资源，帮助公众更好地了解环保知识，改变行为并参与到环保活动中去。

利用大数据分析评估公众在环保方面的行为和贡献，建立激励奖励机制。通过记录公众的环保行为，如垃圾分类、节水节电、使用公共交通等，以及参与环保志愿活动的次数和时长，给予相应的奖励或认证。奖励可以是虚拟奖励，如积分、徽章等，也可以是实物奖励，如优惠券、礼品等。这样的奖励机制可以增强公众的环保意识和动力。例如，支付宝平台推出了"蚂蚁森林"项目，用户通过完成任务和积累能量可以种植虚拟树木，最终转化为真实树木的捐赠。

利用大数据技术，通过众包的方式让公众参与环境监测和数据采集工作。例如，生态环境部通过"中国空气质量监测志愿者"项目，让公众参与空气质量监测，上传监测数据并进行共享。"中国水质在线"平台通过提供水质监测和评价数据，向公众公开水质情况，同时引导公众参与水环境保护。公众可以通过该平台查询附近水源的质量情况，并参与发布水质监测数据，共同监督和改善水质状况。这些众包数据对于环境状况的评估和改善非常有价值。大数据技术可以帮助整理和分析这些数据，提供更全面和准确的环境信息。

利用大数据技术，将环境数据以形象直观的方式进行可视化展示，将复杂的数据以图表或地图等形式呈现出来，提供给公众更易于理解的信息。例如，北京市政府推出的"北京环境云"平台，展示了空气质量、水质、噪声等环境数据，并提供了互动功能，让公众参与评论、投票等。这样的可视化方式可以帮助公众更好地了解环境问题的严重性和紧迫性。将环境工程大数据纳入政府决策过程，使公众有机会参与环保政策制定和项目规划。通过开放数据、召开公众听证会和征求公众意见等方式，让公众了解决策的背景和影响，并提供意见和建议。这样可以增加公众对决策的信任感，提高参与的积极性。

2.2.5 环境大数据的发展趋势

随着人口增长和城市化进程加快，对环境治理和可持续发展的需求越来越大，各国政府对环境保护也越来越重视，并出台了一系列法规和政策来推动环境的可持续发展。这为环境工程大数据提供了更多机会。环境工程大数据在未来将不断发展和应用，为环境保护和可持续发展提供更准确、高效的决策支持和管理手段。在未来的发展中，环境工程大数据应该更加注重数据的质量和可信度，提升预测和决策支持能力，并与其他领域的技术相结合，实现更智能、高效的环境管理和保护。各国在环境技术和经验交流方面的合作不断加强，也为环境工程大数据提供了更广阔的发展空间。同时，需要面对数据隐私安全、数据质量和跨学科合作等方面的挑战。

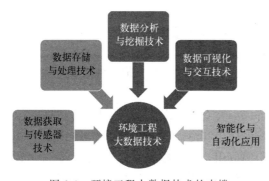

图 2-6　环境工程大数据技术的支撑

新技术的不断发展为环境工程大数据带来了更多的创新机会，相关技术的发展将有效促进环境大数据的应用，为环境工程领域提供更多的数据支持和决策依据，促进环境保护和可持续发展（图 2-6）。

(1) 数据获取与传感器技术　随着物联网技术的快速发展，环境工程大数据的获取和传感器技术日趋成熟。环境工程大数据可以通过多种传感器和监测设备收集，例如，气象监测站、水质监测仪器、土壤监测传感器等。同时，传感器的精度和可靠性不断提高，环境数据的获取将更加全面和精确。环境工程大数据通常涉及多个来源和类型的数据，在未来的发展中还需要对这些数据进行整合和标准化，以便更好地进行分析和应用。

(2) 数据存储与处理技术　环境工程大数据的存储与处理是关键技术之一。目前，云计算和大数据技术的进步已经使环境工程大数据的存储和处理变得更加高效和可靠。分布式存储技术和分布式计算技术能够处理大量的数据，快速地进行数据分析和挖掘，以提取有用的环境信息。随着云计算和边缘计算的快速发展，环境工程大数据的存储和处理能力将得到显著提升。分布式存储和并行计算等技术将支持更大规模和复杂度的数据分析。

(3) 数据分析与挖掘技术　环境工程大数据应用的关键问题是挖掘和分析其中潜在的信息，以支持决策和优化环境管理。数据分析与挖掘技术包括统计分析、机器学习、数据挖掘、模式识别等多个方向。通过这些技术，可以对环境工程大数据进行模式识别、异常检测、预测和优化等工作，为环境监测、环境评估和环境管理提供决策依据。

(4) 数据可视化与交互技术　环境工程大数据的可视化与交互是理解和分析数据的重要手段。可视化技术可以通过图表、虚拟现实等方式将复杂的环境数据可视化展示，帮助用户直观地理解数据。交互技术可以通过人机交互方式，使用户能够灵活地查询和分析数据，提供个性化的数据处理和展示方式。

(5) 智能化与自动化应用　随着人工智能和物联网技术的不断发展，环境工程大数据在智能化与自动化应用上有很大的发展空间。通过对环境工程大数据的分析和挖掘，可以建立智能化的环境预警、环境管控和环境优化系统。例如，智能空气质量管理系统、智能水利管理系统等，能够实时监测环境参数，并根据数据自动调节和优化环境指标。

通过对历史数据的分析和建模，环境工程大数据可以提供更准确的预测和预警能力，并为决策者提供更全面、准确的信息，帮助其制定更科学、有效的环境管理和保护策略。因此，该项技术在未来可能有以下新的应用。

(1) 精确气候预测和适应性管理　利用大数据分析环境工程数据，可以提供更精确的气候预测和适应性管理方案。例如，通过分析大气、海洋、土地和人类活动等数据，可以预测气候变化对水资源、农业和生态系统的影响，并制定相应的管理策略。

(2) 精确环境监测和污染预警　通过大数据分析环境监测数据，可以实时监测环境中的污染物浓度和趋势，并预警潜在的环境污染事件。通过整合各种传感器和监测设备的数据，可以实现对环境污染源的精确定位和追踪。

(3) 智能环境管理系统　利用大数据技术和人工智能算法，可以构建智能环境管理系统，实现对城市、工业区或生态区的全面管理和优化。这些系统可以监测和控制各种环境参数，包括温度、湿度、噪声等，以提高能源利用效率、减少污染排放和优化城市规划。

(4) 生态系统保护和恢复　利用大数据分析生态系统监测数据，可以评估生态系统的健康状况和生物多样性，并制定相应的保护和恢复方案。通过分析环境因素和物种分布等数据，可以预测生态系统的变化趋势，并采取相应的措施，以维护生态平衡和可持续发展。

(5) 智能环境规划和设计　大数据可以提供精确的环境工程数据，帮助规划师和设计师制定更科学和可持续的城市和建筑设计方案。通过分析大数据，可以了解土地利用状况、环境风险和人口分布等，以支持决策者做出合理的规划和设计决策。

环境工程大数据中包含丰富的信息，但从数据中提取有用的知识和信息需要结合环境科学、数据科学、统计学和机器学习等多个领域的知识和方法，对环境工程师的技术能力提出了更高的要求。环境工程大数据的发展需要各方之间的合作和共享数据。然而，数据的共享面临着隐私问题、数据所有权问题等挑战。确保数据的合法和安全共享是环境工程大数据发展的一项重要任务。环境工程大数据中可能包含个人或机构的敏感信息，例如地理位置、隐私行为等。确保数据的安全性和防止数据滥用也是环境工程大数据发展面临的挑战之一。由上述分析可知，环境工程大数据在未来的发展仍然需要克服诸多挑战，以适应不断变化的社会形势和环境问题。

2.2.6　培养环境工程专业复合型人才

本书旨在提升读者的数据分析能力、系统思维能力、决策支持能力和创新意识，使其能够更好地应对复杂的环境问题，成长为环境工程专业复合型人才，为环境保护和可持续发展做出积极贡献。本书力求使读者在以下方面得到有效提升。

(1) 数据分析能力　环境工程大数据可以使读者接触到大量真实的环境数据，并提升数据收集、处理、分析和解释的能力。读者将学习使用统计分析、机器学习和数据挖掘等技术来处理和分析环境数据，从中提取有用的信息，以便更好地理解问题的本质和背后的模式。

(2) 决策能力 通过对大量的环境数据进行分析和整合，可以更有效地监测和评估环境质量，并预测潜在的环境问题，为环境管理决策提供科学依据。读者可以利用数据预测模型和仿真技术进行环境影响评估和风险评估，帮助政府和企业制定合理的环境政策和措施。

(3) 跨学科合作能力 环境工程大数据涵盖了跨学科的内容，包括环境科学、计算机科学、统计学等领域，将工程学和科学研究有效结合起来。读者有机会了解到不同专业的知识，进一步培养跨学科交流的能力，这是环境工程专业复合型人才未来在环境工程项目中必不可少的素质。同时，可促进跨学科的交流和理解，为解决复杂的环境问题提供更全面的视角和解决方案。

(4) 系统思维和创新能力 该书注重培养读者的系统思维方式，使读者能够将大数据技术与环境工程实践相结合，从整体上把握环境问题的本质和影响因素。读者将学会应用新技术和方法来处理和解释复杂的环境数据，并能够提出创新性的解决方案，为环境保护和可持续发展做出贡献。

综上，本书在培养环境工程专业复合型人才方面发挥着重要作用，通过提供实时、真实、多样化的环境数据和信息，帮助读者获取知识、实践技能和科学研究能力，促进跨学科融合，提高解决环境问题的能力和水平。

习题

1. 什么是环境工程大数据？这些数据是如何产生的？
2. 环境工程大数据有哪些应用？它们如何帮助解决环境问题？
3. 环境工程大数据面临哪些挑战？如何应对这些挑战？
4. 环境工程大数据的发展趋势是什么？未来可能会面临哪些问题？
5. 你认为环境工程大数据对于环境保护和可持续发展有何重要意义？
6. 你认为应该如何培养环境工程大数据领域的人才？
7. 如何将环境工程大数据与其他领域的数据（如地理信息、气象、社会经济等）进行融合应用？
8. 在实际应用中，如何确保环境工程大数据的质量和可靠性？
9. 如何利用环境工程大数据推动环境政策的制定和实施？
10. 你认为环境工程大数据对于提高公众环保意识和积极性有何作用？

第3章
环境工程大数据资源中心的设计及构建

大数据时代背景下,基于云计算、互联网、物联网、人工智能、遥感、环境信息等现代技术的蓬勃发展,环境工程数据变得越来越多,已经具有大数据的"4V"特征,即数据体量(volume)大、数据类型(variety)繁多、处理速度(velocity)快、价值(value)密度低,常规的基于统计分析的方式已经无法应对如此众多的结构化、半结构化以及非结构化数据,因此需要运用大数据思维和技术处理和解决环境工程中的海量数据问题,实现对数据资源的采集、存储、交互共享,并对看似相互之间毫无关联、碎片化的信息进行深层次分析和挖掘,从而阐明环境工程数据的现状及变化,发现问题、预测趋势、把握规律,准确预测、预报、预警各类环境工程的潜在问题及发展,实现环境工程"用数据说话,用数据管理,用数据决策",这就要求建立专门的环境工程大数据资源中心。

3.1 环境工程大数据资源中心的设计

传统的数据中心主要是以服务器为主构成的一个大号的机房,专门对数据进行集中管理,通常需要强大的服务器才能处理它们将要处理的工作负载。随着大数据时代背景下环境工程的快速发展,环境工程数据存储量不断提高,对数据分析的需求不断提高,需要大量的数据存储设备和强大的数据处理分析能力,基于传统环境工程数据中心配置方案单纯增加服务器的处理能力以及服务器数量的方式,已经不能支撑当前飞速发展的环境工程大数据的应用需求。因此,基于分布式存储和并行计算的环境工程大数据资源中心应运而生,从而实现数据中心对环境工程大数据应用的支撑。

3.1.1 研究的主体和目标

当前百度百科上对"数据中心"的定义为"数据中心是全球协作的特定设备网络",用来在互联网基础设施上"传递、加速、展示、计算、存储数据信息"。数据资源中心是伴随着计算机技术的发展而逐渐形成和发展起来的,大体分为三个发展阶段。

第一阶段为物理数据资源中心阶段,可以简单理解为静态物理设备的堆砌。这是因为早期的计算机系统操作和维护十分复杂,需要一个特殊的环境来操作维护,因此需要通过数据中心管理维护大量的计算机设备。然而,物理数据中心的存储、计算、网络资源相互割裂。一方面冗余不够,只能依靠纵向的扩展能力来处理数据的增加,扩展困难;另一方面,单点故障将会引起整个数据中心的瘫痪，数据资源处于孤立和不共享的状态，数据不能动态实时调整调度，资源利用效率低下。

随着互联网技术的蓬勃发展，越来越多的数据通过网络进行处理。一方面，企业自建数据中心需要投入大量的人力物力建设机房、搭建系统以及后续大量的开发维护，加重了企业负担；另一方面，对大多数企业而言，数据中心并不是它们的主业，因此企业自建的数据中心大多成本和能耗相对较高、效率低、扩展难。由于上述原因和时代发展背景，数据资源中心的发展进入了第二阶段——互联网数据中心（Internet data center，IDC），一种拥有完善的设备、专业化的管理、完善的应用的服务平台，但需要用户自购服务器或租借可靠性较高的数据中心。IDC与物理数据中心的区别在于有网络的接入，为用户提供互联网基础服务以及各种增值服务。

然而，IDC依然无法实现数据中心的故障转移和容错等操作，数据中心的发展进入了第三阶段，即云计算数据中心。作为互联网数据中心的延伸和发展，它是基于云计算技术构建的一种服务形式，通过将多台计算节点连接成一个大型的虚拟资源来提高计算效率，构建成"云"服务系统，用户可以通过网络按需使用这些资源，使资源再分配的效率和规模不再受制于单一的服务器或者网络数据资源中心，因此具有良好的容错和故障转移能力，运行效率得到了极大的提升。

当今的数据资源中心以数据驱动业务为目标，以数据聚合、治理、融合、服务为核心，实现数据接入、数据存储、数据标准化、数据质量提升、数据服务等处理过程，打造政务一体化大数据中心，支撑和挖掘数据价值。基于数据驱动业务的目标，环境工程大数据资源中心是以环境工程中的大量数据为研究主体的综合平台，不仅能够向环境工程及其相关信息使用者提供大数据资源的服务，而且能够在采集、汇总、整理环境工程相关信息与数据（包括结构化数据、半结构化数据以及非结构化数据）的基础之上，对环境工程中的数据资源进行深度分析和价值挖掘。环境工程大数据资源中心不仅为环境公共管理部门提供环境监管支持和环境规划决策意见，也能够向社会提供环境工程大数据综合服务。

3.1.2 研究的时空属性

环境工程大数据是在一定的时间和空间内发生的，具有时空属性，因此本质上环境工程大数据就是时空大数据。时空属性是指在不同时间和空间下，对环境工程数据之间的关联性进行分析和研究，从而了解环境工程数据的时空变化规律，具体包括时间特征、时效特征和空间范围等三类内容。如表3-1所示，时间特征对应的主要环境信息是当前正在发生的信息、过去的历史信息或是预测的未来信息。环境的数据可以来自过去，即历史信息，也可以来自现在，即当前信息，还可以是基于历史和当前信息对将来的预判或推测，即预测信息。同一空间不同时间，其环境数据也会存在变化，例如不同年份之间、同一年份的不同季度之间、同一季度的不同月份、同一月份的不同天数等，都体现着时间特征对环境数据的影响。时效特征反映了信息获取的频率，即实时获取的信息、准实时获取的信息或延时获取的信息等。信息可以是通过人工或物联网获取的实时或准实时信息，也可以是需要一定时间的处理分析后获取的延时信息，具体采用何种时效特征，取决于环境工程大数据的应用场景。空间范围主要反映了环境数据所对应的地理空间范围，例如全国大气、土地、水等环境数据信息在空间范围上存在显著的差异，全国范围不同的省之间、同一省的不同城市之间、同一城市的不同地方之间都存在空间上的环境数据差异。

表 3-1　环境工程数据的时空属性

时间特征	当前环境信息、历史环境信息、预测环境信息
时效特征	实时环境信息、准实时环境信息、延时环境信息
空间范围	国家环境信息、地方环境信息

一般的环境工程大数据研究并未意识到大数据的时空特征，大多以地理要素数据作为研究背景，在可视化层面进行大数据统计分析和挖掘，而时空属性强调的是以大数据与时空数据融合作为分析与挖掘的对象，分析与挖掘过程是在时空中进行的，分析与挖掘的结果本身就反映时间变化趋势和空间分布规律。基于环境工程大数据的时空属性，应该从以下三个方面开展研究。

① 构建环境工程时空大数据的理论和方法体系。围绕环境工程时空大数据科学理论、时空大数据计算系统与科学理论、基于时空大数据的应用模型等，开展多源异构环境工程时空大数据集成、环境工程时空大数据尺度理论、环境工程时空大数据统计分析模型与挖掘算法、环境工程时空大数据快速可视化方法等方面的研究，构建环境工程时空大数据理论与方法体系。

② 构建环境工程时空大数据的技术体系。围绕环境工程时空大数据的来源、存储管理、清洗、分析与挖掘、可视化等领域进行创新性研究，形成环境工程时空大数据的技术体系，提升环境工程时空大数据分析与处理能力和决策支持能力。

③ 构建环境工程时空大数据的产品体系。基于环境工程时空大数据的采集、处理、分析、挖掘、管理与应用等环节，研发环境工程时空大数据采集系统、存储与管理系统、分析与挖掘模型及系统、可视化软件、服务系统等产品。基于时空数据与各行各业大数据的因果关系、领域业务流程及应用需求，提供深度融合的环境工程时空大数据解决方案，提供多样化和个性化的定制产品，形成健全实用的环境工程时空大数据产品体系服务于环境工程领域。

3.1.3　环境工程大数据资源中心的科学设计

依靠环境工程大数据给环境工程带来科学规划和决策建议，要求对环境工程大数据的来源、清洗、存储、分析、挖掘等进行规范和统一，基于科学的规范标准建立环境工程大数据资源中心。然而，当前环境工程大数据资源中心依然缺乏全国性的整体规划，科学规范标准不统一，存在重复建设的问题，规模布局仍有待进一步优化，总体能效水平也有待进一步提高。

科学的规范标准需要兼顾我国的国情和环境工程大数据应用的现实需要，以大数据带动环境工程的应用发展。环境工程大数据中心的设计应以环境工程大数据应用为牵引，以环境工程大数据资源存储、计算、应用和服务为主线，坚持目标应用导向和问题导向相统一，坚持全面规划和突出重点相协调，统筹各环境要素和因素，合理设计环境工程大数据资源中心。

尽管当前围绕环境工程大数据资源中心的科学规范还没有统一标准，但可以从以下几方面科学设计环境工程大数据资源中心。

① 坚持创新驱动，推动环境工程大数据资源中心科学可持续发展。当前，我国的生态和环境相关的大数据资源中心主要还是政府主导建设，可以积极探索PPP模式（政府和社

会资本合作模式）建立环境工程大数据资源中心。通过整合政府职能部门（例如农业农村部门、林业和草原部门、水务部门、国土部门、气象部门、生态环境部门等）产生的环境管理政务数据、公共数据、企业环境数据以及互联网数据，实现数据的互通和共享，引入社会资本共建环境大数据资源中心。

② 加强技术创新，推动环境工程大数据资源中心的自主化进程。唯有对数据资源中心的标准化、模块化、虚拟化等关键技术进行技术创新，才能创新环境工程数据的资源利用方式和形式，提高环境工程大数据资源中心的运营效率，提升环境工程大数据资源中心的利用价值。

③ 坚持低碳环保，推进可再生能源的应用，引导环境工程大数据资源中心迈向环保和高能效。从采购、设计、建设等环节强化中心建设绿色化，进行节能改造，提高中心内设备的利用率，提升整体能效水平，建立涵盖技术应用、管理手段创新应用的绿色中心运维管理体系。

④ 坚持协调发展，从格局上构建技术、产业、应用、安全互动发展的环境工程大数据资源中心。注重环境政务数据、公共数据，企业的社会数据，以及互联网数据与技术的发展，根据环境工程业务需要，灵活进行业务切换以及便捷地进行业务改造。注重发展与安全的协调，实现信息安全、系统安全、物理安全、运行安全。以环境工程数据中心支撑区域和行业应用为基础，以服务环境工程产业发展为目的，注重环境工程大数据产业与数据资源中心的协调推进。

⑤ 坚持开放和共享理念，推进分布式环境工程大数据资源中心建设。我国已初步形成空天地一体的环境监测网络，但监测体系之间的很多数据依然处于"数据孤岛"状态，数据之间的开放共享有待加强。通过全局布局实现跨体系、跨部门的体系共享，建设物理分散、逻辑统一的业务驱动，有效解决环境工程数据大量涌入带来的存储、处理和利用等方面的困难，实现对所积累海量数据的深入分析与挖掘。以大数据资源中心承载的环境工程大数据业务为导向，为环境工程大数据的采集、共享、开发利用提供有效的技术支撑和保障。

3.2 环境工程大数据资源中心的构建

环境工程大数据资源中心作为环境工程数据共享、交换、治理、预测的重要载体，是环境工程大数据发展的核心。

3.2.1 环境工程大数据资源中心的总体架构

架构一词，最早其实是建筑行业的专业术语，现在已广泛应用于其他领域，但更多情况下被认为是一种计算机术语，是一系列相关的抽象模式，用于指导大型软件系统各个方面的设计。环境工程大数据资源中心架构融合了环境工程和计算机架构的知识，主要由四部分构成，分别是环境工程大数据源、环境工程大数据管理平台、环境工程大数据应用和安全运维与保障，如图3-1所示。

（1）环境工程大数据源　环境工程大数据源包含智慧物联网的实时监测数据、环境政务与业务数据、企业社会数据、互联网数据、其他数据等。智慧物联网的数据包括地面监测、航空遥感、卫星遥感等数据；环境政务与业务数据包含大气污染、水体污染、土壤污染、固体废物污染、噪声污染等数据；企业社会数据包括企业废气、企业废水、企业废物等数据；

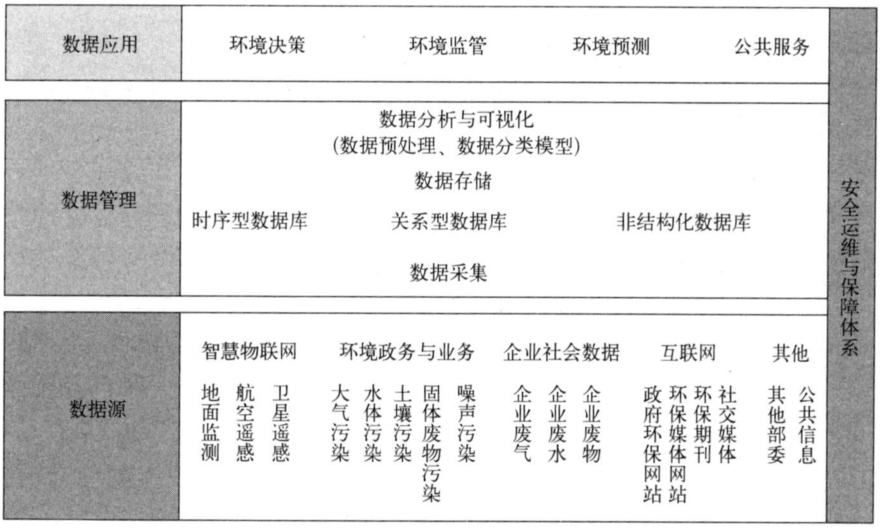

图 3-1　环境工程大数据资源中心架构图

互联网数据包括政府环保网站、环保媒体网站、环保期刊、社交媒体等数据；其他数据包括其他部委以及公共信息等数据。

(2) 环境工程大数据管理平台　环境工程大数据管理平台包含以下几个关键组成部分。

① 数据采集与存储。这一部分负责从各种数据源获取生态环境相关的数据，并将其存储到大数据存储系统中。数据源可以包括传感器网络、监测站点、遥感卫星、社交媒体等。大数据存储系统可以采用分布式文件系统或者分布式数据库，以支持大规模数据的存储和管理。

② 数据处理与分析。这一部分负责对采集到的数据进行预处理、清洗和整合，以及应用各种数据分析和挖掘技术进行数据分析和建模。常见的数据处理和分析技术包括数据清洗、数据挖掘、机器学习、统计分析等，旨在从数据中提取有用的信息和知识。

③ 数据可视化。这一部分负责将处理和分析后的数据以可视化的形式展示出来，以便用户能够直观地理解和利用数据。可视化可以采用条形图、地图、折线图、柱形图、面积图、子弹图、信息图表等形式，通过交互式界面提供用户友好的数据展示和查询功能。

(3) 环境工程大数据应用　将大数据分析的结果和洞察应用于环境决策、环境监管、环境预测、公共服务，进行环境监测与预警、生态修复规划、资源利用优化等，从而为环境保护、资源管理和可持续发展提供科学依据和决策支持。

(4) 安全运维与保障　由于环境数据具有敏感性和隐私性，资源中心需要采取相应的安全措施来保护数据的安全和隐私，包括利用数据加密、访问控制、身份认证等技术手段，以确保数据的安全性和合规性。

例如，围绕山西省生态环境管理业务需求，基于大数据资源中心架构构建了生态环境大数据平台，实现生态环境大数据的有效应用与价值发挥（图 3-2）。山西省生态环境大数据平台以信息化的高效联通、深度集成和智能分析，为生态环境精细管理、科学决策、集中办公提供支撑，全力推动全省生态环境治理体系和治理能力现代化。紧密围绕全省环境保护工作，以顶层设计为抓手，综合考虑全省一盘棋建设，构建"一中心、一张图、一门户"，综合应用大数据、云计算、模型分析等先进技术手段，通过数据多源采集、数据处理、数据服

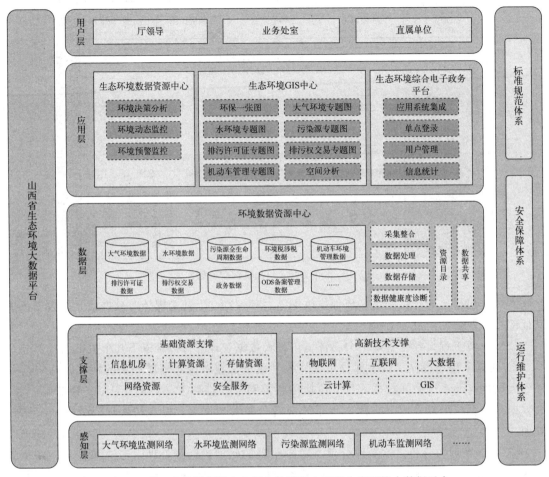

图 3-2 基于大数据资源中心架构构建的山西省生态环境大数据平台

务、数据共享,构建生态环境大数据中心,实现数据接入、汇总应用、API 调用等过程的链条式数据服务,并探索挖掘数据潜在价值,为生态环境部门提供全方位、宽领域、多形式的数据分析成果。同时生态环境大数据中心通过与其他业务支撑应用平台进行数据推送,实现对山西全省生态环境的统一监测、精准监管,实现以数据感知监测、以数据驱动监管、以数据推动污控、以数据支撑防治的信息化、智能化监管模式。

3.2.2 环境工程大数据资源中心的关键技术

环境工程大数据资源中心的关键技术包括大数据的采集、分布式数据存储、分布式数据分析与挖掘等。大数据的采集将在第 4 章单独介绍,这里主要介绍分布式数据存储和分布式数据分析与挖掘技术。

3.2.2.1 分布式数据存储

环境工程大数据数据量越来越庞大,单一的数据处理不能满足需求,因此环境工程大数据资源中心采用分布式存储架构。环境工程大数据的数据来源多样、种类多样,包含结构化、非结构化、半结构化数据,需要针对不同的数据类型结合数据库各自的优缺点具体情况具体分析,才能选出最为适宜的存储数据库。

数据库是"按照数据结构来组织、存储和管理数据的仓库"。数据库中的数据按照一定的数据模型组织、描述和存储,具有较小的冗余度、较高的数据独立性和易扩展性,可以为用户共享,从而实现对数据的有效存储、高效访问、方便共享以及安全控制。数据库种类多样(图3-3),但无论是关系型数据库、非结构化数据库、混合数据库还是时序型数据库,每一种

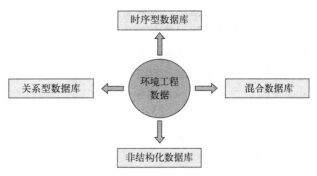

图3-3 环境工程数据资源存储

类型都有自己的优点和局限性。因此,选择最适合自己应用需求的数据库类型是至关重要的。未来,随着数据处理技术和应用的不断发展,新型数据库类型也将不断涌现,为数据处理提供更多的可能性。

(1) 时序型数据库 时序数据,即时间序列数据,我们把按照时间戳的大小顺序排列的一系列记录值的数据称为时间序列数据。时序数据这一概念起源于金融行业,金融时序分析技术是考察金融变量随时间演变规律的关键技术,是金融量化分析的基础技术,目前时序数据的概念已经渗透到各行各业。常用的关系型数据库在时序数据压缩方面表现不佳,维护成本高,单机写入吞吐量低,难以应对交易处理等需要对海量数据进行聚合分析的场景。为解决提高海量数据写入效率、降低数据压缩成本、有效支持时序数据统计分析等问题,出现了时序型数据库,时序型数据库是一种特殊的数据库类型,主要用于存储和处理时间序列数据。时序型数据库具有以下特点。

① 高吞吐量的数据高速写入能力。时序业务会持续产生海量数据,并且对写入的速度有很高的要求,这就要求时序数据库系统具备高吞吐量的数据高速写入功能。

② 高压缩率。时序型数据库需要存储大量的数据,因此需要根据时序数据的特征对数据进行压缩。压缩是时序型数据库非常重要的能力之一。将存储完成后数据库文件的大小和原始数据大小之比作为评估数据压缩性能的指标,即

$$R = S_{db}/S_r$$

式中,S_{db} 为数据库文件大小;S_r 为原始数据大小;R 为压缩比。

③ 高效时间窗口查询能力。时序业务的查询需求分为两类,一是实时数据查询,二是主要查询某个时间段的历史数据。历史数据的数据量非常大,这时需要针对时间窗口大量数据查询进行优化。

④ 高效聚合能力。时序业务场景通常会关心数据的聚合值,比如利用计数(count)、平均值(mean)等聚合值来反映某个时间段内的数据情况,因此时序型数据库需要提供高效的聚合函数。

⑤ 批量删除能力。时序业务对过期的数据需要进行批量删除操作。

例如在环境工程领域,污染源自动监控数据和环境质量监测数据产生的以时间序列为主的海量实时环境监测数据具有数据量大、接入平均速率高、数据时序特征显著、数据接入不间断等特点,适宜采用时序型数据库进行数据的存储,以支持时间序列数据的高速批量导入,通过较高的数据压缩比节省数据存储空间,支持时间序列数据的专用查询功能、高级查询功能,包括对于给定时间点附近时刻的查询、支持数据的归档功能等。

（2）关系型数据库　关系型数据库是一种基于关系模型的数据库，主要用于存储结构化数据，是最常见和使用最多的数据库类型之一。关系型数据库采用行和列的形式来存储数据，每一行代表一条数据记录，每一列则代表数据的一个属性。在关系型数据库中，实体以及实体间的联系均由单一的结构类型来表示。关系型数据库比较容易维护和查询数据，其常见的操作语言为 SQL（结构化查询语言）。目前市面上使用较多的关系型数据库有甲骨文公司的 Oracle、微软公司的 SQL Server 和 Access、国际商业机器（IBM）公司的 DB2、赛贝斯（Sybase）公司的 Sybase、英孚美软件公司的 Informix 以及开源的 MySQL 等。关系型数据库具有以下特点。

① 数据以表格形式存储。关系型数据库以表格形式存储数据，其中每一行表示一条记录，每一列则对应一个字段。这种方式使得数据组织结构清晰，易于理解和维护。

② 访问灵活，操作方便。即使是没有数据库基础的用户，也可以通过管理系统对关系型数据库进行访问和操作。关系型数据库提供的视图等对象使得访问更为灵活。

③ 数据之间存在约束关系。在关系型数据库中，数据之间存在约束关系，例如主键、外键等，这些约束能够保证数据的完整性和一致性，避免了数据的冗余和不一致，也有助于后期的维护。

④ 支持结构化查询语言（SQL）。关系型数据库是使用 SQL 管理结构化数据的数据库，标准数据查询语言 SQL 就是一种基于关系数据库的语言，这种语言执行关系数据库中数据的检索和操作。

在环境工程领域，可采用关系型数据库技术，存储管理传统的关系型数据，建立基础业务数据库、主题数据库等，支持环境工程中产生的大量监管、审批等业务数据的存储，对基础数据产品、固定报表业务以及商务智能应用提供数据支持。但是关系型数据库也有其自身缺点，例如，不适用于存储环境工程领域的大对象（如音频、图片和视频等）和复杂的非结构化数据。

（3）非结构化数据库　随着物联网、互联网、社交媒体等的发展，当前 90% 以上的大数据都不是结构化数据，传统的关系型数据库显然不适宜处理大量的非结构化、半结构化等数据。非结构化数据库（NoSQL）应运而生，它是非关系型的数据库，是不同于传统的关系型数据库的数据库管理系统的统称。NoSQL 数据库系统包含可存储结构化、半结构化、非结构化和多态数据的多种数据库技术。目前主流非关系型数据库大体分为以下几类：键值数据库，如 Redis；列存储数据库，如 HBase；文档型数据库，如 MongoDB；全文检索数据库，如 ElasticSearch；图数据库，如 Neo4j 等。非结构化数据库具有以下优点。

① 适用于当前大数据处理应用场景。适用于数据量较大、数据存储格式较为复杂的应用场景。可以通过存储多样性来区别于传统的关系型数据库，其结构简单，尤其在大数据量条件下，具有非常高的读写性能。

② 具有良好的横向扩展能力。不同于传统关系型数据库的纵向扩展方式，非关系型数据库去掉了关系型数据库的数据关系特性，因此具有较好的横向扩展能力，使得数据库在数据不足时扩展能力更为灵活，降低了投资成本。

③ 处理性能更高。非关系型数据库可以采用缓存的读写方式，读取速度更快；可以通过键值对的方式获取数据，比传统关系型数据库直接使用 SQL 查询效率更高；存在记录级的 Cache，这种较细粒度的缓存使得它在缓存方面具有较高的性能。实际场景中 Redis 和 Memcached 均采用这种方式存储。

④ 数据模型设计更加灵活。传统的关系型数据库需要建表及字段，过程烦琐、工作量

巨大，不适宜进一步扩展。而 NoSQL 数据库可以根据存储的形式自定义数据格式，因此不需要提前为存储的数据建立相应字段。

环境工程大数据资源中心的数据，除了传统的结构化数据以外，还包括 TB 乃至 PB 级海量规模的非结构化、半结构化数据，如环评审批附件、图片、卫星遥感图像、监控视频、标准规范等。面向海量规模的非结构化、半结构化数据存储，关系型数据库已经无法满足海量数据的存储需求，且存在扩容性不强、可靠性及可用性不佳等问题，因此需要非关系型数据库来处理上述问题。

综上，尽管非关系型数据库得到了快速的发展，但无论是时序型数据库还是关系型数据库都依然在环境工程大数据的存储中有各自的地位，谁也无法彻底替代谁。随着互联网、物联网、云平台技术等的不断发展，无论是时序型数据库、关系型数据库还是非关系型数据库都会在各自领域发挥越来越重要的作用，并且将会涌现新型的数据库，提升环境工程大数据的存储能力和效率。

3.2.2.2 分布式数据分析与挖掘

数据预处理是数据分析或数据挖掘前的准备工作，也是数据分析或数据挖掘中必不可少的一环，它主要通过一系列的方法来处理"脏数据"、精准地抽取数据、调整数据的格式，从而得到一组符合准确、完整、简洁等标准的高质量数据，保证该数据能更好地服务于数据分析或数据挖掘工作。数据预处理实际分为数据清洗、数据集成、数据转换几方面。

（1）数据清洗　环境工程大数据中的数据来自不同的环境政务业务部门以及历史数据，不可避免地有错误的、残缺的、重复的数据，这些"脏数据"是我们不想要的，因此需要按照一定的规则把这些"脏数据"清洗掉，以提高数据分析的准确性。

环境工程大数据的清洗主要包括 6 个步骤（图 3-4）：一是需求分析，二是数据分析，三是定义数据清洗转换规则，四是验证数据清洗转换规则的正确性，五是对数据源执行清洗工作流，六是完成数据清洗后将干净数据回流。

数据清洗主要有以下几种方法。

① 面向结构冲突的清洗方法。面向结构冲突的清洗方法是指针对数据中存在的结构冲突问题，采取适当的技术手段进行清洗和处理，以确保数据的准确性和一致性。面向结构冲突的清洗方法包括数据规范化、数据转换、数据分割合并、数据标准化、数据冲突解决以及数据监测和审查等，通过这些方法可以有效地处理和消除数据中存在的结构冲突问题，提高数据质量和可信度。

② 面向噪声数据的清洗方法。面向噪声数据的清洗方法是指针对数据中存在的噪声或异常值问题，采取适当的技术手段进行清洗和处理，以提高数据的质量和可靠性。面向噪声数据的清洗方法包括异常值检测与处理、缺失值处理、重复值处理、数据格式转换、数据校验和纠正、异常模式识别以及人工审核和确认等，通过这些方法可以有效地清理和处理数据中的噪声，提高数据的可靠性和准确性。噪声数据的处理方法有分箱法、人机组合法、简单规则库法等。分箱法是指通过检查周围的值来提高存储数据的拟合度，属于局部平滑方法，可以离散化数据并增加粒度，适用于数字型数据。

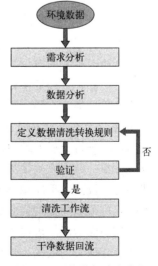

图 3-4　环境数据清洗流程

③ 面向属性值检测的方法。属性值的检测主要针对属性错误值和空值错误,面向属性值检测的方法包括数据类型检测、取值范围检测、一致性检测、完整性检测、唯一性检测、业务规则检测以及异常模式识别等。通过这些方法,可以有效地检测和处理数据属性值中存在的问题,提高数据的质量和准确性。用于检测属性错误值的方法包括统计法、聚类法等。用于空值检测的方法主要是人工法、代表性函数值填充法等。

④ 面向重复数据检测的方法。重复数据的检测方法有很多,根据检测内容可以分为基于字段的检测和基于记录的检测。基于字段的检测算法有编辑距离(Levenshtein Distance)算法、余弦相似度算法等。Levenshtein Distance 算法易于实现;余弦相似度算法更多地用于检测文本的相似度,通过该算法获得的相似性度量的值越小,说明个体间越相似。

⑤ 面向离群点检测的方法。离群点检测用于检测与其他数据点明显不同的对象,这样的对象也被称为离群值。离群点检测算法主要包括基于统计模型的算法、基于接近度的算法、基于密度的算法以及基于聚类的算法等。基于统计模型算法的检测步骤为:首先建立数据模型,然后根据模型进行分析,最终得到离群点。基于接近度的算法主要定义对象之间的接近度。基于密度的算法核心是检测物体的局部密度,当它的局部密度低于大多数邻域内对象时,则被判断为离群点。基于聚类的算法用于查找局部强烈关联的对象组,而孤立点是与其他对象没有强烈关联的对象。检测完成之后,根据数据检测结果对错误数据进行校正,以达到清洗的目的。

数据清洗技术主要包括以下几种。

① 基于函数依赖的数据清洗技术。人工数据清洗已经远远满足不了大数据时代的环境工程数据预处理需要,因此需要基于大数据库技术进行数据清洗,主要应用到的是基于函数依赖和聚类分析的数据。不同的对象,其特征也有所区别,根据特定主题内容进行分类。在对这些文本信息进行挖掘时往往会使用一些特殊算法来实现其功能,而当用户想要查询某一关键字时就需要利用函数依赖于对应关系建立一个映射表达式,从而完成搜索过程并将该数据转化成相应的图像格式供使用者参考。这种方法一般是基于聚类技术和关联规则来实现的,在对数据进行聚类时,可以使用基于大数据库的方法,将图像中包含的大量信息提取出来。对于嵌入式数据的清洗技术,主要是根据不同模型和算法,对大量复杂函数进行抽象化。

② 相似重复数据清洗技术。在数据清洗技术中,最基本的就是对相似重复记录进行分析,因为重复记录的存在会影响后续建模分析的质量,造成大数据存储和计算分析资源的浪费。对于相似重复的数据,由于不同类型和格式的数据之间存在较大差异性,需要先对大量信息进行挖掘、处理等操作后才能获得有效信息,然后在提取到有用价值信息基础上使用相应算法将其分类成小类,得到有用结果之后可以从数据中获取有效的决策方法和策略。

③ 不完整数据清洗技术。在大数据清洗技术中,不完整的样本信息可能会导致对一些重要的数据进行分析处理时出现偏差。一般有两种数据信息不完整或者缺失的情况:第一种是设备采集的数据发生缺失,第二种是人工录入数据发生缺失或表格导入数据发生缺失。对于那些已经被滤除干净却仍未完全清除或待洗信息的部分,或者存在缺陷需要进一步改进或完善时,应采取局部替换式处理,如使用特殊算法来提高其清洗效果和效率。对于缺失较少或影响较小的情况,可以直接进行数据的删除。另外一种技术是补充缺失值,通过某种方法或算法补充缺失的数据,形成完整的数据记录,从而为后续分析和建模打下坚实的基础。

④ 不一致数据修复技术。在大数据清洗技术中,不一致性是其中一个重要的问题。数

据不一致问题是指在数据处理阶段，不同数据源之间、不同数据间的数据值、格式、单位、异常等存在差异，导致数据的不一致，给后续数据的分析处理带来了困扰。可以通过数据匹配和校验技术，建立科学的数据和管理机制，加强数据分析和监督，有效应对数据不一致的问题，提高数据的准确性和可靠性。

例如，针对深圳南山区智慧水务系统大数据存在的"脏数据"问题，采用大数据清洗技术对投入运营的4座自来水厂的水质监测数据进行"脏数据"清洗，基于构建的"数据预处理、异常值检测、空缺值填补"三阶段大数据清洗模型，对智慧水务系统大数据异常值检测和空缺值填补，"脏数据"平均清洗率达到了94%，有效提升了数据的可靠性和准确性（图3-5）。

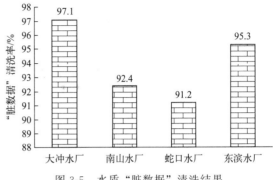

图3-5 水质"脏数据"清洗结果

（2）数据集成 数据集成是把不同来源、格式、特点性质的数据在逻辑上或物理上有机地集中起来，从而为企业提供全面的数据共享。环境工程数据源的多源性和复杂性，导致积累了大量采用不同存储方式的环境政务和业务数据，采用的数据管理系统也大不相同，包括关系型数据库和非关系型数据库等，因此异构数据源的集成问题是数据集成的难点之一。数据集成有三种经典模式：联邦数据库系统、中间件模式和数据仓库模式。联邦数据库系统是针对半自治数据集成设计的传统数据集成方法，它主要通过数据源之间共享数据接口的方式来进行数据集成；中间件模式是对传统数据集成方法的改进，是一种虚拟数据集成方法，该方法通过构建各数据源的虚拟视图实现各数据源的统一访问，它可以通过设置统一的全局数据模型来完成对异构数据的统一化管理；数据仓库模式是一个面向主题的、集成的、相对稳定的、反映历史变化的数据集合，用于支持管理决策。通过使用ETL（提取、转换、加载）工具定期对数据进行抽取、清洗、转换，然后将有价值的数据加载到中心仓库中。

专用的数据集成技术主要是数据库厂商为支持自身数据库的容灾备份以及离线数据导入而研发的数据集成工具，主要包括Oracle Warehouse Builder、Oracle Data Integrator等。商用数据集成工具主要是提供数据管理服务的软件公司研发的异构数据集成产品，如Informatica、Oracle GoldenGate和DataPipeline等数据集成软件，具有高可扩展性、高可用性、高性能的优点，缺点是商用软件需要支付较高的商业软件服务费用以及后续的技术支持费用。开源数据集成工具是依赖开源社区维护的数据集成软件，主要包括Kettle、DataX等开源软件。Kettle作为优秀的开源ETL工具虽然在系统性能和稳定性上不及商业的ETL软件，但它在所有开源的ETL工具中算是比较突出的，采用Java编码，可在多种平台上运行，提供图形化界面，绿色安装，提供丰富的软件开发工具包（SDK），开放源码，便于二次开发包装。但是其在海量数据的处理方面占用服务器内存太大，如果是多数据源，则需要在每一个需要处理的数据源上部署一个Kettle，一个Kettle大约占用服务器几个G的内存，可能会导致服务器性能下降，处理海量数据时，会出现卡顿、数据处理时间过长等问题。

（3）数据转换 数据转换是指将数据从一种格式或类型转换为另一种格式或类型。例如，将文本数据转换为数值数据，将不同格式的数据转换为统一格式，将源数据转换为目标数据，等等。数据转换是依照实际应用数据挖掘算法需求，确定具体转换方式，对数据进行规范化处理，将数据转换成适当的形式，以适用于挖掘任务及算法的需要。数据转换常见的方法包括简单函数变换、数据规范化、连续属性离散化、属性构造等。

经过数据清洗、集成、转换后，就可以开始进行建模分析了。不同的环境工程业务对数据的需求不同，需要根据相关业务或战略需求建立相应的模型，选择适宜的计算模型，并对模型进行不断调试优化，经过反复的尝试、调整、磨合、迭代，并对评测指标进行量化评估，从而训练出最为有效的模型。常见的数据分析建模方法包括降维、回归、聚类、分类、关联、时间序列等（具体见第5章）。

3.2.3 环境工程大数据的应用服务

过去利用环境数据进行应用，只能简单地回答"环境发生了什么事情"，并且由于涉及要素有限、抽样性的统计分析、以历史的统计数据为主，得到的结论很难精准地反映客观事实。利用大数据系统可以为环境决策、环境监测、环境预测、公众服务的应用带来变革，其处理迅速，实时可视化展示，大量相互关联的自然、经济、社会等数据也纳入分析，全样而非抽样分析得到的结论更精确有效，大数据自动决策以及自我优化等功能可促进环境工程的发展。进一步进行数据挖掘与数据分析，将环境数据与污染扩散模型、预测模型等结合，模拟复杂的环境过程，预测环境系统演变的发展方向，还可预言"将来环境会发生什么事情"。

3.2.3.1 环境决策服务

(1) 思维路径——转变决策思路　在大数据时代来临之际，我们要探寻更为科学的环境决策新路径，首先应当重视思维方式变革，转变旧有的思维模式，用全新的大数据思维来看待和分析环境决策问题，才能有效地抓住大数据带来的机遇，使新时期的环境决策取得更好的效果。在大数据时代，需要转变的有三种主要的思维方式，这三个转变彼此联系，相互作用。

① 摒弃抽样的统计学思维，拥抱全样分析思维。在传统的分析方法中，由于采集方法和数据处理能力的限制，通常是采用统计学思维抽取一定代表性样本进行分析，抽样的目的是从被抽取样品单位的分析、研究结果来估计和推断全部样品的特性，根据这部分代表性样本的分析结果来推断总体样本的数据特征（图3-6）。抽样数量也会对结果产生影响，因此这种方法无法处理海量的数据样本。大数据时代背景下，环境工程大数据具有复杂性、多源性、多变性的特点，即使同一环境问题也会因时间、空间、影响因素等发生变化，此外，环境工程的数据获取、存储、管理、分析方面的数据量都大大超出了传统的数据处理方法和能力，采用传统的统计学规律的抽样方法显然无法处理。大数据技术的分布式存储和分布式计算，为海量数据的全样分析提供了可能。因此，对于决策者而言，应当运用大数据思维，抓

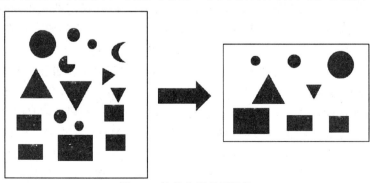

图3-6　抽样分析的局限性

住大数据机遇，充分利用和挖掘大数据技术，转变固有思维，对全体样本进行全样分析，实现环境工程领域的精准决策。

②追求处理方法的效率而非追求方法的精确性。习惯于抽样分析以及少量样本分析，人们习惯性地追求数据的高精确性。对于抽样的数据，微小的数据差异放大后，将导致整个样本数据的误差被放大。大数据时代背景下，环境工程大数据可能以图像、文本、监测数据等多种数据格式呈现，由于数据的多源异构及庞大的数据量，不可避免地存在数据偏差，如果采用全样分析、大数据清洗技术以及庞大的数据量，这些偏差对整个样本分析结果的影响微乎其微，几乎可以忽略不计，因此不再以追求数据的高精确性为首要目的。人们需要改变以往传统的追求"小而精"的思维方式，开始习惯大数据时代的"大而杂"，不再纠结于细枝末节的精确，充分提高大数据的处理效率，从而从根本上提高环境工程决策的效率。

③关注数据之间的相关性而非因果性。传统的环境工程决策中，对数据进行处理分析时，主要关注数据之间的因果关系，通过因果关系寻找问题的原因。实际上，环境工程数据受时空、人为因素等多重因素的影响，难以在海量的数据中确定数据之间的因果关系。在这种情况下，大数据技术通过全样分析和数据之间的相关性，在某种程度上可以取代原来的因果关系，帮助我们得到环境工程问题的答案。因此，人们需要转变思维观念，将寻找数据之间的因果关系转向分析数据之间的相关性，最后去解决各种各样的难题。例如，微软的Urban Air系统能够基于交通、气象、人口、道路等数据之间的相关性，预测出某一城市未来一段时间的空气质量（如雾霾情况），这种基于数据之间相关性的预测结果，其准确性远远高于基于天气的因果关系的预测结果，从而有助于决策者便捷高效地制定环境决策。

(2) 技术路径——构建科学环境工程决策系统　决策支持系统是一种辅助决策者解决问题的人机交互系统，它能够综合利用各种数据、信息、知识和模型技术，在管理信息系统的基础上，面向半结构或非结构化的决策问题，通过建立和修改模型提供多种优化方案，从而为决策者提供决策所需要的数据、信息，帮助决策者提高决策能力及决策效益。实际上，决策支持系统已经在我国很多机构中得以运用，例如国务院发展研究中心、财政部关税政策研究中心、国家发展和改革委员会产业司等。

建立在环境管理信息系统基础上的决策支持系统就是环境决策支持系统（environmental decision-support system，EDSS），它能够充分发挥决策支持系统在环境工程模糊判断分析和智能推理决策方面的优势，有针对性地解决环境工程中的结构化、半结构化甚至非结构化的决策问题，为指挥人员作出正确决策提供智能型人机交互信息系统，提高决策的效率和科学性，大大提高政府环境决策的科学性和民主性，实现科学、民主和高效环境治理。

为了构建科学环境工程决策系统，决策系统需要由传统结构化的、适应性弱的基于规则推理的决策模式向非结构化的、具有自学习和自适应功能的决策模式转变，决策驱动方式在之前的"条件-结论"基础上增加学习模式，变为"条件-结论-学习"，决策模式由固定模式决策向自我更新模式转变。构建大数据技术下的新型环境工程决策机制，数据是基础，数据结构是桥梁，决策模型是核心，稳定高效的决策信息支持系统是关键。大数据支持下的新型环境决策机制如图3-7所示。决策者通过对环境数据库相关环境数据的统计，判定环境现状或预测环境污染的发生；针对问题或隐患制定环境决策的目标；在数据库相关信息的支持下制定符合前期目标的备选方案；进行环境决策听证会，就政策的科学性和可行性吸收民意，民意认可则可以参考公众意见，选定最优方案，如果不认可，则回到制定备选方案环节；选定的方案经过完善后进入实施环节，实施的过程中一方面受到公众的监督，另一方面向数据

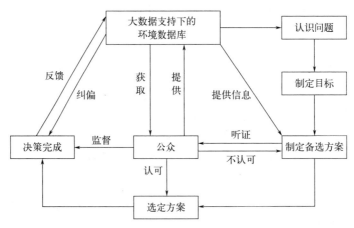

图 3-7 大数据支持下的新型环境决策机制

库反馈相关业务数据,以便于决策者随时掌握决策实施效果,及时对决策进行追踪和纠偏。公众既为数据库提供数据,又可以从政府网站获取环境数据,为环境决策建言献策,参与环境治理。整个决策系统不再是一成不变,而是随着问题、目标、公众意见等环节不断优化改进。

(3) 战略路径——提升战略决策能力　探求大数据支持下的中国环境决策路径,离不开国家政策的保障和支持。党中央、国务院高度重视大数据在推进经济社会发展中的地位和作用。2014年,大数据首次写入政府工作报告,大数据逐渐成为各级政府关注的热点。2015年9月,国务院发布《促进大数据发展行动纲要》,大数据正式上升至国家战略层面。2017年,党的十九大报告提出要推动大数据与实体经济的深度融合。在2021年发布的"十四五"规划中,大数据标准体系的完善成为发展重点。面对大数据时代的浪潮,应从以下几方面提升战略决策能力。

① 从国家层面评估大数据对政府、经济、社会的影响,制定中长期国家战略决策。创新体制机制,盘活政府及社会的环境工程大数据资源,将环境工程大数据资源转化为生产力。

② 推进环境工程数据公开,加强各机构间环境决策数据的交流共享。我国拥有十四亿多人口以及几千万家企业,为环境工程带来了多种多样的海量数据,但是至今仍然有一些数据呈现"孤岛"状态,在政府或企业内部沉睡。推动政府环境工程数据公开,既包括中央政府、环境决策部门,又包括各级地方政府及环境决策部门,打破地域和部门限制,实现环境工程数据跨地区跨部门互联互通,形成全国统筹、区域联动的整体性环境决策系统。

③ 立法保障大数据安全,防范大数据应用于政府环境决策时带来的安全隐患。大量的环境工程数据被公开促进了行业蓬勃发展,如何平衡环境工程信息的隐私性和共享性,将成为国家信息安全的一个挑战。特别是随着大量末端数据传输装备的布设,数据传输通道的大量开发,在服务环境决策的同时,也增加了政府其他领域机密数据外泄的技术风险,因此,国家大数据战略应当重视信息安全的立法保护,降低数据外流风险,保护隐私。

(4) 人才路径——培养大数据复合型决策人才　大数据时代为传统的环境工程决策带来了很多改变,其中包括驱动方式的改变。在大数据辅助下的环境决策过程中,一切由数据说话,通过数据分析得出指示目标,而数据的分析处理需要"大数据+环境工程"的复合型人才。一方面,大数据时代背景下环境工程数据追求的是数据间的相关性,而建立环境工程数据之间的相关关系需要运用环境工程知识对关联物进行判断；另一方面，无论是大数据的获取、存储还是分析和挖掘，都需要大数据技能，以便于支撑大数据决策支持系统和软硬件配套，保证大数据支持下的环境工程决策顺利进行。单一的学科背景人才，受专业限制，显然难以综合环境工程和大数据的角度去进行环境决策，容易导致决策不准确甚至错误。因此，环境工程大数据的决策人才，需要结合环境工程知识和大数据技能，具备大数据分析和建模能力，运用大数据思维、跨学科的视野去决策环境工程问题。

3.2.3.2 环境监测服务

（1）大数据技术为环境监测指明方向　环境监测是环保工作的重中之重，环境监测可以应用到对水污染、大气污染、土壤污染以及噪声污染的监测等多个方面。环保部门在对某一地区的环境进行监测时要保持全面性、广泛性，对环境污染的控制是一个发现污染、治理和改善污染、再污染、再治理的循环往复的过程，这就要求环保部门在工作过程中必须有一套完整科学的工作体系以及先进的技术支持。将大数据技术应用于环境监测，首先可以为环保部门提供某一区域环境质量的实时数据，这些数据能够为环保领域的学者提供更加科学合理的环境治理方向。其次，大数据应用到环境监测中时，能够基于共享平台对全国各地的水文、土壤等方面的环境污染情况进行收集和统一分析，环保部门可以在平台上观测到全国各地的环境状况，能够帮助环保部门发现不同区域之间是否存在关联性的环境污染，为全国范围内的环保工作指明方向。

（2）大数据技术为环保方案的制定提供依据　环保部门在对环境进行治理时需要有一套科学的环境保护方案，通过参照当地的大气、土壤、水环境等方面的具体状况来制定相应的工作标准。如果发现当地环境受到的污染需要用数据来衡量污染程度，大数据技术就将在这一环节发挥巨大的作用，可以通过数据详细地反映环境质量，还可以通过在不同的点位和不同的时期放置探测仪器来收集多元化的信息，帮助工作人员了解同一地区在不同时期环境污染的状况，因地制宜地制定相应的环境保护工作方案。此外，大数据技术在对当地环境进行监测之后能够实现环境信息资源的共享，这充分增加了环境数据本身的附加值。这些环境资料一方面可以制作成数据模型呈现在大众眼前，以呼吁公民保护环境；另一方面这些环境监测数据可以用于实验室研究，能够对环境保护的物理方法和化学方法的研发提供帮助。最重要的是数据分析得出的结果可以建立起数字化模型并实现对一些环境保护方案的预演，充分地节约了人力、物力资源。

3.2.3.3 环境预测服务

大数据的核心价值在于预测，所谓环境预测，就是通过云计算、人工智能、机器学习、预测分析模型等技术手段，将采集的海量环境工程数据转化为知识，提高环境工程综合决策的准确性和科学性，最大化利用环境工程大数据价值，以便更好地控制和引导环境工程建设。采用大数据技术进行环境工程预测具有以下几方面的优势。①提高环境工程预测效率。大数据技术能够对海量的数据进行采集、分析、处理，从而快速得出预测结果。②开展实时和个性化服务。大数据能够实时获取过去的数据以及当前的数据，并快速进行分析处理。此外，大数据可以根据应用需求和偏好，提供个性化的分析处理服务。③深入挖掘海量数据信息。环境工程大数据大多表观上没有直接的因果关系，只有通过大数据建模分析，才能够深入挖掘环境工程数据之间的相关性。④大数据技术可以通过数据建模优化以及机器学习，不断优化预测结果，为推动环境工程的健康快速发展提供指导。

3.2.3.4 公共服务

公共服务是指环境管理部门充分利用所收集的环境数据，向公众和企业提供数据分析结果或相应的数据资源的服务。公共服务主要包括对公众的数据服务和对企业的数据服务两类。随着环境大数据的发展，数据收集内容将更加全面，数据呈现方式将更加多样化，有利于公众获取更多的环境工程信息；通过大数据技术辅助，审批流程也将大大缩短，管理部门也会根据形势研判为企业的环境工作开展提供指导。此外，大数据技术也能够更好地帮助政府引导公众的需求，提高公共服务的质量和效率。

3.2.4 环境工程大数据的安全保障与运行保障

环保大数据的使用方和管理方大多是当地环保行政管理部门，环保大数据的数据类型多、专业性强、分布广、数据量十分庞大，因此既对相关管理工作者的管理技能提出了高要求，也对数据管理人员的业务能力提出了高要求，既要有计算机数据专业管理能力，还要有环保数据分析识别能力，综合能力要求高，工作中稍有不慎，极易出现数据安全问题，导致数据丢失、泄露或者损坏。因此，需要从数据管理的安全性、数据信息的安全性、数据应用的安全性等方面进行改进提升。

(1) 数据管理安全　大数据管理安全是对大数据平台传输、存储、运算等资源和功能的安全保障，包括传输交换安全、存储安全、计算安全、平台管理安全以及基础设施安全。传输交换安全是指保障与外部系统交换数据过程的安全可控，需要采用接口鉴权等机制，对外部系统的合法性进行验证，采用通道加密等手段保障传输过程的机密性和完整性。存储安全是指对平台中的数据设置备份与恢复机制，并采用数据访问控制机制来防止数据的越权访问。计算组件应提供相应的身份认证和访问控制机制，确保只有合法的用户或应用程序才能发起数据处理请求。平台管理安全包括平台组件的安全配置、资源安全调度、补丁管理、安全审计等内容。此外，平台软硬件基础设施的物理安全、网络安全、虚拟化安全等是大数据平台安全运行的基础。当前大数据的存储大多采用购买第三方服务器空间分布存储的方式，大量的环保信息数据基本上都存储在第三方的服务器平台，如果第三方的运营或管理出现问题，就很容易造成数据丢失、损坏等问题，危害到信息数据的安全。

(2) 数据信息安全　数据安全防护是指平台为保障数据流动安全所提供的安全功能，包括数据分类分级、元数据管理、质量管理、数据加密、数据隔离、防泄露、追踪溯源、数据销毁等内容。大数据促使数据生命周期由传统的单链条逐渐演变为复杂多链条形态，增加了共享、交易等环节，且数据应用场景和参与角色愈加多样化，在复杂的应用环境下，保证政务信息系统重要数据等敏感数据不发生外泄是数据安全的首要需求。海量多源数据在大数据平台汇聚，一个数据资源池同时服务于多个数据提供者和数据使用者，强化数据隔离和访问控制，实现数据可用不可见，是大数据环境下数据安全的新需求。利用大数据技术对海量数据进行挖掘分析，所得结果可能涉及国家安全、经济运行、社会治理等敏感信息，需要加强对分析结果共享和披露的安全管理。

一方面环保数据的内容具有保密性，另一方面，环保数据信息的内容和群众的日常生活息息相关，群众的关注度高，各类大气、水质环保数据和污染指数等已经进入寻常百姓的日常生活，因此，经过科学合理的分析判断的环保信息数据尤为重要。如果数量庞大的环保大数据被窃取或者破坏，恶意者可以从中获取一定的价值信息，甚至对其中的敏感数据进行篡改破坏，并加以利用，会给群众的正常生活带来不利的影响。此外，如果这些数据内容遭到故意破坏，会导致重要的数据信息损坏，给环保工作带来困难和不良后果。

(3) 数据应用安全　应用安全就是保障应用程序使用过程和结果的安全。简而言之，就是针对应用程序或工具在使用过程中可能出现的计算、数据泄露等隐患，通过其他安全工作或策略来消除。应用安全的目的是要保证信息用户的真实性，信息数据的机密性、完整性和可用性，以及信息用户和数据的可审性，以对抗假冒、信息窃取、数据篡改、越权访问和事后否认等针对信息应用的安全威胁。

3.3　环境工程大数据资源中心的可视化

数据可视化旨在将数据以可视化的方式呈现，帮助用户更好地理解数据的结构、模式和关联，是近年来大数据领域各界关注的热点，属于人机交互、图形学、图像学、统计分析、地理信息等多种学科的交叉学科。该学科的主要研究内容是综合数据处理、算法设计、软件开发、人机交互等多种知识和技能，通过图像、图表、动画等形式展现数据，诠释数据间的关系与趋势，提高阅读和理解数据的效率。就数据类型而言，当前的可视化研究逐渐聚焦于多维数据、时序数据、网络数据和层次化数据等领域。数据可视化技术是指运用计算机图形学和图像处理技术，将数据转换为图形或图像在屏幕上显示出来，并利用数据分析和开发工具发现其中未知信息的交互处理的理论、方法和技术。

3.3.1　大数据可视化算法

大数据可视化分析通常应用高性能计算机群、处理数据存储与管理的高性能数据库组件及云端服务器和提供人机交互界面的桌面计算机。随着环境工程大数据规模的逐渐增大，算法的效率逐渐成为数据可视化分析流程的瓶颈，设计新的分布并行可视化算法已经成为一个研究热点。

(1) 图像合成算法　传统的并行图像合成算法主要包括前分割算法、中间分割算法和后分割算法三种类型。前分割算法主要分为如下三个步骤：①将数据分割并分配到每个计算节点上；②每个计算节点独立绘制分配到的数据，在这一步，节点之间不需要数据交换；③将计算节点各自绘制的图形汇总，合成最终的完整图形。从上述步骤中可以看出，节点之间可能需要大量的数据交换，尤其是步骤③可能成为算法的瓶颈。解决这个问题的关键是减少计算节点之间的通信开销，可以通过对数据进行划分并在各计算节点间进行分配来实现。划分和分配方案需要与数据的访问一致，原则是计算节点只对驻留本计算节点的数据进行跟踪，从而减少数据交换。

(2) 并行颗粒跟踪算法　传统的科学可视化研究对象主要集中在三维标量场数据。在科学大数据中，经常使用三维流场数据，其原因如下所述。将二维的流场可视化方法直接应用在三维流场的结构不可能都成功，每个颗粒虽然可以单独跟踪，但是可能出现在空间中的任何一个位置，这就需要计算节点之间通过通信交换颗粒。同时，当大量的颗粒在空间移动时，每个计算节点可能处理不同数量的颗粒，从而造成计算量严重失衡。解决这些问题的关键是减少计算节点之间的通信开销，其基本思路与并行图像合成算法一致。

(3) 重要信息的提取与显示技术　科学大数据可视化的另一个重要研究方向是如何从数据中快速有效地提取重要信息，并且用这些重要信息来指导可视化的生成。从可视化的角度来看，一方面需要可视化设计表达数据中特定信息的定义，通过人机交互工具，由用户来调整参数，观察和挖掘数据中的重要信息；另一方面需要根据用户的反馈信息调整可视化，以更好地凸显重要信息，淡化非重要信息，方便用户对重要信息及其背景的观测。整个信息的提取过程是个典型的交互式可视分析过程。基于这一思想的两项技术是流场可视化的层次流线束技术和用于标量数据的基于距离场的可视化技术。

(4) 原位可视化　传统的科学可视化采用科学计算后进行处理的模式。随着计算机系统计算速度的提高，输入/输出（I/O）速度与计算速度之间的差距增大。随着计算规模越来越大，生成的数据规模也越来越大，现有的存储系统无法把所有的计算数据都保存下来。解决上述问题的常用方法是采用空间或者时间上的采样方法，最后只保存部分数据，造成结果数据的丢失，不能保证高精度数值模拟。原位可视化的基本思想如下。

① 将可视化与科学模拟集成在一起。在科学模拟的过程中，每个时间片的结果生成之后，可以立刻调用可视化模块，直接与科学模拟程序集成。为了减少数据的冗余，可视化程序与科学模拟程序共享数据结构。

② 由于数据的分割和分配优先满足科学模拟的需求，可视化程序的工作分配有可能是不均衡的，需要重新设计可视化分析算法，减少数据传输。

③ 可视化程序的开销不能太高，要保持集成系统的高效能，必须提高可视化程序的效率，其可扩展性必须与科学模拟一致，可以应用上万个、上十万个或更多的计算节点。

3.3.2　大数据可视化分析方法

(1) 原位交互分析技术　在进行可视化分析时，对内存中的数据尽可能多地进行分析称为原位交互分析。对于超过 PB 量级的数据，将数据存储于磁盘进行分析的后处理方式已不再适合。与此相反，可视化分析在数据仍在内存中时就会做尽可能多的分析。这种方式能极大地减少 I/O 的开销，并且可实现数据使用与磁盘读取比例的最大化。然而应用原位交互分析也会出现下述问题：①由于人机交互减少，容易造成整体工作流中断；②硬件执行单元不能高效地共享处理器，导致整体工作流中断。

(2) 数据存储技术　大数据是云计算的延伸，云服务及其应用的出现影响了大数据存储。当前流行的 Apache Hadoop 架构已经支持在公有云端存储 EB 量级数据的应用。许多互联网公司都已经开发出了基于 Hadoop 的 EB 量级的超大规模数据应用。一个基于云端的解决方案可能满足不了 EB 量级数据处理，一个主要的问题是每千兆字节的云存储成本仍然显著高于私有集群中的硬盘存储成本。另一个问题是基于云的数据库的访问延时和输出始终受限于云端通信网络的带宽。不是所有的云系统都支持分布式数据库的 ACM 标准。对于 Hadoop 软件的应用，这些需求必须在应用软件层实现。

(3) 可视化分析算法　大数据的可视化算法不仅要考虑数据规模，而且要考虑视觉感知的高效算法。需要引入创新的视觉表现方法和用户交互手段。更重要的是用户的偏好必须与自动学习算法有机结合起来，这样可视化的输出具有高度适应性。可视化算法应拥有巨大的控制参数搜索空间，减少数据分析与探索的成本，降低难度，可以组织数据并且缩小搜索空间。

(4) 不确定性的量化　许多数据分析任务中引入数据亚采样来应对实时性的要求，由此也带来了更大的不确定性。数据中不确定性的来源对于决策和风险分析十分重要。随着数据规模不断增大，直接处理整个数据集的能力也受到了极大的限制。不确定性量化已经成为科学与工程领域的重要问题之一。不确定性的量化对未来的可视化分析工具极为重要，新的可视化技术将提供一个不确定性的直观视图来帮助用户了解风险，从而帮助用户选择正确的参数，减少误导性结果的产生。不确定性的量化将成为可视化分析任务的核心部分。

（5）并行计算　并行处理可以有效地减少可视计算所占用的时间，从而实现数据分析的实时交互，多核计算体系结构的每个核所占有的内存也将减少，在系统内移动数据的代价也将提高。为了发掘并行计算的潜力，许多可视化分析算法需要完全重新设计。在单个核心内存容量的限制之下，不仅需要有更大规模的并行，也需要设计新的数据模型，需要设计出既考虑数据大小又考虑视觉感知的高效算法，需要引入创新的视觉表现方法和用户交互手段。

（6）用户界面与交互设计　由于传统的可视化分析算法的设计通常没有考虑可扩展性，所以许多算法的计算过于复杂或者不能输出易理解的简明结果；加之数据规模不断地增长，以人为中心的用户界面与交互设计面临多层次性和高复杂性的困难；同时计算机自动处理系统对于需要人参与判断的分析过程的性能不高，现有的技术不能充分发挥人的认知能力。利用人机交互可以化解上述问题。为此，在大数据的可视化分析中，用户界面与交互设计成为研究的热点，主要应考虑下述问题：用户驱动的数据简化、可扩展性与多级层次、异构数据融合、交互查询中的数据概要与分流、表示证据和不确定性、时变特征分析、设计与工程开发等。

3.3.3　大数据可视化发展方向

（1）可视化技术联系数据挖掘　从表面上看，大数据可视化与数据挖掘类似，甚至会让人产生一种错觉，即可视化技术就是数据挖掘，理由是数学可视分析和数据挖掘的目标都是从数据中获取信息。但事实上，它们所应用的手段是完全不一样的。数据挖掘是利用计算机将那些隐藏的数据知识挖掘出来给予用户，而数据可视化分析则是将复杂、不易观察的数据转换成易于理解的图形符号，更倾向于探索性地分析数据。两者的相似点是我们推进可视化技术联系数据挖掘的基础，不同点则是我们进行整合研究的主要动力。

（2）可视化技术联系人机交互　我们在研究计算机技术时，主要实现的内容之一就是用户与数据的交互，其目的是要使用户更好地掌控数据。从当前各个科技分支发展的方向和应用情况看，我们还无法真正做到完全掌控数据，所以，当我们在发展可视化技术时，在人机交互层面上取得重要突破，自然也就成为可视化研究的一个重要方向。

（3）可视化技术联系大规模、高维度、非结构化数据　大数据时代，大规模和高维度数据层出不穷，而且它们又多是非结构化的，将这样的数据用可视化形式完美地展现出来，其难度可想而知。所以，当我们在这样一个较为复杂的时代环境下发展可视化技术时，就必须想办法建立与大规模、高维度、非结构化数据的联系，这也就成为我们进行可视化技术研究的一个重要方向。

例如，环境云平台的数据地图直观地展示了全国 2500 多个城市的天气预报、历史天气、大气环境、污染排放、地质灾害及基本的地理位置等数据，让用户可以一目了然地了解自己所在城市的环境信息。为了提高环境数据预测的准确率，人们往往还需要结合历史环境数据进行分析。基于这些考虑，历史环境数据趋势的可视化也是一个很有意义的应用。环境云平台便提供了 2006～2015 年全国历史天气数据的可视化功能。

习题

1. 环境工程大数据的"4V"特征是什么?
2. 环境工程大数据的类型包括哪些?
3. 数据预处理具体包含哪几个方面?
4. 环境工程数据的时空属性包含哪些?
5. 针对当前围绕环境工程大数据资源中心的科学规范还没有统一标准,可以从哪几个方面科学设计环境工程大数据资源中心?
6. 环境工程大数据来源包括哪些?
7. 环境工程大数据管理平台包含哪几个关键组成部分?
8. 环境工程大数据资源中心的关键技术包括哪些?
9. 环境工程大数据的清洗包括哪几个步骤?
10. 数据清洗方法包括哪些?

第4章
环境工程大数据的采集

4.1 环境工程大数据来源

4.1.1 环境监测和管理

环境监测是运用物理、化学、电子信息等技术对空气、水源、土壤等环境进行监测分析,并为环境污染防治提供决策依据和评估手段。环境监测对象包括水环境质量、大气环境质量、土壤环境质量、声环境质量、辐射环境质量及生态环境质量等。环境监测数据主要包括两部分,一部分来自各要素环境质量监测及污染源监测数据,另一部分来自环境管理数据,包含空间地理信息、企业法人信息、环境政策法规、环境遥感数据、标准规范等公共数据,以及物联网监测设备对大气环境、水环境、土壤环境、生态环境等采集的原始数据,还有各个业务处室及直属单位根据自身的工作职责产生的环境业务管理数据,例如政府管理部门的文件数据及相关污染源企业的管理信息数据。

根据2016年中国环境监测总站数据,全国有空气质量监测站点2100余个、地表水监测断面2767个、水质自动监测站300个、土壤监测点位4万余个,这些监测点将产生海量的监管大数据。过去几年,随着监测网点位优化调整工作的开展,各类监测站点数量又有不同程度的增加。现有监测点较为分散且监测数据多源异构,需要运用大数据技术进行分析利用,才能深层次挖掘这些数据潜在的价值。

监测数据是重要的环境数据,种类多、数量大,可对环境决策、分析起到重要支撑作用,见表4-1。

表4-1 环境质量监测数据表

序号	环境要素	数据内容	序号	环境要素	数据内容
1	大气	硫氧化物监测数据	6	大气	碳氢化合物监测数据
2		氮氧化物监测数据	7		降尘监测数据
3		一氧化碳监测数据	8		总悬浮微粒监测数据
4		臭氧监测数据	9		飘尘监测数据
5		卤代烃监测数据	10		酸沉降监测数据

续表

序号	环境要素	数据内容	序号	环境要素	数据内容
11	噪声	噪声强度数据	29	水环境	国控水功能区监测覆盖率
12		噪声特征数据	30		水源地监测覆盖率
13	固体废物	汞及其化合物监测数据	31		国控水源地监测覆盖率
14		铬及其化合物监测数据	32	土壤	水土流失治理度
15		砷及其化合物监测数据	33		土壤流失控制比
16		六价铬化合物监测数据	34		拦渣率
17		铅及其化合物监测数据	35		扰动土壤整治率
18		铜及其化合物监测数据	36		土壤侵蚀模数
19		锌及其化合物监测数据	37		土石方利用率
20		镍及其化合物监测数据	38		林草覆盖率
21		铍及其化合物监测数据	39		林草植被恢复率
22		氟化物监测数据	40		单位扰动面积水土保持投资强度
23	水环境	取用水户监测水量覆盖率	41		单位水土流失面积水土保持投资强度
24		实际用水监测覆盖率	42		水土保持投资占项目总投资百分比
25		工业和生活监测水量覆盖率	43		径流模数
26		取用水大户建设完成率	44		单位水土流失
27		数据到报率	45		单位排水量
28		水功能区监测覆盖率			

4.1.1.1 水环境监测

水环境的监测可以简单地划分为地表水监测、地下水监测、海水监测及饮用水监测（图4-1）。

（1）地表水监测 地表水环境监测工作目前已经比较成熟，主要是依据水质自动监测技

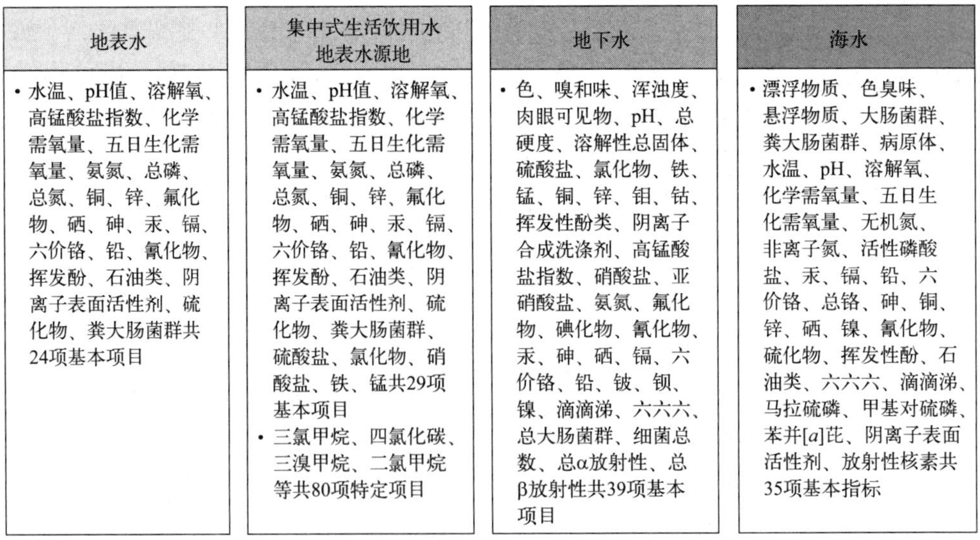

地表水	集中式生活饮用水地表水源地	地下水	海水
• 水温、pH值、溶解氧、高锰酸盐指数、化学需氧量、五日生化需氧量、氨氮、总磷、总氮、铜、锌、氟化物、硒、砷、汞、镉、六价铬、铅、氰化物、挥发酚、石油类、阴离子表面活性剂、硫化物、粪大肠菌群共24项基本项目	• 水温、pH值、溶解氧、高锰酸盐指数、化学需氧量、五日生化需氧量、氨氮、总磷、总氮、铜、锌、氟化物、硒、砷、汞、镉、六价铬、铅、氰化物、挥发酚、石油类、阴离子表面活性剂、硫化物、粪大肠菌群、硫酸盐、氯化物、硝酸盐、铁、锰共29项基本项目 • 三氯甲烷、四氯化碳、三溴甲烷、二氯甲烷等共80项特定项目	• 色、嗅和味、浑浊度、肉眼可见物、pH、总硬度、溶解性总固体、硫酸盐、氯化物、铁、锰、铜、锌、钼、钴、挥发性酚类、阴离子合成洗涤剂、高锰酸盐指数、硝酸盐、亚硝酸盐、氨氮、氟化物、碘化物、氰化物、汞、砷、硒、镉、六价铬、铅、铍、钡、镍、滴滴涕、六六六、总大肠菌群、细菌总数、总α放射性、总β放射性共39项基本项目	• 漂浮物质、色臭味、悬浮物质、大肠菌群、粪大肠菌群、病原体、水温、pH、溶解氧、化学需氧量、五日生化需氧量、无机氮、非离子氮、活性磷酸盐、汞、镉、铅、六价铬、总铬、砷、铜、锌、硒、镍、氰化物、硫化物、挥发性酚、石油类、六六六、滴滴涕、马拉硫磷、甲基对硫磷、苯并[a]芘、阴离子表面活性剂、放射性核素35项基本指标

图 4-1 水环境质量指标

术规范和地表水环境质量标准要求，以地表水流域为具体的单元，通过优化监测断面、手工采样、实验室精细化分析等技术手段，实现地表水环境的全面监测。国家地表水环境质量监测网在经历了多轮的优化调整完善后，从2021年起增加到3646个国控断面。在此监测网络和监测模式下，国家地表水环境质量监测产生了海量的监测数据，需要利用大数据技术进行地表水监测数据的收集、管理、深入挖掘分析。

2020年生态环境部发布的《"十四五"国家地表水监测及评价方案（试行）》中，地表水的监测指标为"9+X"，其中，"9"为基本指标：水温、pH、溶解氧、电导率、浊度、高锰酸盐指数、氨氮、总磷、总氮（湖库增测叶绿素a、透明度等指标）。"X"为特征指标：《地表水环境质量标准》（GB 3838—2002）表1基本项目中，除9项基本指标外，上一年及当年出现过的超过Ⅲ类标准限值的指标；若断面考核目标为Ⅰ或Ⅱ类，则为超过Ⅰ或Ⅱ类标准限值的指标。特征指标结合水污染防治工作需求动态调整。上述9项基本监测指标中水温、电导率和浊度因无相应标准限值，只作为参考指标，不参与水质评价，因此水质评价按照"5+X"进行，总氮参与湖库营养状况评价。

（2）地下水监测　根据国家有关地下水环境监测的规定，地下水环境监测遵守的主要准则是将监测地区地下水水质污染实际情况完整呈现出来，从而满足地下水环境质量评价与环境保护的需要。目前的国家标准主要有两部：一部是国家质量监督检验检疫总局于2017年10月发布的《地下水质量标准》（GB/T 14848—2017），于2018年5月1日实施；另一部则是2020年12月1日发布的《地下水环境监测技术规范》（HJ 164—2020），于2021年3月1日实施。根据《地下水环境监测技术规范》，地下水监测项目主要选择《地下水质量标准》（GB/T 14848）中的常规项目（表4-2）和非常规项目（表4-3）。监测项目以常规项目为主，不同地区可在此基础上，根据当地的实际情况选择非常规项目。标准指出，地下水环境监测时的气温、地下水水位、水温、pH、溶解氧、电导率、氧化还原电位、嗅和味、浑浊度、肉眼可见物等监测项目为每次监测的现场必测项目，而污染源的地下水监测项目以污染源特征项目为主，同时根据污染源的特征项目的种类，适当增加或删减有关监测项目。

表4-2　地下水质量常规指标及限值

序号	指标	Ⅰ类	Ⅱ类	Ⅲ类	Ⅳ类	Ⅴ类
感官性状及一般化学指标						
1	色（铂钴色度单位）	≤5	≤5	≤15	≤25	>25
2	嗅和味	无	无	无	无	有
3	浑浊度/NTU[①]	≤3	≤3	≤3	≤10	>10
4	肉眼可见物	无	无	无	无	有
5	pH	6.5≤pH≤8.5			5.5≤pH<6.5 8.5<pH≤9.0	pH<5.5 或 pH>9.0
6	总硬度（以$CaCO_3$计）/(mg/L)	≤150	≤300	≤450	≤650	>650
7	溶解性总固体/(mg/L)	≤300	≤500	≤1000	≤2000	>2000
8	硫酸盐/(mg/L)	≤50	≤150	≤250	≤350	>350
9	氯化物/(mg/L)	≤50	≤150	≤250	≤350	>350
10	铁/(mg/L)	≤0.1	≤0.2	≤0.3	≤2.0	>2.0
11	锰/(mg/L)	≤0.05	≤0.05	≤0.10	≤1.50	>1.50

续表

序号	指标	Ⅰ类	Ⅱ类	Ⅲ类	Ⅳ类	Ⅴ类
感官性状及一般化学指标						
12	铜/(mg/L)	≤0.01	≤0.05	≤1.00	≤1.50	>1.50
13	锌/(mg/L)	≤0.05	≤0.5	≤1.00	≤5.00	>5.00
14	铝/(mg/L)	≤0.01	≤0.05	≤0.20	≤0.50	>0.50
15	挥发性酚类(以苯酚计)/(mg/L)	≤0.001	≤0.001	≤0.002	≤0.01	>0.01
16	阴离子表面活性剂/(mg/L)	不得检出	≤0.1	≤0.3	≤0.3	>0.3
17	耗氧量(COD_{Mn}法,以O_2计)/(mg/L)	≤1.0	≤2.0	≤3.0	≤10.0	>10.0
18	氨氮(以N计)/(mg/L)	≤0.02	≤0.10	≤0.50	≤1.50	>1.50
19	硫化物/(mg/L)	≤0.005	≤0.01	≤0.02	≤0.10	>0.10
20	钠/(mg/L)	≤100	≤150	≤200	≤400	>400
微生物指标						
21	总大肠菌群/(MPN[②]/100mL 或 CFU[③]/100mL)	≤3.0	≤3.0	≤3.0	≤100	>100
22	菌落总数/(CFU/mL)	≤100	≤100	≤100	≤1000	>1000
毒理学指标						
23	亚硝酸盐(以N计)/(mg/L)	≤0.01	≤0.10	≤1.00	≤4.80	>4.80
24	硝酸盐(以N计)/(mg/L)	≤2.0	≤5.0	≤20.0	≤30.0	>30.0
25	氰化物/(mg/L)	≤0.001	≤0.01	≤0.05	≤0.1	>0.1
26	氟化物/(mg/L)	≤1.0	≤1.0	≤1.0	≤2.0	>2.0
27	碘化物/(mg/L)	≤0.04	≤0.04	≤0.08	≤0.50	>0.50
28	汞/(mg/L)	≤0.0001	≤0.0001	≤0.001	≤0.002	>0.002
29	砷/(mg/L)	≤0.001	≤0.001	≤0.01	≤0.05	>0.05
30	硒/(mg/L)	≤0.01	≤0.01	≤0.01	≤0.1	>0.1
31	镉/(mg/L)	≤0.0001	≤0.001	≤0.005	≤0.01	>0.01
32	铬(六价)/(mg/L)	≤0.005	≤0.01	≤0.05	≤0.10	>0.10
33	铅/(mg/L)	≤0.005	≤0.005	≤0.01	≤0.10	>0.10
34	三氯甲烷/(μg/L)	≤0.5	≤6	≤60	≤300	>300
35	四氯化碳/(μg/L)	≤0.5	≤0.5	≤2.0	≤50.0	>50.0
36	苯/(μg/L)	≤0.5	≤1.0	≤10.0	≤120	>120
37	甲苯/(μg/L)	≤0.5	≤140	≤700	≤1400	>1400
放射性指标[④]						
38	总α放射性/(Bq/L)	≤0.1	≤0.1	≤0.5	>0.5	>0.5
39	总β放射性/(Bq/L)	≤0.1	≤1.0	≤1.0	>1.0	>1.0

① NTU 为散射浊度单位;

② MPN 表示最可能数;

③ CFU 表示菌落形成单位;

④ 放射性指标超过指导值,应进行核素分析和评价。

表 4-3 地下水质量非常规指标及限值

序号	指标	Ⅰ类	Ⅱ类	Ⅲ类	Ⅳ类	Ⅴ类
毒理学指标						
1	铍/(mg/L)	≤0.0001	≤0.0001	≤0.002	≤0.06	>0.06
2	硼/(mg/L)	≤0.02	≤0.10	≤0.50	≤2.00	>2.00
3	锑/(mg/L)	≤0.0001	≤0.0005	≤0.005	≤0.01	>0.01
4	钡/(mg/L)	≤0.01	≤0.10	≤0.70	≤4.00	>4.00
5	镍/(mg/L)	≤0.002	≤0.002	≤0.02	≤0.10	>0.10
6	钴/(mg/L)	≤0.005	≤0.005	≤0.05	≤0.10	>0.10
7	钼/(mg/L)	≤0.001	≤0.01	≤0.07	≤0.15	>0.15
8	银/(mg/L)	≤0.001	≤0.01	≤0.05	≤0.10	>0.10
9	铊/(mg/L)	≤0.0001	≤0.0001	≤0.0001	≤0.001	>0.001
10	二氯甲烷/(μg/L)	≤1	≤2	≤20	≤500	>500
11	1,2-二氯乙烷/(μg/L)	≤0.5	≤3.0	≤30.0	≤40.0	>40.0
12	1,1,1-三氯乙烷/(μg/L)	≤0.5	≤400	≤2000	≤4000	>4000
13	1,1,2-三氯乙烷/(μg/L)	≤0.5	≤0.5	≤5.0	≤60.0	>60.0
14	1,2-二氯丙烷/(μg/L)	≤0.5	≤0.5	≤5.0	≤60.0	>60.0
15	三溴甲烷/(μg/L)	≤0.5	≤10.0	≤100	≤800	>800
16	氯乙烯/(μg/L)	≤0.5	≤0.5	≤5.0	≤90.0	>90.0
17	1,1-二氯乙烯/(μg/L)	≤0.5	≤3.0	≤30.0	≤60.0	>60.0
18	1,2-二氯乙烯/(μg/L)	≤0.5	≤0.5	≤5.0	≤50.0	>60.0
19	三氯乙烯/(μg/L)	≤0.5	≤7.0	≤70.0	≤210	>210
20	四氯乙烯/(μg/L)	≤0.5	≤4.0	≤40.0	≤300	>300
21	氯苯/(μg/L)	≤0.5	≤60.0	≤300	≤600	>600
22	邻二氯苯/(μg/L)	≤0.5	≤200	≤1000	≤2000	>2000
23	对二氯苯/(μg/L)	≤0.5	≤30.0	≤300	≤600	>600
24	三氯苯(总量)/(μg/L)[①]	≤0.5	≤4.0	≤20.0	≤180	>180
25	乙苯/(μg/L)	≤0.5	≤30.0	≤300	≤600	>600
26	二甲苯(总量)/(μg/L)[②]	≤0.5	≤100	≤500	≤1000	>1000
27	苯乙烯/(μg/L)	≤0.5	≤2.0	≤20.0	≤40.0	>40.0
28	2,4-二硝基甲苯/(μg/L)	≤0.1	≤0.5	≤5.0	≤60.0	>60.0
29	2,6-二硝基甲苯/(μg/L)	≤0.1	≤0.5	≤5.0	≤30.0	>30.0
30	萘/(μg/L)	≤1	≤10	≤100	≤600	>600
31	蒽/(μg/L)	≤1	≤360	≤1800	≤3600	>3600
32	荧蒽/(μg/L)	≤1	≤50	≤240	≤480	>480
33	苯并[b]荧蒽/(μg/L)	≤0.1	≤0.4	≤4.0	≤8.0	>8.0
34	苯并[a]芘/(μg/L)	≤0.002	≤0.002	≤0.01	≤0.50	>0.50
35	多氯联苯(总量)/(μg/L)[③]	≤0.05	≤0.05	≤0.50	≤10.0	>10.0
36	邻苯二甲酸二(2-乙基己基)酯/(μg/L)	≤3	≤3	≤8.0	≤300	>300

续表

序号	指标	Ⅰ类	Ⅱ类	Ⅲ类	Ⅳ类	Ⅴ类
毒理学指标						
37	2,4,6-三氯酚/(μg/L)	≤0.05	≤20.0	≤200	≤300	>300
38	五氯酚/(μg/L)	≤0.05	≤0.90	≤9.0	≤18.0	>18.0
39	六六六(总量)/(μg/L)④	≤0.01	≤0.50	≤5.00	≤300	>300
40	γ-六六六(林丹)/(μg/L)	≤0.01	≤0.20	≤2.00	≤150	>150
41	滴滴涕(总量)/(μg/L)⑤	≤0.01	≤0.10	≤1.00	≤2.00	>2.00
42	六氯苯/(μg/L)	≤0.01	≤0.10	≤1.00	≤2.00	>2.00
43	七氯/(μg/L)	≤0.01	≤0.04	≤0.40	≤0.80	>0.80
44	2,4-滴/(μg/L)	≤0.1	≤6.0	≤30.0	≤150	>150
45	克百威/(μg/L)	≤0.05	≤1.40	≤7.00	≤14.0	>14.0
46	涕灭威/(μg/L)	≤0.05	≤0.60	≤3.00	≤30.0	>30.0
47	敌敌畏/(μg/L)	≤0.05	≤0.10	≤1.00	≤2.00	>2.00
48	甲基对硫磷/(μg/L)	≤0.05	≤4.00	≤20.0	≤40.0	>40.0
49	马拉硫磷/(μg/L)	≤0.05	≤25.0	≤250	≤500	>500
50	乐果/(μg/L)	≤0.05	≤16.0	≤80.0	≤160	>160
51	毒死蜱/(μg/L)	≤0.05	≤6.00	≤30.0	≤60.0	>60.0
52	百菌清/(μg/L)	≤0.05	≤1.00	≤10.0	≤150	>150
53	莠去津/(μg/L)	≤0.05	≤0.40	≤2.00	≤600	>600
54	草甘膦/(μg/L)	≤0.1	≤140	≤700	≤1400	>1400

① 三氯苯(总量)为1,2,3-三氯苯、1,2,4-三氯苯、1,3,5-三氯苯3种异构体加和;
② 二甲苯(总量)为邻二甲苯、间二甲苯、对二甲苯3种异构体加和;
③ 多氯联苯(总量)为PCB28、PCB52、PCB101、PCB118、PCB138、PCB153、PCB180、PCB194、PCB206 9种多氯联苯单体加和;
④ 六六六(总量)为α-六六六、β-六六六、γ-六六六、δ-六六六4种异构体加和;
⑤ 滴滴涕(总量)为o,p'-滴滴涕,p,p'-滴滴伊,p,p'-滴滴滴,p,p'-滴滴涕4种异构体加和。

(3) 海水监测　按照海域的不同使用功能和保护目标,海水水质分为四类(表4-4):第一类适用于海洋渔业水域,海上自然保护区和珍稀濒危海洋生物保护区;第二类适用于水产养殖区,海水浴场,人体直接接触海水的海上运动或娱乐区,以及与人类食用直接有关的工业用水区;第三类适用于一般工业用水区,滨海风景旅游区;第四类适用于海洋港口水域,海洋开发作业区。

表4-4　海水水质标准　　　　　　　　　　　　　　　　　单位:mg/L

序号	项目	第一类	第二类	第三类	第四类
1	漂浮物质	海面不得出现油膜、浮沫和其他漂浮物质			海面无明显油膜、浮沫和其他漂浮物质
2	色、臭、味	海水不得有异色、异臭、异味			海水不得有令人厌恶和感到不快的色、臭、味
3	悬浮物质	人为增加的量≤10		人为增加的量≤100	人为增加的量≤150

续表

序号	项目	第一类	第二类	第三类	第四类
4	大肠埃希菌≤/(个/L)	10000 供人生食的贝类增养殖水质≤700			—
5	粪大肠杆菌≤/(个/L)	2000 供人生食的贝类增养殖水质≤140			—
6	病原体	供人生食的贝类养殖水质不得含有病原体			
7	水温/℃	人为造成的海水温升夏季不超过当时当地1℃，其他季节不超过2℃		人为造成的海水温升不超过当时当地4℃	
8	pH	7.8～8.5 同时不超出该海域正常变动范围0.2pH单位		6.8～8.6 同时不超出该海域正常变动范围的0.5pH单位	
9	溶解氧＞	6	5	4	3
10	化学需氧量≤(COD)	2	3	4	5
11	生化需氧量≤(BOD$_5$)	1	3	4	5
12	无机氮≤(以N计)	0.20	0.30	0.40	0.50
13	非离子氨≤(以N计)	0.020			
14	活性磷酸盐≤(以P计)	0.015	0.030		0.045
15	汞≤	0.00005	0.0002		0.0005
16	镉≤	0.001	0.005	0.010	
17	铅≤	0.001	0.005	0.010	0.050
18	六价铬≤	0.005	0.010	0.020	0.050
19	总铬≤	0.05	0.10	0.20	0.05
20	砷≤	0.020	0.030		0.050
21	铜≤	0.005	0.010		0.050
22	锌≤	0.020	0.050	0.10	0.50
23	硒≤	0.010	0.020		0.050
24	镍≤	0.005	0.010	0.020	0.050
25	氰化物≤	0.005		0.10	0.20
26	硫化物≤(以S计)	0.02	0.05	0.10	0.25
27	挥发性酚≤	0.005		0.010	0.050
28	石油类≤	0.05		0.30	0.50
29	六六六≤	0.001	0.002	0.003	0.005
30	滴滴涕≤	0.00005	0.0001		
31	马拉硫磷≤	0.0005	0.001		
32	甲基对硫磷≤	0.0005	0.001		
33	苯并[a]芘≤/(μg/L)	0.0025			
34	阴离子表面活性剂（以LAS计）	0.03	0.10		

续表

序号	项目		第一类	第二类	第三类	第四类
35	放射性核素/(Bq/L)	^{60}Co	0.03			
		^{90}Sr	4			
		^{106}Rn	0.2			
		^{134}Cs	0.6			
		^{137}Cs	0.7			

（4）饮用水监测　安全的饮用水是人类健康的基本保障，是关系国计民生的重要公共健康资源，因此，国家十分重视饮用水安全。新发布的《生活饮用水卫生标准》标准号定为GB 5749—2022，代替之前发布的GB 5749—2006，发布日期为2022年3月15日，实施日期为2023年4月1日。《生活饮用水卫生标准》（GB 5749—2022）相比之前的标准，对标准的范围进行了更加明确的表述，对规范性引用文件进行了更新，修订完善或增减了集中式供水、小型集中式供水、二次供水、出厂水、末梢水、常规指标和扩展指标等术语和定义，对全文一些条款中的文字进行了修改。

旧标准（GB 5749—2006）中水质指标106项，新标准中水质指标97项（常规指标43项，扩展指标54项），减少了9项。旧标准中水质参考指标28项，新标准中水质参考指标55项。其中新标准新增29项水质参考指标（详见表4-5），删除2项指标（详见表4-6），更改3项指标名称（详见表4-7），更改1项指标限值（详见表4-8）。

表4-5　新增29项指标

编号	指标	限值	编号	指标	限值
1	钒/(mg/L)	0.01	16	氯化氰(以 CN^- 计)/(mg/L)	0.07
2	六六六(总量)/(mg/L)	0.005	17	亚硝基二甲胺/(mg/L)	0.0001
3	对硫磷/(mg/L)	0.003	18	碘乙酸/(mg/L)	0.02
4	甲基对硫磷/(mg/L)	0.009	19	1,1,1-三氯乙烷/(mg/L)	2
5	林丹/(mg/L)	0.002	20	乙苯/(mg/L)	0.3
6	滴滴涕/(mg/L)	0.001	21	1,2-二氯苯/(mg/L)	1
7	敌百虫/(mg/L)	0.05	22	全氟辛酸/(mg/L)	0.00008
8	甲基硫菌灵/(mg/L)	0.3	23	全氟辛烷磺酸/(mg/L)	0.00004
9	稻瘟灵/(mg/L)	0.3	24	二甲基二硫醚/(mg/L)	0.00003
10	氟乐灵/(mg/L)	0.02	25	二甲基三硫醚/(mg/L)	0.00003
11	甲霜灵/(mg/L)	0.05	26	碘化物/(mg/L)	0.1
12	西草净/(mg/L)	0.03	27	硫化物/(mg/L)	0.02
13	乙酰甲胺磷/(mg/L)	0.08	28	铀/(mg/L)	0.03
14	甲醛/(mg/L)	0.9	29	镭-226/(Bq/L)	1
15	三氯乙醛/(mg/L)	0.1			

表 4-6 删除 2 项指标

编号	指标
1	2-甲基异莰醇
2	土臭素

表 4-7 更改 3 项指标名称

编号	旧标准指标名称	新标准指标名称	限值
1	二溴乙烯	1,2-二溴乙烷/(mg/L)	0.00005
2	亚硝酸盐	亚硝酸盐(以 N 计)/(mg/L)	1
3	石棉(>10μm)	石棉(纤维>10μm)/(万个/L)	700

表 4-8 更改 1 项指标限值

指标名称及单位	旧标准限量	新标准限量
石油类(总量)/(mg/L)	0.3	0.05

4.1.1.2 大气环境监测

随着我国工业化和城市化进程持续推进，城市机动车保有量逐渐增加，大量尾气排放到空气中，成为城市大气污染的主要来源之一。化工、金属冶炼等企业在生产中会排放有毒有害气体，加之部分地区仍然依赖石油、煤炭等化石能源，这些物质经燃烧释放废气，在与水和氧气结合后产生酸性物质，不仅危害环境，也对城市建筑及人体健康造成伤害。环境大气监测对人类的经济发展和人身健康都有至关重要的意义。大气监测工作是针对大气环境因子进行信息收集与分析的专业性工作，它能够为大气污染情况分析、大气污染物来源探查以及大气污染整治工作提供全面的信息依据。当前空气监测数据的来源主要是定点点源排放企业、机动车排放、居民的燃料燃烧、生物质燃烧等。

空气监测数据按照不同的污染物进行分类，目前主要的分类方式包括：空气污染物组分（NO_2、SO_2、O_3、$PM_{2.5}$、PM_{10}、CO 等）、空气污染事件（雾霾、沙尘暴等）以及大气污染排放源。

大气环境监测数据主要包括非结构化的天基大气环境监测数据、结构化的地基大气环境监测数据和半结构化的互联网公开大气环境监测数据。大气环境监测数据具有鲜明的时空特征，属于时空大数据。作为一种特殊形式的数据，时空大数据除了包含普通数据的属性值外，还包含时间和空间信息，具有时间、空间和属性三维特征，因而大气环境监测数据除了具有数据体量大、数据增长快、数据种类多和价值密度低的大数据基本特征，还具有多维、动态和时空强相关等复杂特征。中国环境监测总站可以实时动态地查阅到全国各个大气监测站点实时的各项监测指标以及 24 小时的变化趋势。

《环境空气质量标准》（GB 3095—2012）规定了环境空气功能区分类、标准分级、污染物项目、平均时间及浓度限值、监测方法、数据统计的有效性规定及实施与监督等内容。该标准按照功能将环境空气分为两类，一类是自然保护区、风景名胜区和其他需要特殊保护的区域；二类为居住区、商业交通居民混合区、文化区、工业区和农村地区。根据分区的不同制定了不同的空气监测标准（表 4-9 和表 4-10）。

表 4-9　环境空气污染物基本项目浓度

序号	污染物项目	平均时间	浓度限值 一级	浓度限值 二级	单位
1	二氧化硫(SO_2)	年平均	20	60	$\mu g/m^3$
1	二氧化硫(SO_2)	24 小时平均	50	150	$\mu g/m^3$
1	二氧化硫(SO_2)	1 小时平均	150	500	$\mu g/m^3$
2	二氧化氮(NO_2)	年平均	40	40	$\mu g/m^3$
2	二氧化氮(NO_2)	24 小时平均	80	80	$\mu g/m^3$
2	二氧化氮(NO_2)	1 小时平均	200	200	$\mu g/m^3$
3	一氧化碳(CO)	24 小时平均	4	4	mg/m^3
3	一氧化碳(CO)	1 小时平均	10	10	mg/m^3
4	臭氧(O_3)	日最大 8 小时平均	100	160	$\mu g/m^3$
4	臭氧(O_3)	1 小时平均	160	200	$\mu g/m^3$
5	颗粒物(粒径≤10μm)	年平均	40	70	$\mu g/m^3$
5	颗粒物(粒径≤10μm)	24 小时平均	50	150	$\mu g/m^3$
6	颗粒物(粒径≤2.5μm)	年平均	15	35	$\mu g/m^3$
6	颗粒物(粒径≤2.5μm)	24 小时平均	35	75	$\mu g/m^3$

表 4-10　环境空气污染物其他项目浓度限值

序号	污染物项目	平均时间	浓度限值 一级	浓度限值 二级	单位
1	总悬浮颗粒物(TSP)	年平均	80	200	$\mu g/m^3$
1	总悬浮颗粒物(TSP)	24 小时平均	120	300	$\mu g/m^3$
2	氮氧化物(NO_x)（以 NO_2 计）	年平均	50	50	$\mu g/m^3$
2	氮氧化物(NO_x)（以 NO_2 计）	24 小时平均	100	100	$\mu g/m^3$
2	氮氧化物(NO_x)（以 NO_2 计）	1 小时平均	250	250	$\mu g/m^3$
3	铅(Pb)	年平均	0.5	0.5	$\mu g/m^3$
3	铅(Pb)	季平均	1.0	1.0	$\mu g/m^3$
4	苯并[a]芘(BaP)	年平均	0.001	0.001	$\mu g/m^3$
4	苯并[a]芘(BaP)	24 小时平均	0.0025	0.0025	$\mu g/m^3$

4.1.1.3　土壤环境质量监测

2018 年我国废止了之前的《土壤环境质量标准》（GB 15618—1995），推出了《土壤环境质量　农用地土壤污染风险管控标准（试行）》（GB 15618—2018）（以下简称《农用地标准》）、《土壤环境质量　建设用地土壤污染风险管控标准（试行）》（GB 36600—2018）（以下简称《建设用地标准》）。在农用地方面，新标准划出了筛选值和管制值两条线，据此将把农用地分为三类：第一类是污染物含量低于筛选值标准的土地，是安全农用地；第二类是污染高于管制值的土地，原则上禁止种植食用农产品；第三类是在筛选值和管制值之间的土地，则采取农艺调控、替代种植等安全利用措施。

《建设用地标准》将城市用地分为第一类用地和第二类用地。第一类用地：中小学用地、医疗卫生用地和社会福利设施用地，公园绿地中的社区公园或儿童公园用地。第二类用地：主要是工业用地、物流仓储用地等。《农用地标准》风险筛选值共有 11 个污染物项目，而《建设用地标准》检测指标增加至 85 项。

4.1.2 物联网大数据

环境监测物联网技术按监测类型可分为污染源监测技术和生态环境质量监测技术，按环境要素可分为水质、大气、噪声等监测技术。通过物联网技术的应用，在网络通信技术、数据融合技术、传感器及其智能技术等多种技术的作用下，实现实时智能采集监测对象的各项数据，并同时将信息数据传输到数据平台，对数据进行分类汇总及分析。在此基础上，制定出符合要求的环境防治方案，以此降低环境污染。

4.1.2.1 按环境要素分类

按环境要素分类，物联网的应用可以分为以下几个方面。

(1) 水环境监测中的应用　物联网技术在监测水和城市生活废水中得到了广泛的应用，有效提高了监测数据的质量、工业废水处理的效率，进而降低了废水中污染物浓度。运用物联网技术，可以对水质自动监测站的设备和技术进行更新和完善，还可以对野生江河湖泊水质的状况进行连续性自动监测，并对其污染状况进行评价，及时采取相关措施进行水污染防治工作，提升水污染防治的效率，确保水源的安全。此外，物联网技术还可以实现对污染源连续自动监测，尤其是对废水排放和废水处理效率的实时监测，使其达到更高标准的预警，并根据监测数据的结果，制定出完善的污染控制方案，及时解决污染问题，降低水污染的概率，提前控制水污染。

(2) 大气环境监测中的应用　大气污染直接影响着公众的健康安全，大气环境监测一般是在固定的时间内进行，负责的操作人员需要对空气污染物进行确认，及时掌握当地的空气污染状况，这种监控方式存在很多不足之处，如监测效率低下等。物联网技术的应用，可以实现在监测区域安装传感器等先进设备，及时分析和掌握污染物浓度和种类，有效了解目前的污染状况，并及时获取监测结果，实现对大气污染物的全面、有效监测。上述方法的应用除了可以快速了解当地的空气污染情况以外，还可以减少监测方面的人力、物力投入，有效降低了监测的时间和成本。在监测空气质量时，相关部门只需要通过物联网技术来获取相关的监测信息。它可以为研究人员提供准确、全面、高效的监测数据，提高污染监测工作的准确性和有效性，为相关机构调整相关决策工作提供一定的数据保障，促进环境保护和环境政策工作的顺利进行。

(3) 生态监测中的应用　通过物联网技术，将各个重点生态监测区域的具体监测数据进行信息传递和交换。在目前的环境监测中，物联网技术可以实现对生态监测区域范围的聚类，将其划分为各个区域组。通过利用物联网系统的综合监测分析功能，还可以了解各个区域的生态信息，尤其是分组后的信息情况。要选择最合适的监测传感器，传感器的作用是将其采集的环境信息在第一时间内传输并反馈给生态控制管理中心，包括环境温度、湿度和环境噪声等。最后，研究人员只需要对各传感器采集的环境信息数据进行对比和综合分析，以此来保障生态环境的安全性和稳定性。因此，在环境监测工作中，物联网远程监测技术的应用功不可没，远程动态监测功能有效提高了污染监测数据的实时性和可靠性，监测数据的获取速度也得到了有效提升，为监控数据的传输速度奠定了基础。同时，物联网产生的大量数据是研究人员评估审查的重要指标，这些数据在环境的监管、污染源的发现以及环境问题的反馈与处理方面发挥了极大的作用，更有利于我国生态环境综合监测的稳定、健康发展。

4.1.2.2 按照感知方式分类

按照感知方式物联网应用又可以进一步分为以下几个方面。

(1) 卫星遥感监测数据　随着全球环境问题日益突出，环境灾害与环境事故频发，卫星遥感技术在环境监测与管理中得到了广泛的应用，在环境保护中发挥的作用受到国际社会的高度重视。欧美、日本近年来都在积极发展环境遥感监测技术。目前在轨运行的和计划发展的国内外卫星传感器提供数据的空间分辨率已经从千米级发展到了亚米级，时间分辨率也从月发展到了小时，光谱分辨率从多波段发展到超光谱。目前卫星遥感技术在环境领域应用非常广泛，按照监测类型可分为水环境监测、大气环境监测和生态环境监测。

① 卫星遥感技术在水环境监测中的应用。遥感技术能够根据水污染物的成分、浓度的不同，在影像上呈现不同的色调、灰度、结构以及纹理等，进而能够实现对水环境污染物的有效监测，它可对悬浮固体、油污染、水体富营养化等进行监测。

a. 悬浮固体遥感监测。悬浮固体在水中含量高低对水体外观有较大影响。悬浮物含量过高就会增加水体的浑浊度，导致光照通透性能差，妨碍水中植物的光合作用。悬浮固体还会造成管渠和抽水设备的堵塞、淤积和磨损等。此外，悬浮固体还有吸附和凝聚重金属及有毒物质的能力。悬浮物浓度、颗粒大小和组成是影响悬浮物光谱反射的主要因素。目前的研究说明，500~900nm 范围的波段反射率对悬浮物浓度变化敏感，是估算悬浮物浓度的理想波段。由于悬浮固体的散射作用，水体的反射率在全部可见光和近红外波段都很大，反射率随着悬浮物浓度增加而增加。

b. 油污染遥感监测。油污染来源主要有海底采油、油船的意外事故、油船压舱水及炼油厂、化工厂废水等。利用遥感技术对海洋的油污染进行监测，不仅能知道污染的范围、污染物种类，而且通过建立一定的相关模型，还可以追踪到污染物的路径，进而找出污染物的源头，从而在污染物的源头解决问题。

c. 有机物遥感监测。油大多为有机物，只是其密度相对于海水较低才能浮在海面，形成油膜。但是一些密度比较大或是溶于水的有机物，就没办法依靠油与水的反射差异来区分。到目前为止，关于运用遥感技术监测有机物、COD、BOD 的研究很少。而有机物的研究也大多局限于有色可溶性有机物（CDOM），也称黄色物质。由于遥感主要是根据光照反射的情况来监测水质情况，有色可溶性有机物对于紫外光有较强的吸收能力，但无色可溶性有机物与水的反射情况差异性不大，所以很难监测。许多研究发现，随着盐度的提升，有色可溶性有机物会变得难以测定。目前大多数有机物研究多为有色有机物，而且大都集中在河流湖泊，对于海洋区域的研究较少。

d. 水体富营养化遥感监测。到目前为止，评价水体富营养化程度的方法没有一个比较统一的评价标准。总的来说，富营养化的评价方法可以分为单因子法和综合法。单因子法便捷，但是无法全面反映富营养化的复杂过程，综合法虽然复杂，但是它是一种多参数的评价模式，能够更加准确全面地反映富营养化的状况。

综合法里面的 Carlson 营养状态指数是最早提出的一种分级评价方式，但是由于忽视了水色、溶解物质等不可忽视的因素，所以该方法有一定误差性，所以后来又出现了对其不足进行改进的修正营养状态指数（TSIM）。但是 TSIM 采取连续分级，量化指标范围过宽，又开发了利用综合营养状态指数来判定水体的富营养化程度。水体富营养化并不是单一的易测指标，在运用遥感技术监测时，主要是把与富营养化相关的个别指标，比如叶绿素 a、悬浮物、高锰酸盐指数、透明度、总磷、总氮等进行遥感反演算。

e. 水表温遥感监测。水体富营养化是个复杂的过程，受很多因素的影响，水温也是重要的因素之一。由于温度较高而适合藻类繁殖，故大多数时候水体富营养化在温度较高的季节发生。当通过遥感技术实时监测时，可以知道水表温情况，对于水温过高的地方有提前的预警，防患于未然。海水表温还对海洋鱼类的繁殖、生长和鱼类的洄游有影响。仅依靠船只、观测站很难达到大面积同步温度的目标，而借助于遥感的热红外遥感能够实现，而且便捷、成本低。海表温度目前运用遥感技术的监测是比较成熟的，方法也多种多样。

卫星遥感技术的优势是获取监测地域的资料速度快、精度高、覆盖范围广、不受气候条件限制。随着计算机性能的提高、卫星技术的发展，卫星遥感技术的应用也会越来越广。目前，我国应用于环境监测领域的卫星主要有高分1号、高分2号和资源3号以及环境系列卫星。高分卫星可以对同一地域获得3个不同观测视角的三维立体图像信息，在环境监测中发挥了重大的作用。环境系列卫星是中国专门用于环境和灾害监测的对地观测卫星系统，由2颗光学卫星（HJ-1A卫星和HJ-1B卫星）和1颗雷达卫星（HJ-1C卫星）组成，拥有光学、红外、高光谱与微波等多种探测手段，可以获取反演叶绿素a浓度、悬浮物浓度、透明度和富营养化指数、海洋水色等。

② 卫星遥感技术在大气环境监测中的应用。地球上的大气是环境的重要组成要素，并参与地球表面的各种过程，是维持一切生命所必需的。大气质量对整个生态系统和人类健康有着直接的影响。随着工业、交通运输等的迅速发展、城市化程度的提高，各地球圈层与大气之间进行着越来越频繁的物质和能量交换，直接影响着大气的质量，尤其是人类活动的加强，对大气环境质量产生了深刻的影响。研究全球或局域大气受到的污染，是当前面临的重要环境问题之一，大气环境遥感监测作为一种遥感技术对大气环境的监测时间虽然不长，但发展很快，在某些方面已经取得显著的成果，如对大气臭氧的监测、气溶胶含量的监测、有害气体监测、大气热污染监测等。

(2) 航空遥感监测数据　航空遥感的传感器搭载在飞行器上，比如飞机、无人机、飞艇，可以根据应用需要随时更换传感器，快速到达人力难以涉及的地区开展数据获取工作。1903年，纽布朗纳（Julius Neubronner）设计了由鸽子和捆绑在鸽子身上的微型相机（图4-2）组成的早期"航空遥感"系统。在鸽子飞行中可以获取地面照片，这种借由"生物平台"获取地面信息，成为最早的航空监测技术。

图 4-2　早期的鸽子航空遥感

卫星遥感由于涉及火箭发射以及卫星等平台，因此价格昂贵，只能由国家主导或少数国际大公司才能研究使用，航空遥感则是基于飞机平台，成本相对更加经济。特别是无人机的普及以及价格的大幅降低，很多传感器可以搭载在小型无人机上开展航空遥感，因此航空遥感成本得到进一步降低，低廉的价格使得其为众多公司和用户单位接受使用。航空遥感因其平台使用便捷而具有更大的灵活性，同样的传感器可以获得更高空间分辨率和时间分辨率的数据，且可以根据用户需求随时进行遥感飞行，满足各行业的多样化需求。航空遥感除了具有成本相对低廉、适应性灵活的优点外，在一些研究和应用领域还具有不可替代性的特点。比如在多尺度遥感研究中，需要利用同一传感器对同一地物或同一区域进行多种不同分辨率的观测，通过设定不同飞行高度即可通过航空遥感实现这一观测要求，而卫星遥感通常由于卫星在固定轨道运行，其传感器难以获取连续的多尺度数据。此外，如应急救灾期间，卫星遥感容易受到天气因素和卫星过境时间等条件限制，一时难以获取理想的灾区光学遥感数据，而航空遥感可以借助于有人及无人飞机方便快捷地获取灾区信息，因此成为应急救灾数据的主要获取手段之一。航空遥感系统主要包括：飞行平台、传感器（遥感器）、数据处理系统。航空遥感飞行平台根据应用需求可以简单地分为飞机/飞艇、无人机/无人飞艇等，如图 4-3 所示。

(a) 有人航空遥感飞机　　　　　　　　(b) 低空遥感无人机

图 4-3　航空遥感飞行平台

① 航空遥感器。航空遥感器主要包括航空相机、激光雷达与倾斜相机、机载成像光谱仪和机载微波遥感系统。

航空相机获取的影像数据最大的特点就是空间分辨率高、目标地物细节更清楚，凡是需要地面形状细节的应用都需要这样的数据，因此是很多应用的基础数据，如城市规划、灾害评价、制作大比例地形图等应用。在汶川地震（图 4-4）后就通过这样的设备获取了大量灾区的地面数据，为灾情判别、应急指挥、灾后规划、重建等提供最客观可靠的灾情信息。

图 4-4　航空相机拍摄的汶川地震后的情景

机载激光雷达可以获取高精度的地面三维数据，三维数据是近年来城市信息化的新兴需求，再通过倾斜相机获得建筑物各个侧面的纹理，最后生成真实的三维场景。激光雷达不同于航空相机，它是主动式遥感。该设备按一定时间间隔向地面发射定频率和密度的电磁波。电磁波接触到地物后被反射并被激光雷达接收，从而获取地面三维信息。因为接收到的是一个个离散的点信号，故激光雷达的成果数据的基本表现形式是三维的点云，也可以根据点云生成其他衍生表现形式的产品。设备接收到的反射电磁波越多，地物的表面信息越完整，空间三维信息还原得也就越好（图4-5）。

图 4-5　携带机载激光雷达采集的三维数据

倾斜相机是摄影机主光轴明显偏离垂线或水平线并按一定倾斜角度进行的摄影（图4-6）。倾斜摄影装置是一种机载装置，其特征包括：5台高空间分辨率面阵数码相机，以一定角度安装在航空摄影稳定平台上。该高空间分辨率面阵数码相机摄影装置包括下视相机、前视相机、后视相机、左视相机、右视相机。机载激光雷达能够很好地表现地物的三维空间位置信息，但无法表现地物表面的纹理信息，因而应用上还是不够直观，于是倾斜相机便应运而生了。

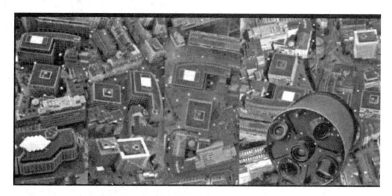

图 4-6　倾斜相机及其获取的数据影像

机载高光谱传感器是地物定量信息获取的最佳工具，它拥有很多波段，光谱分辨率很高，可到数个纳米，较多的光谱波段更能反映出目标表面的精细光谱特征，如果光谱波段足够多足够精细就称之为超光谱遥感。高光谱遥感器又称成像光谱仪，即其所获数据既有地物的二维空间信息（成像），又有地物的光谱信息（光谱），具有图谱合一的特点（图4-7）。

微波具有穿透云层、雾和小雨的能力，因此机载微波遥感能够不受云层遮挡的影响。机载微波遥感系统主要是合成孔径雷达（synthetic aperture radar，SAR），是目标探测的利器，它不需要阳光，能穿透云雾发现地面隐蔽和伪装的目标，可以实现全天候、全天时作

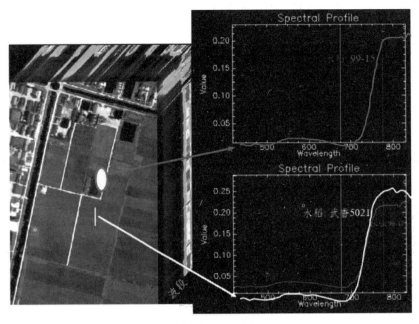

图 4-7　高光谱遥感器的图谱合一

业,因此得到了广泛的应用,特别是在军事上的应用尤其重要。

② 无人机遥感。无人飞行器遥感技术有其他遥感技术不可替代的优点,可成为卫星遥感和有人机遥感的有效补充手段,可以提供简洁、可靠和直观的应用数据用于制作区域正射影像、地面模型或基于影像的区域测绘(图4-8)。无人机航测遥感技术具体特点如下。

图 4-8　无人机遥感及其采集的图像

a. 机动性、灵活性和安全性。无人机可以全天时待命,在执行航空遥感任务时具有灵活、机动的特点,并且可以在恶劣环境下直接获取影像,受空中管制和气候的影响较小。另外,在执行航空遥感任务时万一设备出现故障,也不会有人员受伤,具有很高的安全性。

b. 避免云层遮挡,可获取高分辨率影像。无人机通常为低空飞行,飞行高度在50~1000m,这使得无人机航空遥感不受云层的遮挡,弥补了航空摄影测量和光学卫星遥感成像时受云层遮挡获取不到影像的缺陷。此外,由于飞行高度较低,影像的分辨率通常达到亚米级,产生的正射影像定位精度较高,可满足城市精细测绘的要求。

c. 高性价比,操作简单。无人机航空遥感系统市场成本较低,操作员只需要较短周期的培训,并且无人机航空遥感系统的保养和维修也比较简便,使用时无需专用机场起降,是目前唯一将摄影与测量融为一体的航摄方式,可由测绘单位根据实际情况按需开展航摄飞行作业。

d. 效率高,周期短。对于面积较小的大比例尺地形测量任务,大飞机航空摄影测量成本较高,且需要提前申请空域,并且还会受到天气的影响;而且采用全野外数据采集方法成图,需要耗费大量的人力物力,作业成本高。而将无人机遥感系统进行工程化、实用化开发,则可以利用它的机动、快速、经济等优势,在阴天、轻雾天也能获取合格的影像,从而将野外作业转入内业作业,不但减轻了作业劳动强度,还极大地提高了作业的效率和精度。

常见的无人机航空遥感平台主要有无人直升机、无人飞艇、固定翼无人机等。其中,无人直升机的飞行性能比较稳定,对飞行场地要求不高,并且无人直升机的续航时间和抗风能力都表现较好,能够在野外灵活作业。而无人飞艇的特点为巡航速度慢、飞行稳定、留空时间长,因此主要应用在低空巡逻、区域监视等方面。固定翼无人机采用常规布局,主要优点为高机动性、高载荷、气动性能好,适合在平台上搭载各种任务设备,较多地用于执行长途远距离航拍和巡线任务。

我国已有多家科研机构和公司研制出轻小型无人机遥感系统(固定翼无人机和无人直升机低空遥感系统)。目前比较适用的低空遥感无人机一般任务载重 10~20kg,安装 1~4 个面阵数码相机,适宜获取 0.05~0.50m 分辨率的光学彩色影像。机上安装 GPS 和轻小型稳定平台,因此可以支持全自动空中三角测量,实现稀少地面控制点的高精度测量。

例如,采用无人机搭载红外载荷方式对辽宁省红沿河核电站温排水海域的温度场分布状况进行监测(图 4-9),利用同心圆模型及差分定位技术(PPK)分别完成了成像过程中的广角畸变校正及影像的几何定位。低空遥感的高空间分辨率成像及红外载荷的实测数据订正,可以建立一种更加灵活、高效的温排水监测技术方法。实测结果表明,无人机航拍监测结果平均绝对误差可较好地控制在 0.4℃ 以内,说明该方法可以作为核电站温排水常态化监测手段,服务于核电站管理及环境影响评价。

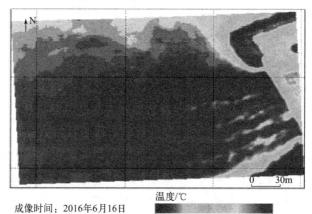

彩图

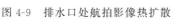

图 4-9 排水口处航拍影像热扩散

(3) 地面监测数据　要实现对既定区域内环境要素的精准监测,地面监测点包含地面环境监测网络、生态监测网络、地面气象站、地基遥感站点、采样点等。"十三五"时期,我国已建成生态环境监测网络,包括地表水监测断面约1.1万个、城市空气监测站点约5000个、土壤环境监测点位约8万个、声环境监测点位约8万个、辐射环境监测点位1500多个,实现了国家、省(自治区、直辖市)与地级市、区县的协同与互补。

"空""天""地"技术各有优势与不足,需要取长补短,综合利用。将三者互相结合,构建空天地一体化的监测体系,能够全天候、实时地提供多种生态环境监测数据,为环境应用领域提供高时效性和高精确度的数据处理与分析应用。不同技术的对比见表4-11。

表4-11　三种技术的比较

空天地监测技术	数据平台	数据	优点	不足
卫星遥感监测	卫星	卫星遥感数据 卫星定位数据	监测范围大 信息量大 长时序动态监测	受云层、降雨影响大 时效性受限 成本较高
航空遥感监测	无人机(艇) 系留气球 飞机	无人机遥感数据 航空测绘数据 无人机巡航数据	高时空分辨率 实时性强 机动灵活 可云下作业	存在禁飞区 一定程度受气象条件影响
地面监测	地面监测站 手工采样点	在线监测数据 采样监测数据	针对性强 定位精准 数据准确度高	费时费力 效率不高 监测数量受限

4.1.2.3　物联网监测存在的问题

从物联网目前的应用分析可以看出,物联网技术降低了环境监测的成本,提高了监测结果的准确性。但是物联网技术在环境监测中仍然存在很多问题,主要表现在以下三个方面。① 管理制度不科学。物联网技术虽然具有高效准确的优势,但不科学的管理方式导致了该技术的作用没有得到充分发挥。目前关于物联网的理论研究尚未建立统一的国际标准,部分技术细节仍在研究中,因此,建立监管物联网的跨区域生态环境非常困难,管理难度成倍增加。② 目前物联网的重点监测领域大部分局限于水质监测、大气监测和噪声监测等。监测内容不足以全面描述我国生态环境的变化和现状。③ 电子传感器也是一种终端设备,不能做到无死角监测,只能监测射频发射范围内的环境状况。物流网络以终端设备为基础,射频识别技术的原理是发射射频频段,因此容易受到金属、电磁波、噪声等的影响,大大降低了监测的准确性。

4.1.3　互联网大数据

互联网大数据是指在互联网上产生、存储、传输和处理的海量数据资源。互联网的快速发展和广泛应用使得各种在线平台、社交媒体、电子商务等都成为数据生成的主要来源,这些数据包括用户行为数据、社交网络数据、文本数据、图片数据、音频数据和视频数据等各种类型,构成了庞大的数据集合。互联网大数据的特点是数据量大、种类多、速度快、价值高。互联网大数据已融入政治、经济、文化、外交以及军事等不同领域之中,也与我们每个人的日常生活息息相关。

一方面,互联网为环保从政府延伸到全社会发挥了积极作用。环境问题的解决仅仅依靠政府是远远不够的，民众、各类社会组织的积极监督与参与也非常重要，社会大众对于环境信息公开透明的要求显著提升，民众及舆论借助互联网将对企业排污形成巨大压力并最终督促其有效治污，从而推动环境改善驱动因素由单一政府向全社会延伸。另一方面，公众、企业、执法单位从线上到线下的有效互动，形成了人人参与的环保大环境。

若要全面呈现环境问题，尤其需要通过互联网实现环境数据、信息等要素互通共享，从而推动环境问题得到整体有效解决。具体而言，需要关注以下三种与环境相关的互联网大数据来源。

① 环境质量。环境质量是指我们赖以生存的外部自然环境的质量表征，典型数据信息包括大气、水、土壤、辐射、声、气象等环境质量，通常由政府及其有关部门（例如生态环境部）公开其制作或获取的环境信息，而这些数据也初步勾勒出了我国整体环境质量状况，但数据信息孤岛仍有待于通过互联网来打破。

② 污染源排放。这是造成环境污染的核心原因，具体体现为废水、废气、固废、放射源等形式，主要包括污染源基本情况、污染源监测、设施运行、总量控制、污染防治、排污费征收、监察执法、行政处罚、环境应急等环境监管信息，可以利用互联网实现污染源数据信息公开。

③ 个人生活。对于每个人来说，其与社会以及自然界的互动，同样可能产生大量与环境相关的数据信息，并具有较为明显的个性化特征。从衣食住行来看，包括身边的空气质量（室内/小区）、用水量/水质、用电量、产生的各种废弃物（生活/厨余垃圾）、有价值的废旧物品（纸张/衣物/塑料/包装/玻璃/电子电器产品/家具/汽车）等。这些数据尽管拥有巨大的潜在价值，但其分布却呈现天然的分散状态，而互联网（特别是移动互联网）的快速普及应用正在使得上述信息的收集利用变得可能且可行。

4.2 环境工程大数据采集的方法

（1）离线采集　工具：ETL。在数据仓库的语境下，ETL 基本上就是数据采集的代表，包括数据的提取（extract）、转换（transform）和加载（load）。在转换的过程中，需要针对具体的业务场景对数据进行治理，例如进行非法数据监测与过滤、格式转换与数据规范化、数据替换、保证数据完整性等。

（2）实时采集　工具：Flume、Kafka。实时采集主要用在考虑流处理的业务场景，例如，用于记录数据源的执行的各种操作活动，如网络监控的流量管理、金融应用的股票记账和 web 服务器记录的用户访问行为。在流处理场景，数据采集会成为 Kafka 的消费者，就像一个水坝一般将上游源源不断的数据拦截住，然后根据业务场景做对应的处理（例如去重、去噪、中间计算等），之后再写入对应的数据存储中。这个过程类似于传统的 ETL，但它是流式的处理方式，而非定时的批处理。这些工具均采用分布式架构，能满足每秒数百 MB 的日志数据采集和传输需求。

（3）互联网采集　工具：Crawler、DPI（深度包检测）等。Scribe 是 Facebook 开发的数据（日志）收集系统，又被称为网页蜘蛛、网络机器人，是一种按照一定的规则，自动地抓取万维网信息的程序或者脚本，它支持图片、音频、视频等文件或附件的采集（图 4-10）。

除了网络中包含的内容之外，对于网络流量的采集可以使用 DPI 或 DFI（深度/动态流检测）等带宽管理技术进行处理。

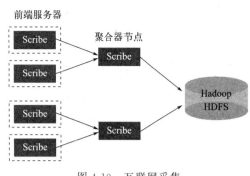

图 4-10　互联网采集

（4）其他数据采集方法　对于企业生产经营数据上的客户数据、财务数据等保密性要求较高的数据，可以通过与数据技术服务商合作，使用特定系统接口等相关方式采集数据。比如八度云计算信息技术有限公司的数企 BD-SaaS，无论是数据采集技术、BI（商业智能）数据分析，还是数据的安全性和保密性，都做得很好。

数据的采集是挖掘数据价值的第一步，当数据量越来越大时，可提取出来的有用数据必然也就更多。只要善用数据化处理平台，便能够保证数据分析结果的有效性，助力企业实现数据驱动。

4.3　环境大数据的采集体系构建

构建环境大数据的采集体系需要综合考虑数据源的多样性、数据采集技术的选型以及数据处理和管理的需求，从而构建一个高效、可靠的环境大数据采集体系，为环境监测和管理提供坚实的数据基础。

（1）整体架构　数据采集的整体架构可以分为以下几个关键组件，即数据源、数据接入、采集管理、采集监控四个部分（图 4-11）。数据源的数据可以来自互联网数据、企业的业务数据、物联网数据、企业内部的日志文件等。随后对数据进行抓取接入，可以通过网络爬虫、ETL 技术、端口通信以及日志收集器等方式进行数据接入。通过采集管理模块，将经过清洗和预处理的数据加载到数据仓库或数据湖中，建立索引和分区等优化存储结构；通过采集的实时监控和运行日志，建立监控系统，监测数据采集和传输过程中的性能指标和异常情况，及时发现并处理问题，确保数据的安全和可靠性。

（2）物联网数据采集　环境工程大数据的物联网数据采集是指利用传感器、设备和网络连接技术，将分布在不同地点的各种环境监测传感器或设备连接起来，根据采集需求和目标对其进行监测和控制，并将采集到的数据通过网络传输到云端或数据处理平台，进行存储和管理。

物联网技术能够实现环境工程大数据的实时监测和远程传输。利用环境监测传感器或设备器网络，能够对所有覆盖的区域进行全天候不间断环境数据采集，包括实时监测覆盖区域的空气质量（如 $PM_{2.5}$、PM_{10}、二氧化硫、一氧化碳等）、水体质量（如水温、pH 值、溶解氧、浊度等）、土壤质量（土壤的湿度、温度、pH 值等）以及其他相关的环境监测数据。此外，通过在重点企业、工厂中部署环境监测传感器和监控

图 4-11　数据采集的整体架构

设备，可以实时监测污染源的排放情况，防止环境污染的发生。随着物联网传感设备正在朝着小型化、精确化、多功能化、智能化方向发展，物联网采集数据更加快速、准确、高效，这将有助于进一步提高环保工作的效率和可持续性。

（3）互联网数据采集　基于互联网的数据采集是指利用互联网技术和相关工具，从互联网上获取各种环境数据资源，通过收集、提取、整理和存储互联网上的大量环境相关数据，为进一步分析挖掘和应用提供数据。

首先，确定采集目标和范围。互联网数据种类繁多、数据量庞大，需要根据采集的目标确定采集的数据类型、来源和范围，例如网页内容、图片、视频、社交媒体数据等。然后，根据采集需求和数据种类，选择合适的采集技术手段和工具，例如数据抓取等。由于互联网采集到的数据往往包含噪声、重复、格式不规范等问题，需要进行清洗和预处理以确保数据的准确性和一致性。最后，将采集到的互联网数据通过网络传输到云端或数据处理平台，进行存储和管理。从互联网获取环境工程数据主要包括网站页面获取、网站链接抽取、网站链接过滤、网站内容抽取、爬虫 URL（统一资源定位符）队列和网站数据六个模块。

（4）业务数据采集　企业业务数据采集是收集和获取企业内部以及外部的相关业务数据，这些数据可以包括产品情况、生产情况、企业的排放情况等。企业每时每刻都在产生业务数据，可以采用实时采集和离线采集对企业业务数据进行采集。实时采集对采集的实时要求性非常高，因此需要采用实时的数据采集工具。实时采集后的数据经过提取、清洗、转换处理后，将有价值的规范化数据保存到数据库或上传到云端。离线采集追求的目标不是实时，而是批量处理，因此需要采用批处理数据库，数据定时通过离线批量的提取、清洗、转换后，传输到云端或数据处理平台。

（5）日志数据采集　日志数据采集是指获取和记录系统、应用程序或设备等各种操作的事件及消息的过程。随着信息化浪潮的不断进行，环境相关的日志数据也越来越多。通过文件监控、网络协议等方式收集日志数据，对采集到的日志数据进行过滤和处理，将有用的信息转换为可读性较高的格式，进行后续的数据分析挖掘。根据日志数据处理实时性的要求，日志数据采集也分为实时采集和离线采集。常用的开源日志采集工具包括 Flueme、Scribe 等。

（6）数据采集在环境监测中的应用　随着环境监测数据的不断增加，各种数据采集和处理技术逐步得到了广泛应用。例如，通过物联网技术对空气质量、水质、土壤、噪声等环境监测，通过监测数据，可以追踪污染源和分析污染传输规律，从而采取针对性的措施。遥感技术可以针对大范围的监测，例如全球空气、海洋状况等。移动监测可以用于特定的环境监测，例如突发状况的地下水质监测等。网络监测可以实现在固定点位上的远程监测，更加全面细致。

习题

1. 环境监测对象包括哪些？
2. 环境监测数据主要包括哪些？
3. 水环境的监测可以简单地划分为哪几种？
4. 海水水质监测的分类包括哪些？

5. 按照污染物进行分类，空气监测数据的分类方式包括哪些？

6. 大气环境监测数据除了具有数据体量大、数据增长快、数据种类多和价值密度低的大数据基本特征，还具有哪些特征？

7. 土壤环境质量监测将农用地分为哪三类？

8. 环境监测物联网技术按监测类型如何划分？按照环境要素如何划分？

9. 按照感知方式物联网应用可以如何划分？

10. 环境工程大数据采集的方法包括哪些？

第5章
环境工程大数据建模技术

5.1 大数据建模方法

5.1.1 大数据建模概述

随着数据量的不断增加和处理技术的不断发展,大数据建模已经成为现代企业和社会的重要技术手段。大数据建模是一种通过对大量数据进行采集、预处理、分析、挖掘和评估,以发现数据背后的规律和趋势,从而支持决策和业务优化的过程。大数据建模主要分为七个方面:数据收集、数据预处理、数据分析、数据挖掘、模型评估、模型优化和模型部署。

5.1.1.1 数据收集

数据收集是大数据建模的首要阶段,旨在从多样数据源汇集信息,并对其进行整合,使其符合一致的格式和规范,以便于后续的处理和深入分析。这一关键步骤对于构建有意义的分析、洞察以及决策至关重要。数据的来源范围广泛,涵盖企业内部系统、外部数据库、社交媒体平台、物联网设备等多个领域。这些数据可能呈现多种形式,包括结构化数据、非结构化数据和半结构化数据,涵盖了数值、文本、图像、音频等多种信息类型。

5.1.1.2 数据预处理

数据预处理是大数据建模的第二步,是指对收集到的数据进行预处理和加工,以便进行后续分析和挖掘。数据预处理包括数据清洗、特征选择、归一化等过程。原始数据可能包含缺失值、异常值和噪声,数据清洗涉及检测并处理这些问题。常见的方法包括删除缺失值、修复异常值或选择适当的插值方法来填充缺失值。在数据中可能存在大量的特征,但并非所有特征都对任务有用。特征选择是选择最相关或最具信息量的特征,以减少维度并提高模型效率和泛化能力。归一化是指将数据的范围调整到一个统一的尺度,以保证数据分析的准确性和可比性。

5.1.1.3 数据分析

数据分析是大数据建模的第三步,是指对预处理后的数据进行统计和分析,以发现数据背后的规律和趋势。数据分析包括数据可视化、统计分析、机器学习等过程。数据可视化是指将数据分析结果以图表、图像等形式展示出来，便于理解和解释。统计分析是指通过各种统计方法分析数据的分布、关系和趋势等。机器学习是指利用计算机算法和模型进行数据学习和预测。

5.1.1.4 数据挖掘

数据挖掘是大数据建模的第四步，是指从大量数据中挖掘出有价值的信息和知识。数据挖掘包括关键词提取、回归预测、分类、聚类等任务。关键词提取是指从大量文本数据中提取出关键信息和高频词汇。分类是将数据按照预定义的类别或标签进行分类的过程。通过训练机器学习模型，数据挖掘可以自动将新数据分配到预定类别中，从而实现自动化的分类任务。在商业领域，分类可以用于客户分群、产品分类、垃圾邮件过滤等。聚类是将相似的数据进行分组，以便发现数据的共同特征和规律。聚类可以帮助理解数据的分布情况，从而支持更深入的分析和决策。在市场分析中，聚类可以用于群体行为分析，例如，根据购买行为将消费者划分为不同的市场细分。

5.1.1.5 模型评估

模型评估是大数据建模的第五步，也是至关重要的一步，它用于衡量构建的预测模型在未见过的数据上的性能。通过模型评估，我们可以了解模型在真实环境中的表现，以便选择最适合的模型、调整参数或进行进一步改进。模型评估包括模型精度评估、置信区间划分等过程。模型精度评估是指通过一定的评估指标（如准确率、召回率、F_1 值等）对模型的预测结果进行评估。置信区间划分是指根据模型的预测结果，计算出每个预测结果的置信区间，以便更好地理解和解释模型的预测结果。

5.1.1.6 模型优化

模型优化是大数据建模的第六步，是指对评估后的模型进行优化和改进，以提高模型的性能。模型优化包括参数调整、算法选择、模型复杂性降低等过程。参数调整是指调整模型的参数，以优化模型的性能。算法选择是指根据不同的任务和数据类型，选择合适的算法和模型。模型复杂性降低是指通过减少模型的复杂度，以提高模型的泛化能力和减少过拟合现象。

5.1.1.7 模型部署

模型部署是大数据建模的最后一步，是指将优化后的模型进行部署和应用，以支持实际的业务决策和优化。模型部署包括模型环境搭建、模型训练和推广等过程。模型环境搭建是指为模型建立合适的工作环境，包括硬件设备、软件平台和数据处理流程等。模型训练和推广是指利用训练数据对模型进行训练，将训练好的模型应用到实际业务中并进行推广。

5.1.2 环境工程大数据建模常用方法

环境工程大数据建模常用方法主要包括关联规则建模、回归建模、神经网络建模、分类建模、时间序列建模五大类（表5-1），这五种建模方法大量应用于大气环境大数据建模（详情可见章节5.2）、水环境大数据建模（详情可见章节5.3）、固体废物大数据建模（详情可见章节5.4.1）和物理性污染大数据建模（详情可见章节5.4.2）等工作。

表 5-1　环境工程大数据建模常用方法

大数据建模方法	特点	优点	缺点
关联规则建模	关联规则建模是一种基于频繁项集的建模方法,其目的是发现数据集中的频繁项集和关联规则。关联规则建模通常用于探索数据集中的关联关系,例如发现购物篮中的关联商品、发现网站浏览模式等	关联规则建模能够发现数据集中的关联关系,有助于发现新的信息和规律。此外,关联规则建模也很容易实现,大多数统计软件都提供了关联分析功能	关联规则建模需要对支持度和置信度等参数进行调整,对于大规模数据集,关联规则建模的计算成本可能很高。关联规则建模的结果可能受到数据集中的噪声和异常值的影响
回归建模	回归建模是一种基于统计学原理的建模方法,其目的是建立一个能够预测数值型变量的数学模型。回归建模通常用于探索和预测数值型变量之间的关系,例如预测销售量、股票价格等	具有良好的可解释性,能够解释因变量和自变量之间的关系。回归建模也很容易实现,大多数统计软件都提供了回归分析功能	回归建模对数据的分布有一定的假设,如果数据分布不符合假设,模型可能会失效。此外,回归模型也容易受到离群值的影响
神经网络建模	神经网络建模是一种模拟人脑神经元网络结构和功能的建模方法。神经网络模型由多个神经元相互连接而成,每个神经元都有一个权重和一个激活函数。通过训练,神经网络模型可以学习从输入到输出的映射关系,从而实现各种复杂的任务,如图像识别、语音识别、自然语言处理等	神经网络模型具有自我学习的能力,能够在训练过程中自动调整权重和偏置,从大量数据中学习和提取有用的特征。神经网络通过训练,能够学习到输入和输出之间的复杂映射关系,从而实现高效准确的模式识别。神经网络能够处理大规模数据,通过增加更多的神经元和层数,能够学习更复杂的模式和关系	神经网络的决策过程通常是黑箱模型,难以解释其决策的原因和过程,这使得神经网络的可靠性受到质疑。在训练神经网络时,可能会出现过拟合或欠拟合问题。神经网络的参数众多,包括权重、偏置、激活函数、优化器等,调优这些参数往往需要大量的实验和经验
分类建模	分类建模是一种基于统计学原理的建模方法,其目的是建立一个能够将数据集中的数据分成不同类别的数学模型。分类建模通常用于预测分类变量,例如预测电子邮件是否为垃圾邮件、预测病人是否患有某种疾病等	分类建模能够快速准确地对新数据进行分类预测,可以帮助企业快速做出决策。分类建模也很容易实现,大多数统计软件都提供了分类分析功能	分类建模对于不平衡的数据集容易失效,需要进行样本平衡处理。此外,分类建模的结果也很容易受到特征选择和模型选择等因素的影响
时间序列建模	时间序列建模是一种基于时间序列数据的建模方法,其目的是建立一个能够预测未来值的数学模型。时间序列建模通常用于预测时间序列变量,例如预测未来股票价格、预测未来气温等	时间序列建模能够对未来值进行预测,并帮助用户制定相应的决策。此外,时间序列建模也很容易实现,大多数统计软件都提供了时间序列分析功能	时间序列建模的结果可能受到数据集中的噪声和异常值的影响。此外,时间序列建模的预测效果也受到多种因素的影响,例如模型选择、数据质量等

5.1.2.1　关联规则建模方法

(1) 关联规则介绍　关联规则最早应用于零售业,其中最有名的是售货篮分析,帮助售货商制定销售策略。数据挖掘是从海量的数据里寻找有价值的信息和数据。数据挖掘中常用的算法有:关联规则分析法(解决事件之间的关联问题)、决策树分类法(对数据和信息进行归纳和分类)、遗传算法(基于生物进化论及分子遗传学理论提出的)、神经网络算法(模拟人的神经元功能)等。随着信息时代的到来,数据挖掘在金融、医疗、通信等方面得到了广泛的应用。

关联规则挖掘是一种基于规则的机器学习算法,该算法可以在大数据库中发现感兴趣的关系，目的是利用一些度量指标来分辨数据库中存在的强规则。也就是说关联规则挖掘是用于知识发现，而非预测，所以是无监督的机器学习方法。

关联规则挖掘可以从数据集中发现项与项（item与item）之间的关系，它在生活中有很多应用场景，"购物篮分析"就是一个常见的场景，如图5-1，这个场景可以从消费者交易记录中发掘商品与商品之间的关联关系，进而通过商品捆绑销售或者相关推荐的方式带来更多的销售量。

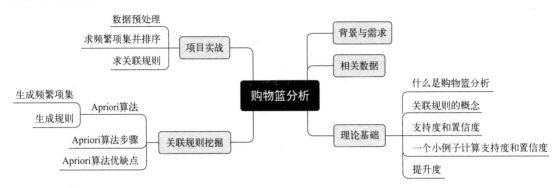

图 5-1 购物篮分析图

关联规则是统计推断中常用的一种统计推断方法。其特点是：第一，如果数据中出现某种信息，那么其后的每一个数据对都可以根据这种信息而预测；第二，从逻辑上讲，它要求对数据中的每个观察值都作出假设；第三，如果第一个假设为真，则第二个也必然为真。关联规则的基本原理是，如果两个或多个变量之间存在着因果关系，则它们之间一定有一种被称为"关联"的共同因素。因此，对某种特征的数据进行适当的选择与合理的分析，我们就能够由一些有关联的变量来推论其他具有相同特征的数据。关联规则用于检验和评估有关联的数据集中是否存在某种变量或函数关系，从而达到提高统计推断准确性和可靠性的目的。

所谓关联性，是指两个变量之间存在一定的相关关系。这种相关关系可以表现为两个变量之间的正向关系、反向关系和无关关系三种情况。例如，检验两个变量是否相关，可以通过分别计算这两个变量的平均值是否相等，正负号有没有抵消，以及相关系数的大小来判断。如果一个变量的变化会引起另一个变量的变化，即一个变量的变化是另一个变量变化的原因，则两者之间存在着因果关系。如果我们知道了一个变量是另一个变量的原因，只要测试另一个变量的数值，就可以知道哪一个变量是其原因了。如果一个变量是另一个变量的结果，则两者之间存在着相关关系。如果我们知道了一个变量是另一个变量的结果，那么，只要测试其中任何一个变量，便可以知道哪一个变量是其结果了。总之，只要知道了两个变量之间是什么关系，那么我们就可以推出它们的其他关系。我们可以把一个变量的变化看作导致另一个变量变化的原因，这样，通过测试这两个变量，就可以找到原因。检验和评价两个变量是否相关的统计方法有很多，但最常见的是利用平均值相等、正负号抵消、相关系数为零等来判断两个变量是否相关。关联规则主要应用于回归分析中。统计学上研究某种关联规律的目的就是探索、揭示各种因素（自变量）对因变量的影响程度，并根据因变量对各种自变量（x）的影响情况（即误差平方和）来预测因变量 y（即预测值）的取值范围。一般地，当要说明一个变量的取值是另一个变量的变化引起的时候，常用"如果……那么……"的语句来表述，这就是因果关系。

(2) 关联规则应用

① 商业领域。

a. 购物篮分析。例如，通过分析历史用户的支付订单记录，挖掘出中年男人会同时购买啤酒和尿布两种商品，后续可以在商品陈列、打折促销组合、交叉营销发送优惠券等场景中应用，这就是著名的"啤酒尿布"案例。二十世纪九十年代，美国沃尔玛超市的销售管理人员在分析销售订单时发现，啤酒与尿布这两件看起来毫不关联的商品竟然经常会出现在同一个订单中。后来跟踪调查发现，美国的年轻夫妇一般在周五晚上妻子会安排丈夫去超市购买尿布，而丈夫在购买尿布时总会忍不住顺便给自己买上几罐啤酒，这就是为什么啤酒和尿布这两件看起来毫不关联的商品经常会出现在同一个购物篮中。这个故事至今仍是大数据挖掘中津津乐道的经典案例。因为它揭示了数据中两个事物之间的关联性问题，也就是我们今天重点介绍的——关联规则。

b. 穿衣搭配推荐。穿衣搭配是服饰鞋包导购中非常重要的课题。基于搭配专家和达人生成的搭配组合数据、百万级别的商品的文本和图像数据以及用户的行为数据，期待能挖掘出穿衣搭配模型，为用户提供个性化的、优质的、专业的穿衣搭配方案，预测给定商品的搭配商品集合。

② 社会民生。

a. 情绪指标的关联关系挖掘和预测。生猪是畜牧业的第一大产业，其价格波动的社会反响非常敏感。生猪价格的变动主要受市场供求关系的影响。然而专家和媒体对于生猪市场前景的判断，是否会对养殖户和消费者的情绪有所影响？情绪上的变化是否会对这些人群的行为产生一定影响，从而影响生猪市场的供求关系？互联网作为网民发声的平台，在网民情绪的捕捉上具有天然的优势。可以基于提供的海量数据，挖掘出互联网情绪指标与生猪价格之间的关联关系，从而形成基于互联网数据的生猪价格预测模型。

b. 气象关联分析。在社会经济生活中，不少行业，如农业、交通业、建筑业、旅游业、销售业、保险业等，无一例外与天气的变化息息相关。随着各行各业对气象信息的需求越来越大，社会各方对气象数据服务的个性化和精细化要求也在不断提升，如何开发气象数据在不同领域的应用，更好地支持大众创业、万众创新，服务民计民生，是气象大数据面临的迫切需求。

为了更深入地挖掘气象资源的价值，可以基于多年积累的地面历史气象数据及其与其他各行各业数据的有效结合，挖掘气象要素之间、气象与其他事物之间的相互关系。

c. 交通事故成因分析。随着时代发展，便捷交通对社会产生巨大贡献的同时，各类交通事故也严重地影响了人们生命财产安全和社会经济发展。为了更深入挖掘交通事故的潜在诱因，带动公众关注交通安全，贵阳市公安交通管理局开放了交通事故数据及多维度参考数据，希望通过对事故类型、事故人员、事故车辆、事故天气、驾照信息、驾驶员犯罪记录数据以及其他和交通事故有关的数据进行深度挖掘，形成交通事故成因分析方案。

③ 金融行业。

a. 银行客户交叉销售分析。某商业银行试图通过对个人客户购买本银行金融产品的数据进行分析，从而发现交叉销售的机会。

b. 银行营销方案推荐。关联规则挖掘技术已经被广泛应用在金融行业企业中，它可以成功预测银行客户需求。获得了这些信息，银行就可以改善自身营销。如各银行在自己的ATM机上捆绑顾客可能感兴趣的本行产品信息，供使用本行ATM机的用户了解。如果数据库中显示，某个高信用限额的客户更换了地址，这个客户很有可能新近购买了更大的住宅，因此有可能需要更高信用限额，更高端的新信用卡，或者需要个人住房改善贷款，这些产品都可以通过信用卡账单邮寄给客户。当客户打电话咨询的时候，数据库可以有力地帮助电话销售代表。销售代表的电脑屏幕上可以显示出客户的特点，同时也可以显示出顾客会对什么产品感兴趣。

④ 文娱体育。

a. 影视演员组合。通过对历史影视作品的收视、票房数据进行挖掘，可以了解哪些演员一起合作的概率更高，哪些演员一起合作可以有更高票房或收视效果，从而在新的影视作品中作为参考。

b. 球员最优组合。与影视作品的导、编、演组合类似，棒球、足球、篮球、曲棍球等团体性体育运动，也涉及团体成员基于历史数据的最优组合挖掘。而且在体育行业，还可以根据比赛前的准备工作项目、比赛场地等因素，对比赛结果的影响进行挖掘。

(3) 关联分析工具

① 关河因果。关河因果是一款基于关联规则做因果分析的数据分析软件，界面如图5-2所示，虽然是以因果分析为导向，不过在这个产品的框架中也包含了关联分析的内容，以及挖掘关联规则的技术。基于图计算进行关联规则的深度发现，通过精准的规则进行因果分析，能够对大规模的图数据进行分析。

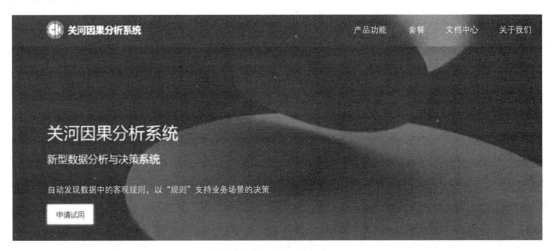

图5-2 关河因果软件界面

② 豌豆DM。豌豆是一款可进行关联挖掘的平台，它可对接入数据进行可视化数据预处理和数据建模，并基于庞大的数据算法进行图形化数据探索，帮助用户深度分析数据的规律，挖掘数据的价值，界面如图5-3所示。

③ WEKA。WEKA的全名是怀卡托智能分析环境（Waikato Environment for Knowledge Analysis），作为一个公开的数据挖掘工作平台，集合了大量能承担数据挖掘任务的机器学习算法，包括对数据进行关联规则的发现，界面如图5-4所示。如果想自己实现数据挖掘算法，可以看一看WEKA的接口文档。

5.1.2.2 回归建模方法

(1) 回归建模介绍　回归模型是对统计关系进行定量描述的一种数学模型，如多元线性回归的数学模型可以表示为：

图 5-3 豌豆 DM 软件界面

图 5-4 WEKA 软件界面

$$y = \beta_0 + \beta_1 x_{1i} + \beta_2 x_{2i} + \cdots + \beta_k x_{ki} + \varepsilon_i \tag{5-1}$$

式中 β_k——回归系数；

x——随机变量；

y——随机变量；

ε_i——相互独立且服从同一正态分布的随机变量。

回归模型是一种预测性的建模技术，它研究的是因变量（目标）和自变量（预测器）之间的关系。这种技术通常用于预测分析，以及发现变量之间的因果关系。例如，司机的鲁莽驾驶与道路交通事故数量之间的关系，最好的研究方法就是回归。回归模型重要的基础或者方法就是回归分析，回归分析是研究一个变量（被解释变量）关于另一个（些）变量（解释变量）的具体依赖关系的计算方法和理论，是建模和分析数据的重要工具。使用曲线来拟合这些数据点，在这种方式下，从曲线到数据点的距离差异最小。

线性回归通常是人们在学习预测模型时首选的技术之一。在这种技术中，因变量是连续的，自变量可以是连续的也可以是离散的，回归线的性质是线性的。线性回归使用最佳的拟合直线（也就是回归线）在因变量和一个或多个自变量之间建立一种关系。

最小二乘法是一种线性回归的方法，它的目标是找到一条直线，使这条直线与数据点的距离最小。具体来说，最小二乘法是通过最小化误差平方和来求解最优解的。误差平方和是指每个数据点与拟合直线的距离的平方和。最小二乘法的优点是计算简单，但是它只适用于线性回归问题。

梯度下降法是一种通用的优化方法，它可以用来求解各种类型的问题。梯度下降法的基本思想是通过不断地调整参数来最小化损失函数。损失函数是指模型预测值与真实值之间的差距。梯度下降法的优点是可以应用于各种类型的问题，但是它的计算复杂度较高。

最小二乘法和梯度下降法都是机器学习中常用的优化方法。它们的实现方式和适用场景有所不同，我们需要根据具体的问题来选择合适的方法。

对于一个回归方程，如果自变量的指数大于1，那么它就是多项式回归方程。在这种回归技术中，最佳拟合线不是直线，而是一个用于拟合数据点的曲线。

在处理多个自变量时，我们可以使用逐步回归。在这种技术中，自变量的选择是在一个自动的过程中完成的，其中包括非人为操作。这一方法是通过观察统计的值来识别重要的变量。逐步回归通过同时添加/删除基于指定标准的协变量来拟合模型。下面介绍了一些最常用的逐步回归方法。标准逐步回归法是指增加和删除每个步骤所需的预测。向前选择法从模型中最显著的预测开始，然后为每一步添加变量。向后剔除法与模型的所有预测同时开始，然后在每一步消除最小显著性的变量。这种建模技术的目的是使用最少的预测变量数来最大化预测能力，也是处理高维数据集的方法之一。

(2) 回归建模应用　回归建模在大数据分析中有广泛的应用。例如，在探索和预测数值型变量之间的关系时，可以使用回归建模方法。

① 金融风险管理。通过建立回归模型，可以对信用评级、股票价格、市场波动等金融指标进行预测和风险评估。

② 医疗诊断。医生可以使用回归模型对病人的病历、症状、检验结果等进行综合分析，以提高诊断的准确性。

③ 资源管理。在供应链管理、能源管理、水资源管理等领域，回归模型可以用于预测需求、供应以及资源分配等。

④ 市场预测。通过建立回归模型，可以对市场趋势、消费者行为、销售额等进行预测，以帮助企业制定更加精准的市场策略。

⑤ 自然语言处理。在机器翻译、语音识别、文本分类等自然语言处理任务中，回归模型可以用于建立语言模型，提高系统的准确性。

⑥ 社会科学研究。在心理学、经济学、社会学等社会科学领域，回归模型被广泛应用于实验设计和数据分析，以揭示变量之间的关系和影响。

5.1.2.3　神经网络建模方法

(1) 人工神经网络概述　人工神经网络 (artificial neural network, ANN) 亦称为神经网络 (neural network, NN)，是大量处理单元（神经元）广泛互联而成的网络，是对人脑的抽象、简化和模拟，反映人脑的基本特性。人工神经网络的研究是从人脑的生理结构出发来研究人的智能行为，模拟人脑信息处理的功能。它是根植于神经科学、数学、统计学、物理学、计算机科学等学科的一种技术。

人类大脑皮层中大约包含100亿个神经元，60万亿个神经突触以及它们的连接体。神经元之间通过相互连接形成错综复杂而又灵活多变的神经网络系统。其中，神经元是这个系统中最基本的单元，它主要由细胞体、树突、轴突和突触组成，它的工作原理如图5-5所示。人工神经元是近似模拟生物神经元的数学模型，是人工神经网络的基本处理单元，同时也是一个多输入单输出的非线性元件（如图 5-6 所示）。每一连接都有突触连接强度，用一个连接权值来表示，即将产生的信号通过连接强度放大，人工神经元接收到与其相连的所有神经元的输出的加权累积，加权总和与神经元的网值相比较，若它大于网值，人工神经元被激活。当它被激活时，信号被传送到与其相连的更高一级神经元。

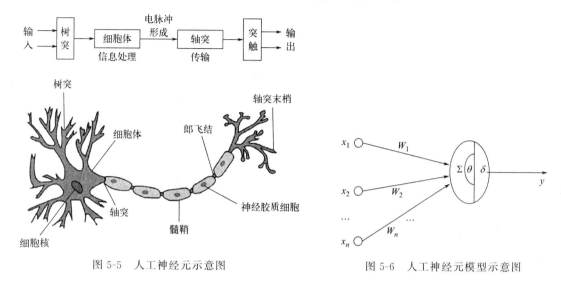

图 5-5 人工神经元示意图　　　　　图 5-6 人工神经元模型示意图

(2) 神经网络特点

① 具有高速信息处理的能力。人工神经网络是由大量的神经元广泛互连而成的系统，并行处理能力很强，因此具有高速信息处理的能力。

② 知识存储容量大。在人工神经网络中，知识与信息的存储表现为神经元之间分布式的物理联系。它分散地表示和存储于整个网络内的各神经元及其连线上。每个神经元及其连线只表示一部分信息，而不是一个完整的具体概念。只有通过各神经元的分布式综合效果才能表达出特定的概念和知识。

③ 具有很强的不确定性信息。人工神经网络中神经元个数众多以及整个网络存储信息容量的巨大，使得它具有很强的对不确定性信息的处理能力。即使输入信息不完全、不准确或模糊不清，人工神经网络仍然能够联想存于记忆中的事物的完整图像。只要输入的模式接近于训练样本，系统就能给出正确的推理结论。

④ 具有很强的健壮性。正是因为人工神经网络的结构特点和其信息存储的分布式特点，使得它相对于其他的判断识别系统，如专家系统等，具有另一个显著的优点：健壮性。生物神经网络不会因为个别神经元的损失而失去对原有模式的记忆。最有力的证明是，当一个人的大脑因意外事故受轻微损伤之后，并不会失去原有事物的全部记忆。神经网络也有类似的情况。因某些原因，无论是网络的硬件实现还是软件实现中的某个或某些神经元失效，整个网络仍然能继续工作。

⑤ 一种具有高度非线性的系统。人工神经网络同现行的计算机不同，是一种非线性的处理单元。只有当人工神经元对所有的输入信号的综合处理结果超过某一阈值后才输出一个信号。因此，人工神经网络是一种具有高度非线性的系统。它突破了传统的以线性处理为基础的数字电子计算机的局限，标志着智能信息处理能力和模拟人脑智能行为能力的一大飞跃。

(3) 神经网络的数学模型 目前,已发展了几十种神经网络模型,主要类型有:连接型神经网络模型,如 Hopfield 模型、Feldman 模型等;玻尔兹曼机模型,如 Hinton 模型等;多层感知机模型,如 Rumelhart 模型等;自组织网络模型,如 Kohonen 模型等;径向基函数模型等。这些模型大多数处于理论阶段,开发并投入实际计算使用的模型屈指可数。下面主要介绍数据挖掘工具 SAS、SPSS 和 Clementine 支持的最重要的两类模型:基于 BP 算法的多层感知机神经网络模型和径向基函数神经网络模型。

① 基于 BP 算法的多层感知机神经网络模型。在众多神经网络模型中,前馈型神经网络是人工神经网络中应用最为广泛的一种网络类型,而其中应用最广泛的是多层感知机(multilayer perceptron,MLP)神经网络。多层感知机神经网络的研究始于 20 世纪 50 年代,但一直进展不大。直到 1985 年,Rumelhart 等提出了误差反向传递学习算法(error back propagation,BP 算法),实现了 Minsky 的多层网络设想。

BP 算法有输入层节点、输出层节点,还可有一个或多个隐含层节点(图 5-7)。对于输入信号,要先向前传播到隐含层节点,经作用函数后,再把隐含层节点的输出信号传播到输出节点,最后输出结果。

BP 算法的学习过程由正向传播和反向传播组成。在正向传播过程中,输入信息从输入层经隐含层逐层处理,并传向输出层。每一层神经元的状态只影响下一层神经元的状态。如果输出层得不到期望的输出,则转入反向传播,将误差信号沿原来的连接通道返回,通过修改各层神经元的权值,使得误差信号最小。

BP 模型把一组样本的 I/O 问题变为一个非线性优化问题,它使用的是优化中最普通的梯度下降法,也可以使用其他方法。如果把神经网络看成输入到输出的映射,

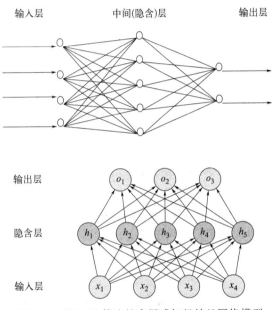

图 5-7 基于 BP 算法的多层感知机神经网络模型

则这个映射是一个高度非线性映射。

设计一个神经网络专家系统重点在于模型的构成和学习算法的选择。一般来说,结构是根据所研究领域及要解决的问题确定的。通过对所研究问题的大量历史资料数据的分析及目前的神经网络理论发展水平,建立合适的模型,并针对所选的模型采用相应的学习算法,在网络学习过程中,不断地调整网络参数,直到输出结果满足要求。

② 径向基函数神经网络模型。前馈型神经网络是人工神经网络中应用最为广泛的一种网络类型,目前,基于 BP 算法的多层感知机神经网络在各个领域中得到较多的应用,但是 BP 神经网络学习过程的收敛与初值密切相关,并且学习过程还可能出现局部收敛,这是实际应用中的难点。

径向基函数(radial basis function,RBF)神经网络为一种性能良好的前馈型人工神经网络,它是基于人脑的神经元细胞对外界反应的局部性而提出的,是一种新颖有效的前馈式神经网络,具有较高的运算速度。特别是它的较强的非线性映射能力,能以任意精度全局逼

近一个非线性函数，使其在很多领域得到了广泛应用。RBF 神经网络通常具有三层的网络结构，包括输入层、隐含层、输出层。

在 RBF 神经网络中，隐含层节点通过基函数执行一种非线性变化，将输入空间映射到一个新的空间，输出层节点则在该新的空间实现线性加权组合。RBF 神经网络中最常用的基函数是高斯函数，即对于任意的输入向量 $\boldsymbol{X} \in \boldsymbol{R}^N$（$\boldsymbol{R}^N$ 为输入样本集）。

径向基函数神经网络的隐含神经元的输出函数被定义为具有径向对称的基函数（即径向基函数），而基函数的中心向量被定义为网络输入层到隐含层的连接权向量。这个特点使得隐含层对输入样本有一个聚类的作用。其中，中心向量为类均值，它的个数代表聚类的类数。由于基函数对输入激励产生一个局部化的响应，仅当输入落在输入空间的一个很小的指定区域时，隐含单元才作出有意义的非零响应。

RBF 神经网络中待确定的参数有两类：基函数中心点、宽度以及网络的权值。因此，网络的学习过程分为两步：首先确定基函数中心点和宽度，其次是权值学习。

RBF 网络学习整个训练过程分为非监督学习和监督学习两个阶段。非监督学习阶段采用 K 均值（K-means）聚类方法对训练样本的输入量进行聚类，找出聚类中心 C_i 及 σ 参数，然后进行监督学习阶段。当 C_i 及 σ_i 确定之后，RBF 网络从输入到输出就成了一个线性方程组，因此监督学习阶段可以采用最小二乘法求解网络的输出权值 w_i。即用监督学习算法调整隐含层到输出层的权重，算法步骤如下：

用最小、最大规范化方法，使属性归一到网络的处理范围；

用径向基函数计算中间层的输出 Y_h；

输出层第 j 个神经单元的输出结果；

计算输出层误差。

（4）神经网络模型的优缺点和训练样本选取

① 神经网络模型的优点有以下方面。

a. 很强的非线性映射拟合能力。神经网络实质上实现了一个从输入到输出的映射功能，数学理论证明三层的神经网络就能够以任意精度逼近任何非线性连续函数，这使得其特别适合于求解内部机制复杂的问题。

b. 高度的自学习、自适应能力和记忆能力。神经网络在训练时，能够通过学习自动提取、输出数据间的"合理规则"，并自适应地将学习内容记忆于网络的权值中。

c. 泛化能力。所谓泛化能力是指在设计模式分类器时，既要考虑网络保证对所需分类对象进行正确分类，还要关心网络在经过训练后，能否对未见过的模式或有噪声污染的模式进行正确的分类。也即神经网络具有将学习成果应用于新知识的能力。

d. 容错能力。BP 神经网络在其局部的或者部分的神经元受到破坏后对全局的训练结果不会造成很大的影响，也就是说即使系统在受到局部损伤时还是可以正常工作的。即 BP 神经网络具有一定的容错能力。

② 神经网络模型的缺点有以下方面。

a. 局部极小化问题。从数学角度看，传统的神经网络为一种局部搜索的优化方法，它要解决的是一个复杂非线性化问题，网络的权值是通过沿局部改善的方向逐渐进行调整的，这样会使算法陷入局部极值，权值收敛到局部极小点，从而导致网络训练失败。加上 BP 神经网络对初始网络权重非常敏感，以不同的权重初始化网络往往会收敛于不同的局部极小，这也是很多学者每次训练均得到不同结果的根本原因。

b. 神经网络算法的收敛速度慢。由于神经网络算法本质上为梯度下降法，它所要优化的目标函数是非常复杂的，因此，必然会出现"锯齿形现象"，这使得算法低效；又由于优化的目标函数很复杂，它必然会在神经元输出接近0或1的情况下，出现一些平坦区，在这些区域内，权值误差改变很小，使训练过程几乎停顿；神经网络模型中，为了使网络执行算法，不能使用传统的一维搜索法求每次迭代的步长，而必须把步长的更新规则预先赋予网络，这种方法也会引起算法低效。以上原因导致了神经网络算法收敛速度慢。

c. 神经网络结构选择不一。神经网络结构的选择至今尚无一种统一而完整的理论指导，一般只能由经验选定。网络结构选择过大，训练中效率不高，可能出现过拟合现象，造成网络性能低，容错性下降，若选择过小，则又会造成网络可能不收敛。而网络的结构直接影响网络的逼近能力及推广性质。因此，应用中如何选择合适的网络结构是一个重要的问题。

d. 应用实例与网络规模的矛盾问题。难以解决应用问题的实例规模和网络规模间的矛盾问题，涉及网络容量的可能性与可行性的关系问题，即学习复杂性问题。

e. 预测能力和训练能力的矛盾问题。预测能力也称泛化能力或者推广能力，训练能力也称逼近能力或者学习能力。一般情况下，训练能力差时，预测能力也差，并且一定程度上，随着训练能力的提高，预测能力也会得到提高。但这种趋势不是固定的，有一个极限，当达到此极限时，随着训练能力的提高，预测能力反而会下降，也即出现所谓"过拟合"现象。出现该现象的原因是网络学习了过多的样本细节，学习出的模型已不能反映样本内含的规律。所以，如何把握好学习的度，解决网络预测能力和训练能力间矛盾问题也是神经网络的重要研究内容。

f. 神经网络样本依赖性问题。网络模型的逼近和推广能力与学习样本的典型性密切相关，而从问题中选取典型样本实例组成训练集是一个很困难的问题。

③ 训练样本选取。神经网络训练样本的选取很重要，它直接关系到评估结果的可信度。为了使训练的结果符合实际，通过以下两个步骤获得原始训练样本，来进行权重和阈值训练。

a. 基于深度业务理解的指标变量的准确选取，对于任何模型都是至关重要的。

b. 样本浓度控制得当，和其他模型一样，有正负样本的比例应控制在1∶6左右，没有正负样本的数据，数据选取要典型。

神经网络模型特别适用于数据变量个数众多，各数据变量之间的关系不明确，数学模型不明确，如不服从正态分布的、非线性的或是强耦合的数据样本的变量重要性和关联度的计算，其计算效果比关联分析、相关系数计算法都要准确。

（5）神经网络模型的工具实现　在实现神经网络模型时，我们需要选择合适的编程语言和框架。常见的编程语言有 Python、Java、C++等，而主流的框架有 TensorFlow、PyTorch、Keras 等。TensorFlow 是由 Google 开发的开源深度学习框架，支持构建各种神经网络模型。它提供了灵活的操作和计算图形，适用于从基本的全连接层到复杂的卷积神经网络（CNN）和循环神经网络（RNN）等模型。PyTorch 是另一个广受欢迎的深度学习框架，由 Facebook 开发。它采用动态计算图模型，更贴近自然语言，使模型构建和调试更直观。Keras 是一个高级神经网络 API，可以运行在 TensorFlow、Theano 和 Microsoft Cognitive Toolkit 等后端上。它的设计使得构建、训练和评估神经网络模型变得更加简单。这些工具提供了丰富的文档、示例和社区支持，可以根据需求和偏好选择合适的工具来构建和训练神经网络模型。无论新手还是有经验的开发者，这些工具都可以帮助你在神经网络领域取得成功。

(6) 神经网络建模的应用　神经网络的应用领域包括建模、时间序列分析、预测、模式识别和控制、语音分析、图像识别、数字水印、计算机视觉等，并在不断拓展。

① 环境监测。神经网络可以分析环境数据，预测气象、水质和空气质量等，有助于环境监测和应对自然灾害。

② 计算机视觉。神经网络在图像识别、物体检测、人脸识别等计算机视觉任务中表现出色。卷积神经网络是常用的架构，可以用于图像分类、语义分割等任务。

③ 自然语言处理。循环神经网络和长短时记忆网络（LSTM）等在自然语言处理领域得到广泛应用。神经网络可以用于机器翻译、文本生成、情感分析等任务。

④ 语音识别。语音识别任务可以使用卷积神经网络和循环神经网络来实现。神经网络可以将声音信号转换为文字，应用于语音助手、语音命令等领域。

⑤ 医疗诊断。神经网络可以用于医学图像分析，如 MRI（磁共振成像）和 CT 扫描（计算机断层扫描），可以帮助医生诊断病变、肿瘤等。

5.1.2.4　分类建模方法

(1) 分类建模介绍　分类模型是机器学习中常用的一种模型，它可以将数据分为不同的类别。常见的分类模型包括以下几个。

① 逻辑回归模型：适用于二分类问题，可以用于预测概率值。

② 决策树模型：通过构建树状结构，将数据分为不同的类别，可以适用于多分类问题。

③ 支持向量机模型：通过构建分类超平面，将数据分为不同的类别，可以适用于二分类和多分类问题。

④ 朴素贝叶斯模型：基于贝叶斯公式，通过计算条件概率将数据分为不同的类别，适用于文本分类等问题。

⑤ 随机森林模型：基于多个决策树的集成学习方法，可以适用于多分类问题。

⑥ 梯度提升树模型：通过迭代优化决策树的权重，将数据分为不同的类别，可以适用于多分类问题。

每种模型有其优点和缺点，应根据具体问题选择合适的模型。

(2) 分类建模实际应用　分类建模是一种广泛应用的统计方法，可应用于多种不同的领域中，能够帮助人们更好地理解数据、做出更准确的决策和实现更高效的管理。

① 金融领域。分类建模可用于信用评估、欺诈检测、客户细分、股票市场预测等。例如，通过分类模型预测客户的信用等级，帮助银行决定是否批准贷款申请。

② 医疗领域。分类建模可用于疾病诊断、药物疗效预测、疾病进展风险评估等。例如，通过分类模型预测患者的疾病类型，帮助医生制定更准确的治疗方案。

③ 商业领域。分类建模可用于市场调研、消费者行为分析、产品推荐、客户支持等。例如，通过分类模型预测用户对产品的购买意愿，帮助企业制定更有效的营销策略。

④ 环境领域。分类建模可用于环境监测、气候变化预测、自然灾害预警等。例如，通过分类模型预测气候变化对农作物产量的影响，帮助农业部门制定更合适的种植计划。

⑤ 交通领域。分类建模可用于交通流量预测、交通安全分析、智能交通管理等。例如，通过分类模型预测交通拥堵情况，帮助交通管理部门制定更有效的交通调度计划。

5.1.2.5　时间序列建模方法

(1) 时间序列建模介绍　按所研究的对象的多少分，有一元时间序列和多元时间序列。

按时间的连续性，可将时间序列分为离散时间序列和连续时间序列两种。按序列的统计特性分，有平稳时间序列和非平稳时间序列。狭义时间序列：一个时间序列的概率分布与时间无关。广义时间序列：如果序列的一、二阶矩存在，而且在任意时刻满足均值为常数和协方差为时间间隔的函数。按时间序列的分布规律来分，有高斯型时间序列和非高斯型时间序列。

时间序列预测技术就是通过对预测目标自身时间序列的处理来研究其变化趋势的。一个时间序列往往是长期趋势变动、季节变动、循环变动、不规则变动等变化形式的叠加或耦合。

(2) 时间序列建模应用　时间序列建模在各个领域都有广泛的应用，能够帮助人们更好地理解数据、预测未来，并做出更准确的决策。

① 金融领域。时间序列建模可以用于股票价格预测、市场波动分析、趋势预测等。通过对股票市场的历史数据进行时间序列分析，可以预测未来的股票价格走势，从而为投资决策提供依据。

② 自然语言处理领域。时间序列建模可以用于情感分析、语言发展趋势预测等。例如，通过分析大量文本数据，可以预测未来一段时间内某个词的使用频率，或者某篇文章的情绪倾向。

③ 电力领域。时间序列建模可以用于电力负荷预测、能源消耗分析等。通过对历史电力数据进行分析，可以预测未来的电力需求，优化电力调度和供应。

④ 医疗领域。时间序列建模可以用于疾病发病率预测、药物疗效监测等。通过对历史医疗数据进行分析，可以预测未来某种疾病的发生率，或者某项药物对病人的疗效。

⑤ 交通领域。时间序列建模可以用于交通流量预测、道路拥堵分析等。通过对历史交通数据进行时间序列分析，可以预测未来的交通状况，优化交通管理和调度。

5.1.3　环境工程大数据建模应用与发展现状

随着大数据技术的不断发展，环境工程领域也开始应用大数据技术进行环境监测、环境影响评价、环保政策制定、环保产业经济发展预测、环境治理、环境规划与管理以及气候变化监测等。下面将介绍环境工程大数据建模的应用和发展现状。

(1) 大数据技术在环境监测中的应用　环境监测是环境工程中的重要环节，通过大数据技术可以提高环境监测的效率和准确性。例如，通过物联网技术将各种环境监测设备连接到互联网，实现环境数据的实时监测和传输。同时，利用大数据技术对环境数据进行处理和分析，可以更准确地反映环境的实际情况，为环境治理提供科学依据。

(2) 大数据在环境影响评价中的应用　环境影响评价是环境工程中的另一个重要环节，可以对人类活动对环境的影响进行评估和预测。利用大数据技术，可以将不同来源的环境数据整合和分析，更准确地预测人类活动对环境的影响，为环保决策提供科学依据。

(3) 大数据在环保政策制定中的应用　环保政策制定是环保部门的重要工作，而大数据技术可以为环保政策制定提供科学支持。通过大数据技术对环境数据进行挖掘和分析，可以发现环境问题的根源和规律，为环保政策的制定提供科学依据和预测。

(4) 基于大数据的环保产业经济发展预测　环保产业是未来发展的重要产业，而基于大数据的环保产业经济发展预测可以帮助企业和政府更好地规划和预测环保产业的发展方向和趋势。通过大数据技术对环保产业的经济数据进行挖掘和分析，可以更准确地预测环保产业的发展趋势和未来前景。

（5）大数据在环境治理中的应用　环境治理是环境工程的重要任务之一，而大数据技术可以为环境治理提供科学支持。通过大数据技术对环境数据进行挖掘和分析，可以发现环境问题的根源和规律，为环境治理提供科学依据和预测。同时，大数据技术也可以帮助政府和企业更好地评估和监测环境治理的效果，提高环境治理的效率和水平。

（6）大数据在环境规划与管理中的应用　环境规划与管理是环境工程的重要环节，而大数据技术可以为环境规划与管理提供科学支持。通过大数据技术对环境数据进行挖掘和分析，可以为环境规划与管理提供科学依据和预测。同时，大数据技术也可以帮助政府和企业更好地评估和监测环境规划与管理的效果，提高环境规划与管理的效率和水平。

（7）大数据在气候变化监测中的应用　气候变化是全球性的问题，而大数据技术可以为气候变化监测提供科学支持。通过大数据技术对各种环境数据进行挖掘和分析，可以更准确地监测气候变化的情况和趋势，为应对气候变化提供科学依据和预测。

大数据技术在环境工程中的应用和发展前景广阔。未来，随着大数据技术的不断发展和完善，环境工程大数据建模将会更加成熟和广泛应用，为环保事业的发展和人类健康提供更好的支持和保障。

5.2　大气环境数据建模技术

5.2.1　大气环境建模概述

大气环境数据建模与仿真技术已经成为国内外先进分布仿真领域的一项公共支撑技术和关键核心技术，是众多军事仿真应用不可或缺的重要组成部分。大气环境建模与仿真技术逐渐向大型化和复杂化的方向发展，同时也扩大了综合应用的范围，在现代国防和国民经济领域越来越显示出它的优越性和重要性。为此，美国国防部和北约都将获得权威的综合自然环境描述作为国防与军事领域建模与仿真的主要目标之一，并在该领域进行了近30年的研究和探索，资助了大量的研究计划和工程项目，取得了很多具有实用价值的研究成果。

利用大气环境数据建模与仿真手段深入研究大气环境特征，并在此基础上建立正确的仿真模型和提供可靠的环境数据，开展大气环境及其对武器装备影响研究，是深入认知武器装备大气环境影响机制和提高武器装备环境适应性的重要技术途径，对优化武器系统设计、提高武器系统环境适应性能及作战能力均具有非常重要的意义。因此，大气环境数据建模与仿真技术已成为近年来国内外仿真技术领域中一项十分关键的技术，是仿真系统中不可或缺的重要组成部分。该领域的研究受到各国的高度重视，也是军事强国维护其在未来战场具备"非对称优势"的一项重要支撑技术。

20世纪80年代以来，随着大气科学、计算机科学以及分布交互仿真技术的发展，大气环境数据建模与仿真技术从基础到应用多个技术层面得到全面发展。从简单的一维静态大气环境发展到复杂的四维动态大气环境，从单一大气环境仿真到包含大气环境对武器实体影响的综合仿真，实现了许多重大的技术突破，解决了许多技术难题，形成了先进成熟的技术、方法和工具，建立了先进的环境仿真系统。大气环境仿真逐渐向系统化和标准化的方向完善，一些大气环境仿真系统已走向实用化和业务化，发挥了重要作用。

大气环境数据建模与仿真是技术含量极高、多学科交叉的现代系统工程。目前，美国在该领域的研究处于世界领先地位，代表了这一领域的发展方向。环境影响仿真技术的不断发展驱动了管理机构的响应。美国国防部为此成立了相应的机构，并颁布了一系列的研究计划。早在1978年美国就启动了大气环境对电光传输影响的研究计划。1979年，建立了电光系统大气效应程序库（EOSAEL）。1991年7月，成立了相当于国防部部长办公室级别的国防建模与仿真办公室（DMSO），设立了国防部建模与仿真执行委员会（EXCIMS），专门负责武器系统研制及采购、作战计划、作战使用和评估等相关的各种仿真模式、试验和技术发展等方面的协调与研发管理。

1992年7月，美国国防部将大气环境影响效应数值模拟试验正式列入"美国国防部1992～2005年关键技术计划"，将模拟试验作为今后主要的研究手段。1993年，美国国防部特别强调了对大气环境影响问题的关注，提出了未来作战"拥有天气"的重要概念。1994年1月，美国国防部发布了5000.59号指令，全面部署国防部的建模仿真管理。1995年10月，美国国防部颁布了"国防部建模与仿真主计划（MSMP）"。该计划评估了国防部计算机仿真的现状，提出了国防部建模仿真发展的基本战略和基本设想以及要努力实现的六大目标，其中第二大目标就是"提供自然环境的及时和权威表示"。其中所指的自然环境涵盖了从地面、海洋、大气，直到太空的广阔空间，实现自然环境的无缝链接。1996年，DMSO在EXCIMS下设"多军种模式模拟处"，专门为不同部门和各军种提供标准的大气环境模式、算法和资料。模拟研究计划由美国国防部建模仿真办公室提出，整个大气环境影响研究计划由陆军大气科学实验室（ASL）和空军菲利普实验室地球物理处（PL/GP）分工实施。2000年，DMSO公布了"集成自然环境（INE）计划"，专注于为建模和仿真界提供对地形、海洋、大气和空间等物理环境的完整的权威描述。这些计划的实施进一步推动了仿真技术的发展。尤其在动态大气环境（DAE）、综合环境数据表示与交换规范（SEDRIS）、综合自然环境权威表述过程（INEARP）、主环境库（MEL）、环境剧情生成（ESG）、基于HLA的环境联邦等技术方面，取得了许多很有实用价值的研究成果。

当前，大气环境建模与仿真技术向着多学科融合、实时动态化和分布式协同化方向发展。大气环境建模与仿真的进一步研究重点包括：大气环境特征量的提取技术、大气环境多分辨率建模与动态仿真技术、多源大气环境数据融合技术、大气环境多态数据表示和交换技术、分布式的大气环境仿真数据库和模型库的建立与重用技术、大气环境仿真实时数据库技术、大气环境剧情快速组织和调用技术、大气环境中的非视觉可视化技术、大气环境虚拟现实表达技术、一体化大气环境仿真平台技术、大气环境仿真与其他军事系统仿真之间的互操作技术、大气环境建模与仿真的校核与验证技术、大气环境仿真的可重用问题以及大气环境建模与仿真标准规范等。

大气环境建模与仿真通过30年的发展，经过原始积累、关键技术突破和应用系统开发，已成功应用于武器装备论证、设计、研制仿真、作战模拟、军事训练以及实战保障中，发挥了越来越重要的作用。大气环境仿真已成为当今世界一门正在飞速发展的重要的前沿技术，开发和应用研究正在向深度和广度发展。可以预期，在社会经济发展和国防建设需求的牵引下，大气环境建模与仿真技术必将得到新的更快的发展和更广泛的应用，有着无限广阔的发展空间和应用前景。

开展大气环境对实体模型影响的仿真研究，需要建立描述大气特征的仿真模型，建立大气环境仿真模型主要有三种方式：一是通过对大气最基本特征的理论分析和数学简化提出的理想化模型；二是基于大量观测资料和观测事实进行分析和统计建立的统计特征模型；三是按照流体力学和大气运动规律建立并求解大气运动的非线性方程组，并进行数值模拟，从中给出的大气环境数值模型。

我国大气环境监测工作起步较晚，使用的手段与设备存在一定的滞后性，最常应用的方法有光化学分析法、化学计量法以及电化学测量法等。随着大气环境中成分复杂、处理困难的污染物质数量的增多，传统的监测方法与手段已经无法准确地反映出环境质量与变化趋势。环境部门获得的污染源排放数据、调研信息、科研资料与气象、水利、海洋、交通、卫生等部门的工作息息相关。由于不同类型的数据间呈现多元、非线性的关系，在大气环境监测中具有复杂性、多样性等特点，给研究人员认识、分析、研究环境污染问题带来了一定的困难。因此，为了能够对$PM_{2.5}$、PM_{10}和粉尘等进行有效监控，需要利用大数据解析技术来找出各参数之间的非线性关系，并借助这种非线性关系建立模型，为大气环境监测从业人员提供能够掌握变化规律的方法，进而实现数据处理精度、速度的全面提升，充分发挥出大数据解析技术在存储、运算、处理数据过程中的作用与功能。

为了进一步解决$PM_{2.5}$污染问题以及其他污染物排放超标问题，需要从根本上把握污染物质的变化规律，明确所在地污染物质的浓度。面对数量巨大、类型丰富的大气环境污染数据，运用大数据解析技术能够找出数据类与类之间的关系，结合统计计算、神经网络分析和随机过程分析等算法，能够对多维度的数据进行更深层次的研究，进而分析出研究目标函数的变化规律，对大气环境监测从业人员环境管理、环境决策发挥了至关重要的作用。因此，在大气环境监测实际应用大数据解析技术的过程中，应该注意选择适宜的数据分析方法，应用单位也要根据大气环境自动监测站工作开展需求，制定相关的检测标准，以此提升大数据解析技术的应用效果，提高数据分析的准确性与效率。大气环境自动监测站耗资巨大，会在很大程度上消耗城市的人力资源与物力资源，并且大气环境自动监测站无法满足监测需求，亟须大数据解析技术对相关数据与资料进行补充。在北京市，大约$100km^2$建设1个大气环境自动监测站，监测站获得的数据可以作为评估$PM_{2.5}$浓度的依据，并且不同的自动监测站能够代表某局部点的污染物质浓度。因此，研究并计算局部地区的$PM_{2.5}$以及其他污染物质浓度，对解决环境污染问题具有十分重要的现实意义。

5.2.2 大气环境建模方法

大气环境建模方法包括以下几大类。

(1) 统计建模　大气环境统计建模是一种利用数据驱动的方法，通过对大气环境数据的分析、处理和建模，探索大气的变化规律和趋势，预测未来的大气环境状况。统计建模通常包括数据采集、预处理、特征提取、模型训练和预测等步骤。

(2) 动力学建模　大气动力学建模是通过对大气运动规律的描述，建立大气的微分方程，然后通过数值计算和模拟，预测大气的未来状态。这种建模方法可以应用于气候预测、空气质量预报、风能资源评估等领域。

(3) 数据驱动建模　基于数据驱动的大气环境建模方法，可以利用大量的数据通过机器学习、深度学习等技术，自动提取特征并建立模型，实现大气环境状态的自动识别和预测。

(4) 地球系统建模　地球系统建模是一种多学科交叉的建模方法，它结合了大气科学、地球物理学、生态学等多个学科的知识，通过对地球系统各个组成部分的相互作用和影响的研究，模拟地球系统的整体行为。

(5) 环境化学建模　大气环境化学建模是利用化学反应动力学原理，模拟大气中的化学反应过程，预测空气污染物的扩散、转化和沉降等过程，为空气质量预报和污染控制提供科学依据。

(6) 遥感建模　遥感建模是利用遥感技术获取大气状态数据，通过反演算法建立模型，实现对大气环境状态的快速、准确监测和预测。

(7) 数值模拟与仿真　大气环境数值模拟和仿真是一种基于物理原理的建模方法，通过计算流体动力学、热力学、辐射传输等原理，模拟大气环境中的各种物理过程，预测大气的未来状态。

(8) 综合集成建模　大气环境综合集成建模是一种多源数据融合、多学科交叉的建模方法，它将统计建模、动力学建模、数据驱动建模等多种建模方法进行集成，形成一个统一的模型体系，实现对大气环境状态的全面、准确描述和预测。综合集成建模可以充分发挥各种建模方法的优势，提高模型精度和可靠性。

5.2.2.1　大气环境大数据模型参数

大气扰动的复杂性使得在工程应用中对它难以进行全面且恰当的表示，因此在建模中通常采用简化的模型。这些模型只能表征大气变化的简单规律，难以反映大气复杂变化的基本事实和基本规律，如标准大气仅把大气表示为无空间和时间变化的常态大气。为提高系统仿真的准确性，有必要采用最新的科学理论和技术不断地改进理想化的大气环境仿真模型，使其能够更加准确地反映大气扰动的特征，不断满足系统对大气环境建模与仿真的需求。

大气环境大数据模型的参数可以根据具体的研究和应用方向而有所不同。以下是一些常见的大气环境大数据模型参数。

(1) 气象参数　包括风速、风向、气压、温度、湿度等参数，这些参数可以描述大气的运动和能量状态，是天气和气候预测的重要依据。

(2) 大气成分　包括二氧化碳、甲烷、臭氧等成分的浓度，这些成分对地球的气候和环境有重要影响。

(3) 大气污染物的排放　包括颗粒物、二氧化硫、二氧化氮等污染物的排放速率和浓度，这些参数对于空气质量和气候变化的研究非常重要。

(4) 地形和地理信息　包括海拔高度、坡度、植被覆盖等参数，这些参数对于气流和气候的形成和分布有重要影响。

(5) 社会经济参数　包括人口分布、能源消耗、交通排放等参数，这些参数可以描述人类活动对大气环境和气候变化的影响。

(6) 模拟参数　包括模拟的天气和气候变化、污染物扩散和化学反应等结果，这些结果可以用来验证模型的准确性和可靠性，也可以用来指导实际的环保行动。

5.2.2.2　湍流与湍流扩散理论

(1) 湍流　低层大气中的风向在不断地变化，上下左右出现摆动；同时，风速也是时强时弱，形成迅速的阵风起伏。风的这种强度与方向随时间不规则地变化形成的空气运动称为大气湍流。湍流运动是由无数结构紧密的流体微团——湍涡组成，其特征量的时间与空间分布都具有随机性，但它们的统计平均值仍然遵循一定的规律。大气湍流的流动特征尺度一般取离地面的高度，比流体在管道内流动时要大得多，湍涡的大小及发展基本不受空间的限制，因此在较小的平均风速下就能有很高的雷诺数，从而达到湍流状态。所以近地层的大气始终处于湍流状态，尤其在大气边界层内，气流受下垫面影响，湍流运动更为剧烈。大气湍流造成流场各部分强烈混合，能使局部的污染气体或微粒迅速扩散。烟团在大气的湍流混合作用下，由湍涡不断把烟气推向周围空气中，同时又将周围的空气卷入烟团，从而形成烟气的快速扩散稀释过程。

烟气在大气中的扩散特征取决于是否存在湍流以及湍涡的尺度（直径）。无湍流时，烟团仅仅依靠分子扩散使烟团长大，烟团的扩散速率非常缓慢，其扩散速率比湍流扩散小5～6个数量级；烟团在远小于其尺度的湍涡中扩散，由于烟团边缘受到小湍涡的扰动，逐渐与周边空气混合而缓慢膨胀，浓度逐渐降低，烟流几乎呈直线向下风运动；烟团在与其尺度接近的湍涡中扩散，在湍涡的切入卷出作用下烟团被迅速撕裂，大幅度变形，横截面快速膨胀，因而扩散较快，烟流呈小摆幅曲线向下风运动；烟团在远大于其尺度的湍涡中扩散，烟团受大湍涡的卷吸扰动影响较弱，其本身膨胀有限，烟团在大湍涡的夹带下作较大摆幅的蛇形曲线运动。实际上烟云的扩散过程通常不是仅由上述单一情况完成，因为大气中同时并存的湍涡具有各种不同的尺度。

根据湍流的形成与发展趋势，大气湍流可分为机械湍流和热力湍流两种形式。机械湍流是地面的摩擦力使风在垂直方向产生速度梯度，或者地面障碍物（如山丘、树木与建筑物等）导致风向与风速的突然改变而造成的。热力湍流主要是地表受热不均匀，或大气温度层结不稳定，在垂直方向产生温度梯度而造成的。一般近地面的大气湍流总是机械湍流和热力湍流的共同作用，其发展、结构特征及强弱取决于风速的大小、地面障碍物形成的粗糙度和低层大气的温度层结状况。

(2) 湍流扩散与正态分布的基本理论　气体污染物进入大气后，一面随大气整体飘移，同时由于湍流混合，污染物从高浓度区向低浓度区扩散稀释，其扩散程度取决于大气湍流的强度。大气污染的形成及危害程度在于有害物质的浓度及持续时间，大气扩散理论就是用数理方法来模拟各种大气污染源在一定条件下的扩散稀释过程，用数学模型计算和预报大气污染物浓度的时空变化规律。

研究物质在大气湍流场中的扩散理论主要有三种：梯度输送理论、相似理论和统计理论。针对不同的原理和研究对象，形成了不同形式的大气扩散数学模型。由于数学模型建立时作了一些假设，以及考虑气象条件和地形地貌对污染物在大气中扩散的影响，引入了经验系数，目前的各种数学模式都有较大的局限性，应用较多的是采用湍流统计理论体系的高斯扩散模式。

假定从原点释放出一个粒子在稳定均匀的湍流大气中飘移扩散，平均风向与 x 轴同向。湍流统计理论认为，由于存在湍流脉动作用，粒子在各方向（如 y 方向）的脉动速度随时间而变化，因而粒子的运动轨迹也随之变化。若平均时间间隔足够长，则速度脉动值的代数和为零。如果从原点释放出许多粒子，经过一段时间 t 之后，这些粒子的浓度趋于一个稳定的统计分布。湍流扩散理论（K 理论）和统计理论的分析均表明，粒子浓度沿 y 轴符合正态分布。正态分布的密度函数 $f(x)$ 的一般形式为：

$$f(x)=\frac{1}{\sqrt{2\pi}\sigma}\exp\left[-\frac{(x-\mu)^2}{2\sigma^2}\right] \tag{5-2}$$

式中　σ——标准偏差；
　　　μ——任何实数；
　　$f(x)$——随机变量；
　　　x——随机变量。

高斯分布密度曲线有两个性质：一是曲线关于 $y=\mu$ 的轴对称；二是当 $y=\mu$ 时，有最大值，即这些粒子在 $y=\mu$ 轴上的浓度最高。如果 μ 值固定而改变 σ 值，曲线形状将变尖或变得平缓；如果 σ 值固定而改变 μ 值，$f(x)$ 的图形沿 y 轴平移。不论曲线形状如何变化，曲线下的面积恒等于1。分析可见，标准偏差 σ 的变化影响扩散过程中污染物浓度的分布，增加 σ 值将使浓度分布函数趋于平缓并伸展扩大，这意味着提高了污染物在 y 方向的扩散速度。

高斯在大量的实测资料基础上，应用湍流统计理论得出了污染物在大气中的高斯扩散模式。虽然污染物浓度在实际大气扩散中不能严格符合正态分布的前提条件，但大量小尺度扩散试验证明，正态分布是一种可以接受的近似。

5.2.2.3 高斯扩散模式

(1) 连续点源的扩散　连续点源一般指排放大量污染物的烟囱、放散管、通风口等。排放口安置在地面的称为地面点源，处于高空位置的称为高架点源。

① 大空间点源扩散。高斯扩散公式的建立有如下假设：a. 风的平均流场稳定，风速均匀，风向平直；b. 污染物的浓度在 y、z 轴方向符合正态分布；c. 污染物在输送扩散中质量守恒；d. 污染源的源强均匀、连续。有效源位于坐标原点 O 处，平均风向与 x 轴平行，并与 x 轴正向同向。假设点源在没有任何障碍物的自由空间扩散，不考虑下垫面的存在。大气中的扩散是具有 y 与 z 两个坐标方向的二维正态分布，当两坐标方向的随机变量独立时，分布密度为每个坐标方向的一维正态分布密度函数的乘积。由正态分布的假设条件，参照正态分布函数的基本形式式(5-2)，取 $\mu=0$，则在点源下风向任一点的浓度分布函数为：

$$C(x,y,z)=A(x)\exp\left[-\frac{1}{2}\left(\frac{y^2}{\sigma_y^2}+\frac{z^2}{\sigma_z^2}\right)\right] \tag{5-3}$$

式中　σ_y——距原点 x 处烟流中污染物在 y 向分布的标准差，m；

　　　σ_z——距原点 x 处烟流中污染物在 z 向分布的标准差，m；

$C(x,y,z)$——空间点 (x,y,z) 的污染物的浓度，mg/m^3；

　　　$A(x)$——待定函数；

　　　x——随机变量，m；

　　　y——随机变量，m；

　　　z——随机变量，m。

② 高架点源扩散。在点源的实际扩散中，污染物可能受到地面障碍物的阻挡，因此应当考虑地面对扩散的影响。处理的方法有两种，一是假定污染物在扩散过程中的质量不变，到达地面时不发生沉降或化学反应而全部反射；二是污染物没有反射被全部吸收。实际情况应在这两者之间。

当污染物到达地面后被全部反射时，可以按照全反射原理，用"像源法"来求解空间某点的浓度。该点的浓度显然比大空间点源扩散公式计算值大，它是实源在该点扩散的浓度和反射回来的浓度的叠加。反射浓度可视为与实源对称的像源（假想源）扩散到该点的浓度。实源在该点扩散的污染物浓度为：

$$C(x,y,z,H)=\frac{q}{2\pi\overline{u}\sigma_y\sigma_z}\exp\left(-\frac{y^2}{2\sigma_y^2}\right)\left\{\exp\left[-\frac{(z-H)^2}{2\sigma_z^2}\right]+\exp\left[-\frac{(z+H)^2}{2\sigma_z^2}\right]\right\} \tag{5-4}$$

式中　σ_y——距原点 x 处烟流中污染物在 y 向分布的标准差，m；

　　　σ_z——距原点 x 处烟流中污染物在 z 向分布的标准差，m；

$C(x,y,z,H)$——空间点(x,y,z,H)的污染物的浓度，mg/m^3；

q——源强，即单位时间内排放的污染物，$\mu g/s$；

$\bar{u}$——平均风速，m/s；

x——随机变量，m；

y——随机变量，m；

z——随机变量，m；

H——随机变量，m。

y方向的浓度以x轴为对称轴按正态分布。沿x轴线，在污染物排放源附近地面浓度接近于零，然后顺风向不断增大，在离源一定距离时的某处，地面轴线上的浓度达到最大值，之后又逐渐减小。地面最大浓度值C_{max}及其离源的距离x_{max}可以取极值得到。令$\frac{\partial C}{\partial x}=0$，由于$\sigma_y$、$\sigma_z$均为$x$的未知函数，最简单的情况可假定$\sigma_y/\sigma_z=$常数，得地面浓度最大值

$$C_{max}=\frac{2q}{\pi e u H^2}\times\frac{\sigma_z}{\sigma_y} \tag{5-5}$$

式中　σ_y——距原点x处烟流中污染物在y向分布的标准差，m；

σ_z——距原点x处烟流中污染物在z向分布的标准差，m；

C_{max}——地面污染物的最大浓度，mg/m^3；

q——源强，即单位时间内排放的污染物，$\mu g/s$；

u——风速，m/s；

H——随机变量，m。

有效源H越高，x_{max}处的σ_z值越大，而$\sigma_z \propto x_{max}$，则C_{max}出现的位置离污染源的距离越远。地面上最大浓度C_{max}与有效源高度的平方及平均风速成反比，增加H可以有效地防止污染物在地面某一局部区域的聚积。

③ 地面点源扩散。对于地面点源，则有效源高度$H=0$。当污染物到达地面后被全部反射时，即得出地面连续点源的高斯扩散公式：

$$C(x,y,z,0)=\frac{q}{\pi u \sigma_y \sigma_z}\exp\left[-\frac{1}{2}\left(\frac{y^2}{\sigma_y^2}+\frac{z^2}{\sigma_z^2}\right)\right] \tag{5-6}$$

式中　σ_y——距原点x处烟流中污染物在y向分布的标准差，m；

σ_z——距原点x处烟流中污染物在z向分布的标准差，m；

$C(x,y,z,0)$——空间点$(x,y,z,0)$的污染物的浓度，mg/m^3；

q——源强，即单位时间内排放的污染物，$\mu g/s$；

u——风速，m/s；

x——随机变量，m；

y——随机变量，m；

z——随机变量，m。

其浓度是大空间连续点源扩散式或地面无反射高架点源扩散式在$H=0$时的两倍，说明烟流的下半部分完全对称反射到上半部分，使得浓度加倍。若取y、z等于零，则可得到沿x轴线上的浓度分布：

$$C(x,0,0,0)=\frac{q}{\pi u \sigma_y \sigma_z} \quad (5\text{-}7)$$

式中 σ_y——距原点 x 处烟流中污染物在 y 向分布的标准差，m；

   σ_z——距原点 x 处烟流中污染物在 z 向分布的标准差，m；

 $C(x,0,0,0)$——空间点 $(x,0,0,0)$ 的污染物的浓度，mg/m³；

   q——源强，即单位时间内排放的污染物，μg/s；

   u——风速，m/s。

如果污染物到达地面后被完全吸收，其浓度即为地面无反射高架点源扩散式在 $H=0$ 时的浓度，也即大空间连续点源扩散式。高斯扩散模式的一般适用条件是：a. 地面开阔平坦，性质均匀，下垫面以上大气湍流稳定；b. 扩散处于同一大气温度层结中，扩散范围小于 10km；c. 扩散物质随空气一起运动，在扩散输送过程中不产生化学反应，地面也不吸收污染物而全反射；d. 平均风向和风速平直稳定，且 $u>(1\sim2)$ m/s。

高斯扩散模式适应大气湍流的性质，物理概念明确，估算污染浓度的结果基本上能与实验资料相吻合，且只需利用常规气象资料即可进行简单的数学运算，因此使用最为普遍。

（2）连续线源的扩散 当污染物沿一水平方向连续排放时，可将其视为线源，如汽车行驶在平坦开阔的公路上。线源在横风向排放的污染物浓度相等，可将点源扩散的高斯模式对变量 y 积分，即可获得线源的高斯扩散模式。但由于线源排放路径相对固定，具有方向性，若取平均风向为 x 轴，则线源与平均风向未必同向。所以线源的情况较复杂，应当考虑线源与风向夹角以及线源的长度等问题。

如果风向和线源的夹角 $\beta>45°$，无限长连续线源下风向地面浓度分布为：

$$C(x,0,H)=\frac{\sqrt{2}q}{\sqrt{\pi}u\sigma_z \sin\beta}\exp\left(-\frac{H^2}{2\sigma_z^2}\right) \quad (5\text{-}8)$$

式中 σ_z——距原点 x 处烟流中污染物在 z 向分布的标准差，m；

 $C(x,0,H)$——空间点 $(x,0,H)$ 的污染物的浓度，mg/m³；

   q——源强，即单位时间内排放的污染物，μg/s；

   u——风速，m/s；

   β——风向和线源的夹角，(°)；

   H——随机变量，m。

当 $\beta<45°$ 时，以上模式不能应用。如果风向和线源的夹角垂直，即 $\beta=90°$，可得：

$$C(x,0,H)=\frac{\sqrt{2}q}{\sqrt{\pi}u\sigma_z}\exp\left(-\frac{H^2}{2\sigma_z^2}\right) \quad (5\text{-}9)$$

式中 σ_z——距原点 x 处烟流中污染物在 z 向分布的标准差，m；

 $C(x,0,H)$——空间点 $(x,0,H)$ 的污染物的浓度，mg/m³；

   q——源强，即单位时间内排放的污染物，μg/s；

   u——风速，m/s；

   H——随机变量，m。

对于有限长的线源，线源末端引起的"边缘效应"将对污染物的浓度分布有很大影响。随着污染物接受点距线源的距离增加，"边缘效应"将在横风向距离的更远处起作用。因此在估算有限长污染源形成的浓度分布时，"边缘效应"不能忽视。对于横风向的有限长线源，应以污染物接受点的平均风向为 x 轴。若线源的范围是从 y_1 到 y_2，且 $y_1 < y_2$，则有限长线源地面浓度分布为：

$$C(x,0,H) = \frac{\sqrt{2}q}{\sqrt{\pi}u\sigma_z}\exp\left(-\frac{H^2}{2\sigma_z^2}\right)\int_{s_1}^{s_2}\frac{1}{\sqrt{2\pi}}\exp\left(-\frac{s^2}{2}\right)\mathrm{d}s \tag{5-10}$$

式中　σ_z——距原点 x 处烟流中污染物在 z 向分布的标准差，m；

$C(x,0,H)$——空间点 $(x,0,H)$ 的污染物的浓度，mg/m³；

q——源强，即单位时间内排放的污染物，μg/s；

u——风速，m/s；

H——随机变量，m；

s_1——$\dfrac{y_1}{\sigma_y}$；

s_2——$\dfrac{y_2}{\sigma_y}$。

(3) 连续面源的扩散　当众多的污染源在同一地区内排放时，如城市中家庭炉灶的排放，可将它们作为面源来处理。因为这些污染源排放量很小但数量很大，若依点源来处理，将是非常繁杂的计算工作。

常用的面源扩散模式为虚拟点源法，即将城市按污染源的分布和高低不同划分为若干个正方形，每一正方形视为一个面源单元，边长一般在 0.5~10km 之间选取。

这种方法假设：①有一距离为 x_0 的虚拟点源位于面源单元形心的上风处，它在面源单元中心线处产生的烟流宽度为 $2y_0 = 4.3\sigma_{y0}$，等于面源单元宽度 B；②面源单元向下风向扩散的浓度可用虚拟点源在下风向造成的同样的浓度代替。根据污染物在面源范围内的分布状况，可分为以下两种虚拟点源扩散模式。

第一种扩散模式假定污染物排放量集中在各面源单元的形心上。由确定的大气稳定度级别和上式求出的面源下风向任一处的地面浓度由下式确定：

$$C = \frac{q}{\pi u \sigma_y \sigma_z}\exp\left(-\frac{H^2}{2\sigma_z^2}\right) \tag{5-11}$$

式中　σ_y——距原点 x 处烟流中污染物在 y 向分布的标准差，m；

σ_z——距原点 x 处烟流中污染物在 z 向分布的标准差，m；

C——空间点的污染物的浓度，mg/m³；

q——源强，即单位时间内排放的污染物，μg/s；

u——风速，m/s；

H——随机变量，m。

第二种扩散模式假定污染物浓度均匀分布在面源的 y 方向，且扩散后的污染物全都均匀分布在长为 $\pi(x_0+x)/8$ 的弧上，由稳定度级别应用 P-G 曲线图查出 x_0，再由 (x_0+x) 查出 σ_z，则面源下风向任一点的地面浓度由下式确定：

$$C = \sqrt{\frac{2}{\pi}}\frac{8q}{u\sigma_z\pi(x_0+x)}\exp\left(-\frac{H^2}{2\sigma_z^2}\right) \tag{5-12}$$

式中　σ_z——距原点 x 处烟流中污染物在 z 向分布的标准差，m；

C——空间点的污染物的浓度，mg/m³；

q——源强,即单位时间内排放的污染物,μg/s;

u——风速,m/s;

x_0——稳定下风距离,m;

x——随机变量,m;

H——随机变量,m。

5.2.2.4 大气污染扩散的其他影响因素

大气污染物在大气湍流混合作用下被扩散稀释。大气污染扩散主要受到气象条件、地理环境状况及污染物特征的影响。影响污染物扩散的气象因子主要是大气稳定度和风。

(1) 大气稳定度 大气稳定度随着气温层结的分布而变化,是直接影响大气污染物扩散的极重要因素。大气越不稳定,污染物的扩散速率就越快;反之,则越慢。当近地面的大气处于不稳定状态时,由于上部气温低而密度大,下部气温高而密度小,两者之间形成的密度差导致空气在竖直方向产生强烈的对流,使得烟流迅速扩散。大气处于逆温层结的稳定状态时,将抑制空气的上下扩散,使得排放大气的各种污染物质在局部地区大量聚积。当污染物的浓度增大到一定程度并在局部地区停留足够长的时间,就可能造成大气污染。

烟流在不同气温层结及稳定度状态的大气中运动,具有不同的扩散形态。

① 波浪型。这种烟型发生在不稳定大气中,即气温直减率 (γ) >0, γ>干绝热直减率 (γ_d)。大气湍流强烈,烟流呈上下左右剧烈翻卷的波浪状向下风向输送,多出现在阳光较强的晴朗白天。污染物随着大气运动向各个方向迅速扩散,地面落地浓度较高,最大浓度点距排放源较近,大气污染物浓度随着远离排放源而迅速降低,对排放源附近的居民有害。

② 锥型。大气处于中性或弱稳定状态,即 γ>0, γ<γ_d。烟流扩散能力弱于波浪型,离开排放源一定距离后,烟流沿基本保持水平的轴线呈圆锥形扩散,多出现在阴天多云的白天和强风的夜间。大气污染物输送距离较远,落地浓度也比波浪型低。

③ 带型。这种烟型出现在逆温层结的稳定大气中,即 γ<0, γ<γ_d。大气几乎无湍流发生,烟流在竖直方向上扩散速度很小,其厚度在漂移方向上基本不变,像一条长直的带子,而呈扇形在水平方向缓慢扩散,也称为扇型,多出现于弱风晴朗的夜晚和早晨。由于逆温层的存在,污染物不易扩散稀释,但输送较远。若排放源较低,污染物在近地面处的浓度较高,遇到高大障碍物阻挡时,会在该区域聚积造成污染。如果排放源很高,近距离的地面上不易形成污染。

④ 爬升型。爬升型为大气某一高度的上部处于不稳定状态,即 γ>0, γ>γ_d,而下部为稳定状态,即 γ<0, γ<γ_d 时出现的烟流扩散形态。如果排放源位于这一高度,则烟流呈下侧边界清晰平直,向上方湍流扩散形成屋脊状,故又称为屋脊型。这种烟云多出现于地面附近有辐射逆温日落前后,而高空受冷空气影响仍保持递减层结。由于污染物只向上方扩散而不向下扩散,地面污染物的浓度小。

⑤ 熏烟型。与爬升型相反,熏烟型为大气某一高度的上部处于稳定状态,即 γ<0, γ<γ_d,而下部为稳定状态,即 γ>0, γ>γ_d 时出现的烟流运动形态。若排放源在这一高度附近,上部的逆温层好像一个盖子,使烟流的向上扩散受到抑制,而下部的湍流扩散比较强烈,也称为漫烟型烟云。这种烟云多出现在日出之后,近地层大气辐射逆温消失的短时间内,此时地面的逆温已自下而上逐渐被破坏,而一定高度之上仍保持逆温。这种烟流迅速扩散到地面,在接近排放源附近区域的污染物浓度很高,地面污染最严重。

上述典型烟云可以简单地判断大气稳定度的状态和分析大气污染的趋势。但影响烟流形成的因素很多，实际中的烟流往往更复杂。

(2) 风　进入大气的污染物的漂移方向主要受风向的影响，依靠风的输送作用顺风而下在下风向地区稀释。因此污染物排放源的上风向地区基本不会形成大气污染，而下风向区域的污染程度就比较严重。

风速是决定大气污染物稀释程度的重要因素之一。由高斯扩散模式的表达式可以看出，风速和大气稀释扩散能力之间存在着直接对应关系，当其他条件相同时，下风向上的任一点污染物浓度与风速成反比关系。风速愈高，扩散稀释能力愈强，则大气中污染物的浓度也就愈低，对排放源附近区域造成的污染程度就比较轻。例如，随着风速的提高，SO_2 浓度值降低，但变化趋势有所不同。当 $u>(2\sim3)$m/s 时，SO_2 浓度值随着风速的增加迅速减小，而 $u<(2\sim3)$m/s 后，SO_2 浓度值基本不变，表明此时的风速对污染物的扩散稀释影响甚微。

(3) 地理环境状况

① 陆地和海洋。陆地上广阔的平地和高低起伏的山地及丘陵都可能对污染物的扩散稀释产生不同的影响。局部地区由于地形的热力作用，会改变近地面气温的分布规律，从而形成前述的地方风，最终影响到污染物的输送与扩散。

海陆风会形成局部区域的环流，抑制大气污染物向远处扩散。例如，白天海岸附近的污染物从高空向海洋扩散出去，可能会随着海风的环流回到内地，这样去而复返的循环使该地区的污染物迟迟不能扩散，造成空气污染加重。此外，在日出和日落后，当海风与陆风交替时大气处于相对稳定甚至逆温状态，不利于污染物的扩散。大陆盛行的季风与海陆风交汇，两者相遇处的污染物浓度也较高，如我国东南沿海夏季风夜间与陆风相遇。大陆上气温较高的风与气温较低的海风相遇时，会形成锋面逆温。

山谷风也会形成局部区域的封闭性环流，不利于大气污染物的扩散。当夜间出现山风时，冷空气下沉谷底，而高空容易滞留由山谷中部上升的暖空气，因此时常出现使污染物难以扩散稀释的逆温层。若山谷有大气污染物卷入山谷风形成的环流中，则会长时间滞留在山谷中难以扩散。

如果在山谷内或上风峡谷口建有排放大气污染物的工厂，则峡谷风不利于污染物的扩散，并且污染物随峡谷风流动，从而造成峡谷下游地区的污染。

当烟流越过横挡于烟流途经的山坡时，在其迎风面上会发生下沉现象，使附近区域污染物浓度增高而形成污染，如背靠山地的城市和乡村。烟流越过山坡后，又会在背风面产生旋转涡流，使得高空烟流污染物在漩涡作用下重新回到地面，可能使背风面地区遭到较严重污染。

② 城市是人口密集和工业集中的地区。由于人类的活动和工业生产中大量消耗燃料，城市成为一大热源。此外，城市建筑物的材料多为热容量较高的砖石水泥，白天吸收较多的热量，夜间因建筑群体拥挤而不易冷却，成为巨大的蓄热体。因此，城市的气温比周围郊区气温高，年平均气温一般高于乡村 1~1.5℃，冬季可高出 6~8℃。由于城市气温高，热气流不断上升，乡村低层冷空气向市区侵入，从而形成封闭的城乡环流。这种现象与夏日海洋中的孤岛上空形成海风环流一样，所以称之为城市"热岛效应"。

城市热岛效应的形成与盛行风和城乡间的温差有关。夜晚城乡温差比白天大，热岛效应在无风时最为明显，从乡村吹来的风速可达 2m/s。虽然热岛效应加强了大气的湍流，有助于污染物在排放源附近的扩散。但是这种热力效应构成的局部大气环流，一方面使得城市排放的大气污染物会随着乡村风流返回城市；另一方面，城市周围工业区的大气污染物也会被环流卷吸而涌向市区。因此，市区的污染物浓度反而高于工业区，并久久不易散去。

城市内街道和建筑物的吸热和放热的不均匀性，还会在群体空间形成类似山谷风的小型环流或涡流。这些热力环流使得不同方位街道的扩散能力受到影响，尤其对汽车尾气污染物扩散的影响最为突出。如建筑物与在其之间的东西走向街道，白天屋顶吸热强而街道受热弱，屋顶上方的热空气上升，街道上空的冷空气下降，构成谷风式环流。晚上屋顶冷却速度比街面快，使得街道内的热空气上升而屋顶上空的冷空气下沉，反向形成山风式环流。由于建筑物一般为锐边形状，环流在靠近建筑物处还会生成涡流。当污染物被环流卷吸后就不利于向高空扩散。

③ 排放源附近的高大密集的建筑物对烟流的扩散有明显影响。地面上的建筑物除了阻碍气流运动而使风速减小，有时还会引起局部环流，这些都不利于烟流的扩散。例如，当烟流掠过高大建筑物时，建筑物的背面会出现气流下沉现象，并在接近地面处形成返回气流，从而产生涡流。建筑物背风侧的烟流很容易卷入涡流之中，使靠近建筑物背风侧的污染物浓度增大，明显高于迎风侧。如果建筑物高于排放源，这种情况将更加严重。通常，当排放源的高度超过附近建筑物高度 2.5 倍或 5 倍时，建筑物背面的涡流才不对烟流的扩散产生影响。

(4) 污染物特征　实际上，大气污染物在扩散过程中，除了在湍流及平流输送的主要作用下被稀释外，对于不同性质的污染物，还存在沉降、化合分解、净化等质量转化和转移作用。虽然这些作用对中、小尺度的扩散为次要因素，但对较大粒子沉降的影响仍需考虑，而对较大区域进行环境评价时净化作用的影响不能忽略。大气及下垫面的净化作用主要有干沉积、湿沉积和放射性衰变等。

干沉积包括颗粒物的重力沉降与下垫面的清除作用。显然，粒子的直径和密度越大，其沉降速度越快，大气中的颗粒物浓度衰减也越快，但粒子的最大落地浓度靠近排放源。所以，一般在计算颗粒污染物扩散时应考虑直径大于 $10\mu m$ 的颗粒物的重力沉降速度。当粒径小于 $10\mu m$ 的大气污染物及尘埃扩散时，碰到下垫面的地面、水面、植物与建筑物等，会因碰撞、吸附、静电吸引或动物呼吸等作用而被逐渐从烟流中清除出来，也能降低大气中污染物浓度。但是这种清除速度很慢，在计算短时扩散时可不考虑。湿沉积包括大气中的水汽凝结物（云或雾）与降水（雨或雪）对污染物的净化作用。放射性衰变是指大气中含有的放射物质可能产生的衰变现象。这些大气的自净化作用可能减少某种污染物的浓度，但也可能增加新的污染物。由于问题的复杂性，目前尚未掌握它们对污染物浓度变化的规律性。

5.2.2.5　统计特征模型

利用大量的外场观测资料进行大气环境结构及特征分析，寻找大气环境的运动规律及变化特征，是大气环境研究最基本的方法。它不仅对揭示大气运动的时空变化规律具有重要作用，而且也将为数值仿真模式及模型设计、模式参数调整、模式修正和结果验证等提供观测基础。利用观测资料进行统计建模的步骤如下。

(1) 资料收集　收集和处理各种常规和非常规气象观探测资料，包括 NCEP（美国国家环境预报中心）再分析资料、地面资料、探空资料、卫星资料、近地层铁塔资料、湍流超声资料、雷达探测资料、飞机探测资料、GPS 资料及火箭资料等。

(2) 资料质量控制　通过对各种资料的解报、检误、连续性和一致性检验等，进行质量控制。

(3) 统计建模　根据研究问题的需要选择各种数理统计和概率论方法（包括回归分析、判别分析、聚类分析、相关分析、因子分析、小波分析、人工神经网络、信息论、统计决策和模糊数学等），对各种气象观探测数据进行统计分析，通过对信息的综合提取，建立相关统计特征模型。

① 平均气象要素场模型。利用观测资料，分析平均气象要素场（风、气温、气压、湿度）的时空变化特征，给出各月及四季环流配置，建立典型的平均风、温度、湿度场的日、月和年季变化曲线及统计模型，得出典型风场垂直分布廓线、温湿廓线和层结稳定度指标等。

② 极值气象要素场模型。利用多年（10年以上）气象观测资料，分析极端最大风速、极端最高和最低气温、极端最大湿度、极端最高气压和最低气压等，建立相应的极值气象要素场模型。

③ 湍流特征量模型。湍流的随机性使得湍流属性很难确定，但从统计学观点来说，可以分析出各方向上的湍流脉动方差和协方差、湍流强度和相关系数、湍流动能、湍流通量廓线等特征量，以及湍流各方向的速度谱、温度谱和湿度谱。通过对这些湍流微结构的分析，归纳出相应下垫面类型的湍流属性特征和统计模型。

④ 地表特征量模型。利用边界层和辐射观测资料，可分析地表动量通量、热量通量和水汽通量的日变化特征，并计算摩擦速度、摩擦温度、摩擦湿度等，建立相应的地表特征量模型。

⑤ 其他特征量模型。还可以对风切变、阵风、大气波导、低云、能见度、湍流扩散参数等进行统计分析，并建立相应的模型。利用观测资料进行统计建模的方法具有较好的真实性，但受到观测样本量的严重制约，该方法还存在很大局限性。如：常规观测数据时空分辨率比较低，观测的物理量比较少（通常只有风、温、压、湿）；非常规的观测可获得的物理量比较多，时空分辨率高，但观测的时间和地点缺乏普遍性；有些地区尤其是山脉、海岸或沙漠区的资料可用性很差，对于湍流、积冰及雪盖等的观测更为稀少，甚至不可能实现有效观测。

大气环境仿真数值模型是按照流体力学和热力学规律建立并求解大气动力学方程的方法，模拟再现大气环境中的各种天气现象、气象要素的基本特征和演变规律，给出逼真的大气环境。

大气运动是多尺度的，从微小尺度系统（如烟羽运动、地形诱生的湍流等）影响到大、中尺度天气影响，都必须包含在模式中。因此，建模时要根据数值仿真应用的实际，按不同分辨率建立相应数值模式，如对中小尺度天气现象的描述，可建立区域中尺度模式、风暴环境模式、云模式、雾模式、边界层模式、扩散模式等来再现大气环境。有时根据研究问题的需要，还可将几种模式进行耦合，建立多尺度的耦合数值模式。各种模式主要功能如下：

a. 区域中尺度模式。数值再现大气对流层的风、温度和密度场的四维分布结构，以及云和降水宏微观结构等。

b. 风暴环境模式。数值再现风暴的三维结构、强度和路径等。

c. 云模式。数值再现云的宏微观结构、时空分布及生消演变等。

d. 雾模式。数值再现雾的宏微观结构、时空分布及生消演变等。

e. 边界层模式。数值再现大气边界层的风、温度和密度场的分布，风、温度垂直廓线、低空风切变、边界层湍流及其他的边界层物理过程等。

f. 大气扩散模式。数值再现空气污染物扩散和诱发环境的能力（包括核、生、化武器的再生环境）。数值模型方法比较复杂，但它可弥补前两种方法的各种不足。特别是随着计算机技术快速发展和各种大气模式越来越精细，数值模拟再现的大气环境越来越精确，从中建立的大气数值模型也越来越具有代表性。因此，目前国内外发展复杂大气环境数值模式，并将其用于武器系统研制和作战气象保障，已成为一个重要发展趋势。目前国内外比较成熟的中小尺度数值模式有 WRF、MM5、UKMO、RAMS、ARPS、AREM 和 GRAPES 等，可以根据不同的研究目的，针对重点研究区域，设计合理的模拟方案，开展数值模拟研究。

5.2.2.6 人工神经网络模型

大气污染预测模型包括化学传输模型与统计模型两类。其中，统计模型基于现有数据中大气污染物浓度与各相关因素间的定量化关系进行预测，具有计算速度快、预测结果准确、计算环境要求低等优势，在实际业务应用中有着较大的潜力。

模型中常用的算法包括线性回归、时间序列模型等传统统计方法及人工神经网络算法（ANNs）、支持向量机（SVM）等机器学习方法。其中，人工神经网络模型因架构灵活、预测结果准确而成为目前相关研究中关注较多的一类算法。在运用该方法开展预测时，现有模型体系各环节间差异较大，因而模型构建的体系化上仍存在不足。

(1) 人工神经网络模型的基本结构　人工神经网络模型是一种模拟人体神经系统神经元间信息传播过程所得到的仿生学产物。该算法对非线性关系描述能力较强，具有良好的自学习自适应性、对异常值容错性高，在解决模式识别、聚类、预测、优化等问题中有着较好表现，在生态学、经济学、社会学、气象学等领域的研究中得到了广泛的应用。

人工神经网络模型常采用多层感知机（MLP）结构，包含输入层、输出层，分别表示算法的输入与输出变量，中间各层称为隐含层，其中常使用 Sigmoid、ReLU 等函数作为激活函数对输入变量进行变换，是使模型系统具有非线性解析能力的关键结构。依据实际预测需求，可进行人工神经网络模型的设计，确定其连接方式与分层结构。为了进一步提高算法的预测精度，实际研究中所使用的人工神经网络模型通常具有复杂的结构，但其基本结构组成仍与 MLP 类似。

(2) 基于人工神经网络模型的大气污染统计预测模型构建　人工神经网络模型在大气污染物浓度预测、大气污染预警等方面的应用已得到了广泛关注，其对各城市主要污染物的预测结果均有文献报道。该方法在发展早期多基于单一污染物的历史浓度展开，对其影响因素考虑较少，所选用算法相对简单，在参数选取、算法结构的调整与优化等方面关注不多，这都限制了模型预测的效果。近年来，随着人工神经网络模型在实际中得到广泛应用，以其为基础的大气污染统计预测模型的性能也得以不断提升。相关研究中所关注的重点内容如图 5-8 所示，具体包括变量的选取与预处理、模型结构的调整与优化以及集成模型的运用。

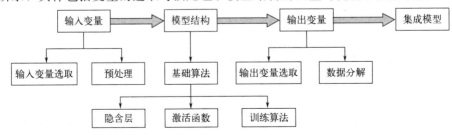

图 5-8　基于人工神经网络模型的大气污染统计预测模型构建

① 输入、输出变量的选取。在基于人工神经网络模型的大气污染统计预测模型中，输入变量可灵活选取。常用的输入变量包括以下五类：

a. 对污染有显著影响的气象参数，包括气温、气压、风速、风向、辐射、相对湿度、降水量等（站点实测值、气象模式的预测结果均可）；

b. 同一污染物或不同污染物的历史浓度值（时间间隔不定）；

c. 与污染相关的活动量参数，如交通流量、行车速度、堵车长度等交通参数，其在预测 CO、NO_x 等受机动车排放影响的污染物时常用；

d. 时间参量，包括预测的季节、天数、小时数等；

e. 其他参量，如地形、排放相关的参量等。

在参数选取时，通常要求所选取输入变量与所关注污染物的浓度间有显著的相关关系。一般而言，输入变量对影响污染的因素表达越全面，得到的预测值越精确。引入无关变量不仅无法显著改善模型的预测性能，反而会增加模型的复杂程度。因此，在对输入变量进行选取时，需首先分析其对最终预测结果的影响，常用的方法包括相关性分析、重要程度分析、关联分析等。利用相关性分析，探究各因素间的共变关系强弱，从而可判断各输入变量对输出变量的影响程度。污染物浓度与影响因素间的关系可能是非线性的，因而会限制该方法的分析能力。重要程度分析、关联分析等方法对输入、输出变量间的关系是否为线性无过多要求，所得结果更为实用与可靠。

② 输入、输出变量的处理。

a. 输入变量的标准化。确定输入变量的类别后，可选择对其进行标准化处理。不同类别输入变量间可能有跨数量级的差异，进而导致计算量的增加。通过标准化处理，可避免以上问题，此外也无须对各参量进行单位转换。标准化的常用方式包括：

第一，线性转化至 $[0, 1]$；

第二，线性转化至 $[a, b]$，通常选择区间为 $[0.1, 0.9]$ 或 $[0.2, 0.8]$；

第三，统计学意义的数据标准化；

第四，通过除以最大值，进行简单标准化。

对数据进行标准化有利于运算效率的提高、减小模型的误差，但算法结构复杂、数据量较大时，标准化的影响较为有限。因此，对输入变量进行标准化并非必需步骤，相当多的研究直接利用原始数据进行预测模型的构建。

b. 输入变量的组合。对输入变量进行组合有两类思路：一是降维处理，以减少变量间共线性的影响，提高预测效率；二是进行分类，将分类结果作为一类新的变量加入模型，使预测更具针对性。主成分分析（PCA）、聚类分析为以上两类思路的代表性方法。

在统计预测模型中，可利用 PCA 对初始数据进行正交变换，得到数个线性不相关的主成分作为新的输入变量，预测结果通常将更加准确。

c. 输出变量的分解。实际大气中污染物浓度的随机性影响因素会对预测模型造成干扰。因而，在对基于人工神经网络模型的大气污染统计预测模型进行训练时，可将所关注污染物的浓度分解为不同频率的周期性序列与非周期性序列的加和，并选取其中的周期性序列作为预测模型的输出变量。通过该处理方式，预测模型能够更好地把握污染物浓度变化的普遍性趋势。常用方法包括小波分解、经验模态分解（EMD）等。小波分解适用于具有显著局部特性信号的处理，在滤波或信号压缩等方面有广泛应用。

③ 模型结构的调整与优化。

a. 人工神经网络模型类别的选取。人工神经网络模型的结构多样，其在实际应用中可选类别众多，通常需结合所研究问题的类别、输入变量的特征、对预测性能的要求等因素进行综合决策。在大气污染统计预测模型的构建中，除 MLP 外，常用的人工神经网络模型算法还包括 Elman 神经网络、广义回归神经网络（GRNN）、径向基神经网络（RBFNN）与模糊神经网络（FNN）等。

一般而言，结构较复杂的人工神经网络模型预测能力要强于结构简单的线性神经网络与 MLP 算法。在可选算法类别预测性能类似、难以判断是否能够适应预测的具体要求时，常设计多类算法分别进行训练，通过比较预测结果的准确性进行选取。

b. 隐含层的结构设计。隐含层的结构设计包括层数与节点数的设计。为简化计算并保证预测效果，隐含层通常选择为单层结构，包含两层及以上隐含层的神经网络模型应用相对较少。隐含层节点数对预测模型的性能有重要影响：节点数过少，模型难以把握各数据间复杂的作用关系；节点数过多，数据本身噪声的影响被放大，模型易出现过拟合现象，同时增加计算消耗。

c. 激活函数的选取。相关研究较少关注激活函数选取对模型性能的影响。一般而言，大气污染统计预测模型中多选用 Sigmoid 函数作为人工神经网络模型的激活函数。

d. 权重矩阵、收缩阈值等参数的训练方式。反向传播算法（BP）是人工神经网络模型中最常用的一类训练方式，其通过寻找代价函数的最小值来得到最优模型权重。BP 在应用中时常出现陷于局部极小值、过拟合等现象，因而出现了众多性能更优的改进算法。尤其是一些仿生算法，通过模拟动物群的繁殖、捕食等活动来进行模型参数的迭代优化，进而得到最佳参数方案。常见算法有粒子群算法、布谷鸟搜索算法等，其在大气污染统计预测模型中的应用逐渐受到关注。布谷鸟搜索算法通过模拟鸟类的捕食过程实现基于群体的优化，具有简洁明了、易于实现等优点，在人工神经网络模型的训练中具有较好效果。

④ 集成模型的运用。集成模型对使用不同输入条件、不同参数方案、不同算法及参数设置所得的各模拟结果进行汇总，其组合方式多样且灵活，可依据模型算法的自身特点与预测目标等因素综合选择。集合模型可在一定程度上削弱模型本身缺陷对预测结果的影响，其效果一般要优于单一模型。在实际应用中，通常将各模型所得结果的平均值作为最终的预测结果，也可依据相关参数确定不同模型的权重值后进行平均。

（3）人工神经网络模型的特点和发展方向　作为结构简单、使用灵活、预测性能良好且结构易于修正的一类算法，人工神经网络模型采用机器学习方法解决实际问题的应用逐渐广泛。人工神经网络模型在大气污染统计预测模型中的应用也成为相关研究领域的重要内容，其在空气质量预测、重污染事件预警中的性能得以不断提升。模型构建是基于人工神经网络模型的大气污染统计预测模型研究中所关注的核心问题，其重点内容包括：输入变量与输出变量的选取及处理、模型结构的调整与优化、集成模型的运用等。目前，基于人工神经网络模型的大气污染统计预测模型研究重点仍集中于对算法进行改进。在实际应用中，该类模型多用于站点水平的污染物浓度预测，因而仅考虑有限尺度内、较常出现的污染影响因子。此外，模型构建在系统化与规范化上仍存在不足，原始数据与计算平台也会成为其实际应用的限制因素。未来人工神经网络模型的重点问题将包括以下几个方面。

① 完善模型构建的基础内容。模型构建依赖于大量高质量的原始数据，为使预测模型具有普遍适用性，原始数据必须能够全面反映各类污染情形下的影响因素。此外，在模型构

建的软、硬件条件方面仍需要进一步完善。

② 加强模型构建的体系化。预测模型中使用的人工神经网络模型可改进内容众多，提升其实际应用能力，必然要在考量客观条件的基础上，对各类改进方法进行系统化整理。形成模型构建的方法体系以及与实际需求相适应的集成产品，以适应实际中不同区域、不同用途大气污染预测统计模型的需求。

③ 进一步提升模型的预测能力。紧密联系人工神经网络模型的发展前沿，尝试将先进算法加入预测模型，并在实际空气质量预测、污染预警工作中加以应用，得到更为精确的预测结果。在未来的研究中，还应致力于提高模型的空间适用性与重污染期间的预测能力。最后，对于污染物浓度的预测并不能完全满足实际管理的需求，在逐步建立预测模型与实际过程关联的基础之上，可尝试将预测模型应用于污染物的来源解析、减排方案设计等工作中。

5.2.3 大气环境数据建模的发展现状

大气环境建模是指利用计算机技术和数学模型对大气环境要素（如空气质量、气象参数、污染源等）进行模拟和分析的过程。大气环境建模可以帮助科学家和研究人员了解大气环境的形成和变化规律，预测未来大气环境状况，为环境管理和决策提供科学依据。大气环境建模也存在一些优势和劣势，需要在使用过程中加以考虑。

大气环境数据建模可以利用大量的环境数据通过机器学习、深度学习等技术，自动提取特征并建立模型，实现大气环境状态的自动识别和预测，提高预测的精准度和效率。大气环境数据建模可以综合利用多学科的知识，包括大气科学、地球物理学、生态学等，通过对地球系统各个组成部分的相互作用和影响的研究，模拟地球系统的整体行为，可以应用于气候预测、空气质量预报、风能资源评估等领域，为环境管理提供科学依据。数值模拟和仿真等基于物理原理的建模方法可以精确描述大气环境中的各种物理过程，提高预测的精度和可靠性。大气环境模型将大气污染过程进行定量化描述，从而更精确地预测大气环境质量。通过使用数学模型和计算机模拟，可以对大气污染物的排放、扩散、化学转化和沉降等进行定量分析，更好地理解大气污染的规律和影响。大气环境建模可以综合考虑大气环境的各个方面，包括气象条件、地形、排放源特征和化学反应等，从而更全面地了解大气环境。大气环境模型可以为环境管理提供科学依据，优化污染控制和资源分配等决策。通过模拟预测，可以评估不同污染控制措施的效果，从而选择最优方案。同时，模型还可以为政策制定提供参考，促进科学决策和资源有效利用。通过模拟和分析整个系统，可以更好地掌握大气污染的状况和变化趋势。

但大气环境数据建模对于数据资料要求较高，需要大量准确的环境数据作为输入，而这些数据的获取和处理的难度较大，需要耗费大量的人力和物力资源。大气环境数据建模对于技术要求较高，需要具备较高的技术水平，包括计算机技术、数值计算技术、统计分析技术等，才能建立有效的模型并进行准确的预测。在实际应用中存在局限性，虽然综合集成建模可以提高模型精度和可靠性，但是在实际应用中，不同地区和不同情况下，各种建模方法的适用性和局限性也存在差异，需要灵活运用。大气环境建模需要投入大量的人力、物力和财力资源，包括数据采集、数据处理、模型开发和运行等。这些都需要投入大量的资源和经济成本，对于一些资源有限的环境保护机构来说，可能会存在一定的经济压力。大气环境模型需要定期更新和维护，以保持其准确性和可靠性。大气环境数据建模偏重于模拟和调整，多源模拟和遥感建模等方法虽然能够考虑局部地区的特殊条件和排污状况及污染影响相关联等问题，但是其偏重于对污染区现状的模拟和调整，对新建区的指导性不强。大气环境模型的应用受到地域和时间等条件的限制。例如，模型的适用范围可能仅限于特定的地区或特定的时间段。此外，模型的预测结果也可能受到气象条件、排放源特征和其他环境因素的影响，从而影响其适用性和可靠性。

在应用大气环境模型时，应充分考虑其优势和劣势，合理应用模型结果，制定科学有效的污染控制和管理策略。同时，也需要加强技术研发和数据保障，提高建模的效率和精度，为大气环境保护提供更好的支持。

大气环境数据建模是研究和预测大气环境变化的重要手段。随着科学技术的发展，大数据和人工智能等先进技术的应用不断增加，大气环境数据建模也在不断发展。以下介绍大气环境数据建模的七个发展现状，包括大数据和人工智能应用增加、精细化建模、更高空间和时间分辨率的模型、跨学科合作、更高精度的模型参数估计方法、对新兴污染物的关注和建模以及对气候变化的考虑。

（1）大数据和人工智能应用增加　随着大数据技术的不断发展，大气环境数据建模的应用范围也不断扩大。大数据分析可以处理大量的数据，发现隐藏在数据中的模式和关系，并提供更精确的预测。同时，人工智能技术的应用也在不断增加，包括机器学习和深度学习等。这些技术可以帮助模型自动学习和改进，提高预测精度。

（2）精细化建模　精细化建模是提高模型精度的重要手段。在精细化建模中，需要考虑更多的影响因素，包括地形、气象、人类活动等。同时，利用先进的计算技术和算法，可以对模型进行更细致的调整和优化，提高模型的准确性。

（3）更高空间和时间分辨率的模型　随着计算机技术的不断发展，大气环境数据的空间和时间分辨率也在不断提高。高分辨率的模型可以提供更详细、更准确的大气环境信息，有助于更深入地了解大气环境的变化规律。同时，高分辨率的模型也可以更好地支持空气质量预测和管理等工作。

（4）跨学科合作　大气环境是一个复杂而多元的系统，受到许多不同学科的影响。通过跨学科合作，可以引入更多的环境因素，包括生态、水文、地理等。这些因素可以提供更全面的视角，有助于更好地理解和预测大气环境的变化。

（5）更高精度的模型参数估计方法　模型参数估计是数据建模过程中的重要环节。通过使用更精确的参数估计方法，可以提高模型的精度和稳定性。例如，反向传播算法是一种常用的参数估计方法，它可以通过反复迭代和优化来得到最优的模型参数。

（6）对新兴污染物的关注和建模　随着工业化和城市化进程的加速，新兴污染物种类不断增加，对大气环境的影响也越来越显著。因此，大气环境数据建模需要加强对新兴污染物的关注和建模。通过采集、分类和管理相关数据，并使用建模方法来评估和预测相关污染物的产生和迁移，可以为环境保护提供更有力的支持。

（7）气候变化的考虑　气候变化是影响大气环境的重要因素之一。在大气环境数据建模中，需要考虑气候变化对大气环境的影响，包括温度、湿度、风速等。通过将气候变化因素纳入模型中，可以更准确地预测和评估大气环境的变化趋势，为制定环境保护策略提供科学依据。

大气环境数据建模是一个不断发展的领域，随着科学技术的进步，其应用范围和精度也将不断提高。未来，我们需要进一步加强对大气环境数据的采集和分析，提高模型的预测能力和稳定性，为大气环境保护提供更有效的支持。

5.3 水环境建模与分析技术

5.3.1 水环境建模与分析概述

水环境建模的起源可以追溯到 20 世纪初，当时的研究主要集中在概化模型上。这些模型通常基于经验关系式和简化假设，用于描述水文循环和污染物扩散等基本过程。随着数值方法和计算机技术的发展，概化模型逐渐被更为复杂和精确的数值模型所取代。

20 世纪 60 年代，数值模型开始在水环境领域得到广泛应用。数值模型通过数学方程和计算机编程来模拟水环境的物理、化学和生物过程。这些模型能够处理更复杂的问题，如河流、湖泊和地下水系统的污染控制和水质管理。然而，数值模型也存在一定的局限性，如对参数的选择和敏感性问题的处理。

20 世纪 70 年代，统计分析在水环境建模中得到了广泛应用。统计分析方法包括参数和非参数方法，可以用于描述水环境中的变量关系和不确定性问题。这些方法可以帮助我们更好地理解水环境系统的特征和变化规律，但是它们通常难以处理物理过程和空间分布问题。

20 世纪 80 年代，系统模型开始受到广泛关注。系统模型将水环境视为一个整体系统，并考虑物理、化学和生物过程的相互作用。这些模型能够更好地模拟水环境的复杂性和动态性，为水资源管理和保护提供更为全面的视角。然而，系统模型通常需要大量的数据和较高的计算能力，对于一些大规模和复杂的水环境问题仍然具有挑战性。

进入 21 世纪，全球气候变化对水环境的影响成为水环境建模的重要方面。气候变化导致的气温、降水、蒸发等气象因素的变化，对水文循环和水质产生深远影响。在水环境建模中，需要考虑这些变化的影响，并采取适应性和缓解措施来应对气候变化带来的挑战。同时，也需要进一步研究和改进模型，以更好地模拟气候变化对水环境的影响。

水环境大数据建模与分析是指利用大规模数据集合，通过数据挖掘、机器学习、统计学等方法进行数据处理和分析，从而实现对水环境的精细化管理和预测。水环境大数据建模在环保、水利、水资源管理等多个领域具有广泛的应用价值。水环境大数据建模一般可以包括五个方面：数据收集、数据预处理、水质预测、水量模拟和水生态模拟。

（1）数据收集　水环境大数据建模的第一步是数据收集。数据来源主要包括监测数据、历史数据、地理信息数据、气象数据等。数据类型包括结构化数据（如监测数据）和非结构化数据（如地理信息数据）。在数据收集过程中，需要确保数据的准确性、可靠性和完整性，以确保建模结果的有效性。

（2）数据预处理　数据预处理是水环境大数据建模的第二步。数据预处理包括去噪、特征提取、归一化等操作，旨在去除无效和错误数据，优化数据质量，提高建模准确性。数据预处理还包括对缺失数据的填充和插值处理，以及对异常数据的检测和处理。

（3）水质预测　水质预测是水环境大数据建模的重要应用之一。通过收集水质监测数据，利用数学模型和计算机技术，对水体中的污染物浓度和分布进行预测和分析。水质预测可以为水资源管理和水环境保护提供决策支持，帮助制定相应的水质管理措施。

（4）水量模拟　水量模拟是水环境大数据建模的另一重要应用。通过收集水文数据，利用水文模型和数值方法，对流域内的水量分布和变化进行模拟和预测。水量模拟可以为水资源管理和抗旱防洪等提供决策支持，有助于优化水资源配置和调度。

(5) 水生态模拟　水生态模拟是利用数学模型和计算机技术，模拟水生态系统中的生物种群、能量流动和物质循环等过程。水生态模拟可以为水生态环境保护和恢复提供决策支持，帮助制定相应的生态管理措施。水生态模拟的模型构建需要综合考虑生物学、生态学和环境科学等多学科知识。

水环境大数据建模是实现水资源管理和环境保护的重要手段。通过数据收集、数据预处理、水质预测、水量模拟和水生态模拟等方面的应用，可以更好地了解水环境状况，提高水资源管理和环境保护的效率和效果。

5.3.2　水环境建模方法

5.3.2.1　MIKE 建模方法

MIKE 模型是一类比较典型的模型，在水文水资源、水环境保护、水利工程和相关学科的研究、规划和设计中，其开发和应用具有广阔的前景。在此，仅以 MIKE 21 模型为例作介绍。MIKE 21 是一个专业的工程软件包，用于模拟河流、湖泊、河口、海湾、海岸及海洋的水流、波浪、泥沙等。MIKE 21 为工程应用、海岸管理及规划提供了完备、有效的设计环境。高级图形用户界面与高效的计算引擎的结合使得 MIKE 21 在世界范围内成为水流模拟专业技术人员不可缺少的工具。丹麦水力研究所开发的平面二维数学模型 MIKE 21，曾经在丹麦、埃及、澳大利亚、泰国及中国等国家得到成功应用，在平面二维自由表面流数值模拟方面具有强大的功能。目前该软件在中国的应用发展很快，并在一些大型工程中广泛应用，如：长江口综合治理工程、杭州湾数值模拟、南水北调工程、重庆市城市排污评价、太湖富营养模型、香港新机场工程建设等。

(1) MIKE 21 软件特点　用户界面友好，属于集成的 Windows 图形界面。具有强大的前、后处理功能，在前处理方面，能根据地形资料进行计算网格的划分；在后处理方面具有强大的分析功能，如流场动态演示及动画制作、计算断面流量、实测与计算过程的验证、不同方案的比较等。多种计算网格、模块及许可选择确保用户根据自身需求来选择模型。可以进行热启动，当用户因各种原因需暂时中断 MIKE 21 模型时，只要在上次计算时设置了热启动文件，再次开始计算时将热启动文件调入便可继续计算，极大地方便了计算时间有限的用户。能进行干、湿节点和干、湿单元的设置，能较方便地进行滩地水流的模拟。具有功能强大的卡片设置功能，可以进行多种控制性结构的设置，如桥墩、堰、闸、涵洞等。可广泛地应用于二维水力学现象的研究，如潮汐、水流、风暴潮、传热、盐流、水质、波浪萦动、湖震、防浪堤布置、船运、泥沙侵蚀、输移和沉积等，被推荐为河流、湖泊、河口和海岸水流的二维仿真模拟工具。

(2) 水动力模块原理　控制方程模型是基于三向不可压缩和雷诺数（Re）值均布的纳维-斯托克斯（Navier-Stokes）方程，并服从于布西内斯克（Boussinesq）假定和静水压力的假定。

① 空间离散。计算区域的空间离散是用有限体积法，将该连续统一体细分为不重叠的单元，单元可以是任意形状的多边形，但在这里只考虑三角形和四边形单元。MIKE 软件 2007 版本只能是三角形网格。一阶解法和二阶解法都可以用于空间离散求解。对于二维的情况，近似的黎曼（Riemann）解法可以用来计算单元界面的对流流动。使用 Roe 方法时，界面左边的和右边的相关变量需要估计取值。二阶方法中，空间准确度可以通过使用线性梯度重构的技术来获得。而平均梯度可以用由 Jawahar 和 Kamath 于 2000 年提出的方法来估

计，为了避免数值振荡，模型使用了二阶 TVD 格式。

② 时间积分。考虑方程的一般形式

$$\frac{\partial U}{\partial t}=G(U) \tag{5-13}$$

式中　U——模型期望；

　　　t——时间。

对于二维模拟，浅水方程的求解有两种方法：一种是低阶方法，另一种是高阶方法。低阶方法即低阶显式的欧拉（Euler）方法

$$U_{n+1}=U_n+\Delta t G(U_n) \tag{5-14}$$

式中　U_n——模型期望；

　　　Δt——时间步长。

高阶的方法为如下形式的使用了二阶的龙格-库塔（Runge-Kutta）方法

$$U_{n+\frac{1}{2}}=U_n+\frac{1}{2}\Delta t G(U_n) \tag{5-15}$$

$$U_{n+1}=U_n+\Delta t G(U_{n+1/2}) \tag{5-16}$$

式中　U_n——模型期望；

　　　Δt——时间步长。

③ 边界条件。

a. 闭合边界。沿着闭合边界（陆地边界），所有垂直于边界流动的变量必须为 0。对于动量方程，可以得知沿着陆地边界是完全平稳的。

b. 开边界。开边界条件可以指定为流量过程或者是水位过程。

c. 干湿边界。处理动边界问题（干湿边界）的方法是基于赵棣华（1994）和 Sleigh（1998）的处理方式。当深度较小时，该问题可以被重新表述，通过将动量通量设置为 0 以及只考虑质量通量来实现。只有当深度足够小时，计算不考虑该网格单元。每个单元的水深会被监测，并且单元会被定义为干、半干湿和湿。单元面也会被监测，以确定淹没边界。满足下面两个条件的单元边界被定义为淹没边界：第一，单元的一边水深必须小于 h_{dry}，且另一边水深必须大于 h_{flood}；第二，水深小于 h_{dry} 的单元的静水深加上另一单元表面高程水位必须大于 0。满足下面两个条件的单元被定义为干单元：首先单元中的水深必须小于干水深；另外，该单元的三个边界中没有一个是淹没边界。被定义为干单元在计算中会被忽略不计。单元被定义为半干：如果单元水深介于 h_{dry} 和 h_{flood} 之间，或是当水深小于 h_{dry} 但有一个边界是淹没边界。此时动量通量被设定为 0，只有质量通量会被计算。单元被定义为湿：单元水深大于 h_{wet}。此时动量通量和质量通量都会在计算中被考虑。如果模型中的区域处在干湿边交替区，为了避免模型计算出现不稳定性，使用者可以启用 FloodandDry 选项。在这个情形下使用者必须设定干水深（drying depth）、淹没深度（flooding water depth）和湿水深（wetting depth），h_{dry}、h_{flood}、h_{wet} 三者必须满足 $h_{dry}<h_{flood}<h_{wet}$。应注意的是，对于值很小的 h_{wet}，在模拟过程中可能出现不符合实际的高流速，并引起稳定问题。

当某一单元的水深小于湿水深时，在此单元上的水流计算会被相应调整，而当水深小于干水深的时候，会被冻结而不参与计算。淹没深度用来检测网格单元是不是已经被淹没。水深小于湿水深的单元会做相应调整，即不计算动量方程，只计算连续方程。在没有启用干湿边界的情况下，使用者可以设定一个小于 0 的最小截断水深。但在这样的情况下，模型中任

一网格单元的总水深小于 0，模型便会发散，模型计算也会因此中断。

（3）建模基本数据　构建二维水动力模型需要的基础数据主要包括：

① 地形数据主要是指计算范围内的地形地貌，这些数据可以是 DEM、电子海图、CAD 图等，但都需要前期处理才能应用于 MIKE 21 中。

② 水文数据包括降雨数据、上下游边界数据（流量、水位）。

③ 糙率是一个对结果影响比较大的参数，如果没有实测糙率，则需要根据历史水文数据，对结果进行率定，进而确定糙率。

④ 其他主要包括波浪、风以及潮位等数据资料。

（4）建模步骤

① 准备地形数据、水文数据等，确定计算范围。

② 用 MIKE Zero 中的 Mesh Generator 生成 mesh 文件。

③ 建立时间序列文件作为边界条件。

④ 在 MIKE 21 中选择 Flow Model（FM）生成模拟文件。

⑤ 结果后处理。

（5）基本参数设置

① 模型范围（domain）。搭建一个恰当的适用于 MIKE Flow Model FM 的网格对于最终取得良好的模拟结果是非常重要的。网格的搭建工作包括：选择一个恰当的模拟区域；准备好足够精度的地形数据，开边界和固边界上的波浪、风以及水流数据资料；此外，选择一个满足计算稳定性要求的恰当精度的网格空间分辨率也是搭建网格所必需的。

a. 网格及地形（mesh and bathymetry）。用户可基于 MIKE Zero 的 Mesh Generator 生成网格文件（*.mesh）。MIKE Zero 的 Mesh Generator 是一个非结构网格生成器，可以用来生成、编辑网格及定义边界条件。Mesh Generator 生成的 mesh 文件是一个 ASCII 文件，其中包含每个网格点的地理坐标位置和高程以及单元之间的拓扑关系信息。

b. 模型范围设定（domain specification）。

（a）地图投影（map projection）。如果搭建模型时所使用的 mesh 文件是由 Mesh Generator 生成的，那么其中已包含地图投影信息，程序将自动在相关属性界面中显示；如果 mesh 文件中没有设定地图投影信息，则用户必须手动为 mesh 文件定义相应的地图投影。

（b）最小截断深度（minimum depth cutoff）。最小截断深度是指在计算过程中，所有高程高于此值的网格点将会被忽略。请注意：在 mesh 文件中，水深设定为负值。如模型设置中同时开启了 datum shift 功能，则截断深度应为最终基于 datum shift 校正后的深度。举例来说，对于一个网格点高程介于 +2m 到 -20m 之间的 mesh 文件，设定一个基准面调整值，如设为 +1m（即水深增加 1m），相应调整后的地形数据即变为介于 +1m 到 -21m 之间。如果设定的 minimum depth cutoff 为 -2m，实际计算时所采用的地形数据则为介于 -2m 到 -21m 之间。

（c）基准面调整（datum shift）。用户可基于任意水深起算基面的地形数据资料构建模型网格，如使用深度基准面（CD）、理论最低潮面（LAT）或平均海平面（MSL）作为水深起算基面的水下地形数据生成模型网格地形。事实上，采用何种水深起算基面对于构建网格并不重要，关键在于要保证模型计算中牵扯到的相关高程数据的起算基面与网格地形所采用的基面是相同的。基准面调整的设置功能即为解决这一问题而开发。当 mesh 文件中地形数据参考基准面与其他数据（如开边界上或初值场中的水位）参考基准面不同时，用户可基于该功能设置相应基准面调整量，而无须对 mesh 文件的地形数据进行修改。如果模型中所有高程相关数据基准面是一致的，无须对 mesh 文件中的地形数据进行任何改动，那么用户在搭建模型时只需将 datum shift 选项设定为 0 即可。例如：datum shift 设置为 2m（或 -2m），则代表模型计算中网格中所有节点的水深增深（或变浅）2m。

(d) 网格重构（mesh decomposition）。对网格单元和节点进行重新优化编号可以提高数值计算的效率。基于优化内存读写的目的进行重新编号以后，模型的计算速度会得到大幅提高。当使用这一项功能时，输出的文件中会使用新的编号信息，而不是 mesh 文件上的旧有信息。网格重构技术可以提高数值计算的效率。用户可指定子区域的数目进行网格重构。如果指定区域亦包含子区域，则网格重构处理将在子区域内进行。

c. 边界名称（boundary names）。在使用 MIKE Zero Mesh Generator 生成网格时，用户需要定义每个边界的边界代号（boundary code）。在这个例子中，有 code2、code3 和 code4 三个开边界。在边界命名的对话框中，用户可以重新命名边界名称，把名称改变为易于记忆的标志。

d. GIS 背景（GIS background）。如果在本机已安装有 ESRIArcMap，那么程序会为用户提供一个可将 GIS 图层文件（.lyr）作为背景图层显示的选项，这个图层文件将会被投影显示在用户所选定的地图投影中。

e. 时间设置（time）。模型计算所需的各时间项在本对话框中进行设置。需要设置内容有：模拟开始时间（simulation start date）、总时间步数（overall No. of time steps）以及以秒为单位的主时间步长（overall time step interval）。需要注意的是，此处设置的主时间步长主要用于各模块相应模拟结果输出频率的设定和满足不同模块间数据同步时间设置上的需要。通常模型自时间步 0 开始计算，相应计算开始时间为用户设定的时间步 0 所对应的时间，计算结束时间则为用户设定总时间步长所对应的时间。水动力（hydrodynamic）模块、扩散（advection-dispersion）模块、波谱（spectral waves）模块，在满足模型稳定不发散的前提下，可以基于主时间步长对局部时间步长进行调整。各个模块运算时会在主时间步长时间节点处进行数据交换、同步，举例来说对流扩散模块会在每个主时间步长和水动力模块进行数据交换，而 sand transport 和 ECOLab 模块则可以在多个主时间步长和水动力模块进行数据交换。

f. 模块选择（module selection）。MIKE Flow Model FM 包含多个模块，使用者可依照需求做选择：transport（对流扩散模块）、ECOLab（水质水生态模块）、mud transport（黏性泥沙模块）、particle tracking（粒子追踪模块）、sand transport（非黏性泥沙模块）。用户可按需选择一个或多个模块使用，但水动力（hydrodynamic）模块始终是必需的。

g. 水动力模块（hydrodynamic module）。水动力模块可计算多种外力和边界条件驱动下的水流和温盐分布情况。温度、盐度变化引起的斜压效应以及湍流等在水动力计算中相对次要的问题均在本模块中进行设定。

② 求解格式（solution technique）。模型计算的时间和精度取决于计算数值方法所使用的求解格式精度。模型计算可以使用低阶（一阶精度）或是高阶（二阶精度）的方法。低阶方法计算快但计算结果精确度较差，高阶的方法计算精度高但速度较慢。更为详尽的关于数值计算方法的介绍，请参考《科学背景手册》。浅水方程的时间积分和输移（扩散）方程基于半隐格式求解，相应平流项采用显式格式求解，而垂直对流项则采用全隐格式求解。受显式格式稳定性的限制，为保持模型计算的稳定性，模型中时间步长的设定必须保证收敛条件判断数（CFL 数）小于 1，输移（扩散）方程相对于浅水方程对 CFL 数的要求较为宽松，

通常前者的时间步长可以大于后者。为保证所有网格点 CFL 数均满足该限制条件，模型中时间步长的取值采用浮动范围的方式，因此模型中用户需设定最小和最大时间步长范围，相应扩散方程的时间步长在模型的计算过程中自动与主时间步长相匹配，而浅水方程的时间步长则自动与扩散方程的时间步长相匹配。

a. 备注与提示（remarks and hints）。在所模拟的物理过程中，如果对流占优，则应选择较高阶的空间离散格式。如果扩散占优，则较低阶的空间离散格式就可以满足模拟所需精度。一般来说，时间积分和空间离散方法应选择同样的计算精度格式。通常模型计算中采用高阶时间积分方法的计算时间是低阶方法的两倍，而采用高阶的空间离散方法所耗计算时间为采用低阶方法的 1.5～2 倍。若同时选择高阶的时间积分及空间离散方法，所耗计算时间将会是同时选择低阶方法时的 3～4 倍。一般来说，采用高阶方法的计算结果的精确性通常会高于采用低阶方法的计算结果。模型中 CFL 数的程序默认设置为 1。一般而言，CFL 数小于 1 时，模型即可保持计算的稳定性。但因实际计算过程中 CFL 数的数值为近似预估值，故在这种默认设置情况下仍然存在发生模型计算失稳的可能性。因此当这种情况发生时，用户可将临界 CFL 值适当减小（取值范围介于 0～1 之间），此外用户亦可适当减小所设定的最大时间步长。必须指出，当用户将最小和最大时间步长均设定为与主时间步长相同时，模型将以恒定时间步长进行计算，此时为保证计算的稳定性，相应时间步长的取值必须满足 CFL 值小于 1。对于对时间积分的浅水方程式和输移方程式而言，在 log 文件中会显示总时间步数和最大最小时间间距，而 CFL 则可以被存储在输出文件中。

b. 干湿边界（flood and dry）。如果模拟区域中存在显著的干湿交替区域，为了避免模型计算中出现计算失稳问题，用户可在模型中开启 flood and dry 选项。开启该选项时，用户需设定三个参数：干水深（drying depth）、淹没深度（flooding water depth）和湿水深（wetting depth）。当某一单元的水深小于湿水深时，在此单元上的水流计算会被相应调整。当水深小于干水深时，该网格单元将被冻结不再参与计算，直至重新被淹没，模型中基于淹没深度参数来判定某一网格单元是否处于淹没状态。当某一网格单元处于淹没状态但水深小于湿水深时，模型中将在该网格点处不再进行动量方程的计算，仅计算连续方程。在没有开启干湿边界选项的情况下，用户可以设定一个小于 0 的最小截断水深。但在这种情况下，一旦计算过程中任一网格单元上出现负水深，模型便会发散，计算也会因此中断。

c. 密度（density）。程序中假定水体密度的变化仅取决于盐度和温度的变化。在正压模式下，温度和盐度（TS）作为常数处理，水体密度在整个计算过程中亦恒定不变。当采用斜压模式时（将水体密度看作盐度和温度的函数），模型计算中将求解包含温度和盐度的输移（扩散）方程式，如此一来，相应因温度、盐度而引起的密度变化均可以在温/盐模块中自动实时进行计算。模型中，密度依照 UNESCO 海水标准方程进行计算。该标准方程的适用范围为：水温介于 2.1～40℃，盐度介于 0～45PSU（practical salinity unit）。在模型中人工给定参考温度和盐度，在一定程度上可以增加密度计算结果的精确性。当模型中设定水体密度的变化仅受温度影响时，相应密度的计算将使用实际的温度和用户给定的参考盐度进行计算。同理，反之亦然。当模型计算中考虑密度变化问题时，因额外增加了求解 1～2 个方程的工作量，模型计算所耗 CPU 时间将显著增长。

d. 涡黏系数（eddy viscosity）。为描述时间上和空间上的不确定性物理过程，程序中将相关预报变量分解为一个平均值项和一个紊动项，这种处理方式表现在控制方程中即为相应附加应力项。而当引入涡黏系数的概念后，这些物理过程可以通过涡黏系数和平均值项的梯度来体现。因此，在动量方程中的有效切应力包括层流应力和雷诺应力（紊流）。

e. 底摩擦力（bed resistance）。底摩擦力可以三种形式设定：无底床摩擦力、谢才系数、曼宁系数。谢才系数和曼宁系数可以基于如下两种方式给出：（a）在模型范围内设定一个常数；（b）对于在模型范围内设定不同数值的情况，用户需准备空间上至少完整包括模拟区域范围且包含相关参数信息的 dfs2 或 dfsu 文件。当采用 dfsu 文件时，相应参与计算网格点上的扩散系数采用分段常数插值方法生成，而当采用 dfs2 文件时，则采用双线性插值方法。

f. 科氏力（Coriolis force）。科氏力的影响可以以三种方式设定：无科氏力，在模型范围内设定一个常数，在模型范围内设定不同数值。

如果选择在模型范围内设定一个常数，科氏力会被设定为某一参考纬度（以度为单位）上的值。如果选择在模型范围内设定不同数值，科氏力将根据地形文件设定地理信息进行计算。

g. 风场（wind forcing）。在流场的计算中，还可以考虑风的影响。风场的数据可以设定为：常数，设定整个模型过程中的所有范围内风场为一个常数，强度及方向不变；随时间改变、在空间上为定值，风场在整个模型范围内为定值，但强度和方向随时间改变；强度和方向随着时间和空间改变。注意：本模型中所提及的风向为风的来向，自正北方为 0 度，正东为 90 度，顺时针方向计算角度。

参数取值（data）。若使用风场在模型范围内为一个常数，但随时间改变的资料，输入文件必须包含风速（m/s）、风向（自正北方开始以度来计算），在设定水动力模块之前必须准备好一个 dfs0 输入文件。数据可以先以 ASCII 形式存储在文件中，并用写字板进行编辑后，由 MIKE Zero Time Series Editor 时序列编辑器读入，以 dfs0 文件存储。风场文件中的时间跨度必须覆盖整个模拟周期。但是风场资料的时间步长不需要和水动力模型的时间步长吻合。如果时间步长不相吻合，模型会自动进行线性内插。若风场随时间和模型改变，在执行水动力模块前，输入文件必须为一个包含风速（m/s）、风向（自正北方开始以度来计算）及气压场（hPa）的 dfs2 或 dfs0 文件。MIKE 21 提供的两个风场生成模型（由风或气压生成气旋，或由数值气压场生成风场）可以得到风场。或者数据可以先以 ASCII 形式存储在文件中并用写字板编辑后，由 MIKE Zero Grid Series Editor 时序列编辑器读入。必须准备一个空间上至少完全包括模型范围的 dfsu 文件或 dfs2 文件。风场文件的时间跨度必须覆盖整个模型周期，但是风场资料的时间步数不需要和水动力模型的时间步相吻合。如果时间步数不相吻合，模型会自动进行线性内插。

中性压力（neutral pressure）是指当设定风场在时间上和空间上均存在变化时，用户必须设定一个参考或中性压力面（hPa）。

软启动时间间隔（soft start interval）是指在风速由 0 开始往上增加的情况下，可以设定一个软启动间距（以秒为单位），以避免模型中生成震荡波。预设的软启动间距是 0，也就是不采用软启动方式。在软启动期间风向不会随之改变。

h. 冰盖（ice coverage）。在流场中也可将冰盖的影响考虑进去，冰盖可以为下列四种情况：无冰盖，设定冰浓度，设定冰厚度，设定集中冰浓度及冰厚度。

对两个包含冰浓度的例子（一个区域的冰覆盖率）是考虑区域内冰的影响大于用户所设定的临界浓度（预设为 0.9）。在这个例子中，设定冰厚度的影响只局限在冰厚度大于 0 的区域。在模型中必须包含一个文件表明各区域冰的浓度及厚度。在被冰所覆盖的海面，风剪力是不被考虑的，因此风速可以设定为 0。另外流场中考虑冰糙率系数，此时糙率高度需要设定。

冰盖数据（ice coverage data）。在模拟区域中，当局地冰浓度大于用户设定的临界浓度时，模型中将自动考虑冰盖的存在对流场的影响。

糙率数据（roughness data）。糙率高度（m）的形式可以被设定为：在模型范围内设定一个常数值，在模型范围内设定不同数值。

用户需准备空间上至少完整包括模拟区域范围且包含冰浓度或厚度信息的 dfsu 或 dfs2 文件。当采用 dfsu 文件时，相应参与计算网格点上的数据采用分段常数插值方法生成，而当采用 dfs2 文件时，则采用双线性插值方法。该 dfsu 或 dfs2 文件中的数据时间间隔不必与水动力计算的时间步长相同，但其时间跨度必须大于等于模拟时间段，当给定数据时间间隔与水动力计算时间步长不一致时，计算时将基于线性插值方法对每一计算步的数据进行插值。

i. 引潮势（tidal potential）。引潮势是一个由地球和天体之间万有引力而产生的外力。引潮力作用范围包括整个模拟水域。这里所讲引潮势为所有分潮引潮力之和，用户可在程序中分别设定各分潮的引潮力项，从对话框中设定或从文件中设定。

参数取值（data）。引潮势是由一系列的分潮引潮力构成的。程序中预设有 11 个分潮，分别为 M2、O1、S2、K2、N2、K1、P1、Q1、Mm、Mf 和 Ssa。设定分潮的数目没有限制，各个分潮的相关信息可以参考 Push（1987）的《分潮标准手册》。

j. 降水-蒸发（precipitation-evaporation）。在受降雨影响的应用中，模型运算需考虑降雨。降雨可以三种方式加入：无降雨，设定降雨，净降雨。净降雨是指降雨减去蒸发值，因此蒸发也可视为负的净降雨值。选择无降雨值或设定降雨蒸发也可以三种方式设定：无蒸发，设定蒸发，由模型中热交换计算蒸发率。在这三种方式中，蒸发率作为潜热通量来计算。这个选项只可以在密度变化和热交换被包含在模型中的时候被选取。如果选定了降雨（或净降雨）选项，则需要设定以 mm/d 为单位的降雨率。如果选择设定蒸发率选项，则需要设定以 mm/d 为单位的蒸发率。

参数取值（data）。降雨强度的形式（或净降雨强度）和以 mm/d 为单位的蒸发率可以被设定为：在时间和空间上为一个常数，随时间变化但在空间上为一常数，随时间和空间变化。

如果选择设定降雨/蒸发率，则降雨/蒸发率必须是一个正数。如选择净降雨，则设定负值的降雨率被视为蒸发率。如果是降雨随时间变化但不随空间变化（强度为 mm/d），在搭建水动力模块之前必须准备一个包含降雨强度的 dfs0 文件，且这个文件必须覆盖整个降雨周期。输入文件的时间步数不需要和水动力模型的时间步相吻合。如果时间步数不相吻合，模型会自动进行线性内插。如果降雨强度是随时间和空间改变的，必须在搭建水动力模块之前，准备一个以 mm/d 为单位的降雨强度面文件。必须准备一个和模型范围相同的 dfsu 文件或 dfs2 文件。输入文件必须包含整个模型周期，但是其时间步数不需要和水动力模型的时间步相吻合。如果时间步数不相吻合，模型会自动进行线性内插。如果选择的是蒸发率随时间改变但不随空间改变。输入文件必须依照上述降雨文件的准备方式准备。可以设定一个软启动间距（以秒为单位）使降雨蒸发由零开始往上增加，以避免模型中生成冲击波。预设的软启动间距是零，也就是无软启动。

k. 波浪辐射（wave radiation）应力。由短波破碎引起的二阶应力可以包含在模型运算中。辐射应力会对平均流速产生作用，可用来计算波生流。如果在模型中添加辐射应力，输入文件中需包含三个数值项（辐射应力除以水密度），分别是 S_{xx}、S_{yy}、S_{xy}（m^2/s^2）。辐射应力文件可以由 MIKE 21 SW、MIKE 21 NSW、MIKE 21 PMS 模型得到。

参数取值（data）。必须在设定水动力模块之前，准备一个输入文件，输入文件中需包含三个数值项（辐射应力除以水密度）（m^2/s^2）。必须准备一个和模型范围相同的 dfsu 文件或 dfs2 文件。输入文件必须覆盖整个模型周期，但是其时间步数不需要和水动力模型的时间步相吻合。如果时间步数不相吻合，模型会自动进行线性内插。

软启动时间间隔（soft start interval）。辐射应力由零开始加到指定数值前，可以设定一个软启动间距（以秒为单位），以避免模型中生成震荡波。预设的软启动间距是零，也就是无软启动。

建议（recommendations）。为了不使模型产生突变，建议使用软启动周期。

备注与提示（remarks and hints）。既然波浪辐射应力描述的是一个波浪周期里的平均流动，波应力应该和一定的水深关联在一起，但必须考虑因水深改变而产生的误差。如果应用干湿边界，用户必须确定波浪辐射应力在所有的湿点上都有被定义。一般来说，不推荐同时使用波浪辐射应力和干湿边界。

l. 源（sources）。河流、电厂、进排水口等的影响，可以列为模型中的源项。除了一个源项清单表，源项的地理位置也可以地理位置方式呈现。新建源汇项的方式有两种。（a）在清单表中可以按按键 new source，建立一个新的源项，或按按键 delete source 删除。（b）对于每个源汇项，不管是否纳入计算，都可以设定名字。在源汇项名称的后面，可以设定关于源汇项的信息。最后面有个 go to 按键，或是选取要编辑的源汇项，按下面的 edit source，便会跳到源汇项的页面开始编辑。在地理位置视图上，可以在某个位置上双击，建立新的源汇项。或是选择源汇项清单中的 new source 按键。接下来便可按照上述方法编辑源汇项。

m. 源汇项设定（source specification）。有三种类型可以设定源汇项：简单源项、标准源项、源汇对。

简单源项，只考虑水量平衡的连续方程而不考虑动量方程。在这个选项中，只需设定源项的强度（m^3/s）。如果源项的强度是正的，水是由源流进水体，如果源项强度是负的，那水就是由水体流向源。标准源项，同时考虑了连续方程和动量方程式的影响。在这个选项中，必须设定点源强度（m^3/s）、流速（m/s）。注意动量方程只有在强度为正值（水由源汇项排入邻近水体中）的时候被考虑。源汇对，同时考虑了连续方程和动量方程式的影响。在这个选项中，必须设定源汇项所连接的点源编号。源汇项的强度会由所连接的点源来决定，但符号相反。必须设定源项排入水体的速度（m/s），动量方程只有在强度为正值（水由源汇项排入水体中）的时候被考虑。

位置（location）。在设定源汇项坐标前，必须选择地图投影（经纬度投影、UTM 投影），设定水平方向坐标和源汇项所在的层数。在河底层数为 1，依次向上递增。

参数取值（data）。源汇项的资料可以被设定为：（a）不随时间变化的常数；（b）随时间变化。如果要使用随时间变化的源汇项资料，必须在搭建水动力模块之前，准备一个输入文件，包含流量（m^3/s）、速度（m/s），必须准备一个和模型范围相同的 dfs0 文件。输入文件必须包含整个模型周期，但是其时间步数不需要和水动力模型的时间步相吻合。如果时间步数不相吻合，模型会自动进行线性内插。

n. 水工结构物（structures）。水平尺度上的结构物通常较模型计算用的网格尺度小很多，因此结构物的影响通常使用亚网格技术来处理。模型中包含五种不同的结构物模拟：堰、涵洞、闸门、桥墩、涡轮机。再者，可以任意结合其中两到三个基本结构物，构造复杂结构物。

o. 初始条件（initial conditions）。水动力模块的初始值可以被设定为：(a) 常数；(b) 随空间变化的表面水位；(c) 随空间变化的水深及速度。如果设定为随空间变化的水深及速度，则可使用上一个模拟过程产生的结果，如此热启动的初始条件对模型演算会有好的影响。

参数取值（data）。如果要以随空间变化的表面水位为初始条件，必须在设定水动力模块之前，准备一个表面水位输入文件。必须准备一个和模型范围相同的 dfs2 或 dfsu 文件，文件可以包含上次模型计算出来的数个时间步。如果使用后者，模型启动时间可以是此文件第一步到最后一步间的任一时间点。模型运算时可以以内插的方式，得到这个区段间的任一个时间点作为初始时间。如果以随空间变化的表面水位及速度为初始条件，必须在设定水动力模块之前，准备一个表面水位输入文件，包含表面水位和 x、y 方向的流速。必须准备一个和模型范围相同的 dfs2 或 dfsu 文件，文件可以包含上次模型计算出来的数个时间步。如果使用后者，模型启动时间可以是此文件第一步到最后一步间的任一时间点。模型运算时可以以内插的方式，得到这个区段间的任一个时间点作为初始时间。

p. 边界条件（boundary conditions）。搭建模型时，设定文件（set-up editor）会扫描网格文件，取得在网格文件中的边界，并给边界一个预设的名称。在 domain 对话框中名称可以被改变为其他有意义的词汇。在 graphic view 里面可以看见所有边界的列表。在列表中，按下 go to 按键，可以到边界页面设定边界的相关资料。

q. 温度/盐度模块（temperature/salinity module）。当设定计算模型为斜压模型时，需要考虑水的密度变化，此时就需要求解温度和盐度的对流扩散方程式，所有温度/盐度的模型设置，就在此模块中。

r. 湍流模块（turbulence module）。湍流模块被垂向涡黏系数和 $k\text{-}\varepsilon$ 模型引用。

s. 解耦（decoupling）。在多数实际应用中，需要进行大量的方案模拟，其中过程模块的参数是不断在改变的。但在基础的水动力模块中，参数是不变的。如果把水动力模块计算出的关于流的基本资料存储到输出文件中，便可以解开耦合的模型，以从文件中读取的方式重复计算。运行解耦的模型可以大量减少计算机运算时间。如果选择存储解耦的数据必须设定两个输出文件名称以及频率，最后必须设定解耦模型的名称。在运行解耦模型时，不能改变水动力模块中时间和空间的基本参数，但是可以改变新加入的模块中参数。注意：解耦模型中，水动力的求解不受 CFL 稳定的限制，但输移方程式受此限制。

t. 输出（outputs）。这里设定模型输出的数据文件。结果通常含有大量数据，因此存储整个范围中所有时间段的数据是不可能的。在输出的对话框中，可以按 new output 按键增加新的输出。或是 delete output 移除文件。对于每个输出文件，不管文件是否在这次运行中使用，均可以设定每个输出文件名称，然后按 go to 按键到页面中编辑。最后可以按 view 使用 MIKE Zero Viewing/Editing 工具。

地理视图（geographical view）。这个对话框会显示输出文件的地理位置。

输出设定（output specification）。对于每个输出文件，需要设定输出文件的数据类型、数据格式、干湿边界、输出文件（名称和位置）及时间步。

数据类型（field type）。2D 模型的输出设定可以是二维模型范围内的流场信息（2D horizontal），或一个断面上的流量（discharge）。

输出数据格式（output format）。2D 模型可以选定下列格式做输出：点序列，选择模型范围中的任意点；线序列，选择模型范围内的任意线段；面序列，选择模型范围内的任意区域。3D 模型可以选定下列格式做输出：点序列，选择模型范围中的任意点；线序列，选择模型范围内的任意线段；体积序列，选择模型范围内的任意区域。如果选择输出为点序列，必须同时计算包含这些点的整个区域。输出的文件为 dfs0 文件。如果选择输出的量值是流量，必须设定一个流量通过的断面，输出的文件为 dfs0 文件。

输出文件（output file）。设定输出文件的数据类型和文件位置。

干湿点输出（treatment of flood and dry）。干湿点可以以三种方式输出：(a) 整个区域；(b) 仅输出湿区；(c) 输出绝对湿区。如果选择仅输出湿区选项，那么模型区域中水深小于干水深的单元，水深值统一为空白值，即当作干陆地处理。如果选择仅输出绝对湿区，那么输出区域中水深小于湿水深的单元被当作干陆地。干水深和湿点深度可以在干湿边界中设定。如果干湿功能不包含在模型中，那么淹没水深和湿水深都设为零。

时间步（time step）。时间范围可以在 time 对话框中调整。

点序列（point series）。用户可以设定插值的形态，选择离散数值或内插数值。点的地理坐标系统可以从一个文件中输入。文件格式可以是数据中间以四个位元分开的 ASCII 文件。前两项数据是 x 和 y 坐标，必须是浮点数（float number，real number）。对三维模型而言，如果选择离散值，第三列数据是层数，且必须是整数（integer），如果选择插值数据，第三列数据是 z 坐标，且必须是浮点数（float number，real number）。对二维模型而言，第三列数据是无用的（但必须设置）最后一列是各点的名称。用户须选择地图投影（如经纬度、UTM 等）。如果选择离散值（discrete values）为内插形态，那么点的数值是点坐标所在单元的数值。单元号和单元中心坐标会被列表在 log 文件中。如果选择内插值（interpolated values），则采用二阶内插的方法得到点的数值。二阶插值是使用点所在单元的顶点进行线性插值。顶点数值的计算是利用 Holmesand Connell (1989) 提出的 pseudo-Laplacian 法。单元数和单元中心坐标会被列表在 log 文件中。

线序列（line series）。用户可以设定线上的第一个和最后一个点，以及需离散的点数。地理坐标系统可以从文件中输入。文件格式可以是数据中间以三个位元分开的 ASCII 文件。前两项数据表示 x 和 y 坐标，必须是浮点数（float number，real number）。对三维模型而言，第三列数据是 z 坐标，必须是浮点数（float number，real number）。对二维模型而言第三列数据是无用的（但必须设置）。如果文件包含多于两个点的信息，那前两点的信息会被使用。用户可以选择地图投影（经纬度、UTM 等）。如果选择 interpolated values，采用二阶内插的方法得到点的数值。二阶插值是使用点所在的单元的顶点进行线性插值。顶点数值的计算是利用 Holmesand Connell (1989) 提出的 pseudo-Laplacian 法。单元数和单元中心坐标会被列表在 log 文件中。注意：如果使用三维的球状坐标系（投影坐标为经纬度），所使用的线段必须为水平线或垂直线。

面序列（area series）。选定值域上的一个多边形和其中需离散的点数，这个多边形是以多个线段连接为边界。必须设定多边形中的最高点坐标，两个点组成的线段可以为四边形的一个边，一系列的线段最后闭合在一个点上成为一个多边形。地理坐标系统可以从一个文件中输入。文件格式可以是数据中间以三个位元分开的 ASCII 文件。前两项数据是 x 和 y 坐标，必须是浮点数（float number，real number）。对三维模型而言，第三列数据是 z 坐标，必须是浮点数（float number，real number）。对二维模型而言第三列数据是无用的（但必须设置）。用户可以选择地图投影（经纬度、UTM32 等）。

体积序列（volume series）。选定值域上的一个多边形和其中需离散的点数，同时包括垂向上的特定范围。这个水平方向上闭合的多边形是以多个线段连接为边界。必须设定多边形中点的坐标，两个点组成的线段可以为四边形的一个边，一系列的线段最后闭合在一个点上成为一个多边形。地理坐标系可以从一个文件中输入。文件格式可以是数据中间以三个位元分开的 ASCII 文件。前两项数据是 x 和 y 坐标，必须是浮点数（float number，real number）。对三维模型而言，第三列数据是 z 坐标，必须是浮点数（float number，real number）。对二维模型而言第三列数据是无用的（但必须设置）。同时还必须设置层数（第一层和最后一层的数目），会被存储在输出文件中。用户可以选择地图投影（经纬度、UTM32 等）。

断面序列（crosssection series）。选定断面上的第一个和最后一个点，这个断面以多个单元面组成。断面是由若干连续线段组成的，线段则是由两个点构成。断面在数值模型的计算中定义为邻近两个单元（element）的一个边（face）。地理坐标系可以从一个文件中输入。文件格式可以是数据中间以四个位元分开的 ASCII 文件。前两项数据是 x 和 y 坐标，必须是浮点数（float number，real number）。对二维模型而言第三列数据是无用的（但必须设置），最后一列是各点的名称。用户可以选择地图投影（经纬度、UTM32 等）。

区域序列（domain series）。在水平的模型区域中选定一个以线段为边界闭合的区块。地理坐标系可以从一个文件中输入。文件格式可以是数据中间以四个位元分开的 ASCII 文件。前两项数据是 x 和 y 坐标，必须是浮点数（float number，real number）。对二维模型而言第三列数据是无用的（但必须被设置），最后一列是各点的名称。用户可以选择地图投影（经纬度、UTM32 等）。

输出项目（output items）：

区域变量（fiel dvariables）。所有的输出是可以选择的，使用者可以自由选择想要使用的变量。水平值域的流方向以自北顺时针方向计算。流在垂直方向以度为单位自 z 轴上方做计算。收敛角度是正北方和投影北方的顺时针方向的差角。

物质通量收支变化（mass budget）。可以选择 mass budget 来输出水流、温度、盐度。每个组分在输出文件中有下列的项目：

总面积（total area）——多边形内的总体积/总能量/质量；

湿区（wet area）——多边形内水深大于干区水深定义的体积/能量/质量；

真湿区（real wet area）——水深大于湿区水深定义的体积/能量/质量；

干区（dry area）——水深小于干区水深定义的体积/能量/质量；

输移（transportation）——累计体积/能量/质量；

源项（source）——累计的源项所引起的体积/能量/范围内的质量；

过程（process）——累计的过程所引起的体积/能量/范围内的质量；

误差（error）——总体积改变累计的体积/能量/范围内的质量和因为源项、输移及过程上变化所产生的体积/能量/范围内的差异。

累计过程产生的体积/能量/范围内的误差可能是因为当数值变得较设定的最大值大，或较设定的最小值小，输移物质的校正。对水体积来说，如果数值没有上限时的最小值是 0。

对温度和盐度来说,最大和最小值可以设定在 equation 的对话框里。

5.3.2.2 WASP 建模方法

(1) WASP 模型简介 水质分析模拟程序 (the water quality analysis simulation program, WASP) 是一种应用广泛的水质模型。WASP 研究对象为完全混合水体控制单元 (segment),每个控制单元内污染物的迁移转化均遵守质量守恒定律,水质模型方程均基于质量守恒定律进行求解。这些控制单元组成了网格化的水体和河床,也就是将水体在纵向、横向和垂向上分割为多个控制单元。因此,WASP 也是一个箱式动力模型,可用于分析各种水体(塘、溪、湖库、河流、河口及海岸水域)的水质问题。如果将水质模型与水动力模型联合运行,则控制单元的划分需要与水动力节点保持一致。表达水流动力过程的公式采用有限差分法进行离散,用数值计算方法求解。采用稍作修改的 Runge-Kutta 二级反应方法(预报-校正方法)整合有限差分方程,通常可以防止某个控制单元出现浓度为负而引起数值的不稳定和波动。

WASP 模型有两个独立的计算子程序——水动力程序 (DYNHYD) 和水质程序 (WASP),它们既相互独立也可互相连接。WASP 可以与任意其一进行链接,生成 EUTRO5 和 TOXI5,其内容都基于质量守恒定律和动量守恒定律分别建立水质模型和水动力模型。

① 水动力程序。DYNHYD 主要为水质模拟提供流速、流量、水深等水动力信息,以运动和连续性方程为理论依据,预测水体的流速、流量、水深等水体信息。

② 水质程序。WASP 自带两大模块程序,包括富营养化 (EUTRO) 模块和有毒化学物质 (TOXI) 模块,其中 EUTRO 模块在水环境模拟和预测汇总应用中最为广泛。EUTRO 模块用来模拟传统污染物的迁移转化规律,包括无机磷、有机磷、氨氮、硝酸盐氮、有机氮、叶绿素 a、溶解氧、碳化生化需氧量等水质指标。TOXI 模块可以用来模拟有毒物质的迁移转化,如有机化合物和金属。

(2) WASP 原理 WASP 模型的实质是利用质量守恒原理来实现的。WASP 模型的质量守恒方程如下:

$$\frac{\partial C}{\partial t} = -\frac{\partial}{\partial x}(U_x C) - \frac{\partial}{\partial y}(U_y C) - \frac{\partial}{\partial z}(U_z C) + \frac{\partial}{\partial x}\left(E_x \frac{\partial C}{\partial x}\right) + \frac{\partial}{\partial y}\left(E_y \frac{\partial C}{\partial y}\right) + \frac{\partial}{\partial z}\left(E_z \frac{\partial C}{\partial z}\right) + S_L + S_B + S_K$$

式中,U_x、U_y、U_z 为纵向、横向和垂直速度,m/s;C 为水质指标浓度,mg/L;E_x、E_y、E_z 为纵向、横向和垂直扩散系数,m²/s;S_L 为点源和面源负荷,g/(m³·d);S_B 为边界负荷,g/(m³·d);S_K 为动力转换量,g/(m³·d)。

WASP 模型在进行水环境模拟时,是对每一个水质分子从输入到最后输出的追踪过程,为达到质量守恒原理、完成追踪,需要操作者提供七种重要的模型参数:模拟和输出控制、模型的分段数据、对流和弥散输移、边界浓度、点源和面源负荷、运动参数、常量及与时间变化相关的函数、初始浓度。

(3) WASP 模型的基本程序 WASP 模型的基本程序反映了对流、弥散、点杂质负荷与扩散杂质负荷以及边界的变换等随时间变化的情况。被模拟水体必须分成一系列的计算单元或者片段。所有的 WASP 模型在处理水体水文地理、平流和扩散流、沉淀物和悬浮率、边界浓度、污染物负荷以及初始浓度时都有相同的数据要求。在 WASP 模型中,水体代表一系列离散的计算元素或者片段。环境本底和化学物质浓度在片段内被作为空间常量模拟。在水体片段之间，任意变量被平流输送和扩散输送，片段下表层是通过混合扩散进行变换的。吸附部分或颗粒部分可以通过扇区沉积，或者来自片段表层的侵蚀来沉淀。在水床内，溶解物质可以通过净沉降或者侵蚀向上或者向下迁移。

（4）WASP模型的发展　WASP的发展历史以WASP5版本为分界点，可分为两个阶段。WASP5版本之前是建模、验证、推广的阶段。当时的WASP软件还是在DOS系统下执行的程序。WASP的首次应用是在美国西部Delta-Suisun Bay富营养化过程和藻类生长动态研究，以叶绿素、营养盐、SiO_2和溶解氧（DO）为研究对象进行了纵向和横向的二维模拟（Delta-Suisun Bay，Potomac Estuary）。随后，在美国大湖地区水质问题研究过程中开发了湖泊模块，加入了水体垂向维度的考量，并增加了浮游生物指标（Lake Ontario）。此后，富营养化模块逐渐增加了"稳态""沉积物""富营养化动力"等内容（Lake Erie，Chesapeake Bay），模拟周期也从最初的"年、周"提高到了"天、小时、分"。模拟对象从湖库、海湾扩展到河流、港口，水体的分段数量和变量参数逐渐增加，模拟指标增加了BOD、细菌。有毒物质研究实例包括河流、海湾的SS、多氯联苯（PCBs）、DDE、六六六模拟研究，而且根据海水水温分层现象，在海洋酸性废弃物的二维模拟中增加"变温层"这一影响因素。此外，WASP还成功地应用在生物垃圾处理问题上，可模拟COD、DO、pH、有机氮等指标在稳态下"固-液-气"三相转化。在更进一步研究中，经过修改后的WASP可以链接其他降雨径流模型输出的随时间变化的非点源径流数据和污染负荷数据，进一步扩大了模型的应用领域。WASP6版本具备了可视化的Windows操作界面，运行速度和计算效率大幅提高。水质模型反应机理较为成熟后，其研究和改进方向主要是为了适应Windows系统更新及与其他模型、软件兼容性的技术开发，强调数据格式的识别和转换。WASP6软件的后处理系统（post-processor）可以将计算结果用不同形式的图表表现出来，并可以进行模拟值与实测值的比较、统计和分析。而且，可以调用*.shp格式文件，将模拟的各项指标随时空的变化过程形象地展现在地图上。Windows系统下的WASP软件还可以导入外部地表径流模型生成的*.nps非点源文件，模拟过程考虑非点源负荷输入的影响。软件还提供重启文件（restart file）的设定，可在其基础上进行多次修改或方案的设计，大大提高工作效率。EPA主页上可以免费下载WASP软件和学习教程，为广大用户提供便利。但是，由于WASP6之后版本的源代码不再公开，模型的二次开发和与其他系统的耦合存在一定难度。

（5）WASP水质模型应用　WASP模型主要应用于模拟和预测污染物在水环境中的行为、水体环境富营养化的环境评价、水环境容量的计算和水质预警等四个方面。

① 模拟和预测污染物。WASP模型可以应用到突发水污染事故中，对各种水体中的污染物质进行模拟，应用较多较成熟的污染物指标包括水温、pH值、总氮、溶解氧、生化需氧量等。

② 水体富营养化。WASP模型被广泛应用于水体富营养化问题的研究中，包括模拟营养物富集、富营养化和消耗溶解氧（DO）的过程。WASP水质模型较以往的经验回归等统计模型更能反映河流富营养化问题的动态变化规律。

③ 计算水环境容量。水环境容量是水环境目标管理的基本依据，是水环境规划的重要环境约束条件，也是污染物总量控制的关键参数。在当前大量的研究中，运用WASP水质模型对不同水体水环境容量进行计算，常用的模拟指标有：化学需氧量（COD）、生化需氧

量（BOD）、氨氮（NH_3-N）、溶解氧（DO）、硝酸盐氮（NO_3-N）、总磷（TP）、正磷酸盐（PO_4-P）等。

④ 水质预警预报。利用 WASP 水质模型对水环境发展趋势进行预测，从而分析水环境的动态变化趋势，并根据结果和不同警度采取相应的防范措施。目前，WASP 水质模型用来模拟水质情况时，主要着重于研究水体水质变化趋势、污染物在水体中的行为模拟和预测及判断水体中主要污染源等三方面。

（6）WASP 水质模型存在的问题　WASP 软件内嵌一维水动力模型 DYNHYD5，采用显式差分格式求解，从稳定性和精度考虑，其时间步长、空间网格不能取得过大，对于定性分析，流速低的河流不一定适用。而且，DYNHYD5 水动力模块不具有模拟水利工程运行的功能，不适用于闸控平原河网水动力模拟。WASP 软件可以调用外部水动力模型和泥沙模型，长时序模拟时可能存在外部数据文件过大或过于复杂的情况。模型本身对沉积通量的计算过于简单，且没有考虑浮游动物的影响。

5.3.2.3　QUAL 建模方法

（1）QUAL 模型的发展　近年来，随着人类活动日趋频繁，对环境造成很大影响，尤其是对水环境的改变。因此，对水环境评价研究显得越发重要。其中水质模型就是用来描述污染物在水环境中运动变化规律及其影响因素相互关系的数学表达式和计算方法。水质模型的开发既是水环境评价研究的重要工具，又是水环境评价科学的内容之一。随着计算机科学技术的不断发展，水质模型所研究的内容和方法也在不断优化完善。从最早开发应用的一维稳态斯特里特-费尔普斯（Streeter-Phelps）模型，到现在纷繁复杂的多维综合模型，水质模型已经得到了空前的进步提高。QUAL 模型系列中的最初完整模型是美国得克萨斯州水发展局（Texas Water Development Board）于 1971 年开发完成的 QUAL-Ⅰ 模型。而 QUAL-Ⅰ 模型的最早雏形则是 F. D. Masch 及其同事在 1970 年提出的，它是具有综合性和多样性的河流水质模型，利用计算机对天然变化的水体进行一系列模拟，使得动态变化的水体系统在模拟时简洁明了。并在日后推出了 QUAL-Ⅱ 和 QUAL2E，直到 2003 年美国环境保护署推出了最新版本 QUAL2K。随着 QUAL 模型在世界范围内的广泛应用，中国学者也逐渐将 QUAL 系列模型引入中国。通过对模型的研究学习，中国学者结合本国的实际水环境现状，将 QUAL 系列模型应用到各流域中去，并取得了优良成果。从现有的期刊三大库得出，中国最早开始对 QUAL 系列模型有研究记载的文献资料始于 1990 年在《环境监测管理与技术》期刊上隶属湖北省环境监测中心站的田一平发表的《QUAL-Ⅱ 综合水质模型及其使用方法》，至今已有 30 余年。随着 QUAL 系列模型的发展，中国学者也对该系列模型进行了大量的研究应用。

（2）QUAL-Ⅱ 模型　在 QUAL-Ⅰ 模型的基础上，1972 年美国水资源工程公司（Water Resources Engineering, Inc.，WRE）和美国环境保护署（EPA）合作开发完成了 QUAL-Ⅱ 模型的第一个版本。1976 年 3 月，密歇根州东南部政府委员会（SEMCOG）和美国水资源工程公司合作对此模型作了进一步的修改，并将当时各版本的所有优秀特性都合并到了 QUAL-Ⅱ 模型的新版本中。自 1987 年以来，我国学者应用 QUAL-Ⅱ 模型解决了大量河流水质规划、水环境容量计算等问题，并结合国内的实际情况，对该模型进行了改进。QUAL-Ⅱ 模型可以模拟 13 种指标，这 13 种指标是：溶解氧、生化需氧量（BOD）、氨氮、亚硝酸盐氮、硝酸盐氮、溶解的正磷酸盐、藻类——叶绿素 a、大肠埃希菌、温度、1 种任选的可衰减的放射性物质和 3 种难降解的惰性组分。QUAL-Ⅱ 模型可按用户所希望的任意组合方式模拟这13种指标。QUAL-Ⅱ模型属于综合水质模型，它引入了水生生态系统与各污染物之间的关系，从而使水质问题的研究更为深入。该模型各组成成分之间的相互关系以溶解氧为核心。大肠埃希菌和可衰减的放射性物质，以及3种难降解的惰性组分则与溶解氧无关。QUAL-Ⅱ模型可用来研究点源污染，也可用来研究面源污染；既可模拟定常状态，也可模拟非定常状态；既能用于单一河道，也能用于树枝状河系及沿程流量变化等情况。该模型还适用于沿河有多条支流和多个排污口、取水口，且入河流量缓慢变化的情况；可用于计算为满足预定溶解氧水平所需增加的稀释流量。

QUAL-Ⅱ模型的基本假定包括：将研究河段分成一系列等长的水体计算单元，在每个水体计算单元内污染物是均匀混合的；各水体计算单元的水力几何特征，如河床糙率、断面面积、BOD降解率、底泥耗氧速率等各段均相同；污染物沿水流纵向迁移，对流、扩散等作用也均沿纵向，流量和旁侧入流不随时间变化。根据上述基本假定，导出QUAL-Ⅱ模型的基本偏微分方程为：

$$\frac{\partial C}{\partial t} = \frac{\partial \left(A_x E_x \frac{\partial C}{\partial x}\right)}{A_x \partial x} - \frac{\partial (A_x UC)}{A_x \partial x} + \frac{S_c}{A_x \Delta x} \tag{5-17}$$

式中　A_x——位置处的河流横截面面积，m^2；

　　　E_x——纵向分散系数，m^2/s；

　　　U——断面平均流速，m/s；

　　　S_c——源和汇的负荷，$mg/(L \cdot d)$；

　　　Δx——小河段的间距，km。

（3）QUAL2E模型　1982年，美国环境保护署推出了QUAL2E（或简称Q2E）模型。QUAL2E 3.0版是在美国塔夫茨大学（Tufts University）土木工程系和美国环境保护署水质模拟中心（Center for Water Quality Modeling，CWQM）环境研究实验室的合作协议支持下开发的。该版本中包括了对以前版本（QUAL2E 2.2版，Brown和Barnwell）的修改和对定常仿真输出的不确定分析（UNCAS）的扩充能力。该版本的QUAL2E和与它成套的不确定性分析程序（QUAL2E-UNCAS）用来取代所有以前版本的QUAL2E和QUAL-Ⅱ模型。QUAL2E模型使用有限差分法求解的一维平流-弥散物质输送和反应方程来模拟树枝状河系中的多种水质成分，用经典隐式向后差分法解决定常或非定常状态下的问题。QUAL2E中的物质输送过程考虑得较为简单。在QUAL2E中，确定一条河流的同化能力时，最需要考虑的是该河流保有足够溶解氧的能力。QUAL2E考虑了氮循环的主要反应、藻类生长、水底碳化BOD、大气复氧及它们对溶解氧平衡的相互影响。美国环境保护署自1987年开始对QUAL2E模型进行修改。经过多次修订和增强功能，美国环境保护署于2003年推出了QUAL2K模型新版本。

（4）QUAL2K模型　QUAL2K是一个综合性、多样化的河流水质模型，其水质基本方程是一维平流-弥散物质输送和反应方程，该方程考虑了平流弥散、稀释、水质组分自身反应、水质组分间的相互作用以及组分的外部源和汇对组分浓度的影响。QUAL2K是在QUAL2E的基础上改进而成的，两者的共同之处是：一维，水体在垂向和横向都是完全混合的；定常，模拟的是不均匀定常流场和浓度场；日间热收支，日间热收支和温度在日间时间轴上用一个气象学方程模拟；日间水质动力学，所有水质变量在日间时间轴上模拟；热量和物质输入，模拟点源和非点源负荷和去除。

较 QUAL2E 而言，QUAL2K 的不同之处包括：

① 软件环境和界面。QUAL2K 在 Microsoft Windows 环境下实现，所用的编程语言是 Visual Basic for Applications（VBA）。用户图形界面则用 excel 实现。可从美国环境保护署的网站获得该模型的可执行程序、文档及源代码。

② 模型分割。QUAL2E 将系统分割成几个等距河段，而 QUAL2K 则将系统分割成几个不等距河段。另外，在 QUAL2K 中，多个污水负荷和去除可以同时输入任何一个河段中。

③ 碳化 BOD（CBOD）分类。QUAL2K 使用两种碳化 BOD 代表有机碳。根据氧化速率的快慢把碳化 BOD 分为慢速 CBOD 和快速 CBOD。另外，在 QUAL2K 中，对非活性有机物颗粒（碎屑）也进行了模拟。这种碎屑由固定化学计量的碳、氮和磷颗粒组成。

④ 缺氧。QUAL2K 通过在低氧条件下将氧化反应减少为零来调节缺氧状态。另外，在低氧条件下，反硝化反应很明确地模拟为一级反应。

⑤ 沉积物-水体之间的交互作用。在 QUAL2E 中，溶解氧和营养物在沉积物-水体之间的流量只是作了一些文字性的描述，而在 QUAL2K 中，则是在内部作了模拟，即溶解氧和营养物流量可用一个方程模拟，该方程是由有机沉淀颗粒、沉积物内部反应及上层水体中可溶解物质的浓度构成。

⑥ 底栖藻类。QUAL2K 模拟了底栖藻类。

⑦ 光线衰减。光线衰减由藻类、碎屑和无机颗粒方程计算。

⑧ pH。对碱度和无机碳都进行了模拟，在它们的基础上模拟河流 pH。

⑨ 病原体。对一种普通病原体进行了模拟。病原体的去除由温度、光线和沉积方程决定。不仅适用于完全混合的树枝状河系，而且允许多个排污口、取水口的存在以及支流汇入和流出。

⑩ 对藻类-营养物质-光三者之间的相互作用进行了校正。

⑪ 在模拟过程对输入和输出等程序有了进一步改进。

⑫ 计算功能的扩展。

⑬ 新反应因子的增加，如藻类 BOD、反硝化作用和固着植物引起的 DO 变化。

QUAL2K 模型的最大优势在于：

① 功能全面，通用性强。

② 该模型对数据、资料的需求量较少，所需花费的人力、时间和经费也较少。

③ QUAL2K 模型是由一些简单模型组合而成，该模型中大量的动力学参数可以参照那些简单模型的数值。

④ 界面规范，可视化程度高。图形用户界面采用 excel 实现，操作方便、容易掌握。

⑤ 程序语言经过了优化设计，计算效率高。该模型软件内存需求小且运行速度快。

⑥ 编程语言是 Visual Basic for Applications（VBA），也就是 VB 的简化版。该语言简单易学，用该语言开发出来的软件易于与其他兼容性软件搭配使用。

⑦ 可从美国环境保护署的网站获得全部源代码。美国环境保护署目前还在对该模型进行改进。

5.3.3 水环境数据建模的发展现状

水环境建模是研究水体环境变化、预测水生态影响和制定有效管理策略的重要工具。然而，水环境建模也存在一些优势和劣势，需要在使用过程中加以考虑。

水环境建模能够模拟和预测水体的自然形态和变化规律，为水体生态系统的管理和保护提供科学依据。通过模拟预测，可以及时发现和解决潜在的环境问题，减少对水生生物和人类的影响。水环境建模能够提供优化管理方案，从而提高水资源利用效率和保护效果。通过建模，可以了解水体的质量状况，制定相应的管理措施，实现水资源的可持续利用。水环境建模能够精细化地分析水体的质量和状况，从而制定更加精准的管理策略。通过模型精细化分析，可以更好地了解水体的动态变化，提高管理决策的针对性和有效性。水环境建模可以持续性地进行评估，随时了解水质的变化情况，为制定长期的水资源保护策略提供支持。通过建模的持续性评估，可以及时发现问题并采取相应的措施，确保水资源保护工作的长期稳定推进。

但水环境建模需要大量的数据支持，包括水文、水质、生态等方面的数据。数据的来源渠道多且处理难度大，需要建立有效的数据管理系统，以确保建模工作的顺利进行。水环境建模涉及的技术领域较广，包括数学、物理、化学、生物学等多个领域。建模过程复杂，需要具备较高的技术水平，以满足精度和效率的要求。水环境模型受到多种因素的影响，如气候、季节、人类活动等，建模结果存在不确定性。为了提高模型的可靠性，需要进一步精细化研究，综合考虑各种因素的影响。水环境模型需要定期更新和维护，以保持其准确性和有效性。然而，更新维护成本较高，需要投入大量的人力、物力和财力资源，以确保模型的实时性和实用性。水环境模型需要依赖专家的判断来进行决策，难以满足大规模推广应用。为了提高模型的普及性和应用范围，需要加强技术培训和人才培养，提高建模人员的专业素养和技能水平。

水环境建模具有模拟预测、优化管理、精细化分析、持续性评估等优势，但也面临着数据需求大、技术复杂性、不确定性、更新维护成本高以及依赖专家判断等劣势。在使用水环境模型时，应充分考虑其优势和劣势，合理应用模型结果，制定科学有效的水资源管理和保护策略。

5.3.3.1 水环境模型与大数据技术融合

水环境模型与大数据技术融合体现在分布式计算、存储和分析三个方面，如图 5-9 所示。针对分布式计算，机理模型与大数据融合体现在模型如何适应分布式并行计算以实现高性能计算。谷歌公司在 2004 年公开的 MapReduce 分布式并行计算技术是新型分布式计算技术的代表。典型的 MapReduce 系统由廉价的通用服务器构成，通过添加服务器节点可线性扩展系统的总处理能力，在成本和可扩展性上都有巨大的优势。造成大数据挖掘革命的技术之一是 Hadoop 平台上的 MapReduce 编程模型，其用于在对硬件要求不太高的通用硬件计算机上构建大型集群，从而运行应用程序。除了 MapReduce，还有其他分布式计算框架，比如内存迭代计算框架 Spark 和流式计算框架 Storm 等。MapReduce 属于离线式批量计算框架，鉴于数值模型具有 CPU 密集型计算的特点，该模型适合采用 MapReduce 框架。对于计算结果的交互式查询分析，则适合采用 Spark 框架。大数据计算框架与机理模型融合的核心在于将批量模型算例文件分发到计算节点，模型计算程序定位算例文件所在节点，启动计算程序执行计算。

针对模型模拟结果海量存储，机理模型与大数据融合体现在模型结果（包括原始结果和解析结果）如何实现高效持久化存储。在存储方面，2006 年谷歌提出的文件系统 GFS 以及随后的 Hadoop 分布式文件系统（Hadoop distributed file system，HDFS）奠定了大数据存储技术的基础。与传统存储系统相比，GFS 和 HDFS 将计算和存储节点在物理上结合在一

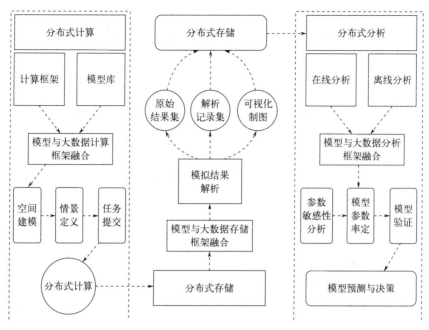

图 5-9 水环境模型与大数据技术融合框架

起,从而避免在数据密集计算中易形成的 I/O 吞吐量的制约。同时这类分布式存储系统的文件系统也采用了分布式架构,可以达到较高的并发访问能力。GFS 和 HDFS 属于底层的文件存储模式,为了支持非结构化数据存储,BigTable 和 HBase 诞生了。其中,HBase 是一个针对结构化数据的可伸缩、高可靠、高性能、分布式和面向列的动态模式数据库。和传统关系数据库不同,HBase 采用 BigTable 的数据模型,即增强的稀疏排序映射表(key-value),其中,键由行关键字、列关键字和时间戳构成。HBase 提供了对大规模数据的随机、实时读写访问,同时可以使用 MapReduce 来处理其保存的数据,它将数据存储和并行计算完美地结合在一起。也就是说,HDFS 为 HBase 提供了高可靠性的底层存储支持,MapReduce 为 HBase 提供了高性能的计算能力。除了 HBase,还有其他存储框架,如 ElasticSearch、Cassandra、Redis、MongoDB 等。MapReduce 和 HBase 都是 Hadoop 生态系统的核心组件,各组件间密切结合的设计原理的一大优点是能够构建出无缝整合的不同处理模型的应用。鉴于此,适合采用 HBase 存储模拟结果解析后的结构化数据(记录集)和非结构化数据(图片集)。大数据存储框架与机理模型融合的核心在于将分布于各个计算节点的模型计算原始结果文件和解析后的数据记录并发写入持久化存储设备。针对模型模拟结果挖掘分析,机理模型与大数据融合体现在对模型结果的快速提取及挖掘分析。在数据分析方面,首先要求数据处理速度足够快,速度快意味着可以满足交互式查询的需求;其次,要求剥离对集群本身的关注,不需要关注如何在分布式系统上编程,也不需要过多关注网络通信和程序容错性,只需要专注于满足不同应用场景下的需求;最后,要求支持通用的交互式查询、机器学习、图计算等不同运算,且能通过一个统一的框架支持这些计算,从而简单、低耗地把各种处理流程整合在一起,这样的组合在实际的数据分析过程中很有意义,减轻了对各种分析平台分别管理的负担。Spark 是满足上述需求的一个快速大数据分析框架。Spark 于 2009 年诞生于加州大学伯克利分校 RAD 实验室,其一开始就是为交互式查询和迭代算法设计的,同时支持内存式存储和高效的容错机制。Spark 支持在内存中进行计算,因而具有快速的处理速度，支持交互式查询。Spark 包含多个紧密集成的组件，比如 Core（任务调度、内存管理、错误恢复、存储交互）、SQL（操作结构化数据）、Streaming（实时计算）、MLlib（机器学习算法库）、GraphX（图计算库）等，各组件间密切结合，支持各种各样的应用需求。和 HBase 一样，Spark 也是 Hadoop 生态系统中的核心组件之一。鉴于此，适合采用 Spark 框架对模拟结果进行进一步分析，典型应用功能包括交互式查询、模型参数敏感性分析、模型率定、模型验证、模型预测和应用决策。大数据分析框架与机理模型融合的核心在于快速提取分布于多个存储节点上的模拟结果，组织成物理上分散、逻辑上统一的结构化数据格式，依托已有算法库进行数据分析。

下面分别从水环境模型的规模计算、规模存储和应用分析角度，阐述实现融合框架的技术思路，具体如图 5-10 所示。

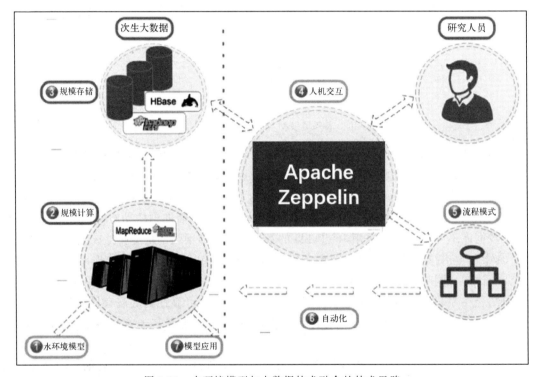

图 5-10 水环境模型与大数据技术融合的技术思路

最早采用 Hadoop1.0 开展水环境模型和大数据计算框架融合的研究，通过将水环境模型率定和不确定性分析中的规模运算分解到 map 和 reduce 过程，为解决水文建模中的计算需求问题提供了一种有效方法。基于 Hadoop2.0 实现水动力水质模型 Delft3D 的集群运算架构。该架构不使用 shuffle 过程，提高了计算运行效率，为解决水环境模拟规模计算问题提供了新的视角。上述两者指明了在统一平台内耦合数值模型和计算框架的方法，即 MapReduce 模式下，模型作为第三方可执行程序被批量调用，map 负责分布式计算，reduce 负责汇总结果。水环境模型具有其内在特点：一方面，包括流域分布式水文模型和三维水动力水质模型 Delft3D 在内的水环境数值模拟模型等，通常属于 CPU 密集型计算，运行时间范围为几分钟到几小时，甚至几天。这和 MapReduce 的设计目标相符；另一方面，成熟的机理模型通常基于服务于科学计算的 Fortran 语言编写，大数据计算框架往往基于 Java 语言编写，两套语言混合编程需要付出极大的开发成本，在实践中应该发挥各自语言的特色，控制或降低融合成本。综上所述，机理模型与大数据计算框架融合的思路是将机理模型作为独立的第三方可执行程序被计算框架调用，所有计算任务之间相互独立，不发生交互。从实现角度，为了提高模型计算速度，通常需要保障独立的计算核和足够的内存。不论是 Hadoop1.x 中的 JobTracker 还是 Hadoop2.x 中的 MRAppMaster 都有整体计算资源的管理机制，都可根据应用需求动态调配内存和计算核。

目前，YARN 被证明是一个有效的资源管理工具，而且和 MapReduce 同属 Hadoop 生态圈，方便了模型计算资源的调配。完成资源调配后，进入模型运行环节，这是模型和计算框架融合的核心，此环节主要包括模型启动、状态追踪以及管理交互（暂停、继续、中止和重启等）。典型的 Hadoop 集群通常运行在 Linux 操作系统下，因此，模型引擎首先需要在 Linux 操作系统下编译才能被使用；其次，模型在运行之前，需在集群中能够被获取；最后，在本地节点中模型被调用进而触发执行过程。本质上，模型作为第三方程序，通常不能将执行状况告知节点，因此需要构建一套反馈机制以发送状态给用户。详细的状态信息应该包括两部分，即模型自身运行状态和任务运行状态，用户获取到这些信息后会决定是否干预运行状态。综上所述，模型和大数据计算框架融合的核心在于发挥计算框架的优势，为模型的规模计算提供一种理想的方法。在具体的融合过程中，首先，依赖计算框架的资源调配机制，确保满足模型对计算资源的需求；其次，依赖计算框架的编程模型，确保批量计算数据被分发，计算程序在分布式节点上可获取、可调用和状态可追踪。

限制水环境模型成功应用的主要瓶颈是基础数据难以获取以及模型率定、模型验证及场景分析中的高负荷计算。基础数据获取依赖于精准的长期监测和对监测信息的高效提取，也可采用理论和经验相结合的方法弥补数据的欠缺。大数据存储技术的可扩展、冗余、容错机制确保了原始数据的可靠性和高可用性，使其成为一种合适的持久化选择，为多源异构基础数据的持久化存储提供了解决方案。作为典型的计算密集型复杂系统模型，水环境模型通常需要大量计算时间，尤其在面向自动率定、验证及场景分析等批量计算需求时，通常无法承受大量的迭代计算。在单个模型计算非常耗时的情况下，批量计算是被禁止的。虽然现有并行计算体系很好地解决了数值模型的高性能计算问题，但是在计算结果的规模存储，尤其规模分析上性能表现一般。这和现有并行计算体系的设计目标有关，它注重计算的高效性，而未考虑其他需求（如存储和分析需求）。

因此，水环境模型的高质量应用迫切需要一个紧密衔接计算、存储和分析全链条的技术支撑体系。大数据技术体系成为潜在的理想选择。大数据技术内置了分布式计算、存储和分析框架体系，自然成为一种解决水环境模型规模计算问题的潜在理想方案。所有环节紧密衔接了计算、存储和分析技术链条，应用案例证明了水环境模型与大数据技术融合的可行性，二者的融合为深入挖掘水环境模型的应用潜力和充分发挥其应用价值提供了新的视角。

水环境模型和大数据技术融合的核心是模型分布式计算，即模型作为独立的第三方可执行程序被计算框架调用，比较适合模型参数率定及情景分析等批量计算的应用场景。受益于大数据分布式计算横向扩展的特点，计算效率通常和计算节点个数呈线性增长关系，这极大提高了模型的计算效率。即便如此，作为计算密集型复杂模型，水环境模型计算仍然非常耗时。相反，近似物理模型的统计"代理模型"可以提供对物理系统的高效仿真。代理模型系统以统计模型的形式映射输入变量和输出变量，该统计模型通过使用物理模型生成的一组数据进行训练和验证。代理模型在水文学领域已被广泛研究，近似算法（如 kriging、人工神经网络、径向基函数、多项式回归、支持向量机、稀疏网格插值法和随机森林技术）已被应用于各种地球系统和水文系统。在最新研究中，复杂水动力水质模型 EFDC（environmental fluid dynamics code）被长短期记忆（long short-term memory，LSTM）代理反映了这一趋势。可以预见，水环境模拟与大数据技术融合有以下两个发展趋势：

① 以大数据技术为转化载体，水环境模型将以统计模型形式从物理模型转化为代理模型，这将极大地改变现有水环境模型的应用模式。与物理模型相比，代理模型兼具较高的模拟精度和极高的计算效率，使之成为物理模型的理想替代，这势必会推动模型参数敏感性分析、参数率定及情景分析等应用研究。

② 水环境模拟优化框架成为未来的发展趋势。该框架以完整的分布式计算、存储和分析链为技术支撑，以物理模型或代理模型为核心，结合单目标或多目标优化算法，解决优化调控类科学决策问题。

5.3.3.2　水环境模型与"3S"技术融合

这是当今另一个发展的最前沿。随着地理信息系统（geographical information system，GIS）和全球定位系统（global positioning system，GPS）和遥感（remote sensing，RS），这三个被称为"3S"技术的发展以及它们在水质模型研究中的应用，专家们可以做到实时、动态地应用模型分析和解决水环境问题。

地理信息系统具有较强的空间分析能力，可把复杂多变的自然、社会变化以及变化过程以图形、图像的方式进行数字化处理。在其空间和属性库中输入河道基本数据、水文及污染源数据，利用其空间数据库采集、管理、操作和分析能力，可使水质监测与评价产生全新的面貌。通过水流水质模型计算，可得出反映水域水流、水质变化特性的断面位置，并以逼真的图像显示水域水流水质变化的空间特征、统计特性和未来趋势等。

数学模型擅长于数值计算，但在数据管理和维护、模拟结果表现及空间分析上能力有限，将它与 GIS 进行互补集成以提高水质模型的预测、模拟能力及易用性。利用数字化仪及地理信息系统将研究区域数字化，并进行概化以及网格化，使得模型的前期工作大大减少，人为误差减小，精度提高。利用地理信息系统的栅格矢量化功能可以生成高质量的填充颜色的浓度分布图。地理信息系统的空间数据处理功能可以进行实时浓度、时间和空间的平均浓度的计算并显示、输出，查询模块可以对结果进行访问和查询。这样为决策部门进行区域污染监控、管理提供有效方便的科学手段。利用可视化开发语言开发的系统使得模型的结果更直观、明确。结合计算机技术实现了数据信息集中管理和共享，基于地理信息系统的水质模拟将是一个具有广阔前景的发展方向。

全球定位系统的作用表现为精确的定位能力和准确的定时和测速能力。遥感技术可以提供土壤、植被、地质、地貌、地形、土地利用和水系水体等许多有关下垫面条件的信息，也可以测定、估算蒸散发、土壤含水量和可能成为降雨的云中水汽含量。以遥感为手段获取的上述信息在确定产汇流特性或模型参数时是十分有用的，将遥感技术与传统监测技术相结合，以水质反演模型（总磷、总氮）为依托，与地面监测相配合，连续、动态地反映生态环境的变化，全方位地获取生态环境变化信息。

随着 RS、GPS 与 GIS 结合，已能快速即时提供多种对地观测的具有整体性的动态资料，并对这些资料进行分析与处理。20 世纪 80 年代以来，国内外学者已应用"3S"技术为水资源与水质保护做了大量的工作，如应用红外投影、热红外及多光谱技术研究河湖水污染；用多波段遥感影像研究一定水深的悬浮物和泥沙分布；用微波遥感进行河口近海水域盐度与温度研究；用卫星遥感技术估算水体叶绿素浓度；应用多谱段扫描仪研究近海及河口初级生长率及赤潮等。在流域级水流水质生态模型中引入"3S"技术也正在成为环境水力学发展的一个重要趋势。"3S"技术的应用可以全面、快速、准确地获取各种信息，并对它们进行有效的存储管理和空间分析，实现对湖泊富营养化的模拟、水质预测，为湖泊的富营养化管理提供科学依据，同时可大大节省人力、物力和财力，实现环境效益、经济效益和社会效益的统一。

5.4 其他数据建模技术

5.4.1 固体废物模型

5.4.1.1 城市固体废物管理模型

随着社会经济的发展和城市化进程的推进，城市固体废物产生量迅速增长。大量的城市固废需要及时清理运输和妥善处理处置，如果对固体废物进行不适当的管理和处置将导致严重的环境污染：
① 通过渗滤液污染地表水和地下水；
② 通过焚烧废弃物污染土壤；
③ 污染空气；
④ 由不同载体传播疾病；
⑤ 堆填区的臭气味；
⑥ 厌氧分解释放出的甲烷。

城市固体废物已成为环境治理的一大挑战。目前存在的问题主要有：
① 部分固废收集和处置点分布不尽合理，固废难以得到及时清运；
② 固废系统的实时状况不能获取，部分清运安排与处置缺乏灵活性；
③ 有些固废系统运行低效，成本较高；
④ 信息化水平低，大部分停留于简单的办公自动化水平。

5.4.1.2 城市固体废物规划模型

由于城市固体废物（MSW）管理系统外延出的环境问题不容忽视，其中以温室气体（GHG）大量排放现象尤为突出，诸如 CO_2、N_2O、CH_4 等温室气体会在 MSW 收集、运输、储存、处理过程中大量产生，引发全球气候变化并危害公众健康。MSW 管理系统充满各种不确定性，其不确定性不仅存在于 MSW 产量、处理设施处理能力、MSW 运输路线及处理成本中，而且包含 GHG 排放率、GHG 处理费用等。因此，亟须采取行之有效的 MSW 管理方案以合理分配 MSW 和降低环境影响。

城市固体废物规划模型是一种既实用又具有前瞻性的管理方法。适用于 MSW 系统管理和环境影响分析的多目标规划模型，能够帮助决策者制定综合环境效益和经济效益的 MSW 管理方案。然而，大多数规划模型的 MSW 产量都是基于假设，从而在一定程度上限制了模型的实际应用。准确有效地预测未来 MSW 产量的变化规律，是 MSW 管理模型构建的基础，对于建造垃圾处理设施具有重要的指导意义。

MSW 管理系统是一个灰色系统，既包含已知信息，也有未知或未确定信息，MSW 产量直接与城市人口、工业发展、人民生活水平有关。但若要从以上关系中确定 MSW 未来产量或其线性关系表达式是非常困难的。而根据灰色系统理论，可以不去研究 MSW 管理系统内部因素及相互关系，而是把受各种因素影响的固废产量视为在一定范围内变化的与时间有关的灰色量，从其自身的数据列中挖掘有用信息，建立模型来寻找和揭示系统固体废物产量的潜在规律。而单一的预测方法也不能客观地反映 MSW 的变化趋势，需要组合多种预测方法和设定多种情景才能较为准确地反映客观事实。此外，MSW 管理系统包含多个决策层面。例如，在 MSW 系统管理过程中，环境部门会更多地关注 MSW 系统的环境效益，而 MSW 管理部门更倾向于经济效益。无论是单目标规划还是多目标规划都难以解决此类问题，而双层规划最适宜该类问题的求解。

MSW 规划模型目的在于综合多种预测方法和情景分析法以准确反映 MSW 未来的发展动态和规律，并在此基础上，结合双层规划模型（BLP），建立以 GHG 控制为上层目标，MSW 管理成本最小化为下层目标的 MSW 管理模型（BLP-MG&MC）。最后，将所开发的 BLP-MG&MC 模型应用，以期为不同决策层面的管理者提供切实可行的管理方案。

5.4.1.3　固体废物风险评估模型

多介质、多暴露途径、多受体风险评估模型（3MRA）（the multimedia, multipathway, and multireceptor risk assessment model）是由美国环境保护署（EPA）牵头，组织多家科研机构共同开发的固体废物风险评估模型。该模型可以对 46 种污染物进行风险评估，主要的模拟情景包括填埋和堆存等传统处置方式。该模型主要通过模拟特征污染物在地表水、土壤、地下水和大气等多介质传输过程对固废周边人群受体所造成的健康风险进行量化评估。

3MRA 模型包含 17 个次级子模块，其中有 5 个污染源模块、5 个介质模块、3 个食物链模块和 4 个暴露/风险表征模块。模型子模块基于数学理论模型彼此衔接，子模块输入和输出数据相互支撑，构成一个多介质迁移转化、多途径暴露、多受体风险评估的模型体系。3MRA 模型框架体系如图 5-11 所示。

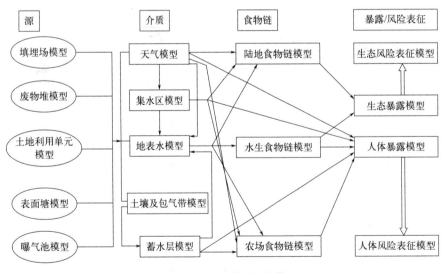

图 5-11　3MRA 模型框架体系

5.4.1.4　智慧城市模型

（1）智慧城市简介　智慧城市起源于传媒领域，是指在城市规划、设计、建设、管理与运营等领域中，通过物联网、云计算、大数据、空间地理信息集成等智能计算技术的应用，使得城市管理、教育、医疗、房地产、交通运输、公用事业和公众安全等城市组成的关键基础设施组件和服务更互联、高效和智能,从而为市民提供更美好的生活和工作服务、为企业创造更有利的商业发展环境、为政府赋能更高效的运营与管理机制。伴随网络的崛起、移动技术的融合发展以及创新的民主化进程,知识社会环境下的智慧城市是继数字城市之后信息化城市发展的高级形态。

从技术发展的视角,智慧城市建设要求通过以移动技术为代表的物联网、云计算等新一代信息技术应用实现全面感知、泛在互联、普适计算与融合应用。从社会发展的视角,智慧城市还要求通过维基、社交网络、Fab Lab、Living Lab、综合集成法等工具和方法的应用,实现以用户创新、开放创新、大众创新、协同创新为特征的知识社会环境下的可持续创新,强调通过价值创造,以人为本,实现经济、社会、环境的全面可持续发展。

2010 年,IBM 正式提出了"智慧的城市"愿景,希望为世界和中国的城市发展贡献自己的力量。IBM 经过研究认为,城市由关系到城市主要功能的不同类型的网络、基础设施和环境六个核心系统组成:组织(人)、业务/政务、交通、通信、水和能源。这些系统不是零散的,而是以一种协作的方式相互衔接。而城市本身,则是这些系统组成的宏观系统。与此同时,国内不少公司也在"智慧地球"启示下提出架构体系,如"智慧城市 5 大核心平台体系",已在智慧城市案例——智慧徐州、智慧丰县、智慧克拉玛依等项目中得到应用。

"智慧城市"利用新一代信息技术更好地实现城市公共资源高效运营,优化城市资源配置,已在诸多领域得到实践应用。利用"智慧城市"概念构建城市固体废物管理系统,即将物联网、云计算、虚拟化和大数据等技术以"三网融合"构建智慧城市固体废物管理系统,促进城市固废产生、运输和处理整个生命周期智慧地感知、分析、集成和应对,实现管理决策的科学化和高效化,从而以更加精细和动态的方式管理城市固废,维护良好环境,提高生活质量。

针对目前城市固体废物管理中的主要问题,利用"智慧城市"概念构建了智慧城市固体废物管理系统。阐述了智慧城市固体废物管理的概念,分析了智慧城市固体废物管理系统的需求,运用物联网等技术构建了智慧城市固体废物管理系统的体系框架。对系统的主要服务功能进行了设计,并以城市固体废物运输路线设计决策为例,介绍智慧城市固体废物管理系统的应用方法。

城市固体废物管理是为了环保、经济、社会可接受的目标,把固废产生、固废收集和处理方式有机结合的决策过程。它涵盖固废生命周期的各方面,各环节内容复杂、相互联系,是一个系统性的工程,城市固体废物管理模型如图 5-12 所示。

固废的生命周期与各种信息要素相关联,这些关联要素可归为三类:环境因素、经济因素和社会因素。为科学有效地处理好关联要素之间的关系,智慧城市固体废物管理模型需要满足以下目标。

① 固废管理的信息化。决策需要信息,城市固废管理涉及大量、多种、多源的信息,包括以上三类关联因素的信息。组织相关固废管理信息并建立集成的信息平台加以有效利用,实现固废管理的信息化,是智慧城市固体废物管理系统的基础。

② 生活便捷化。城市固废管理系统的建立应使相关利益者生活更加方便快捷,需要复杂烦冗程序的系统不会被相关利益者接受,从而导致系统运行低效或失败。

③ 环境维护自动化。目前的环境维护过程缺乏互联互通,信息流通缓慢,导致效率较低。建立的城市固废管理系统使环境维护信息流通顺畅,便于相关的人员准确快速得到有关

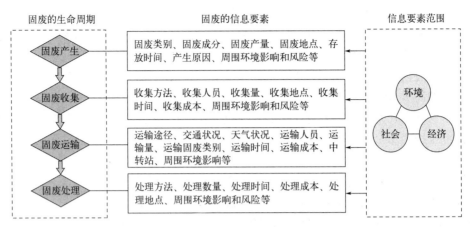

图 5-12 城市固体废物管理模型

信息，可以实现环境维护自动化，提高适应性和效率。

④ 社会管理自动化。城市固废管理与固废生产者、收集者、运输者、交易者、处理者和周围居民等人员均密切相关。如何处理这些相关利益者的关系，平衡维护各方权益，提高生活质量，是建立城市固废管理系统需解决的重要课题。

智慧城市固体废物管理系统是以固废管理信息化、生活便捷化、环境维护自动化和社会管理自动化为目标，以物联网、云计算、虚拟化和大数据等新一代信息技术为手段的固废信息处理中心，目的是实现城市固体废物管理的智慧运行。

良好的城市固体废物管理需考虑环境、经济和社会等多因素，尽量满足多方利益诉求。针对公众、企业和政府等不同的使用对象，智慧城市固体废物管理系统主要有以下需求，如表 5-2 所示。另外，从系统实施和运行情况角度看，还具有安全、稳定、可靠和经济等需求。

表 5-2 智慧城市固体废物管理系统的主要需求

使用对象		主要需求的内容
公众	一般居民	固废收集点分布、固废分类、政府决策公众参与、科普教育、固废处理相关法规等
	科研人员	科研数据和资料收集、案例研究、系统优化等
企业	固废产生企业	工业(危险)固废收集点分布、工业固废交换处置对接、危险固废处置企业、固废处理相关法规等
	固废处置企业	固废处置统计数据、成本效益核算、技术评估、处置设施运行状况、固废处理相关法规等
政府	行政监管部门	固废收运及处理、公共设施分布及运行状况、工业固废交换处置监管、危险固废处置监控、环保执法等
	环评管理部门	环境评价资料收集、固废生命周期的环境影响管理等
	决策规划部门	收运点分布规划、收运路线设计等辅助决策

（2）智慧城市固体废物管理系统体系架构　根据智慧城市固体废物管理系统的建设目标和需求分析，其体系架构如图 5-13 所示。

① 基础设施层。基础设施层是智慧城市固体废物管理系统的基础硬件和软件运行环境，

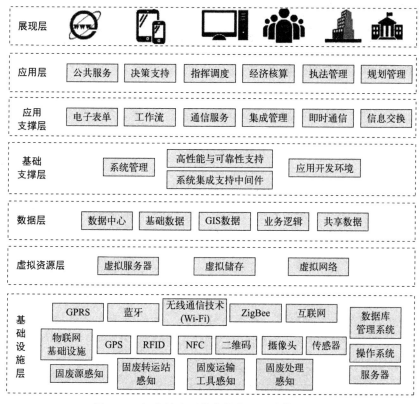

图 5-13 智慧城市固体废物管理系统体系架构

包含物联网基础设施（如 GPS、RFID、各种传感器等）以及服务器、操作系统、数据库管理系统、网络硬件和网络协议等。物联网基础设施实现固废源状态、固废转运站状态等的感知，获取固废生命周期的环境、经济和社会方面的信息要素内容。

② 虚拟资源层。虚拟资源层是利用物联网、信息物理系统（cyber-physical system，CPS）、计算系统虚拟化等技术，将基础设施层中的计算资源、存储资源、网络资源等软硬件资源形成虚拟资源池，降低物理资源和资源应用的强耦合依赖关系，以支持资源的按需使用、高可靠性、高安全性、高可用性和普适性的系统服务环境。

③ 数据层。数据层作为固废信息要素内容的存储仓库，包括基础数据、GIS 数据、业务逻辑、共享数据以及包含历史数据和城市固废管理系统运行数据的数据中心。其中，基础数据是城市固废管理系统中的各种属性数据以及用于相关服务功能的数据，各种属性数据如固废源类型、固废源编号、收运人员信息、收运车辆信息、固废处理企业信息等，用于相关服务功能的数据如人口数据、经济数据、收运处理成本、环境评价基础数据等。GIS 数据包含系统相关的空间地理信息，如固废源分布点、收运车实时位置、收运路线等。业务逻辑是系统提供服务的规则和流程，包括领域实体（如固废收集点、医疗固废处理企业、热解气化焚烧炉等对象）、业务规则、数据完整性规则及工作程序。共享数据是其他信息系统提供的数据，如环保行政部门提供的危险固废产生企业跨省转移信息、固体废物进口数据等。

④ 基础支撑层。基础支撑层为系统的安全性、可靠性和高效性提供保障，通过虚拟资源的建模定义、封装/注册/发布、实例化和部署管理、智能搜索管理等技术实现虚拟资源的合理分配与自适应动态调度，以及提供信息系统的系统管理、应用开发环境、系统集成支持

中间件、高性能与高可靠性支持等四项基础支撑。其中，系统管理包括系统安全管理、网络管理、监控调度管理及主机系统管理。应用开发环境为应用服务的开发提供软件开发环境（如 Java、.Net Framework 等）。系统集成支持中间件为分布式应用软件在不同技术之间共享资源而提供平台和通信机制（如 XML、ODBC、JDBC 等），实现分布式应用之间的互联互通与互操作。高性能与高可靠性支持包括用于多目标多约束优化调度的动态优化管理、用于评估服务质量（QoS）的 QoS 评价管理以及故障恢复与集群技术等。

⑤ 应用支撑层。应用支撑层为智慧城市固废管理系统的应用软件提供辅助支撑，简化应用系统开发过程，提高开发效率，具体包括电子表单、工作流、通信服务、集成管理、即时通信和信息交换等。

⑥ 应用层。应用层是系统的核心部分，通过数据交换和执行业务逻辑，实现系统的各种功能，提供包括公共服务、决策支持、指挥调度、经济核算、执法管理和规划管理等城市固废管理系统的多种服务。

⑦ 展现层。展现层是通过互联网、移动客户端、APP 应用等多种媒介为公众、企业和政府直接展示系统的服务内容。

（3）智慧城市固体废物管理系统的服务功能　智慧城市固体废物管理系统的主要服务功能如图 5-14 所示，可分为实时监控、基本属性查询、辅助决策和经济核算四个方面。其他功能在此不作详述，如系统管理、系统权限和安全、相关科普和法规查询等。

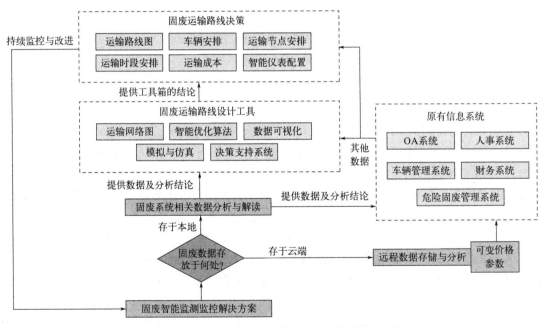

图 5-14　智慧城市固体废物管理系统的主要服务功能

① 实时监控。实时监控可以通过 RFID、GPS 等物联网基础设施获取固废收集点、收集车、运输车等城市固体废物管理系统相关设备的实时状态，是智慧城市固体废物管理系统运行的基础和重要功能。例如，在固废收集箱贴上 RFID 标签，通过 RFID 读写器可快速非接触地采集该固废收集箱内的固废类型、可容纳固废量、上次收集时间、处置方式和处置单位等信息。采集的信息可通过 ZigBee 网络或 GPRS 网络传送到数据库或者云端。在固废收集车和运输车上安装 GPS 可获取车辆的实时位置、运输轨迹和运输时间等信息。通过实时监

控，可获得固废从产生、运输、计量、回收、出入站等全程监控和全过程的数据资料，可有效防止固废遗失和不当处置。

② 基本属性查询。基本属性查询用于城市固体废物管理系统各组成（相关设备、设施、人员等）的基础信息查询。

③ 辅助决策。辅助决策功能帮助城市固体废物管理系统的管理者科学、高效、低成本地做出相关的决策或为决策者提供参考资料和决策依据。辅助决策以城市固体废物管理系统底层基础信息、业务逻辑和数据分析为基础，在 GIS 和决策模型支持下，给出决策方案或模拟结果。例如，对于固废运输车辆调度，可根据底层的路况、运输路线、GPS 获取的车辆位置、RFID 获取的车辆状态（运输固废类型、容量、已纳量等），调用相应决策模型和算法［如经典的机动车比功率（VSP）模型、各种启发式求解算法］，选择方法，在 GIS 的支持下安排合理优化的车辆调度方案。

④ 经济核算。经济核算功能以相关价格、底层基础信息、固废作业流程与活动工作量、成本效益计算方法等为依据，用于城市固体废物管理系统的成本效益核算和成本管理，并可作为辅助决策的依据或决策模型的约束条件。

5.4.2 物理性污染建模

5.4.2.1 物理性污染

(1) 物理性污染概念　物理性污染是指由物理因素引起的环境污染，如噪声、电磁辐射、放射性辐射、光污染等。

(2) 物理性污染的危害

① 噪声的危害。人们认定噪声作为严重危害健康的公害是在近代。噪声对人体影响的研究已有多年历史，人们的认识较为一致，主要是听觉器官和非听觉器官的损伤。长期接触噪声，不管是在社区或是在工作岗位，都能够引起持续性的症状，如高血压和局部缺血性心脏病；影响人们的阅读能力、注意力、解决问题的能力及记忆力，这些在记忆和表达方面的缺陷有可能引发事故，造成更严重的后果；噪声还可能增加借端生事的行为，噪声与精神卫生问题方面的联系已经引起研究人员的重视；此外，噪声还会降低人体的工作效率。

② 电磁辐射的危害。电磁辐射对人体的危害是电磁波的能量造成的。据有关专家介绍，移动电话的发射频率均在 800～1000 兆赫之间，其辐射剂量可达 600 微瓦，超出国家标准 10 多倍，而超量的电磁辐射会造成人体神经衰弱、食欲下降、心悸胸闷、头晕目眩等"电磁波过敏症"，甚至引发脑部肿瘤。不过其影响程度与所受到的辐射强度及积累的时间长短有关，目前尚未较大范围地反映出来，所以还没有引起人们的普遍重视。有关研究表明，电磁波的致病效应随着磁场振动频率的增大而增大，频率超过 10 万赫兹，可对人体造成潜在威胁。在这种环境下工作生活过久，人体受到电磁波的干扰，机体组织内分子原有的电场发生变化，导致机体生态平衡紊乱。一些受到较强或较久电磁波辐射的人，已有了病态表现，主要反映在神经系统和心血管系统方面，如乏力、记忆衰退、失眠、容易激动、月经紊乱、胸闷、心悸、白细胞与血小板减少或偏低、免疫功能降低等。

③ 放射性辐射的危害。环境中的放射性核素通过转移进入人体内储留，造成多方面的危害。食品放射性污染对人体的危害主要是摄入污染食品后放射性物质对体内各种组织、器官和细胞产生的低剂量长期内照射效应。主要表现为对免疫系统、生殖系统的损伤和致癌、致畸、致突变作用。如辐射可引起白血病、甲状腺癌、乳腺癌、肺癌、肝癌、骨肉瘤等。

④ 光污染的危害。光污染影响了人类的正常视觉，在白天阳光照射强烈时，城市里建筑物的玻璃幕墙、釉面砖墙、磨光大理石和各种涂料等装饰反射光线，明晃白亮，炫眼夺目，长时间在这种环境下可能使人头晕、目眩、心悸、失眠等，引起食欲下降、情绪低落等不良情绪反应。人工白昼则会损害人类的正常生物钟，因为夜晚的照明使得天空的星星不再闪烁，夜间失去了天黑的感觉。彩光污染则是夜间游乐场所等的黑光灯、旋转灯、荧光灯和闪烁的彩色光源发出的彩光所形成的光污染，其紫外线强度远远超出太阳光中的紫外线。这些光源不仅会影响人的正常睡眠，而且长时间受其影响可能导致视力减退、白内障等疾病的发病率增加。

物理性污染中，噪声污染最为常见，对人民群众的生活造成了极其深远的影响。因此，选取物理性污染中的噪声污染进行更深入的建模研究。

5.4.2.2 噪声简述

（1）噪声污染　从生理学观点来看，凡是干扰人们休息、学习和工作的声音，即不需要的声音，统称为噪声。当噪声对人及周围环境造成不良影响时，就形成噪声污染。这种污染不仅会对听力造成损伤，还可能诱发多种致癌致命的疾病，并对人们的生活、工作有所干扰。为了减少噪声污染，应采取措施，如佩戴耳塞、减少接触噪声的时间等。

（2）噪声类型识别　噪声类型识别是噪声数据建模技术的第一步，其目的是识别出噪声的种类和特征，为后续的数据采集和处理提供指导。常用的噪声类型识别方法有时间域反射波法和频域反射波法。

① 时间域反射波法。时间域反射波法是一种基于声波反射原理的噪声类型识别方法。通过测量声波在介质中的传播速度，可以确定噪声的来源位置。此外，通过对反射波和入射波的对比分析，可以提取出噪声的特性，进而识别其类型。

② 频域反射波法。频域反射波法是一种将噪声信号转换到频域进行分析的方法。通过对频谱的测量和计算，可以得到各个频率成分的强度和相位信息，进而识别出不同种类的噪声。

（3）噪声来源定位　噪声来源定位的目的是确定噪声的产生位置和原因，为噪声控制提供依据。传统的噪声来源定位方法包括声强测量法和相位对比法等。

① 声强测量法。声强测量法是一种基于声强守恒原理的噪声来源定位方法。通过测量不同位置的声强，可以计算出声源的位置和强度。

② 相位对比法。相位对比法是一种基于声波相位信息的噪声来源定位方法。通过对不同位置的声波相位进行比较，可以确定噪声的来源位置。

（4）噪声传播路径分析　噪声传播路径分析的目的是研究噪声在传播过程中的衰减和吸收情况，以及如何利用噪声信号去探测目标。常用的噪声传播路径分析方法包括波动方程法和阵列信号处理法等。

① 波动方程法。波动方程法是一种基于声波波动方程的噪声传播路径分析方法。通过求解波动方程，可以得到声波在介质中的传播规律，进而分析出噪声的传播路径。

② 阵列信号处理法。阵列信号处理法是一种利用阵列传感器接收噪声信号的噪声传播路径分析方法。通过调整阵列传感器的位置和方向，可以实现对噪声信号的定向接收和增强，进而分析出噪声的传播路径。

（5）噪声影响评估　噪声影响评估的目的是评估噪声对环境和人体健康的影响，为噪声控制提供依据。常用的噪声影响评估方法包括噪声等级划分法和概率分布法等。

① 噪声等级划分法。噪声等级划分法是一种将噪声信号划分为不同等级的方法。通过对不同等级的噪声信号进行分析，可以评估其对环境和人体健康的影响程度。

② 概率分布法。概率分布法是一种分析噪声信号概率分布特征的方法。通过对噪声信号的概率分布进行分析，可以评估其对环境和人体健康的影响程度。

（6）噪声控制措施　噪声控制措施的目的是降低噪声污染，为人们创造一个安静的生活环境。常用的噪声控制措施包括噪声防护设备、噪声控制技术和噪声源改造等。

① 噪声防护设备。噪声防护设备是一种用于降低噪声污染的设备，如消声器、隔声板等。这些设备可以有效地降低噪声的传播和扩散，保护环境和人体健康。

② 噪声控制技术。噪声控制技术是一种通过改变声源特性或改变传播介质特性来降低噪声污染的技术，如吸声、隔声、减振等。这些技术可以有效地降低噪声的传播和扩散，保护环境和人体健康。

③ 噪声源改造。噪声源改造是一种通过改变声源结构来降低噪声污染的方法。通过对设备或器材的结构进行改造，可以减少噪声的产生和传播，保护环境和人体健康。

（7）噪声数据采集与处理　噪声数据采集与处理是噪声数据建模技术的最后一步，其目的是获取有效的噪声数据，并进行数据处理和分析，为后续的建模和应用提供支持。常用的噪声数据采集和处理方法包括传感器测量法和数据预处理技术等。

5.4.2.3　噪声神经网络模型

噪声神经网络模型是一种用于处理和预测噪声的神经网络架构。它可以学习和推断出噪声的特性，并提供准确的噪声分类和预测。该模型通常由多个神经元和层级构成，每个层级接收前一层的输出并将其作为输入传递给下一层。噪声神经网络模型可用于多种应用，如语音识别、图像识别、自然语言处理等。

在构建噪声神经网络模型时，通常采用全连接神经网络结构，即每个神经元的输出都连接到下一层的所有神经元。这种结构可以提供更强大的特征学习和噪声分类能力。

为了训练和优化噪声神经网络模型，通常需要大量的带标签数据集。数据预处理步骤包括数据清洗、标准化、归一化等，以确保数据的准确性和一致性。在训练过程中，采用反向传播算法来调整神经网络中的权重和偏置，以最小化预测误差。常见的训练方法包括随机梯度下降（SGD）、小批量随机梯度下降（mini-batch SGD）、自适应矩估计（Adam）等。这些方法都可以用于优化噪声神经网络模型的参数，以获得更好的性能。

BP神经网络可以具有三层或三层以上的网络层次结构，BP网络能学习和存贮大量的输入、输出模式映射关系，无须事前揭示描述这种映射关系的数学方程。它的学习规则是使用最速下降法，通过反向传播来不断调整网络的权值和阈值，使网络的误差平方和最小。三层BP神经网络模型拓扑结构包括输入层、隐含层（隐含层可以是一层或多层）和输出层，每个神经元用一个节点来表示。BP网络的基本结构如图5-15所示。

网络的输入和输出变量可听噪声预测模型根据其建模数据的特征可以分为直接预测模型和间接预测模型。直接预测模型只适用于特定的线路结构类型和特定的电压等级；间接预测模型主要建立单相线路

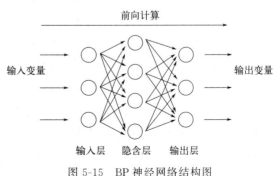

图5-15　BP神经网络结构图

的噪声预测模型，再计算线路产生的总噪声，适用于各种线路结构类型和各类电压等级。BP算法可以从输入层经过隐含层逐层处理后传至输出层，也可以在输出层得不到预期输出时反向传播。反向传播过程中，误差信号沿着连接路径返回，通过修改各层神经元之间的连接权值，从而使误差信号最小，输出结果最优。

5.4.2.4 噪声时间序列模型

时间序列模型是一种统计模型，用于预测时间序列数据中的未来值。这些数据通常是在不同时间点收集的，并且可以表现出一些趋势或周期性变化。

时间序列模型有很多种，包括ARIMA、VAR、SARIMA、ARIMAX、VARMAX、SV、SVAR等。这些模型的选择取决于数据的特征和预测目标。

ARIMA模型是一种经典的时间序列模型，它包括移动平均过程（AR）和差分（I）以及自回归过程（MA）。该模型可用于短期预测，但其性能受到数据中季节性和趋势的影响。

VAR模型是一种多变量时间序列模型，它考虑了多个时间序列变量之间的关系。该模型可用于预测金融市场中的股票价格和汇率等。

SARIMA模型是ARIMA模型的扩展，它包括季节性因素和趋势。该模型适用于具有明显季节性和趋势的时间序列数据。

ARIMAX和VARMAX模型是ARIMA和VAR模型的扩展，它们包括外部变量（X）。这些模型可用于预测受外部因素影响的时间序列数据。

SV模型是一种基于随机过程的时间序列模型，它适用于具有复杂结构的数据。该模型可用于预测股票价格和汇率等。

SVAR模型是SV模型的扩展，它考虑了多个变量之间的关系。该模型可用于预测具有复杂结构的多变量时间序列数据。

在选择时间序列模型时，需要考虑数据的特征和预测目标。此外，需要进行适当的预处理，例如对数据进行去趋势和季节性处理，以及处理缺失值和异常值。还需要进行模型的验证和评估，以确保模型的准确性和可靠性。

噪声时间序列模型是一种最简单的随机时间序列模型。在这个模型中，每一时刻的时间序列值都是从同一个正态分布中抽取的。这个正态分布的参数，如均值和方差，都是固定的，不随时间变化。因此，这是一种从固定概率分布中重复抽样形成时间序列的模型。

最广泛使用的噪声时间序列模型来自标准正态分布（高斯分布），被称为高斯白噪声（Gaussian white noise）。这种噪声的特性在于，它的自相关函数在所有非零时间延迟上都是零，这意味着在时间序列的不同时刻之间没有相关性。

高斯白噪声的另一个重要特性是它的功率谱密度（power spectral density，PSD）是常数，这意味着它的能量在所有频率上都是均匀分布的。

这种噪声时间序列模型在许多领域都有应用，它被用作许多统计模型和机器学习算法的噪声源，同时，高斯白噪声也是许多复杂系统动态行为的基础组成部分。

5.4.2.5 相关性分析模型

随着城市不断发展扩大，城市道路逐渐拓宽，机动车保有量快速增长。截至2021年，我国私人汽车保有量约2.6亿辆，相较2016年，增加了约1亿辆。车辆保有量的大幅增加使得道路交通问题愈发突出，交通噪声问题在整个交通环境中较为突出。据《2021年中国环境噪声污染防治报告》，2020年全国声环境质量统计监测发现4a类功能区（道路交通干线两侧）夜间达标率仍在下降。在整个城市交通中，为了充分利用有限的空间资源，城市道路向着高架、绕城环形的态势发展。这些道路大多是城市的快速路，其特点是不设置信号灯、交通量比较大、车速较快，因而产生的交通噪声污染也相对明显。交通噪声对人的影响是直接性的，噪声会瞬时影响人们基本的工作、学习与生活，长期生活在高噪声的环境中，易对人体的健康造成较大伤害。为研究交通流的变化对交通噪声的影响，以城市快速路为研究对象，尽量减少其他因素的影响，实地同步调查道路中交通量、车型、车速与噪声，对调查数据进行整理归纳分析，综合国内外专家学者的研究，分析各交通流因素与噪声的相关性，探索建立一种适合于城市快速路的交通噪声的预测模型。

道路交通噪声是生态环境部统计声环境的一项重要指标，2020年所有噪声类投诉中，交通噪声投诉占3.7%。据测算，道路交通噪声污染直接导致我国经济损失约216亿元，这个数据随着交通噪声的加剧还会持续增加。国内外很多专家学者致力于研究交通噪声的作用机理、预测模型与防治措施。国外对于交通噪声的研究相对较早，20世纪50年代，国外从事环境保护的学者就已开始交通噪声的研究，之后不断发展探索。美国在1978年发布了一套适用于高速公路的FHWA交通噪声预测模型。FHWA模型选取是将等效声级作为预测的终端。结合FHWA模型预测情况，美国设计了多种声屏障用来降低高速公路的噪声。同时，由于FHWA模型主要是针对高速公路的预测模型，不具备普适性，美国进行了大量的实地调查。1998~2010年，结合实际调查数据和新的道路实况，美国联邦公路局组织多位专家对已建立模型不断进行修正调整，最终建立了TNM2.5交通噪声预测模型，可以更好满足多种道路类型，应对更为复杂的状况，且预测精度得到较大提升。1975年英国交通部基于本国实际道路交通状况发布了CoRTN交通噪声预测模型，之后也经过不断调整优化，改进为CoRTN88的预测模型。该模型选取噪声峰值L_{10}作为评价指标，被很多西方国家采用。之后，德国、日本、法国等一些国家也相继研究出适合本国国情的交通噪声预测模型。

二十世纪七八十年代，我国的机动车保有量相对较低，也很少出现交通噪声超标与投诉问题，因而国内对交通噪声的研究大多是在国外研究的基础上，对FHWA模型进行优化调整使之适应我国实际道路状况。在模型研究修正方面，很多学者主要是从交通流、车型比、车速、道路宽度等方面进行细化探索，利用大量的实测数据，对数据进行综合分析，采用等效声级的方法，将大型车与中型车的车流量转化为小型车的车流量，最终建立了统计经验预测模型。目前我国在声环境评价中主要运用两种预测模型：2006年交通部颁布的《公路建设项目环境影响评价规范》（JTG B03—2006）和生态环境部2021年颁布的《环境影响评价技术导则 声环境》（HJ 2.4—2021）。由于道路交通条件的差异，交通噪声预测也会比较复杂。为排除其他因素的干扰，选取福州市三环快速路，实地调查不同车型、车流量、车速等交通流因素，同步调查交通噪声，对数据进行相关性分析，最终建立适用于城市快速路的交通噪声模型。

习题

1. 简述关联规则建模、回归建模、神经网络建模、分类建模、时间序列建模的特点，并分析其在应用中的优缺点。
2. 简述环境大数据建模技术在环境监测、环境影响评价、环保政策制定、环境治理中的应用。

3. 列举几个大气环境大数据建模过程中的关键性参数。
4. 列出几种常见的大气环境建模方法。
5. 简述人工神经网络模型的基本结构。
6. 简述大气环境大数据建模中高斯扩散模型成立的条件。
7. 大气污染烟流扩散形态有哪些？
8. 简述水环境大数据建模过程。
9. 分析水环境建模的优势和劣势。
10. 什么是智慧城市？

第6章
环境工程大数据的分析与应用实例

6.1 大数据的分析方法与应用

6.1.1 传统环境数据建模的劣势

在环境工程领域，传统数据建模方法存在多方面的劣势，传统数据建模方法一般数据质量低下，模型精度也不高，模型难以更新和维护，同时缺乏智能化分析和可视化界面。

(1) 数据质量低下　传统数据建模方法往往依赖手工收集数据，导致数据质量难以保证。在实际操作过程中，容易出现数据缺失、数据类型不匹配等问题。例如，手工记录的监测数据可能存在误差，甚至有些数据可能漏记或者错记。这些问题的存在会严重影响数据的质量和建模的准确性。

(2) 模型精度不高　传统数据建模通常采用静态建模方法，模型精度受数据质量影响较大。此外，传统模型缺乏智能化分析功能，无法自动识别和解决数据中存在的异常和错误，导致模型精度不高。在实际情况中，这样的模型难以满足环境工程领域的实际应用需求。

(3) 难以更新和维护　传统数据建模对于实时更新的需求无法满足，且维护成本较高。一旦数据来源发生变化，如监测设备的更换或者数据采集频率的调整，传统模型需要重新构建和调整，这将会耗费大量的人力和物力。此外，传统模型缺乏灵活性和可扩展性，难以适应变化多样的应用场景。

(4) 缺乏智能化分析　传统数据建模缺乏智能化分析功能，无法满足复杂数据处理需求。智能化分析功能如自动分类、聚类和关联规则挖掘等，可以大大提高数据处理效率和模型精度。然而，传统数据建模方法无法实现这些功能，导致在处理复杂环境工程问题时难以做出准确的分析和判断。

(5) 缺乏可视化界面　传统数据建模成果通常以表格、图形等形式呈现，缺乏可视化界面，难以直观地呈现数据之间的关系。可视化界面可以使数据分析过程更加直观和易于理解，帮助工程技术人员更好地理解和运用数据。然而，传统数据建模方法往往缺乏这样的可视化支持，使得数据分析过程变得复杂和困难。

为了更好地应对环境工程领域的挑战，研究者越来越重视环境大数据建模方法和技术，以提高数据处理效率和模型精度，满足实时更新的需求，降低维护成本，并实现可视化分析功能。

6.1.2 大数据分析技术概述

各行各业都越来越重视大数据的分析和应用。无论是从提高运营效率、提高决策效率、提高营销效率、降低运营成本还是预测未来市场趋势等方面，大数据分析都能够帮助企业做出更好的决策，从而更好地满足客户需求，提升竞争力。

(1) 大数据应用案例之医疗行业　Seton Healthcare 是采用 IBM 最新沃森技术对医疗保健内容进行分析预测的首个客户。该技术允许企业找到大量病人相关的临床医疗信息，通过大数据处理，更好地分析病人的信息。

在加拿大多伦多的一家医院，针对早产婴儿，每秒钟有超过 3000 次的数据读取。通过这些数据分析，医院能够提前知道哪些早产儿出现问题并且有针对性地采取措施，避免早产婴儿夭折。

该技术让更多的创业者更方便地开发产品，如通过社交网络来收集数据的健康类 APP。也许未来数年后，它们搜集的数据能让医生给出的诊断变得更为精确，例如，服药不再是通用的成人每日三次，一次一片，而是检测到血液中药剂已经代谢完成，就会自动提醒再次服药。

(2) 大数据应用案例之能源行业　欧洲的智能电网现在已经做到了终端，也就是所谓的智能电表。在德国，为了鼓励利用太阳能，政府会帮助家庭安装光伏发电设备，当设备有多余电量时，政府还可以买回来供其他人使用。电网每隔五分钟或十分钟收集一次数据，收集来的这些数据可以用来预测客户的用电习惯等，从而推断出在未来 2~3 个月时间里，整个电网的用电情况。有了这个预测，就可以向发电或者供电企业购买一定数量的电。通过这个预测，可以降低电力的采购成本。

维斯塔斯风力系统依靠 BigInsights 软件和 IBM 超级计算机对气象数据进行分析，找出安装风力涡轮机和建设风电场的最佳地点。利用大数据，以往需要数周的分析工作，仅需要不到 1 个小时便可完成。

(3) 大数据应用案例之通信行业　XO Communications 通过使用 IBM SPSS 预测分析软件，减少了将近一半的客户流失率。XO 现在可以预测客户的行为，发现行为趋势，并找出存在缺陷的环节，从而帮助公司及时采取措施，留住客户。此外，IBM 新的 Netezza 网络分析加速器，将通过提供单个端到端网络、服务、客户分析视图的可扩展平台，帮助通信企业制定更科学、合理的决策。

中国移动通过大数据分析，对企业运营的全业务进行针对性的监控、预警、跟踪。系统在第一时间自动捕捉市场变化，再以最快捷的方式推送给指定负责人，使其在最短时间内获知市场行情。

NTT docomo 把手机位置信息和互联网上的信息结合起来，为顾客提供附近的餐饮店信息，接近末班车时间时，提供末班车信息服务。

(4) 大数据应用案例之零售业　零售企业监控客户的店内走动情况以及与商品的互动。它们将这些数据与交易记录相结合来展开分析，从而在销售哪些商品、如何摆放货品以及何时调整售价上给出建议，此类方法已经帮助零售企业减少了 17% 的存货，同时在保持市场份额的前提下，增加了高利润率自有品牌商品的比例。

大数据分析关键技术主要包括：A/B 测试、关联规则挖掘、分类、数据聚类、数据融合和集成、数据挖掘、集成学习、遗传算法、机器学习、自然语言处理、神经网络、神经分析、优化、模式识别、预测模型、回归、情绪分析、信号处理、空间分析、统计、监督式学习、无监督式学习、模拟、时间序列分析、时间序列预测模型等。

大数据分析技术与传统的数据分析技术相比，对大数据进行分析的技术要求要更高。在数据分析能力方面，大数据分析不仅能够支持对关系型、非关系型、多结构化机器生成的数据做分析，而且要求能够支持重组数据使其成为新的复杂结构数据并进行分析，分析能力能够支持 PB 级以上的大数据。大数据分析从联机分析处理和报表向数据发现转变，从结构化数据向非结构化数据转变。在大数据环境下，典型的联机分析技术（on-line analytical processing，OLAP）数据分析操作已远远不够，还需要引入路径分析、时间序列分析、图分析、What-if 分析等复杂统计分析模型。除此之外，大数据环境下还要增加数据挖掘功能，实现趋势分析和预测。

6.1.3 数据挖掘

6.1.3.1 数据挖掘产生的背景

20 世纪末以来，全球信息量以惊人的速度急剧增长——据估计，每 20 个月将增加一倍。许多组织机构的 IT 系统中都收集了大量的数据（信息）。目前的数据库系统虽然可以高效地实现数据的录入、查询、统计等功能，但无法发现数据中存在的关系和规则，无法根据现有的数据预测未来的发展趋势，从而导致"数据爆炸但知识贫乏"的现象。为了充分利用现有信息资源，从海量数据中找出隐藏的知识，数据挖掘技术应运而生并显示出强大的生命力。

1989 年 8 月，在美国底特律召开的第十一届国际人工智能联合会议的专题讨论会上首次出现数据库中的知识发现（knowledge discovery in database，KDD）这一术语。

随后，在 1991 年、1993 年和 1994 年都举行了 KDD 专题讨论会，汇集来自各个领域的研究人员和应用开发者，集中讨论数据统计、海量数据分析算法、知识表示、知识运用等问题。1995 年在加拿大蒙特利尔召开了第一届 KDD 国际学术会议（KDD'95）。由荷兰克吕韦尔学术出版集团（Kluwer Academic Publishers Group）出版，1997 年创刊的 *Knowledge Discovery and Data Mining* 是该领域中的第一本学术刊物。

最初，数据挖掘是 KDD 中利用算法处理数据的一个步骤，其后逐渐演变成 KDD 的同义词。现在，人们往往不加区别地使用两者。KDD 常常被称为数据挖掘（data mining），实际两者是有区别的。一般将 KDD 中进行知识学习的阶段称为数据挖掘，数据挖掘是 KDD 中一个非常重要的处理步骤，是 KDD 的核心过程。

数据挖掘是近年来出现的客户关系管理（customer relationship management，CRM）、商业智能（business intelligence，BI）等热点领域的核心技术之一。目前，关于 KDD 的研究工作已经被众多领域所关注，如过程控制、信息管理、商业、医疗、金融等领域。作为大规模数据库中先进的数据分析工具，KDD 的研究已经成为数据库及人工智能领域研究的一个热点。

数据挖掘是指从大型数据库中提取人们感兴趣的知识，这些知识是隐含的、事先不知的、潜在有用的信息。数据挖掘涉及机器学习、模式识别、统计学、智能数据库、知识获取、数据可视化、高性能计算、专家系统等各个领域，其目的在于从大量数据中发现隐含的、新的、令人感兴趣的关系和规律。它不仅面向特定数据库的简单检索、查询调用，而且要对这些数据进行微观、中观乃至宏观的统计、分析、综合和推理，以指导解决实际问题，发现事件间的相互关联，甚至利用已有的数据对未来的活动进行预测。这样一来，就把人们对数据的应用从低层次的末端查询操作，提高到为各级经营决策者提供决策支持的层次。

如图 6-1 所示，数据挖掘是使用相关性分析、关联分析、分类分析、聚类分析、时序分析等分析手段从数据库中获得有用信息和知识的过程。

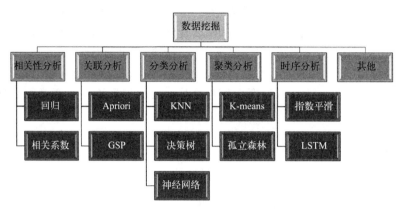

图 6-1 数据挖掘的手段

6.1.3.2 数据挖掘中的基本概念

（1）信息 事物运动的状态和状态变化的方式。

（2）数据 一个有关事实 F 的集合（如学生档案数据库中有关学生基本情况的各条记录），用来描述事物有关方面的信息。一般而言，这些数据都是准确无误的。数据可能存储在数据库、数据仓库和其他信息资料库中。

（3）知识 知识是人们实践经验的结晶且为新的实践所证实，是关于事物运动的状态和状态变化的规律，是对信息加工提炼所获得的抽象化产物。知识的形式可能是模式、关联、变化、异常以及其他有意义的结构。

（4）模式 对于集合 F 中的数据，我们可以用语言 L 来描述其中数据的特性，得出一个表达式 E，E 所描述的数据是集合 F 的一个子集 F_E。只有当表达式 E 比列举 F_E 中所有元素的描述方法更为简单时，我们才可称之为模式。如："如果成绩在 81～90 之间，则成绩优良"可称为一个模式，而"如果成绩为 81、82、83、84、85、86、87、88、89 或 90，则成绩优良"则不能称之为一个模式。

（5）非平凡过程 指具有一定程度的智能性和自动性，而不仅仅是简单的数值统计和计算。

6.1.3.3 数据挖掘的定义

（1）技术角度的定义 数据挖掘是从大量的、不完全的、有噪声的、模糊的、随机的实际应用数据中，提取隐含在其中的、人们事先不知道的但又是潜在有用的信息和知识的过程。

这一定义包括好几层含义：数据源必须是真实的、海量的、含噪声的；发现的是用户感兴趣的知识；发现的知识要可接受、可理解、可运用；并不要求发现放之四海皆准的知识，仅支持特定地发现问题。

（2）商业角度的定义 数据挖掘是一种新的商业信息处理技术，其主要特点是对商业数据库中的大量业务数据进行抽取、转换、分析和其他模型化处理，从中提取辅助商业决策的关键性信息。

简言之，数据挖掘其实是一类深层次的数据分析方法。因此，数据挖掘可以描述为：按企业既定业务目标，对大量的企业数据进行探索和分析，揭示隐藏的、未知的或验证已知的规律性，并进一步将其模型化的有效方法。

6.1.3.4 主要功能

（1）概念/类别描述（concept/class description） 概念/类别描述是指对数据集做一个简洁的总体性描述并/或描述它与某一对照数据集的差别。

例1：收集移动电话费月消费额超出1000元的客户资料，然后利用数据挖掘进行分析，获得这类客户的总体性描述——35～50岁，有工作，月收入5000元以上，拥有良好的信用度……

例2：对比移动电话费月消费额超出1000元的客户群与移动电话费月消费额低于100元的客户群。

利用数据挖掘可作出如下描述：移动电话月消费额超出1000元的客户80%以上年龄在35～50岁之间，且月收入5000元以上；而移动电话月消费额低于100元的客户60%以上要么年龄过大要么年龄过小，且月收入2000元以下。

（2）关联分析（association analysis） 从一个项目集中发现关联规则，该规则显示了给定数据集中经常一起出现的属性-值条件元组。

关联规则X=>Y所表达的含义是满足X的数据库元组很可能满足Y。关联分析在交易数据分析、支持定向市场、商品目录设计和其他业务决策等方面有着广泛的应用。

例如，在投资分析组合之中，同类型股票的关联度往往很高，在进行投资组合选择的时候往往会规避选择同类型股票以降低资产组合的风险系数。而不同类型股票的关联度并不如同类型股票的关联度明显。通过关联分析找出它们之间的关系，投资者可以根据相关度进行决策从而在维持基本收益的基础之上尽量降低风险，获得最佳投资组合。

（3）分类与估值（classification and estimation） 分类指通过分析一个类别已知的数据集的特征来建立一组模型，该模型可用于预测类别未知的数据项的类别。该分类模型可以表现为多种形式：分类规则（if-then）、决策树或者数学公式、神经网络。

例如，判断资产信用等级最常用的方法就是通过相应的数据标准将信用等级按最高到最低排列，以推断出贷款申请者的信用等级和是否对其发放贷款。

估值与分类类似，只不过它要预测的不是类别，而是一个连续的数值。

（4）聚类分析（clustering analysis） 聚类分析又称为"同质分组"或者"无监督的分类"，指把一组数据分成不同的"簇"，每簇中的数据相似而不同簇间的数据则距离较远。相似性可以由用户或者专家定义的距离函数加以度量。好的聚类方法应保证不同类间数据的相似性尽可能地小，而类内数据的相似性尽可能地大。

（5）时间序列分析（time-series analysis） 时间序列分析即预测（prediction），是指通过对大量时间序列数据的分析找到特定的规则和感兴趣的特性，包括搜索相似序列或者子序列，挖掘序列模式、周期性、趋势和偏差。预测的目的是对未来的情况作出估计。如给定过去几年证券市场的历史数据，通过演变分析识别某类证券的演变规律，从而预测证券的未来价格走势。

时间序列分析包括偏差分析（deviation analysis）、孤立点分析（outlier analysis）等。

孤立点可能是度量或执行错误所致，比如一个人的年龄为-99岁；也可能是固有的数据变异的结果，比如公司CEO的薪水远远高于其他员工。一般情况下孤立点数据作为杂质排除，但有些情况找出孤立点却是非常有用的。例如，高额频繁的信用卡透支行为，这种现象相对于正常的信用卡使用来说是很少出现的，属于孤立点。找出这些孤立点，就可能预防或发现一些信用卡欺诈行为。

随着数据挖掘技术的发展，可能还会继续出现新的数据挖掘功能。

6.1.3.5　数据挖掘步骤

（1）数据准备　KDD的处理对象是大量的数据，这些数据一般存储在数据库系统中，是长期积累的结果。但往往不适合直接在这些数据上进行知识挖掘，需要做一些准备工作，也就是数据的预处理。数据预处理包括数据的选择（选择相关数据）、净化（消除噪声、冗余数据）、推测（推算缺值数据）、转换（离散型数据与连续型数据之间的转换）、数据缩减（减少数据量）等。

数据准备是KDD的第一个步骤，也是比较重要的一个步骤。数据准备的好坏将直接影响数据挖掘的效率和准确度以及最终模式的有效性。

（2）数据挖掘　数据挖掘是最为关键的步骤，它根据KDD的目标，选取相应算法的参数，分析数据，得到可能形成知识的模式模型。目前采用较多的技术有决策树、分类、聚类、粗糙集、关联规则、神经网络、遗传算法等。

（3）模式的评估、解释　通过上面步骤所得到的模式，有可能是没有意义或没有实用价值的，因此需要评估，确定哪些是有效的、有用的模式。此外，大部分模式是用数学手段描述的表达式，很难被人理解，还需要将其解释成可理解的方式以呈现给用户。

（4）知识运用　发现知识是为了运用，使知识能被运用也是KDD的任务之一。运用知识有两种方法：一种是只需看知识本身所描述的关系或结果，就可以对决策提供支持；另一种是要求对新的数据运用知识，由此可能产生新的问题，因而需要对知识做进一步的优化。

KDD过程可能需要多次的循环反复，每一个步骤一旦与预期目标不符，都要回到前面的步骤，重新调整，重新执行。

数据挖掘过程的分步实现，不同的步骤需要不同的专业人员参与完成，大体分为三类：

① 业务分析人员：要求精通业务，能够解释业务对象，并根据各业务对象确定用于数据定义和挖掘算法的业务需求。

② 数据分析人员：精通数据分析技术，并对统计学有较熟练的掌握，有能力把业务需求转化为数据挖掘的各步操作，并为每步操作选择合适的技术。

③ 数据管理人员：精通数据管理技术，并能从数据库或数据仓库中收集数据。

综上可知，数据挖掘是一个多领域专家合作的过程，也是一个在资金上和技术上高投入的过程。这一过程要反复进行，在反复过程中，不断地趋近事物的本质，不断地优化问题的解决方案。

6.1.3.6　数据挖掘应用

数据挖掘技术的产生本身就有强烈的应用需求背景，它从一开始就是面向应用的。数据挖掘技术在市场分析、业务管理、决策支持等方面有广泛的应用，是实现CRM和BI的重要技术手段之一。具体涉及数据挖掘的商业问题有数据库营销（database marketing）、客户群体划分（customer segmentation & classification）、背景分析（profile analysis）、交叉销售（cross-selling）等市场分析行为，以及客户流失分析（churn analysis）、客户信用评分（credit scoring）、欺诈甄别（fraud detection）等。

目前，数据挖掘在银行、电信、保险、交通、零售（如超级市场）等商业领域都有了成功的应用案例，而且随着竞争的加剧，对数据挖掘的需求将愈加迫切与强烈。

Gartner（高德纳咨询公司：全球较权威的IT研究与顾问咨询公司）的一次高级技术调查将数据挖掘和人工智能列为"未来三到五年内将对工业产生深远影响的五大关键技术"之首，并且还将并行处理和数据挖掘列为未来五年内投资焦点的十大新兴技术前两位。Gartner的高性能计算（HPC）研究表明，随着数据捕获、传输和存储技术的快速发展，大型系统用户将更多地需要采用新技术来挖掘市场以外的价值，采用更大规模的并行处理系统来创建新的商业增长点。

6.1.3.7 数据挖掘发展现状

（1）网站的数据挖掘（Web site data mining） 当前 Internet 上各类电子商务网站风起云涌，电子商务业务的竞争比传统的业务竞争更加激烈。客户从一个电子商务网站转换到竞争对手那边，只需点击几下鼠标即可，电子商务环境下的客户保持比传统商业更加困难。若想在竞争中生存进而获胜，必须比竞争对手更了解客户。电子商务网站每天都可能有上百万次的在线交易，生成大量的记录文件（log files）和登记表，如何对这些数据进行分析和挖掘，及时地了解客户的喜好、购买模式，甚至是客户一时的冲动，设计出满足不同客户群体需要的个性化网站，进而增加竞争力，几乎变得势在必行。就分析和建立模型的技术和算法而言，网站的数据挖掘和原来的数据挖掘差别并不是特别大，很多方法和分析思想都可以运用。所不同的是网站的数据格式有很大一部分来自点击流，和传统的数据库格式有区别。因而对电子商务网站进行数据挖掘所做的主要工作是数据准备。目前，有很多厂商正在致力于开发专门用于网站挖掘的软件。

（2）生物信息或基因的挖掘 生物信息或基因数据挖掘则完全属于另外一个领域，在商业上很难讲有多大的价值，但对于人类却受益匪浅。例如，基因的组合千变万化，得某种病的人的基因和正常人的基因到底差别多大？能否找出其中不同的地方，进而对其不同之处加以改变，使之成为正常基因？这都需要数据挖掘技术的支持。

对于生物信息或基因的数据挖掘和通常的数据挖掘相比，无论是数据的复杂程度、数据量，还是分析和建立模型的算法方面，都要复杂得多。从分析算法上讲，更需要一些新的和高效的算法。现在很多厂商正在致力于这方面的研究。但就技术和软件而言，还远没有达到成熟的地步。

（3）文本挖掘（textual mining） 文本挖掘是人们关心的另外一个话题。例如，在客户服务中心，把同客户的谈话转化为文本数据，再对这些数据进行挖掘，进而了解客户对服务的满意程度和客户的需求以及客户之间的相互关系等信息。

无论是在数据结构还是在分析处理方法方面，文本数据挖掘和数据挖掘相差很大。文本挖掘并不是一件容易的事情，尤其是在分析方法方面，还有很多需要研究的专题。目前市场上有一些类似的软件，但大部分方法只是把文本移来移去，或简单地计算一下某些词汇的出现频率，并没有真正实现语义上的分析功能。

（4）多媒体挖掘（multimedia mining）
① 基于描述的检索系统。
② 基于图像的描述创建索引并实现对象检索，如关键字、标题、尺寸和创建时间等；

人工实现极为费时、费力；自动实现往往结果不理想。

③ 基于内容的检索系统，支持基于图像内容的检索，例如颜色、质地、形状、对象及小波变换。

6.1.4 模式识别

6.1.4.1 定义

模式识别是指对表征事物或现象的各种形式的（数值的、文字的和逻辑关系的）信息进行处理和分析，以对事物或现象进行描述、辨认、分类和解释的过程，是信息科学和人工智能的重要组成部分。模式识别又常称作模式分类，从处理问题的性质和解决问题的方法等角度，模式识别分为有监督的分类（supervised classification）和无监督的分类（unsupervised classification）两种。二者的主要差别在于，各实验样本所属的类别是否预先已知。

一般说来，有监督的分类往往需要提供大量已知类别的样本，但在实际问题中，这是存在一定困难的，因此研究无监督的分类就变得十分必要了。此外，模式还可分成抽象的和具体的两种形式。前者如意识、思想、议论等，属于概念识别研究的范畴，是人工智能的另一研究分支。我们所指的模式识别主要是对语音波形、地震波、心电图、脑电图、图片、照片、文字、符号、生物传感器等对象的具体模式进行辨识和分类。所谓模式识别的问题就是用计算的方法根据样本的特征将样本划分到一定的类别中去。模式识别就是通过计算机用数学技术方法来研究模式的自动处理和判读，把环境与客体统称为"模式"。

随着计算机技术的发展，人类有可能研究复杂的信息处理过程，其过程的一个重要形式是生命体对环境及客体的识别。模式识别以图像处理与计算机视觉、语音语言信息处理、脑网络组、类脑智能等为主要研究方向，研究人类模式识别的机理以及有效的计算方法。

6.1.4.2 模式识别发展历程

早期的模式识别着重研究数学方法。20世纪50年代末，F.罗森布拉特提出了一种简化的模拟人脑进行识别的数学模型——感知器，初步实现了通过给定类别的各个样本对识别系统进行训练，使系统在学习完毕后具有对其他未知类别的模式进行正确分类的能力。1957年，周绍康提出用统计决策理论方法求解模式识别问题，促进了从50年代末开始的模式识别研究工作的迅速发展。1962年，R.纳拉西曼提出了一种基于基元关系的句法识别方法。傅京孙在理论及应用两方面进行了系统的卓有成效的研究，并于1974年出版了一本专著《句法模式识别及其应用》。1982年和1984年，J.荷甫菲尔德发表了两篇重要论文，深刻揭示出人工神经元网络所具有的联想存储和计算能力，进一步推动了模式识别的研究工作，短短几年在很多应用方面就取得了显著成果，从而形成了模式识别人工神经元网络方法的新的学科方向。

人们在观察事物或现象的时候，常常要寻找它与其他事物或现象的不同之处，并根据一定的目的把各个相似的但又不完全相同的事物或现象组成一类。字符识别就是一个典型的例子。例如数字"4"可以有多种写法，但都属于同一类别。更为重要的是，即使以前未见过某种写法的"4"，也能把它分到"4"所属的这一类别。人脑的这种思维能力就构成了"模式"的概念。在上述例子中，模式和集合的概念是分开来的，只要认识这个集合中的有限数量的事物或现象，就可以识别属于这个集合的任意多的事物或现象。为了强调从一些个别的事物或现象推断出事物或现象的总体，我们把这样一些个别的事物或现象叫作各个模式。也有学者认为应该把整个的类别叫作模式,这样的"模式"是一种抽象化的概念,如"房屋"等都是"模式",而把具体的对象,如人民大会堂,叫作"房屋"这类模式中的一个样本。这种名词上的不同含义是容易从上下文中弄清楚的。

模式识别是人类的一项基本智能,在日常生活中,人们经常在进行"模式识别"。随着20世纪40年代计算机的出现以及50年代人工智能的兴起,人们当然也希望能用计算机来代替或扩展人类的部分脑力劳动。(计算机)模式识别在20世纪60年代初迅速发展并成为一门新学科。2021年12月21日,第四届中国模式识别与计算机视觉大会(PRCV 2021)圆满落幕。大会汇聚国内外模式识别和计算机视觉理论与应用研究的顶尖专家、学者及相关领域的领军人物、企业代表,共同探究我国模式识别与计算机视觉领域的最新理论和技术成果,共享发展经验,践行发展战略,着力打造国际化交流与合作的平台,推动领域迈向"创新、融合"的发展之道。

6.1.4.3 模式识别研究方向

模式识别研究主要集中在两方面:一是研究生物体(包括人)是如何感知对象的,属于认知科学的范畴;二是在给定的任务下,如何用计算机实现模式识别的理论和方法。前者是生理学家、心理学家、生物学家和神经生理学家的研究内容,后者通过数学家、信息学专家和计算机科学工作者近几十年来的努力,已经取得了系统的研究成果。应用计算机对一组事件或过程进行辨识和分类,所识别的事件或过程可以是文字、声音、图像等具体对象,也可以是状态、程度等抽象对象。这些对象与数字形式的信息相区别,称为模式信息。模式识别所分类的类别数目由特定的识别问题决定。有时,开始时无法得知实际的类别数,需要识别系统反复观测被识别对象后确定。

模式识别与统计学、心理学、语言学、计算机科学、生物学、控制论等都有关系。它与人工智能、图像处理的研究有交叉关系。例如,自适应或自组织的模式识别系统包含了人工智能的学习机制,人工智能研究的景物理解、自然语言理解也包含模式识别问题。又如模式识别中的预处理和特征抽取环节应用图像处理的技术,图像处理中的图像分析也应用模式识别的技术。

6.1.4.4 模式识别研究方法

(1) 决策理论方法　决策理论方法,又称统计方法,是发展较早也比较成熟的一种方法。被识别对象首先数字化,变换为适于计算机处理的数字信息。一个模式常常要用很大的信息量来表示。许多模式识别系统在数字化环节之后还进行预处理,用于除去混入的干扰信息并减少某些变形和失真。随后是特征抽取,即从数字化后或预处理后的输入模式中抽取一组特征。所谓特征是选定的一种度量,它对于一般的变形和失真保持不变或几乎不变,并且只含尽可能少的冗余信息。特征抽取过程将输入模式从对象空间映射到特征空间。这时,模式可用特征空间中的一个点或一个特征矢量表示。这种映射不仅压缩了信息量,而且易于分类。在决策理论方法中,特征抽取占有重要的地位,但尚无通用的理论指导,只能通过分析具体识别对象决定选取何种特征。特征抽取后可进行分类,即从特征空间再映射到决策空间。为此引入鉴别函数,由特征矢量计算出相应于各类别的鉴别函数值,通过鉴别函数值的比较实行分类。

(2) 句法方法　句法方法,又称结构方法或语言学方法。其基本思想是把一个模式描述为较简单的子模式的组合,子模式又可描述为更简单的子模式的组合,最终得到一个树形的结构描述，在底层的最简单的子模式称为模式基元。在句法方法中选取基元的问题相当于在决策理论方法中选取特征的问题。通常要求所选的基元能对模式提供一个紧凑的反映其结构关系的描述，又要易于用非句法方法加以抽取。显然，基元本身不应该含有重要的结构信息。模式以一组基元和它们的组合关系来描述，称为模式描述语句，这相当于在语言中，句子和短语用词组合，词用字符组合一样。基元组合成模式的规则，由所谓语法来指定。一旦基元被鉴别，识别过程可通过句法分析进行，即分析给定的模式语句是否符合指定的语法，满足某类语法的即被分入该类。

模式识别方法的选择取决于问题的性质。如果被识别的对象极为复杂，而且包含丰富的结构信息，一般采用句法方法；被识别对象不复杂或不含明显的结构信息，一般采用决策理论方法。这两种方法不能截然分开，在句法方法中，基元本身就是用决策理论方法抽取的。在应用中，将这两种方法结合起来分别施加于不同的层次，常能收到较好的效果。

(3) 统计模式识别　统计模式识别（statistic pattern recognition）的基本原理是：有相似性的样本在模式空间中互相接近，并形成"集团"，即"物以类聚"。其分析方法是根据模式所测得的特征向量 $\boldsymbol{X}_i = (x_{i1}, x_{i2}, \cdots, x_{id})^{\mathrm{T}}$ $(i=1, 2, \cdots, N)$，将一个给定的模式归入 C 个类 $(\omega_1, \omega_2, \cdots, \omega_c)$ 中，然后根据模式之间的距离函数来判别分类。式中，T 表示转置；N 为样本点数；d 为样本特征数。统计模式识别的主要方法有判别函数法、近邻分类法、非线性映射法、特征分析法、主因子分析法等。

在统计模式识别中，贝叶斯决策规则从理论上解决了最优分类器的设计问题，但其实施必须首先解决更困难的概率密度估计问题。BP 神经网络直接利用观测数据（训练样本）学习，是更简便有效的方法，因而获得了广泛的应用，但它是一种启发式技术，缺乏指定工程实践的坚实理论基础。统计推断理论研究所取得的突破性成果导致现代统计学习理论——VC 理论的建立，该理论不仅在严格的数学基础上圆满地回答了人工神经网络中出现的理论问题，而且导出了一种新的学习方法——支持向量机（SVM）。

6.1.4.5　模式识别应用领域

(1) 文字识别　汉字已有数千年的历史，也是世界上使用人数最多的文字，对中华民族灿烂文化的形成和发展有着不可磨灭的作用。所以在信息技术及计算机技术日益普及的今天，如何将文字方便、快速地输入计算机中已成为影响人机接口效率的一个重要瓶颈，也关系到计算机能否真正在我国得到普及。汉字输入主要分为人工键盘输入和机器自动识别输入两种。其中人工键入速度慢而且劳动强度大，自动输入又分为汉字识别输入及语音识别输入。从识别技术的难度来说，手写体识别的难度高于印刷体识别，而在手写体识别中，脱机手写体的难度又远远超过了联机手写体识别。除了脱机手写体数字的识别已有实际应用外，汉字等文字的脱机手写体识别还处在实验室阶段。

(2) 图像识别　模式识别是一种机器学习的过程，可以将输入的数据分类到预定义的类别中。在图像识别中，输入的可以是图像，输出的可以是图像中的目标分类。

图像识别的方法可以基于图像的特征进行分类，例如形状、色彩和纹理等。例如，基于形状特征的识别方法会提取图像中对象的形状信息，形成可视特征矢量，然后进行分类。此外，还有基于色彩特征的识别技术，主要针对彩色图像，通过色彩直方图等工具进行分类。另一种方法是基于纹理特征的识别方法，通过对图像中具有结构规律的特征进行分析，或者对图像中的色彩强度的分布信息进行统计来完成分类。

在图像识别中，模式识别系统会对图像进行预处理，提取特征，并使用分类器对特征进行分类决策。这个过程可以分为两个阶段：设计阶段和实现阶段。设计阶段是指使用一定数量的样本（称为训练集或学习集）来设计分类器，实现阶段则是使用所设计的分类器对待识别的样本进行分类决策。

图像识别技术在许多领域都有广泛的应用，例如车牌识别、人脸识别、医学图像识别等（图 6-2、图 6-3）。

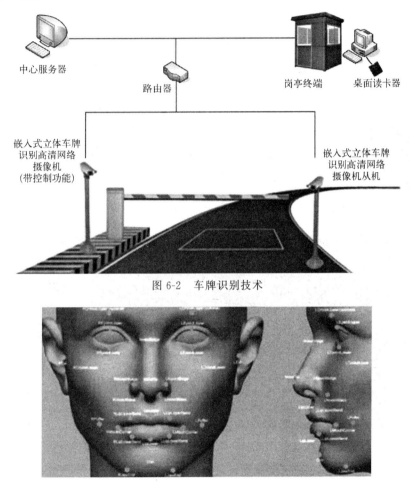

图 6-2　车牌识别技术

图 6-3　人脸识别技术

（3）语音识别　语音识别技术涉及的领域包括：信号处理、模式识别、概率论和信息论、发声机理和听觉机理、人工智能等（图 6-4）。近年来，在生物识别技术领域中，声纹识别技术以其独特的方便性、经济性和准确性等优势受到世人瞩目，并日益成为人们日常生活和工作中重要且普及的验证方式。而且利用基因算法训练连续隐马尔可夫模型的语音识别方法现已成为语音识别的主流技术，该方法识别速度较快，也有较高的识别率。

（4）指纹识别　手掌及手指、脚、脚趾内侧表面的皮肤凹凸不平产生的纹路会形成各种各样的图案。而这些皮肤的纹路在图案、断点和交叉点上各不相同，是唯一的。依靠这种唯一性，就可以将一个人同他的指纹对应起来，通过比较他的指纹和预先保存的指纹，便可以验证他的真实身份（图 6-5）。一般的指纹有以下几个大的类别：环型（loop）、螺旋型（whorl）、弓型（arch）。这样就可以将每个人的指纹分别归类，进行检索。指纹识别基本上可分成预处理、特征选择和模式分类几个大的步骤。

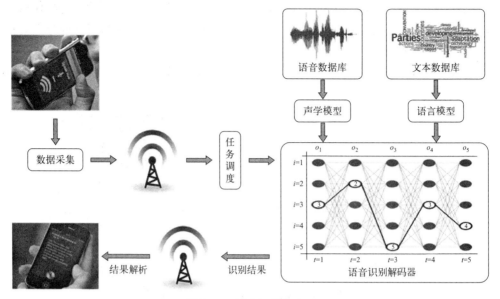

图 6-4　语音识别技术

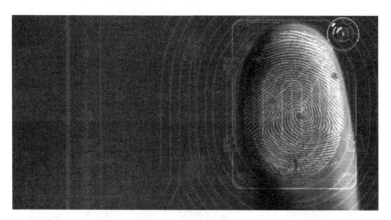

图 6-5　指纹识别技术

（5）遥感　遥感图像识别已广泛用于农作物估产、资源勘察、气象预报和军事侦察等（图 6-6）。

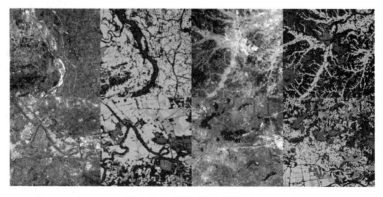

图 6-6　遥感图像识别技术

(6) 医学诊断 如图 6-7 所示,在癌细胞检测、X 射线照片分析、血液化验、染色体分析、心电图诊断和脑电图诊断等方面,模式识别已取得了成效。

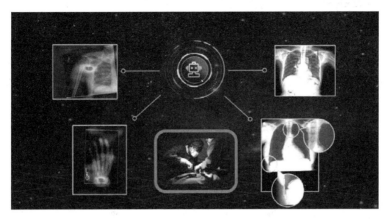

图 6-7 医学诊断识别技术

6.1.4.6 模式识别的发展现状

模式识别技术是人工智能的基础技术,21 世纪是智能化、信息化、计算化、网络化的世纪,在这个以数字计算为特征的世纪里,作为人工智能技术基础学科的模式识别技术,必将获得巨大的发展空间。在国际上,各大权威研究机构,各大公司都纷纷开始将模式识别技术作为公司的战略研发重点加以重视。

(1) 语音识别技术 语音识别技术正逐步成为信息技术中人机接口(human computer interface,HCI)的关键技术,语音技术的应用已经成为一个具有竞争性的新兴高技术产业。根据中国互联网络信息中心的市场预测:未来 5 年,中文语音技术领域将会有超过 400 亿元的市场容量,然后每年以超过 30%的速度增长。

(2) 生物识别技术 生物识别(biometrics)技术是 21 世纪最受关注的安全认证技术,它的发展是大势所趋。人们愿意忘掉所有的密码,扔掉所有的磁卡,凭借自身的唯一性来标识身份与保密。国际数据集团(IDG)预测:作为未来必然发展方向的移动电子商务基础核心技术的生物识别技术在未来 10 年的时间里将达到 100 亿美元的市场规模。

(3) 数字水印技术 20 世纪 90 年代以来才在国际上开始发展起来的数字水印(digital watermarking)技术是最具发展潜力与优势的数字媒体版权保护技术。

模式识别从 20 世纪 20 年代发展至今,人们的一种普遍看法是不存在对所有模式识别问题都适用的单一模型和解决识别问题的单一技术,我们拥有的只是一个工具袋,所要做的是结合具体问题把统计的和句法的识别结合起来,把统计模式识别或句法模式识别与人工智能中的启发式搜索结合起来,把统计模式识别或句法模式识别与支持向量机的机器学习结合起来,把人工神经元网络与各种已有技术以及人工智能中的专家系统、不确定推理方法结合起来,深入掌握各种工具的效能和应有的可能性,互相取长补短,开创模式识别应用的新局面。

对于识别二维模式的能力,存在各种理论解释。模板说认为,我们所知的每一个模式,在长时记忆中都有一个相应的模板或微缩副本。模式识别就是与视觉刺激最合适的模板进行匹配。特征说认为,视觉刺激由各种特征组成,模式识别是比较呈现刺激的特征和存储在长时记忆中的模式特征。特征说解释了模式识别中的一些自下而上的过程,但它不强调基于环境的信息和期待的自上而下加工。基于结构描述的理论可能比模板说或特征说更为合适。

6.1.5 机器学习

6.1.5.1 机器学习定义

机器学习是一门多学科交叉专业，涵盖概率论知识、统计学知识、近似理论知识和复杂算法知识，使用计算机作为工具并致力于真实实时地模拟人类学习方式（如图 6-8 所示），并对现有内容进行知识结构划分来有效提高学习效率。

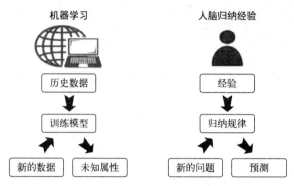

图 6-8 机器学习与人脑归纳经验

机器学习有下面几种定义：

① 机器学习是一门人工智能的科学，该领域的主要研究对象是人工智能，特别是如何在经验学习中改善具体算法的性能。

② 机器学习是对能通过经验自动改进的计算机算法的研究。

③ 机器学习是用数据或以往的经验，优化计算机程序的性能标准。

机器学习专门研究计算机怎样模拟或实现人类的学习行为，以获取新的知识或技能，重新组织已有的知识结构使之不断改善自身的性能。它是人工智能的核心，是使计算机具有智能的根本途径。

6.1.5.2 机器学习发展历程

机器学习实际上已经存在了几十年或者也可以认为存在了几个世纪。追溯到 17 世纪，贝叶斯、拉普拉斯关于最小二乘法的推导和马尔可夫链构成了机器学习广泛使用的工具和基础。1950 年（艾伦·图灵提议建立一个学习机器）到 21 世纪初（有深度学习的实际应用以及最近的进展，比如 2012 年的 AlexNet），机器学习有了很大的进展。从 20 世纪 50 年代研究机器学习以来，不同时期的研究途径和目标并不相同，可以划分为四个阶段。

第一阶段是 20 世纪 50 年代中叶到 60 年代中叶，这个时期主要研究"有无知识的学习"。这类方法主要是研究系统的执行能力。这个时期，主要通过对机器的环境及相应性能参数的改变来检测系统所反馈的数据，就好比给系统一个程序，通过改变它们的自由空间作用，系统将会受到程序的影响而改变自身的组织，最后这个系统将会选择一个最优的环境生存。在这个时期最具有代表性的研究就是 Samuet 的下棋程序。但这种机器学习的方法还远远不能满足人类的需要。

第二阶段从 20 世纪 60 年代中叶到 70 年代中叶，这个时期主要研究将各个领域的知识植入系统里，本阶段的目的是通过机器模拟人类学习的过程。同时还采用了图结构及逻辑结构方面的知识进行系统描述，在这一研究阶段，主要是用各种符号来表示机器语言。研究人员在进行实验时意识到学习是一个长期的过程，从这种系统环境中无法学到更加深入的知识，因此，研究人员将各专家学者的知识加入系统里，实践证明，这种方法取得了一定的成效。在这一阶段具有代表性的工作有 Hayes Roth 和 Winston 的结构学习系统。

第三阶段从 20 世纪 70 年代中叶到 80 年代中叶，称为复兴时期。在此期间，人们从学习单个概念扩展到学习多个概念，探索不同的学习策略和学习方法，且在本阶段已开始把学习系统与各种应用结合起来，并取得很大的成功。同时，专家系统在知识获取方面的需求也极大地刺激了机器学习的研究和发展。在出现第一个专家学习系统之后，示例归纳学习系统成为研究的主流，自动知识获取成为机器学习应用的研究目标。1980 年，在美国的卡内基梅隆大学（CMU）召开了第一届机器学习国际研讨会，标志着机器学习研究已在全世界兴起。此后，机器学习开始得到了大量的应用。1984 年，Simon 等 20 多位人工智能专家共同撰文编写的 *Machine Learning* 文集第二卷出版，国际性杂志 *Machine Learning* 创刊，更加显示出机器学习突飞猛进的发展趋势。这一阶段代表性的工作有 Mostow 的指导式学习、Lenat 的数学概念发现程序、Langley 的 BACON 程序及其改进程序。

第四阶段是 20 世纪 80 年代中叶至今，是机器学习的最新阶段。这个时期的机器学习具有如下特点：

① 机器学习已成为新的学科，它综合应用了心理学、生物学、神经生理学、数学、自动化和计算机科学等，形成了机器学习理论基础。

② 融合了各种学习方法且形式多样的集成学习系统研究正在兴起。

③ 机器学习与人工智能各种基础问题的统一性观点正在形成。

④ 各种学习方法的应用范围不断扩大，部分应用研究成果已转化为产品。

⑤ 与机器学习有关的学术活动空前活跃。

6.1.5.3　机器学习研究进展与现状

（1）研究进展　机器学习是人工智能及模式识别领域的共同研究热点，其理论和方法已被广泛应用于解决工程应用和科学领域的复杂问题。2010 年的图灵奖获得者为哈佛大学的 Leslie Valiant 教授，其获奖工作之一是建立了概率近似正确（probably approximate correct，PAC）学习理论；2011 年的图灵奖获得者为加州大学洛杉矶分校的 Judea Pearl 教授，其主要贡献为建立了以概率统计为理论基础的人工智能方法。这些研究成果都促进了机器学习的发展和繁荣。

机器学习是研究怎样使用计算机模拟或实现人类学习活动的科学，是人工智能中最具智能特征、最前沿的研究领域之一。自 20 世纪 80 年代以来，机器学习作为实现人工智能的途径，在人工智能界引起了广泛的关注，特别是近十几年来，机器学习领域的研究工作发展很快，它已成为人工智能的重要课题之一。机器学习不仅在基于知识的系统中得到应用，而且在自然语言理解、非单调推理、机器视觉、模式识别等许多领域也得到了广泛应用。一个系统是否具有学习能力已成为是否具有"智能"的一个标志。机器学习的研究方向主要分为两类：第一类是传统机器学习的研究，主要研究学习机制，注重探索模拟人的学习机制；第二类是大数据环境下机器学习的研究，主要研究如何有效利用信息，注重从巨量数据中获取隐藏的、有效的、可理解的知识。

机器学习历经 70 多年的曲折发展，以深度学习为代表借鉴人脑的多分层结构、神经元的连接交互信息的逐层分析处理机制，自适应、自学习的强大并行信息处理能力，在很多方面收获了突破性进展,其中最有代表性的是图像识别领域。

传统机器学习的研究方向主要包括决策树、随机森林、人工神经网络、贝叶斯学习等方面。

决策树是机器学习常见的一种方法。20世纪末,机器学习研究者 J. Ross Quinlan 将 Shannon 的信息论引入决策树算法中,提出了 ID3 算法。1984 年在 ID3 算法的基础上出现了 AS-SISTANTAlgorithm,这种算法允许类别的取值之间有交集。同年出现 Chi-Squa 统计算法,该算法采用了一种基于属性与类别关联程度的统计量。1984 年 L. Breiman、C. Ttone、R. Olshen 和 J. Freidman 提出了决策树剪枝概念,极大地改善了决策树的性能。1993 年,Quinlan 在 ID3 算法的基础上提出了一种改进算法,即 C4.5 算法。C4.5 算法克服了 ID3 算法属性偏向的问题,增加了对连续属性的处理,通过剪枝,在一定程度上避免了"过度适合"现象。但是该算法将连续属性离散化时,需要遍历该属性的所有值,降低了效率,并且要求训练样本集驻留在内存,不适合处理大规模数据集。

分类和回归树(CART)算法是描述给定预测向量 X 条件分布变量 Y 的一个灵活方法,已经在许多领域得到了应用。CART 算法可以处理无序的数据,采用基尼系数作为测试属性的选择标准。CART 算法生成的决策树精确度较高,但是当其生成的决策树复杂度超过一定程度后,随着复杂度的提高,分类精确度会降低,所以该算法建立的决策树不宜太复杂。SLIQ(决策树分类)算法的分类精度与其他决策树算法不相上下,但其执行的速度比其他决策树算法快,它对训练样本集的样本数量以及属性的数量没有限制。SLIQ 算法能够处理大规模的训练样本集,具有较好的伸缩性;执行速度快而且能生成较小的二叉决策树。SLIQ 算法允许多个处理器同时处理属性表,从而实现了并行性。但是 SLIQ 算法依然不能摆脱主存容量的限制。PUBLIC 算法是对尚未完全生成的决策树进行剪枝,因而提高了效率。近几年模糊决策树也得到了蓬勃发展。研究者考虑到属性间的相关性提出了分层回归算法、约束分层归纳算法和功能树算法,这三种算法都是基于多分类器组合的决策树算法,它们对属性间可能存在的相关性进行了部分实验和研究,但是这些研究并没有从总体上阐述属性间的相关性是如何影响决策树性能的。

随机森林(RF)作为机器学习重要算法之一,是一种利用多个树分类器进行分类和预测的方法。近年来,随机森林算法研究的发展十分迅速,已经在生物信息学、生态学、医学、遗传学、遥感地理学等多领域开展应用性研究。

人工神经网络(artificial neural networks,ANN)是一种具有非线性适应性信息处理能力的算法,可克服传统人工智能方法在直觉(如模式、语音识别、非结构化信息处理)方面的缺陷。早在 20 世纪 40 年代人工神经网络就已经受到关注,并随后得到迅速发展。

贝叶斯学习是机器学习较早的研究方向,其方法最早起源于英国数学家托马斯,贝叶斯在 1763 年证明了一个关于贝叶斯定理的特例。经过多位统计学家的共同努力,贝叶斯统计在 20 世纪 50 年代之后逐步建立起来,成为统计学中一个重要的组成部分。

(2)研究现状　大数据的价值体现主要集中在数据的转换以及数据的信息处理能力等方面。在产业发展的今天,大数据时代的到来,给数据的转换、数据的处理、数据的存储等带来了更好的技术支持,产业升级和新产业诞生形成了一种推动力量,让大数据能够针对可发现事物的程序进行自动规划,实现人类用户与计算机信息之间的协调。另外,现有的许多机器学习方法是建立在内存理论基础上的。大数据还无法装载进计算机内存的情况下,是无法进行诸多算法的处理的,因此应提出新的机器学习算法,以适应大数据处理的需要。大数据环境下的机器学习算法，依据一定的性能标准，对学习结果的重要程度可以予以忽视。采用分布式和并行计算的方式进行分治策略的实施，可以规避掉噪声数据和冗余带来的干扰，降低存储耗费，同时提高学习算法的运行效率。

随着大数据时代各行业对数据分析需求的持续增加，通过机器学习高效地获取知识，已逐渐成为当今机器学习技术发展的主要推动力。大数据时代的机器学习更强调"学习本身是手段"，机器学习成为一种支持和服务技术。如何基于机器学习对复杂多样的数据进行深层次的分析，更高效地利用信息，成为当前大数据环境下机器学习研究的主要方向。所以，机器学习越来越朝着智能数据分析的方向发展，并已成为智能数据分析技术的一个重要源泉。另外，在大数据时代，随着数据产生速度的持续加快，数据的体量有了前所未有的增长，而需要分析的新数据种类也在不断涌现，如文本的理解、文本情感的分析、图像的检索和理解、图形和网络数据的分析等。在这种背景下，大数据机器学习和数据挖掘等智能计算技术在大数据智能化分析处理应用中具有极其重要的作用。

6.1.5.4 机器学习的分类

（1）基于学习策略的分类

① 模拟人脑的机器学习。符号学习：模拟人脑的宏观心理级学习过程，以认知心理学原理为基础，以符号数据为输入，以符号运算为方法，用推理过程在图或状态空间中搜索，学习的目标为概念或规则等。符号学习的典型方法有记忆学习、示例学习、演绎学习、类比学习、解释学习等。神经网络学习（或连接学习）：模拟人脑的微观生理级学习过程，以脑和神经科学原理为基础，以人工神经网络为函数结构模型，以数值数据为输入，以数值运算为方法，用迭代过程在系数向量空间中搜索，学习的目标为函数。典型的连接学习有权值修正学习、拓扑结构学习。

② 直接采用数学方法的机器学习。主要有统计机器学习。统计机器学习是基于对数据的初步认识以及学习目的的分析，选择合适的数学模型，拟定超参数，并输入样本数据，依据一定的策略，运用合适的学习算法对模型进行训练，最后运用训练好的模型对数据进行分析预测。

统计机器学习有三个要素：

模型（model）：模型在训练前，其可能的参数是多个甚至无穷的，故可能的模型也是多个甚至无穷的，这些模型构成的集合就是假设空间。

策略（strategy）：从假设空间中挑选出参数最优的模型的准则。如果模型的分类或预测结果与实际情况的误差（损失函数）越小，模型就越好，那么策略就是误差最小。

算法（algorithm）：从假设空间中挑选模型的方法（等同于求解最佳的模型参数）。机器学习的参数求解通常都会转化为最优化问题，故学习算法通常是最优化算法，例如最速梯度下降法、牛顿法以及拟牛顿法等。

（2）基于学习方法的分类

① 归纳学习。符号归纳学习：典型的符号归纳学习有示例学习、决策树学习。函数归纳学习（发现学习）：典型的函数归纳学习有神经网络学习、示例学习、发现学习、统计学习。

② 类比学习。典型的类比学习有案例（范例）学习。

③ 分析学习。典型的分析学习有解释学习、宏操作学习。

此外还有演绎学习等。

(3) 基于学习方式的分类

① 监督学习（有导师学习）：输入数据中有导师信号，以概率函数、代数函数或人工神经网络为基函数模型，采用迭代计算方法，学习结果为函数。

② 无监督学习（无导师学习）：输入数据中无导师信号，采用聚类方法，学习结果为类别，典型的无导师学习有发现学习、聚类、竞争学习等。

③ 强化学习（增强学习）：以环境反馈（奖/惩信号）作为输入，以统计和动态规划技术为指导的一种学习方法。

(4) 基于数据形式的分类

① 结构化学习：以结构化数据为输入，以数值计算或符号推演为方法，典型的结构化学习有神经网络学习、统计学习、决策树学习、规则学习。

② 非结构化学习：以非结构化数据为输入，典型的非结构化学习有类比学习、案例学习、解释学习、文本挖掘、图像挖掘、Web 挖掘等。

(5) 基于学习目标的分类

① 概念学习：学习的目标和结果为概念，或者说是为了获得概念的学习。典型的概念学习主要有示例学习。

② 规则学习：学习的目标和结果为规则，或者说是为了获得规则的学习。典型规则学习主要有决策树学习。

③ 函数学习：学习的目标和结果为函数，或者说是为了获得函数的学习。典型函数学习主要有神经网络学习。

④ 类别学习：学习的目标和结果为对象类别，或者说是为了获得类别的学习。典型类别学习主要有聚类分析。

⑤ 贝叶斯网络学习：学习的目标和结果是贝叶斯网络，或者说是为了获得贝叶斯网络的一种学习，其又可分为结构学习和多数学习。

6.1.5.5 常见算法

(1) 决策树算法　决策树及其变种是一类将输入空间分成不同的区域，每个区域有独立参数的算法。决策树算法充分利用了树形模型，根节点到一个叶子节点是一条分类的路径规则，每个叶子节点象征一个判断类别。先将样本分成不同的子集，再进行分割递推，直至每个子集得到同类型的样本，从根节点开始测试，到子树再到叶子节点，即可得出预测类别。此方法的特点是结构简单、处理数据效率较高。

(2) 朴素贝叶斯算法　朴素贝叶斯算法是一种分类算法。它不是单一算法，而是一系列算法，它们都有一个共同的原则，即被分类的每个特征都与任何其他特征的值无关。朴素贝叶斯分类器认为这些"特征"中的每一个都独立地贡献概率，而不必考虑特征之间的任何相关性。然而，特征并不总是独立的，这通常被视为朴素贝叶斯算法的缺点。简而言之，朴素贝叶斯算法允许使用概率给出一组特征来预测一个类。与其他常见的分类方法相比，朴素贝叶斯算法需要的训练很少。在进行预测之前必须完成的唯一工作是找到特征的个体概率分布的参数，这通常可以快速且确定地完成。这意味着即使对高维数据点或大量数据点，朴素贝叶斯分类器也可以表现良好。

(3) 支持向量机算法　基本思想可概括如下：首先，要利用一种变换将空间高维化，当然这种变换是非线性的，然后，在新的复杂空间取最优线性分类表面。由此种方式获得的分类函数在形式上类似于神经网络算法。支持向量机是统计学习领域中一个代表性算法，但它与传统方式的思维方法很不同,输入空间、提高维度从而将问题简短化,使问题归结为线性可分的经典解问题。支持向量机应用于垃圾邮件识别、人脸识别等多种分类问题。

(4) 随机森林算法　控制数据树生成的方式有多种,根据前人的经验,大多数情况下更倾向于选择分裂属性和剪枝,但这并不能解决所有问题,偶尔会遇到噪声或分裂属性过多的问题。基于这种情况,总结每次的结果可以得到袋外数据的估计误差,将它和测试样本的估计误差相结合可以评估组合树学习器的拟合及预测精度。此方法的优点有很多,可以产生高精度的分类器,并能够处理大量的变数,也可以平衡分类资料集之间的误差。

(5) 人工神经网络算法　人工神经网络与神经元组成的异常复杂的网络大体相似,是个体单元互相连接而成的,每个单元有数值量的输入和输出,形式可以为实数或线性组合函数。它先要以一种学习准则去学习,然后才能进行工作。当网络判断错误时,通过学习使其减少犯同样错误的可能性。此方法有很强的泛化能力和非线性映射能力,可以对信息量少的系统进行模型处理。从功能模拟角度看具有并行性,且传递信息速度极快。

(6) Boosting 与 Bagging 算法　Boosting 是一种通用的增强基础算法性能的回归分析算法。不需构造一个高精度的回归分析,只需一个粗糙的基础算法即可,再反复调整基础算法就可以得到较好的组合回归模型。它可以将弱学习算法提高为强学习算法,可以应用到其他基础回归算法(如线性回归、神经网络等)来提高精度。Bagging 和前一种算法大体相似但又略有差别,主要是给出已知的弱学习算法和训练集,需要经过多轮的计算,才可以得到预测函数,最后采用投票方式对示例进行判别。

(7) 关联规则算法　关联规则是用规则去描述两个变量或多个变量之间的关系,是客观反映数据本身性质的方法。它是机器学习的一大类任务,可分为两个阶段,先从资料集中找到高频项目组,再去研究它们的关联规则。其得到的分析结果即是对变量间规律的总结。

(8) 期望最大化算法　期望最大化(EM)算法在进行机器学习的过程中需要用到极大似然估计等参数估计方法,在有潜在变量的情况下,通常选择 EM 算法,不是直接对函数对象进行极大估计,而是添加一些数据进行简化计算,再进行极大化模拟。它是对本身受限制或比较难直接处理的数据的极大似然估计算法。

(9) 深度学习　深度学习(DL, deep learning)是机器学习(ML, machine learning)领域中一个新的研究方向,它被引入机器学习使其更接近于最初的目标——人工智能(AI, artificial intelligence)。

深度学习是学习样本数据的内在规律和表示层次,这些学习过程中获得的信息对诸如文字、图像和声音等数据的解释有很大的帮助。它的最终目标是让机器能够像人一样具有分析学习能力,能够识别文字、图像和声音等数据。深度学习是一个复杂的机器学习算法,在语音和图像识别方面取得的效果远远超过先前相关技术。

深度学习在搜索技术、数据挖掘、机器学习、机器翻译、自然语言处理、多媒体学习、语音识别、推荐和个性化技术,以及其他相关领域都取得了很多成果。深度学习使机器模仿视听和思考等人类活动,解决了很多复杂的模式识别难题,使得人工智能相关技术取得了很大进步。

6.1.5.6　机器学习的应用

(1) 数据分析与挖掘　"数据挖掘"和"数据分析"通常被相提并论,并在许多场合被认为是可以相互替代的术语。关于数据挖掘,已有多种文字不同但含义接近的定义,例如"识别出巨量数据中有效的、新颖的、潜在有用的、最终可理解的模式的非平凡过程",无论是数据分析还是数据挖掘，都是帮助人们收集、分析数据，使之成为信息，并做出判断，因此可以将这两项合称为数据分析与挖掘。

数据分析与挖掘技术是机器学习算法和数据存取技术的结合，利用机器学习提供的统计分析、知识发现等手段分析海量数据，同时利用数据存取机制实现数据的高效读写。机器学习在数据分析与挖掘领域中拥有不可取代的地位，2012年Hadoop进军机器学习领域就是一个很好的例子。

(2) 模式识别　模式识别起源于工程领域，而机器学习起源于计算机科学，这两个不同学科的结合带来了模式识别领域的调整和发展。模式识别研究主要集中在两个方面。

① 研究生物体（包括人）是如何感知对象的，属于认知科学的范畴。

② 在给定的任务下，如何用计算机实现模式识别的理论和方法，这些是机器学习的长项，也是机器学习研究的内容之一。

模式识别的应用领域广泛，包括计算机视觉、医学图像分析、光学文字识别、自然语言处理、语音识别、手写识别、生物特征识别、文件分类、搜索引擎等，而这些领域也正是机器学习大展身手的舞台，因此模式识别与机器学习的关系越来越密切。

(3) 在生物信息学上的应用　随着基因组和其他测序项目的不断发展，生物信息学研究的重点正逐步从积累数据转移到如何解释这些数据。在未来，生物学的新发现将极大地依赖于在多个维度和不同尺度下对多样化的数据进行组合和关联的分析能力，而不再仅仅依赖于对传统领域的继续关注。序列数据将与结构和功能数据、基因表达数据、生化反应通路数据、表现型和临床数据等一系列数据相互集成。如此大量的数据，在生物信息的存储、获取、处理、浏览及可视化等方面，都对理论算法和软件的发展提出了迫切的需求。另外，基因组数据本身的复杂性也对理论算法和软件的发展提出了迫切的需求，而机器学习方法例如神经网络、遗传算法、决策树和支持向量机等正适于处理这种数据量大、含有噪声并且缺乏统一理论的领域。

(4) 具体应用案例

① 虚拟助手。Siri、Alexa、Google Now都是虚拟助手。顾名思义，当使用语音发出指令后，它们会协助查找信息。对于回答，虚拟助手会查找信息，回忆语音指令人员的相关查询，或向其他资源（如电话应用程序）发送命令以收集信息。人们甚至可以指导助手执行某些任务，例如"设置7点的闹钟"等。

② 交通预测。生活中人们经常使用GPS导航服务。当使用GPS导航服务时，人们当前的位置和速度被保存在中央服务器上来进行流量管理。之后使用这些数据用于构建当前流量的映射。通过机器学习可以解决配备GPS的汽车数量较少的问题，在这种情况下的机器学习有助于根据估计找到拥挤的区域。

③ 过滤垃圾邮件和恶意软件。电子邮件客户端使用了许多垃圾邮件过滤方法。为了确保这些垃圾邮件过滤器能够不断更新，它们使用了机器学习技术。多层感知机和决策树归纳等是由机器学习提供支持的垃圾邮件过滤技术。这类技术每天检测到超过325000个恶意软件，每个代码与之前版本的90%~98%相似，由机器学习驱动的系统安全程序理解编码模式。因此，这类技术可以轻松检测到2%~10%变异的新恶意软件，并提供针对它们的保护。

④ 快速揭示细胞内部结构。借由高功率显微镜和机器学习，美国科学家研发出一种新算法，可在整个细胞的超高分辨率图像中自动识别大约30种不同类型的细胞器和其他结构。相关论文已发表在《自然》杂志上。

⑤ 2022年，中国科学家利用机器学习的方法，快速得到相接双星的参数和误差。

⑥ 国外的IT企业正在深入研究和应用机器学习，它们把目标定位于全面模仿人类大脑，试图创造出拥有人类智慧的机器大脑。2012年Google在人工智能领域发布了一个划时代的产品——人脑模拟软件，这个软件具备自我学习功能，模拟脑细胞的相互交流，可以通过看YouTube视频学习识别猫、人以及其他事物。当有数据被送达这个神经网络时，不同神经元之间的关系就会发生改变。而这也使神经网络能够得到对某些特定数据的反应机制，据悉这个网络已经学到了一些东西，Google将有望在多个领域使用这一新技术，最先获益的可能是语音识别。

6.1.6 虚拟现实技术

6.1.6.1 虚拟现实技术定义

虚拟现实技术（VR）是一种可以创建和体验虚拟世界的计算机仿真系统，它利用计算机生成一种模拟环境，使用户沉浸到该环境中。虚拟现实技术就是利用现实生活中的数据，通过计算机技术产生的电子信号，将其与各种输出设备结合，使其转化为能够让人们感受到的现象，这些现象可以是现实中真真切切的物体，也可以是我们肉眼所看不到的物质，通过三维模型表现出来，如图6-9所示。因为这些现象不是我们直接能看到的，而是通过计算机技术模拟出来的现实中的世界，故称为虚拟现实。

图6-9 虚拟现实技术

虚拟现实技术受到了越来越多人的认可，用户可以在虚拟现实世界体验到最真实的感受，其模拟环境的真实性与现实世界真假难辨，让人有种身临其境的感觉。同时，虚拟现实具有一切人类所拥有的感知功能，比如听觉、视觉、触觉、味觉、嗅觉等感知系统。此外，它具有超强的仿真系统，真正实现了人机交互，使人可以随意操作并且得到环境最真实的反馈。正是虚拟现实技术的存在性、多感知性、交互性等特征使它受到了许多人的喜爱。5G时代的到来，注定将成就虚拟现实技术。未来的生活趋势将会更多地在虚拟与现实之间切换。

6.1.6.2 虚拟现实技术发展历程

(1) 第一阶段（1963年以前） 有声形动态的模拟，是蕴涵虚拟现实思想的阶段。1929年，Edwin Link设计出用于训练飞行员的模拟器。1956年，Morton Heilig开发出多通道仿真体验系统Sensorama。

（2）第二阶段（1963~1972年）　虚拟现实萌芽阶段。

1965年，Ivan Sutherland发表论文"Ultimate Display"（终极的显示）。1968年，Ivan Sutherland成功研制了带跟踪器的头盔式立体显示器（HMD）。1972年，Nolan Bushnell开发出第一个交互式电子游戏Pong。

（3）第三阶段（1973~1989年）　虚拟现实概念的产生和理论初步形成阶段。

1977年，Dan Sandin等研制出数据手套Sayre Glove。1984年，NASA AMES研究中心开发出用于火星探测的虚拟环境视觉显示器。1984年，VPL公司的Jaron Lanier首次提出"虚拟现实"的概念。1987年，Jim Humphries设计了双目全方位监视器（BOOM）的最早原型。

（4）第四阶段（1990年至今）　虚拟现实理论进一步的完善和应用阶段。

1990年，提出VR技术，包括三维图形生成技术、多传感器交互技术和高分辨率显示技术。VPL公司开发出第一套传感手套"Data Gloves"，第一套HMD"Eye Phoncs"。1993年11月，宇航员通过VR系统的训练，成功地完成了从航天飞机的运输舱内取出新的望远镜面板的工作，而用VR技术设计的波音777飞机是虚拟制造的典型应用实例。2022年加拿大造船公司Seaspan将3D沉浸式虚拟现实系统（VR）引入船舶设计，使设计师可在VR中实时浏览他们的设计。21世纪以来，VR技术高速发展，软件开发系统不断完善，有代表性的如MultiGen Vega、Open Scene Graph、Virtools等。2022年12月2日，虚拟现实/增强现实入选"智瞻2023"论坛发布的十项焦点科技名单。

6.1.6.3　虚拟现实技术分类

VR涉及学科众多，应用领域广泛，系统种类繁杂，这是由其研究对象、研究目标和应用需求决定的。从不同角度出发，可对VR系统做出不同分类。

（1）根据沉浸式体验角度分类　沉浸式体验分为非交互式体验、人-虚拟环境交互式体验和群体-虚拟环境交互式体验等几类。该角度强调用户与设备的交互体验，相比之下，非交互式体验中的用户更为被动，所体验内容均为提前规划好的，即便允许用户在一定程度上引导场景数据的调度，也仍没有实质性交互行为，如场景漫游等，用户几乎全程无事可做。而在人-虚拟环境交互式体验系统中，用户则可用诸如数据手套、数字手术刀等设备与虚拟环境进行交互，如驾驶战斗机模拟器等，此时的用户可感知虚拟环境的变化，进而也就能产生在相应现实世界中可能产生的各种感受。

如果将该套系统网络化、多机化，使多个用户共享一套虚拟环境，便得到群体-虚拟环境交互式体验系统，如大型网络交互游戏等，此时的VR系统与真实世界无甚差异。

（2）根据系统功能角度分类　系统功能分为规划设计、展示娱乐、训练演练等几类。规划设计系统可用于新设施的实验验证，可大幅缩短研发时长，降低设计成本，提高设计效率，城市排水、社区规划等领域均可使用，如VR模拟给排水系统，可大幅减少原本需用于实验验证的经费；展示娱乐类系统适用于提供给用户逼真的观赏体验，如数字博物馆、大型3D交互式游戏、影视制作等，VR技术早在20世纪70年代便被迪士尼（Disney）用于拍摄特效电影；训练演练类系统则可应用于各种危险环境及一些难以获得操作对象或实操成本极高的领域，如外科手术训练、空间站维修训练等。

6.1.6.4　虚拟现实技术特征

（1）沉浸性　沉浸性是虚拟现实技术最主要的特征，就是让用户成为并感受到自己是计算机系统所创造环境中的一部分,虚拟现实技术的沉浸性取决于用户的感知系统,当使用者感知到虚拟世界的刺激时,包括触觉、味觉、嗅觉、运动感知等,便会产生思维共鸣,造成心理沉浸,感觉如同进入真实世界。

(2) 交互性　交互性是指用户对模拟环境内物体的可操作程度和从环境得到反馈的自然程度,使用者进入虚拟空间,相应的技术让使用者跟环境产生相互作用,当使用者进行某种操作时,周围的环境也会做出某种反应。如使用者接触到虚拟空间中的物体,那么使用者手上应该能够感受到,若使用者对物体有所动作,物体的位置和状态也应改变。

(3) 多感知性　多感知性表示计算机技术应该拥有很多感知方式,比如听觉、触觉、嗅觉等。理想的虚拟现实技术应该具有一切人所具有的感知功能。由于相关技术,特别是传感技术的限制,目前大多数虚拟现实技术具有的感知功能仅限于视觉、听觉、触觉、运动等几种。

(4) 构想性　构想性也称想象性,使用者在虚拟空间中,可以与周围物体进行互动,可以拓宽认知范围,创造客观世界不存在的场景或不可能发生的环境。构想可以理解为使用者进入虚拟空间,根据自己的感觉与认知能力吸收知识,发散拓宽思维,创立新的概念和环境。

(5) 自主性　是指虚拟环境中物体依据物理定律动作的程度。如当受到力的推动时,物体会向力的方向移动、翻倒或从桌面落到地面等。

6.1.6.5　虚拟现实技术关键技术

(1) 动态环境建模技术　虚拟环境的建立是VR系统的核心内容,目的就是获取实际环境的三维数据,并根据应用的需要建立相应的虚拟环境模型。

(2) 实时三维图形生成技术　三维图形的生成技术已经较为成熟,那么关键就是"实时"生成。为保证实时,至少保证图形的刷新频率不低于15帧每秒,最好高于30帧每秒。

(3) 立体显示和传感器技术　虚拟现实的交互能力依赖于立体显示和传感器技术的发展,现有的设备不能满足需要,力学和触觉传感装置的研究也有待进一步深入,虚拟现实设备的跟踪精度和跟踪范围也有待提高。

(4) 应用系统开发工具　虚拟现实应用的关键是寻找合适的场合和对象,选择适当的应用对象可以大幅度提高生产效率,减轻劳动强度,提高产品质量。想要达到这一目的,则需要研究虚拟现实的开发工具。

(5) 系统集成技术　由于VR系统中包括大量的感知信息和模型,因此系统集成技术起着至关重要的作用,集成技术包括信息的同步技术、模型的标定技术、数据转换技术、数据管理模型、识别与合成技术等。

6.1.6.6　虚拟现实技术应用

(1) 在影视娱乐中的应用　近年来,由于虚拟现实技术在影视业的广泛应用,以虚拟现实技术为主建立的第一现场9DVR体验馆得以实现。第一现场9DVR体验馆自建成以来,在影视娱乐市场中的影响力非常大,此体验馆可以让观影者体会到置身于真实场景之中的感觉,让体验者沉浸在影片所创造的虚拟环境之中。同时,随着虚拟现实技术的不断创新,此技术在游戏领域也得到了快速发展。虚拟现实技术是利用电脑产生的三维虚拟空间,而三维游戏刚好是建立在此技术之上的,三维游戏几乎包含了虚拟现实的全部技术,使得游戏在保持实时性和交互性的同时,也大幅提升了游戏的真实感(图 6-10)。虚拟现实技术和可穿戴设备的研发降低了体育项目的参与门槛,诸如赛车、国际象棋等运动,选手们可接入服务器"穿越"到世界各地的赛场,与各国高手同台竞技。

图 6-10　虚拟现实技术应用于游戏领域

(2) 在教育中的应用　如今,虚拟现实技术已经成为促进教育发展的一种新型教育手段(图 6-11)。传统的教育只是一味地给学生灌输知识,而现在利用虚拟现实技术可以帮助学生打造生动、逼真的学习环境,使学生通过真实感受来增强记忆,相比于被动性灌输,利用虚拟现实技术来进行自主学习更容易让学生接受,这种方式更容易激发学生的学习兴趣。此外,各大院校利用虚拟现实技术还建立了与学科相关的虚拟实验室来帮助学生更好地学习。

图 6-11　虚拟现实技术应用于教育领域

(3) 在设计领域的应用　虚拟现实技术在设计领域小有成就,例如室内设计,人们可以利用虚拟现实技术把室内结构、房屋外形通过虚拟技术表现出来,使之变成可以看见的物体和环境。同时,在设计初期,设计师可以将自己的想法通过虚拟现实技术模拟出来,可以在虚拟环境中预先看到室内的实际效果,这样既节省了时间,又降低了成本。

(4) 在医学方面的应用　医学专家们利用计算机,在虚拟空间中模拟出人体组织和器官,让学生在其中进行模拟操作,并且能让学生感受到手术刀切入人体肌肉组织、触碰到骨头的感觉，使学生能够更快地掌握手术要领。而且，主刀医生们在手术前，也可以建立一个病人身体的虚拟模型，在虚拟空间中先进行一次手术预演，这样能够大大提高手术的成功率，让更多的病人得以痊愈（图6-12）。

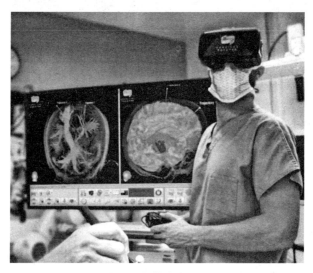

图6-12　虚拟现实技术应用于医学领域

（5）在航空航天方面的应用　由于航空航天是一项耗资巨大、非常烦琐的工程，所以，人们利用虚拟现实技术和计算机的统计模拟，在虚拟空间中重现了现实中的航天飞机与飞行环境，使飞行员在虚拟空间中进行飞行训练和实验操作，极大地降低了实验经费和实验的危险系数（图6-13）。

图6-13　虚拟现实技术应用于航空航天领域

（6）在工业方面的应用　虚拟现实技术已大量应用于工业领域，对汽车工业而言，虚拟现实技术既是一个最新的技术开发方法，更是一个复杂的仿真工具，它旨在建立一种人工环境，人们可以在这种环境中以一种自然的方式从事驾驶、操作和设计等实时活动（图6-14）。并且虚拟现实技术也可以用于汽车设计、实验、培训等方面，例如，在产品设计中借助虚拟现实技术建立的三维汽车模型，可显示汽车的悬挂、底盘、内饰甚至每个焊接点，设计者可确定每个部件的质量，了解各个部件的运行性能。这种三维模式准确性很高，汽车制造商可按得到的计算机数据直接进行大规模生产。

图 6-14　虚拟现实技术应用于工业领域

6.1.7　大数据分析软件

环境大数据分析软件对于环境治理和保护具有重要的作用。以下是环境大数据分析软件的重要作用。

① 帮助政府实时感知环境变化趋势。环境大数据分析软件可以通过收集和分析大量的环境数据,帮助政府及时发现环境问题,对环境变化趋势进行预测,并制定及时有效的应对措施。

② 提高政府的治理和决策能力。通过数据资源目录和数据标准的建设,以及跨部门数据的打通融合,环境大数据分析软件可以帮助政府更全面地了解环境状况,制定更为科学合理的治理方案和决策,提高政府的社会服务和社会治理能力。

③ 提高企业污染防治的效率。企业可以通过大数据分析软件对自身生产过程中产生的污染数据进行深度挖掘和分析,对污染物浓度进行精准预测,从而提高企业对污染物的处理效率,提高生产效率,降低运营成本。

④ 协助企业预测和应对环境风险。通过实时监测和数据分析,企业可以及时发现和预测环境风险,从而采取相应的应对措施。

下面分别是大气环境大数据分析软件(表 6-1)、水环境大数据分析软件(表 6-2)、固体废物和物理性污染大数据分析软件(表 6-3)的介绍说明。

表 6-1　大气环境大数据分析软件

软件名称	软件简介
FLEXPART	FLEXPART 模式通过计算点、线、面或体积源释放的大量粒子的轨迹,来描述示踪物在大气中长距离、中尺度的传输、扩散、干湿沉降和辐射衰减等过程。该模式既可以通过时间的前向运算来模拟示踪物由源区向周围的扩散,也可以通过后向运算来确定对固定站点有影响的潜在源区分布
Calpuff	Calpuff 模型是一种三维非稳态拉格朗日扩散模型,可有效地处理非稳态(如熏烟、环流、地形和海岸等)下污染物的长距离输送,对污染物浓度进行模拟预测,从而更好地判断受体点污染物的来源
WRF	WRF 模式为完全可压缩及非静力模式,采用 F90 语言编写。水平方向采用 Arakawa C 网格点,垂直方向则采用地形跟随质量坐标。WRF 模式在时间积分方面采用三阶或者四阶的 Runge-Kutta 算法。WRF 模式不仅可以用于真实天气的个案模拟,也可以用其包含的模块组作为基本物理过程探讨的理论依据

续表

软件名称	软件简介
MCM	MCM 箱模型可用于模拟光化学污染的发生、演变过程,研究臭氧的生成机制和进行敏感性分析,探讨前体物的排放对光化学污染的影响。箱模型通常由化学机理、物理过程、初始条件、输入和输出模块构成,化学机理是其核心部分。MCM(master chemical mechanism)包含了约 6700 种有机物,大约 17000 种反应,可以详细描述大气气相有机物的化学过程,被广泛应用于大气科学研究领域
CMAQ	CMAQ 的最大特色即在一个大气(one-atmosphere)的观念,突破了传统模式针对单一物种和单相物种的模拟,将复杂的空气污染状况如对流层的臭氧、PM、毒化物、酸沉降及能见度等问题综合处理,用于多尺度、多污染的空气质量预报、评估和决策研究等。在空间范围上,用户可根据模式的要求选择局地、城市、地区和大陆等多尺度范围;模式可预报多种污染物,其种类可达 80 多种;在 Models-3 的化学传输模式中可选择四种化学机理:CB4、CB5、SAPRC99 和 RADM2
SMOKE	SMOKE 主要应用于空气质量模式的排放源前处理过程,由美国环保署(EPA)研发。通过一系列本地化参数的设置,可以将本地排放清单转换为模式能够读取的排放源数据格式。SMOKE 使用过程中需要 WRF 模式为其提供气象场,用于计算点源排放所涉及的烟羽抬升等过程。SMOKE 可直接与 CMAQ、CAMx 等空气质量模型对接,其生成的排放文件可直接输入模型
CAMx	CAMx 模型是一个基于大气化学,针对臭氧、颗粒物和雾霾天气过程的大气污染物计算模型。该模型由安博英环(Ramboll Environ)技术团队在美国环保署和许多州立环保部门的支持下不断开发和完善。美国环保署利用 CAMx 来评估国家减排计划带来的臭氧和 PM 浓度降低效果,很多州也使用 CAMx 来制定当地的减排计划。在过去的 20 年里,该模型也逐步应用于亚洲(包括中国)、欧洲、非洲、澳大利亚和美洲等多个国家和地区。功能 CAMx 模型具备独特而强大的模型功能,如臭氧和 PM 的源解析功能,并具备应用灵活和计算高效的特点

表 6-2 水环境大数据分析软件

软件名称	软件简介
MIKE	MIKE 是一款非常庞大的模拟软件。主要可进行的模拟项目包括水利建设、电力建设、风力建设等方面。设计师可以通过这款软件提供的各项数据进行模拟分析,然后得到实际可行的工程实施方案。主要用于水动力学模型(HD model)、对流扩散及黏性输沙模型、非黏性沙传导模型、NAM 降雨径流模型(NAM model)、单位线模型、洪水实时预报模型(FF)、地理信息系统
WASP	WASP 是 EPA 推荐使用的水质模型软件,使用较为广泛,能够模拟河流、湖泊、水库、河口等多种水体的稳态和非稳态的水质过程。WASP 研究对象为完全混合水体控制单元(segment),每个控制单元内污染物的迁移转化均遵守质量守恒定律,水质模型方程均基于质量守恒定律进行求解
QUAL	QUAL 是一个综合性、多样化的河流水质模型,其水质基本方程是一维平流-弥散物质输送和反应方程,该方程考虑了平流弥散、稀释、水质组分自身反应、水质组分间的相互作用以及组分的外部源和汇对组分浓度的影响
Aquaveo SMS	Aquaveo SMS 是一款功能强大的地表水模拟软件,该软件可用于模拟和分析地表水的运动规律,并包括前后处理软件,拥有一、二维有限单元模型、有限差分模型,以及三维水动力学模型,能够适用于河流分析、污染物运输、泥沙运输、粒子追踪、农村和城市洪水、河口、沿海流通、入口和波浪建模等多种应用
FEFLOW	FEFLOW 是一款功能强大的一体化地下水建模解决方案,可用于模拟地下流体流动、溶解成分运移和/或热传输过程,它具有高效的模拟引擎、广泛的建模选项、完全集成的仿真引擎到图形用户界面以及用户代码的公共编程接口等,可通过简单的用户界面支持从预处理到模拟运行到后处理的整个工作流程

续表

软件名称	软件简介
Visual MODFLOW	Visual MODFLOW 是一款可以模拟地下水流动和溶质运移模块的软件，可以为用户实现概念模型和数值模型的无缝转化，具有强大的二维和三维可视化功能。这款软件由水流评价、平面和剖面流线示踪分析、溶质运移评价三大部分组成，新颖的菜单结构可以让用户非常容易地在计算机中圈定模型区和剖分计算单元，而且还可以对各剖分单元和边界条件进行机上赋值，真正做到了人机对话的方式。所以 Visual MODFLOW 被广泛应用于建筑水利行业中，它强大的可视化功能也被各国一致认为是这方面最专业的软件
PetraSim	PetraSim 是一款地下水仿真模拟软件，用于模拟非均匀流动并将其携带到破损和多孔介质中，具有强大的仿真功能，其中包括流体流动和传热到破损多孔的环境。PetraSim 允许分析人员在自动检查错综复杂的输入细节和模拟结果时专注于模型

表 6-3　固体废物和物理性污染大数据分析软件

软件名称	软件简介
全国固体废物管理信息系统	全国固体废物管理信息系统是东软集团股份有限公司推出的一款危险废物转移监管系统。这款软件为客户提供对全国范围内固体废物的智能化管理和监控，以及可以采集和整理固废数据，并提供大数据分析功能，帮助用户更好地管理固废
UNIAGRO	UNIAGRO 是一款基于智能农业技术的大数据应用软件。该应用软件使用了物联网、大数据分析、人工智能等先进技术，通过实时监测和分析土壤、气象、水质等数据，为农民提供农业生产的决策支持和管理指导，帮助农民提高农业生产效率、降低成本和保护环境
ACTRAN	ACTRAN 是振动噪声分析的专用工具，是集有限元和无限元于一体的声学分析软件。可以解决声音的辐射、衍射、散射、感应传播、封闭声场、吸收、隔声、传递、衰减等。声源模型不仅包括经典的声单极、双极、点或离散载荷及强迫运动等，还包括湍流边界层和散射声场等高级物理激励模型
Altair SEAM	Altair SEAM 是一种功能丰富实用的结构噪声分析系统，主要通过统计能量分析（SEA）实现噪声分析，有助于用户预测和分析复杂系统的振动和声学响应。软件还可以描述和统计系统及其动态参数，将结构或声学空间的共振频率和振型视为随机变量，进行数据预测
Cadna/A	Cadna/A 系统是基于 ISO 9613 标准方法，利用 Windows 作为操作平台的噪声仿真与控制软件。Cadna/A 软件广泛适用于多种噪声源的预测、评估、工程设计与研究、城市噪声规划等工作，其中包括工业设施、公路与铁路、机场和其他噪声设备
DS SIMULIA Wave 6	DS SIMULIA Wave 6 是一个强大的振动声学仿真软件，提供独特的分析方法。这些方法集成在一个通用发动机中，由一个许可证控制，有效准确地模拟整个可听频率范围的噪声和振动，解决结构振动、结构传递噪声、空气传播噪声、流体噪声（如空气噪声）等复杂问题
Polaris EM	Polaris EM 作为一种通用的电磁仿真软件工具，有着许多潜在的重要应用。该软件针对辐射和散射分析有独特优势，还可应用于集成电路和射频电磁分析、材料电磁分析等方面。Polaris 软件通常应用于电大、超电大尺寸系统或复杂电磁环境的电磁辐射和散射特性分析，电磁干扰与电磁兼容性分析，集成电路、射频电磁分析和材料电磁分析等
OLIVIA	OLIVIA 软件基于经典的"光害计算公式"，综合考虑光源、照明工程、建筑环境和人类视觉等影响因素，实现光源数量、强度、颜色等参数的精度计算。同时，OLIVIA 具有高度的可视化性，可以将计算结果直观地呈现在 GIS 软件中，方便进行空间分析和预测
MCNP	MCNP 是由美国洛斯阿拉莫斯国家实验室开发的基于蒙特卡罗方法的用于计算三维复杂几何结构中的中子、光子、电子或者耦合中子/光子/电子输运问题的通用软件包，也具有计算核临界系统（包括次临界和超临界系统）本征值问题的能力。MCNP 以其灵活、通用的特点以及强大的功能被广泛应用于研究辐射传输、剂量分布和辐射损伤、辐射屏蔽设计优化、反应堆设计等学科领域，并得到一致认可

6.1.8 大数据核验

环境大数据核验是指利用大数据技术对环境监测数据进行分析、比对、检验和评估，以验证数据的准确性、可靠性和真实性。

在环境监测中，数据核验是非常重要的环节。由于环境监测涉及各种不同的数据源和监测方式，数据的准确性和可靠性直接影响到环境保护工作的有效性和科学性。因此，利用大数据技术对环境监测数据进行核验，可以帮助我们更好地理解和掌握环境状况，为环境保护提供更加科学、准确的数据支持。

环境大数据核验的主要方法包括以下几种。

① 数据挖掘：利用数据挖掘技术，对环境监测数据进行深入分析，发现数据中的规律和趋势，从而预测未来的环境状况。

② 机器学习：利用机器学习算法，对环境监测数据进行训练和预测，提高数据的准确性和可靠性。

③ 数据比对：将不同来源、不同时间、不同地点的环境监测数据进行比对，发现数据之间的差异和矛盾，从而评估数据的准确性和可靠性。

④ 专家评估：邀请专家对环境监测数据进行评估，从专业的角度对数据进行审核和验证，确保数据的准确性和可靠性。

通过环境大数据核验，我们可以更好地了解环境状况，为环境保护提供更加科学、准确的数据支持。同时，也可以发现和解决环境监测中存在的问题和不足，提高环境监测的质量和水平。

6.2 环境工程大数据的应用领域

6.2.1 科学研究

随着我国经济发展速度的日益增长，现代化的信息技术和计算机技术都广泛地应用于我们生活中的各个领域，这在一定程度上不仅极大地提升了我们的工作效率，而且也为我们的生活带来了极大的便利，提供了大量实用的数据信息。因此，为了能够从这些大量的数据信息中提炼和筛选出有用的数据信息，需要运用大数据技术，由此可知在大数据的发展背景下，我国的环境研究也在不断发生变革。大数据技术自从被创造出来，一直都处于高速发展的阶段，所以才能在最短的时间内融入各个工作领域当中去。在大数据思维的影响下，环境研究的发展模式得到不断创新，已经逐渐形成了网络化的管理体系，在快速发展经济的同时，也能够加强环境工程的建设。通过有效地利用大数据的技术条件，能够更好地研究环境工程的建设发展内容，不断改善环境工程建设过程中存在的不足，这对于我国可持续性发展战略目标的实现有着一定的促进意义。

社会科学研究作为帮助我们认识环境污染问题、评价环境政策效果以及优化环境经济与社会管理的重要基础支撑，随着环境大数据的出现与兴起，正逐步开启一个全新的"第四研究范式"纪元，这对于环境交叉研究而言，既存在着无限的潜力，同时也充满了各种挑战。

环境大数据为社会科学研究带来的好处是多方面的：第一，相比于利用传统宏观数据进行趋势分析，研究者们能够从更微观的污染物排放主体以及高时空分辨率视角去开展研究，从而挖掘出原本可能因宏观加总而被掩盖的个体异质性和时空异质性等特征；第二，利用环境大数据能够开展更加精确的环境经济核算工作，为不同政策、不同项目提供更加精细的成本收益分析，从而实现资源有效分配；第三，随着社会科学其他领域不断引入大数据，深入应用环境大数据能够使环境交叉研究更好地与之相匹配，提供更全面的研究视角。

环境大数据所面临的挑战主要集中在数据和研究方法方面。首先，环境问题本质是从自然科学问题引申出来的，因此，对于社会科学研究者而言就存在天然的研究壁垒。第一个壁垒在于数据本身，环境研究使用的数据来源多样、数据特征差异较大、数据管理与发布主体复杂，因此，社会科学研究者在获取数据、识别数据和校验数据的过程中需要跨越极大的门槛。第二个壁垒在于对环境专业知识的理解与应用，不同污染物的环境暴露与健康危害机制存在差异，即不同污染物在影响的空间范围、时间尺度以及影响对象方面是不一样的，需要专业理论与知识的支撑，而这些差异又将影响如何去发现科学问题以及如何应用正确的分析方法。其次，环境大数据对于研究所需要的技术和方法也提出了全新的挑战。新数据在特征和体量方面完全不同于传统社会科学研究所涉及的数据，需要适当地采用新技术来分析不同的环境问题，例如机器学习、复杂网络分析以及自然语义处理等方法，都有可能在关键问题上提供全新的研究视角和解决思路。因而涉及环境大数据的研究将不断促使社会科学研究者了解和掌握新的工具方法，并与其他专业领域的研究者开展深入合作。

从整体而言，虽然目前环境大数据在社会科学研究中的应用依然处于起步阶段，但是已经产生了一系列极具影响力的研究，为政府决策者制定有效的环境保护措施以及社会大众了解环境污染产生的深层原因提供了重要的实证经验依据。目前的研究主要集中于利用环境大数据构建新指标、分析企业环境效率、评估政府环境治理和政策效果以及估算环境健康效应等方面。

6.2.2 商业应用

随着我国经济的飞速发展、城市化进程的逐渐加快，我国工程项目的数量与日俱增，为了能够实现我国可持续性发展的战略目标，环境工程项目的建设规模也在不断地扩大，这就需要引入大量的机械设备和先进的技术，其中大数据技术的应用为新时期的环境工程建设做出了巨大的贡献，这在一定程度上能够帮助环境工程在大量的数据信息当中筛选出有用的信息，为环境工程建设提供理论参数。通过对目前阶段环境工程项目中的污染和资源利用问题的研究可以了解到，只有选择科学合理的方式方法才能够有效地改善环境问题，在快速发展经济的同时，也能够对各个地区的环境起到保护作用，从而能够更好地推动环境友好型社会的建设以及可持续性发展战略的实施。虽然目前阶段我国的环境工程建设和发展处于初级阶段，对于各个地区环境污染问题处理的水平相对比较低，但是在环境工程当中引入大数据的概念也是目前阶段的必然趋势，这对于今后各个地区环境问题的治理具有一定的积极作用。

随着城市化进程的不断加快，大数据技术则是推动经济发展的必要因素，大数据技术在各个领域的应用具有重要的促进作用。可以利用大数据技术对现有的数据信息进行收集和筛选，在这个过程中充分发挥出大数据技术本身的优势，这样能够为环境工程建设提供理论依据，例如，可以运用GPS定位技术，这样可以精准地获得各个地区的环境数据，快速地发现环境污染的源头，除此之外还可以借助模拟成像技术来获得环境的污染状况，这样能够合理有效地分析环境的现状。通常情况下，数据信息的存储和筛选都需要一定的费用支撑，并且在信息时代的背景下网络环境鱼龙混杂,为了能够有效保护数据信息的安全,必须要做好相应数据的保护工作,因此在大数据思维的背景下,环境工程的建设得到良好的效果,再加上融于一些先进的设备技术条件,就能够更好地从大量的数据信息中获取有效的数据信息,对环境污染问题进行全面的治理。

企业作为环境污染的主要来源之一,承担着巨大的环境保护责任。然而,尽管各国政府和相关组织已经制定了一系列环境保护法规和标准,企业环境污染治理效果的提升仍然面临着很大的挑战。近年来,随着大数据技术的快速发展和广泛应用,越来越多的企业开始将大数据技术应用于环境污染治理中,以提升治理效果。大数据技术可以帮助企业实现环境数据的快速采集、分析和处理,从而更加精准地识别污染源、掌握治理情况,并制定科学有效的治理措施。

当下,大数据技术在企业环境污染治理中的应用越来越广泛,它不仅可以提高企业环境治理的效率和精度,还能帮助企业更好地实现可持续发展。但是,大数据技术的应用也面临着一些挑战和限制,需要进行 SWOT 分析。SWOT 分析是评估一个企业或组织内部和外部环境的一种方法,通过对其优势(strengths)、劣势(weaknesses)、机会(opportunities)和威胁(threats)进行分析,帮助企业或组织制定更好的战略和决策。从大数据时代下企业环境污染治理来看,其优势、劣势、机会和威胁如下所述。

优势。其一,改善数据收集和监测,大数据技术可以帮助企业实时收集和监测环境污染数据,使其更加准确和及时;其二,提高环境管理效率,大数据技术可以对企业环境管理流程进行智能优化,从而提高管理效率;其三,优化环境治理决策,大数据技术可以分析和预测环境变化趋势,帮助企业制定更加准确和有效的环境治理决策。

劣势。其一,数据安全问题,大数据技术在处理环境污染数据时,需要考虑数据安全和隐私保护问题;其二,高成本投入,大数据技术需要投入大量的资金和人力,以及建立相应的基础设施和技术支持体系;其三,技术门槛高,大数据技术需要专业的技术团队和高端的技术设备,对企业自身的技术实力提出了较高要求。

机会。其一,市场需求增长,随着环境污染问题日益突出,对环境治理的需求不断增长,为大数据技术在环境治理领域的应用提供了机会;其二,技术不断发展,大数据技术在不断创新和发展,新的技术和算法的不断涌现为企业环境治理提供了更多的机会。

威胁。其一,法律风险,企业在使用大数据技术时需要遵守相关法律法规,否则将会面临法律风险和罚款等问题;其二,数据质量问题,大数据技术需要大量的数据支撑,如果企业无法获得高质量的数据,则可能导致数据分析的误差和失效;其三,技术变革,大数据技术在不断变革和更新,如果企业无法及时跟进技术的变化,就可能会面临技术被淘汰的威胁。

随着信息技术的不断发展,大数据技术的应用在企业环境污染治理中已经越来越受到关注。大数据技术可以对环境数据进行采集、处理和分析,从而为企业的环境污染治理提供科学依据和决策支持。

① 建立完善的大数据采集系统,可以通过各种传感器、监测装置等实现对环境污染物的监测和采集。例如,中海油钻探平台采用大数据技术实现了对海上环境的精细化监测,利用各类传感器获取海上气象、水文、水质等数据,使得企业可以实现对钻探平台周边海域的全面监控。类似地,很多企业都可以通过各种传感器、监测装置等采集各种环境污染信息,形成大数据。

② 建立大数据共享系统，可以实现环境污染治理过程中的信息共享，促进各利益相关方之间的合作和协调。例如，上海市生态环境局建立了上海市大气污染防治联防联控平台，整合了各类环保监测数据和治理措施，以数据为基础，形成统一的信息平台，使得企业和政府部门之间可以实现更加高效的信息共享和协同治理。

③ 优化企业环境治理管理体系。在企业层面，优化企业环境治理管理体系是提升环境治理效果的重要举措之一。一种优化企业环境治理管理体系的方法是建立全面、科学、系统的管理模式，通过制定环境治理的标准、规范和措施，落实企业的环境责任，确保企业在生产经营活动中遵守环境法律法规、规范和标准，同时提高环保意识和技能水平。

优化企业环境治理管理体系需要全面而科学的方法和措施，其中大数据技术是非常重要的工具。大数据技术可以帮助企业收集和分析环境数据，包括污染源排放数据、环境监测数据、治理效果评估数据等，从而帮助企业制定科学的环境治理措施，优化环境治理管理体系，提高环境治理效果。例如，国内某大型钢铁企业利用大数据技术，通过对环境污染源、环境监测数据、环境治理数据等进行收集和分析，建立了一套完整的环境治理管理体系，实现了治理效果的提升和环保水平的提高。

④ 加强企业环境污染治理的监督和评估机制。加强企业环境污染治理的监督和评估机制是提高治理效果的关键措施之一。通过建立监督和评估机制，可以及时发现和纠正企业在环境治理方面存在的问题，提高企业环保意识和责任感，促进环保工作的持续发展。在实践中，加强企业环境污染治理的监督和评估机制主要包括以下几个方面。

首先，建立健全的环境监管机构，加强对企业环保工作的日常监督，对不符合环保要求的企业进行处罚和整改。

其次，加强环境信息公开，提高企业和公众的环保意识和参与度。例如，通过公开企业的环境污染排放数据、监测结果和治理情况，可以促进企业的自我管理和公众的监督。

最后，建立环境治理效果评估体系，对企业的环保工作进行定期评估。例如，可以制定环境治理效果评估指标，通过对企业环保行为和治理效果的考核，对企业的环保工作进行评估和排名。

提升企业环境污染治理效果的措施，包括建立完善的大数据采集和处理系统、优化企业环境治理管理体系以及加强企业环境污染治理的监督和评估机制。这些措施都有助于企业实现环保与经济效益的双赢，同时也为推动可持续发展作出了贡献。在未来，我们应该继续探索和实践更加先进的环保技术和管理方法，共同推动企业的绿色转型与发展。

6.2.3 政府决策

环境大数据对政府决策有着重要的影响。目前阶段我国关于环境治理和保护的法律法规相对不够完善，但是随着政府部门越来越重视，已经采取了一系列重要的措施提升环保问题的执法效率。针对各个地区的环境问题进行源头上的监控，并且采取可行的措施来治理各种环境问题，从而能够满足环境友好型社会的建设需求。为了能够积极推动大数据有效地融入环境工程当中去，就必须要充分发挥出大数据技术存在的巨大优势，不断地从大量的数据信息中筛选出对环境污染治理有利的数据信息，为环境工程的建设提供理论依据。一旦出现了环境污染问题，大数据技术就能够在最短的时间里找出有效的环境治理方法，这对于各个地区环境治理有着一定的促进作用。只有将大数据技术和环境工程进行有效结合，才可以找出环境污染的最终源头，并且在投入最少成本的基础上，有效地提升环境工程的建设效率。

环境大数据可以帮助政府更全面、精确地了解社会、经济等各方面情况，从而为决策提供重要依据。大数据技术可以收集、整合和分析海量的环境数据，包括空气质量、水资源、土地资源、生物资源等方面的数据，以及与人类活动和政策执行相关的数据。通过分析这些数据，政府可以更加准确地了解环境现状和问题，预测未来环境变化趋势，并制定出更加科学、有效的政策和措施。

环境大数据的应用可以促进公民参与政策制定。公民可以通过环境大数据平台了解环境状况和政策实施情况，表达自己的意见和建议，从而更好地参与到环境决策中。同时，政府也可以通过大数据平台及时获取公民的反馈和诉求，调整和优化政策和措施，实现更加科学、民主的决策。

环境大数据的应用还可以提高政府决策的精细度和有效性。通过大数据分析，政府可以更加准确地了解环境问题的根源和影响因素，制定出更加精细、有效的政策和措施。同时，大数据还可以帮助政府及时监测和评估政策实施的效果，及时发现和解决问题，提高决策的有效性和精准度。

社会发展迅速，虽然在经济方面带来了不错的效益，然而工业、农业生产所带来的废弃物对大气环境却造成了一定的影响。工业废气以及汽车尾气带来的大气污染在整体的污染来源中占据着重要地位。大气环境受到严重破坏，从而导致极端恶劣天气的出现，因此这一方面也成为社会和广大媒体所关注的问题。大气污染监控问题不仅得到了政府部门的重视，而且也得到了媒体的重视，应持续作为当今社会发展被关注的问题。为了能够找到解决大气环境污染问题的方法，需要对空气中大气污染的来源进行全面的掌握和分析。通过对大气污染现状的进一步掌握，从而制定更加有效的方法，来帮助大气环境监测工作的实施。

随着社会信息技术不断变革，信息技术处理能力在各行各业都有着较先进的发展。大数据分析监管系统，是大气环境问题监管发展的一种必然趋势。要想进一步提高大气污染监管信息技术，需要不断对大气监管所用到的硬件进行开发，并不断完善监管数据的处理系统，通过分析这些数据，从而得到较为全面的环境数据。在对大气环境监管过程中，需要收集大量的数据，并通过这些数据分析未来大气中含有的物质成分以及所要采取的应对策略。大气环境监管工作对社会经济发展以及环境保护方面都有着较大的影响，而且利用大气环境监管技术可以有效地促使环境建设工作达到最佳状态。因此，在现代化社会建设中不断加强大气监管技术，从而收集大气数据，模拟大气中各物质的分布，实现对大气环境的实时监管，一定程度上不仅能够提高环境监管工作的效率，也能够使大气环境监管工作的开展更加精确和有效，进一步为环境质量提供有效的保障。在对大气环境进行监测时，应用大数据解析技术可以实现大气环境监管工作的可视化操作，同时也能够对大气环境中所运用到的数据进行收集、整理、记录，并对数据进行挖掘，以此来预测未来大气环境中各物质的含量。利用大数据解析技术对大气环境进行监测，其优点主要表现在以下几个方面。

① 可以对大气环境监管工作进行可视化操作。要想能够有效地确保大气环境监管工作的实施效果和实施质量，就要从多方面的角度对大气中所含的物质进行分析，若只是从单纯一个方面对数据信息进行记录和分析，很难准确地反映大气环境真实的变化规律。面对这样的问题，首先需要对大气环境中的数据进行解析，通过先进、科学、合理的技术措施，将大气环境监管数据转变成清晰的图像，通过图形或图像的监管方式，进而对大气环境监测工作实现可视化操作。除此之外，还可以与气象平台的天气预报进行融合，进一步对大气环境数

据的发布进行有效的监管。通过气象平台所发布的大气环境相关信息，为后期计划的实施提前做好工作。

② 运用大数据解析技术可以有效地对数据整理工作实现相应的管理。所谓的大数据解析技术其实是专门针对数据处理的一项技术。在大气环境监管工作的实施中，应用大数据解析技术，不仅能够更好、更有效地对数据进行收集、整理、记录和挖掘，也可以对数据进行有序的档案管理工作。通过一段时间对大气环境数据的收集，可以实现对大气环境变化规律的掌握。通过对大气环境变化规律的研究和探讨，从而对大气环境进行预测和监管，一定程度上可以提高大气监管工作的准确性和有效性。

③ 大数据解析技术可以利用先前掌握的大气监管的变化规律，预测未来大气环境。在对大气环境数据进行相关处理工作实现后，便可利用大数据解析技术实现相应的数据分析；通过数据之间紧密的联系，总结出大气环境变换中的数据规律；通过利用变换的数据规律和运用气象公式以及针对性的气象编程，可以充分地对未来的大气环境作出预测。除此之外，在对大气环境进行预测时，需要充分地考虑地区性和大气环境历史同期数据的对比，通过分析生态环境等因素，从而有效地对大气环境实施预测。

在信息技术不断变革的时代，将大数据解析技术应用到大气环境的实时监管工作中，不仅能够提高监管工作的效率，降低相关管理人员的工作压力，一定程度上也可以保证大气环境监管工作的质量。通过有效准确的数据，对未来大气环境的变化进行分析和研究，以此来保证大气环境物质含量的均衡，进而给大气环境带来优化。

环境大数据的应用对政府决策有着重要的影响，可以帮助政府更加全面、精确地了解环境状况和问题，促进公民参与政策制定，提高政府决策的精细度和有效性。

6.3 环境工程大数据的应用实例

6.3.1 环境工程大数据在大气污染控制中的应用案例

6.3.1.1 预测宁波未来空气质量指数模型

(1) 数据来源及模型介绍

① 数据来源。宁波是长三角城市圈内的重要城市，其经济与社会地位举足轻重。空气质量是影响城市发展的重要指标，研究并预测未来宁波的空气质量指数有重大现实意义。选取 2014 年 1 月 1 日至 2022 年 8 月 25 日宁波市每日的空气质量指数（AQI）以及六类主要污染物——$PM_{2.5}$、PM_{10}、SO_2、CO、NO_2 和 O_3 的浓度数据（单位：$\mu g/m^3$）。所有数据均摘自空气质量在线检测分析平台，如图 6-15 所示。在界面中可以选择按日进行查询，如图 6-16 所示。

② 相关性分析。相关性分析是判断变量之间的相关程度，由相关系数进行衡量：相关系数值在 0.8~1 时，变量极强相关；相关系数值在 0.6~0.8 时，变量强相关；相关系数值在 0.4~0.6 时，变量中等强度相关；相关系数值在 0.2~0.4 时，变量弱相关；相关系数值在 0~0.2 时，变量极弱相关或不相关。两变量 X 与 Y 之间的相关系数 ρ_{XY} 计算公式如下：

$$\rho = \frac{\text{cov}(X,Y)}{\sigma_X \sigma_Y} = \frac{E(X-\mu_X)(Y-\mu_Y)}{\sigma_X \sigma_Y} \tag{6-1}$$

图 6-15 空气质量在线检测分析平台界面

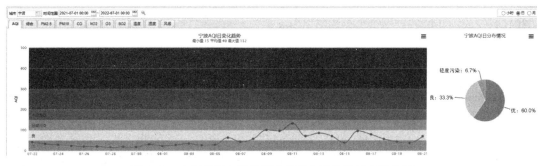

图 6-16 空气质量在线检测分析平台按日进行查询界面

式中　$\mathrm{cov}(X,Y)$——变量 X 与变量 Y 之间的协方差；

　　　σ_X——变量 X 的标准差；

　　　σ_Y——变量 Y 的标准差；

　　　μ_X——变量 X 的均值；

　　　μ_Y——变量 Y 的均值。

③ SARIMA 模型。SARIMA 模型由基础的 ARIMA 模型衍生而来，是在原有的 ARIMA 模型中增加季节参数得到的。SARIMA 的一般形式如下：

$$\Phi_p(L)A_P(L^s)\Delta^d\Delta_s^D y_t = \Theta_q(L)B_Q(L^s)\varepsilon_t \tag{6-2}$$

式中　　y_t——当前数据；

　　　　ε_t——当前误差；

P、Q、p、q——季节与非季节 AR 和 MA 参数；

　　D、d——季节和非季节性差分次数。

④ LSTM 模型。LSTM 是一种自循环的神经网络，能够将之前学习到的参数权重引入下一次的学习中，并进行优化。LSTM 由一系列 LSTM 单元组成，其结构如图 6-17 所示。

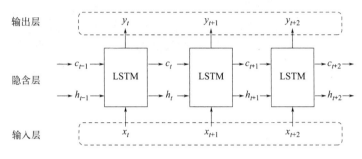

图 6-17　LSTM 链式结构

(2) 数据预处理　在对数据进行分析前，必须检测数据是否完整，若存在缺失值，必须使用相应方法对其进行插补。由于数据集中各指标之间可能存在较强的线性关系，文章利用 mice 函数对数据进行数据缺失值的检测与插补，检测结果如图 6-18 所示。根据结果，数据集不存在缺失值，可以进行下一步分析。

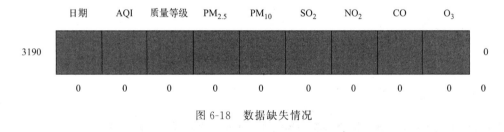

图 6-18　数据缺失情况

(3) 基本数据分析　根据变量两两之间的相关系数，作出宁波空气质量的各指标相关系数图，结果如图 6-19 所示。通过分析各指标之间的相关系数可以提前找出各指标之间的关联，并有针对性地在之后的研究分析中着重讨论该部分。根据图 6-19 数据可以看出，AQI 与 O_3 的相关系数为 0.32，说明 AQI 与该类主要污染物有一定的相关性，但相关性不强，属于弱相关；AQI 与其余五类污染物相关性更低，因此可认为与其不相关。此外，SO_2 与 CO 的相关系数达到了 0.51，属于中等强度相关，因此该两类污染物的变化很可能是同步的。

(4) 空气质量预测　对城市未来空气质量指数预测有相当重要的现实意义，根据预测结果，若当地空气质量指数在未来一段时间内呈持续下降趋势，则相关部门机构需要制定相应对策，来应对空气质量的变化。预测未来空气质量，能够为决策部门提供相应的建议。聚焦宁波市 2014 年 1 月 1 日至 2022 年 8 月 25 日的空气质量指数这一指标，将其构建为时间序列，对其分别建立 SARIMA 模型与 LSTM 模型，预测其未来的变化，并挑选出准确率更高、稳定性更强的模型。

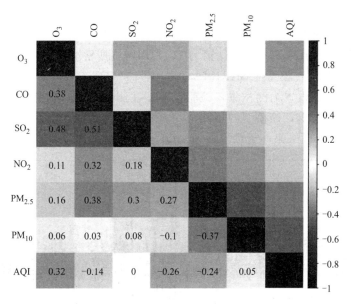

图 6-19 各指标相关系数

① SARIMA 模型。SARIMA 模型是在非季节的 ARIMA（p，d，q）模型中加入了时间参数，构建了 SARIMA（p，d，q）（P，D，Q）[T] 模型，其中（P，D，Q）为季节参数，T 为时间序列的周期。构建 2014 年 1 月 1 日至 2022 年 8 月 25 日的宁波市空气质量指数的时间序列后，需对其进行季节性分解，判断其是否存在季节性，若存在，则需建立 SARIMA 模型，若不存在，建立 ARIMA 模型即可，季节性分解结果如图 6-20 所示。

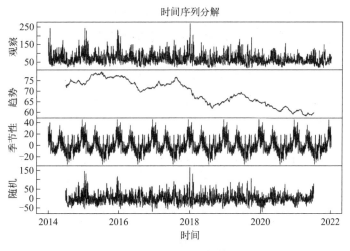

图 6-20 季节性分解结果

图 6-20 中季节性图展示的是该时间序列的季节性趋势，从结果可以看出，宁波市空气质量指数存在较强的季节性，而且大致以 12 月为周期，因此令参数 $T=12$。趋势图体现了时间序列的趋势性，若序列存在趋势性，则需要对其进行差分运算，使数据平稳化。从图中结果可看出，数据大致存在递减的趋势，为确定序列平稳性，还需对其进行 ADF 检验。经 ADF 检验后，其统计量 p 值为 0.00，小于显著性水平 0.05 的阈值，因此序列是平稳的，无须对其进行差分运算，模型参数 d 为 0。AQI 季节分解结果由于 SARIMA 模型存在 6 个

参数,若通过 ACF 和 PACF 图进行模型定阶效率低下,而且准确度较低。因此,选择网格搜索法,基于 AIC 和 BIC 准则,让模型自动搜寻参数,模型的选取参数(p,q)最大值为 5,参数(P,Q)最大值为 2,参数 D 值为 1,利用网格搜索法和 AIC、BIC 准则进行模型定阶,得到最优 SARIMA 模型为 SARIMA(3,0,3)(1,1,1)。将前 80% 的数据设置为训练集,后 20% 的数据设置为测试集,检验该模型在测试集上的预测情况,其结果如图 6-21 所示。从图中可以看出,该模型的预测值与真实值较为相似,因此可以作为宁波市空气质量指数的预测模型。对未来 5 天的宁波市 AQI 进行预测,其结果如表 6-4 所示。

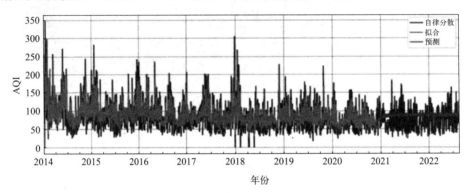

图 6-21 SARIMA 模型测试结果

表 6-4 未来 5 天宁波 AQI 预测结果(SARIMA 模型)

时间	8月26日	8月27日	8月28日	8月29日	8月30日
AQI	66	72	74	83	74
空气质量等级	良	良	良	良	良

② LSTM 模型。还可利用 LSTM 模型对数据进行预测。与 SARIMA 建模过程相同,同样将前 80% 数据设置为训练集,将后 20% 数据设置为测试集,利用训练集数据拟合 LSTM 模型,并判断其在训练集上的预测准确度。由于 LSTM 模型中选取合适的参数较为困难,利用 Adam 算法对参数选取进行优化,自动计算出最优参数。经 LSTM 模型拟合,其在测试集上的预测值如图 6-22 所示。从图中结果可以看出,LSTM 模型的预测值和真实值较为相似,而且相对于 SARIMA 模型,其对真实值的拟合程度更高,因此在预测宁波未来空气质量指数时,选用 LSTM 模型更为合适,对未来 5 天的空气质量指数进行预测,结果如表 6-5 所示。

表 6-5 未来 5 天宁波 AQI 预测结果(LSTM 模型)

时间	8月26日	8月27日	8月28日	8月29日	8月30日
AQI	61	61	55	49	56
空气质量等级	良	良	良	良	良

因此,LSTM 模型预测准确性更好,适合对宁波市未来的空气质量进行预测。在大数据的视角下对传统问题进行研究,能够更加准确、更加系统地对数据变化规律和原因进行探究把握,以数学的方式将问题发展的趋势一目了然地展现出来,为解决问题提供良好建议。同时,本模型也存在一些不足之处,例如在研究各指标之间的关系时,仅仅使用了相关性分析,还没有进行更深层的研究,在时间序列预测时,也只使用了单变量时间序列预测。

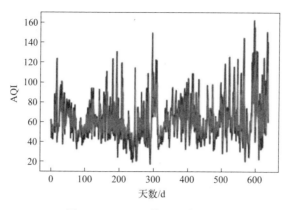

图 6-22　LSTM 模型拟合结果

大数据建模实际拓展：利用大连市近两年的空气质量指数的大数据构建上述模型，预测大连未来一个月空气质量指数。大连市近几年的 AQI 大数据通过空气质量在线检测分析平台获得，如图 6-23 所示。

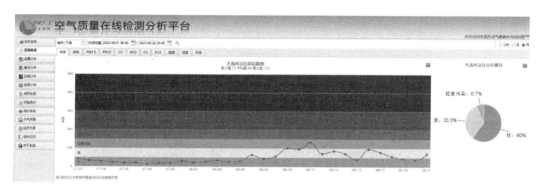

图 6-23　大连 AQI 变化趋势图

6.3.1.2　大气污染预测混合模型

城市和城市周围的地区的生态环境会受到社会、经济和文化等因素的影响。通常空气质量会受到机动车排放的尾气、石油和煤等能源的工业排放的污染等人类活动影响，城市中各个区域的空气质量相差很大，因此对城市整体进行空气质量的预测是不太准确的。

大气污染预测模型由三个模型组成，分别为时间预测模型、空间预测模型和混合模型预测。时间预测模型使用 LSTM 神经网络搭建，并对各参数进行调优；空间预测模型使用 ANN 神经网络搭建并进行调优；混合模型预测使用决策树将时间预测结果和空间预测结果进行筛选划分。

(1) 预测模型框架

① 数据来源。所使用的数据集由生态环境部发布，数据集收集了每小时尺度的污染物数据集，空气质量数据主要包括 $PM_{2.5}$、PM_{10}、NO_2、CO、O_3、SO_2 的逐小时监测数据，气象数据主要包括气温、风向、风速、压强、湿度、天气的逐小时监测数据。地区主要为京津冀地区，包括北京、天津及其 300 千米范围内的 19 个相邻市，从 2014 年 4 月 30 日至 2015 年 5 月 1 日共 12 个月的空气污染值数据及监测站地面气象数据。每个城市都由表示的地理位置（经度，纬度）相关联，总共有 2891393 条空气质量记录、1898453 条实时气象记录和 910576 条天气预报记录。表 6-6 总结了相关变量的统计情况。

表 6-6 数据集的统计分析

变量	单位	范围	平均值	标准差
$PM_{2.5}$	$\mu g/m^3$	(1,1463)	69.06	69.10
PM_{10}	$\mu g/m^3$	(0.1,1498.0)	115.51	103.34
NO_2	ppb	(0.0,499.7)	42.50	32.54
CO	ppb	(0.0,46.467)	1.32	1.20
O_3	ppb	(0.0,500.0)	56.15	50.60
SO_2	ppb	(0.0,999.0)	36.26	48.74
天气	m/s	(0.0,16.0)	1.78	2.91
风速	m/s	(0.0,95.5)	7.16	5.41
风向	m/s	(0.0,24.0)	13.00	8.57
压强	hPa	(745.7,1050.0)	1001.08	33.09
湿度	RH	(0.0,100.0)	62.20	24.61
温度	℃	(−27.0,41.0)	14.21	11.03
经度	(°)	(36.58,41.01)	39.14	1.17
纬度	(°)	(114.35,119.61)	116.39	1.44

注:$1ppb=10^{-9}$。

利用获取的京津冀地区的空气质量数据、气象数据,以单监测站为目标建立一个考虑时空特征的混合预测模型预测 $PM_{2.5}$ 浓度,预测模型框架图如图 6-24 所示。

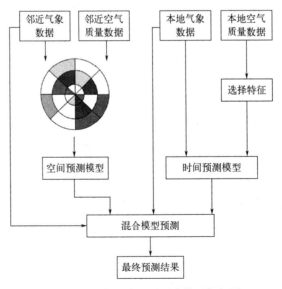

图 6-24 大气污染预测混合模型框架图

站点的 $PM_{2.5}$ 不仅受到历史 $PM_{2.5}$ 浓度的影响,在站点周边的污染物会因为刮风下雨等自然现象影响到站点本身的 $PM_{2.5}$ 浓度,因此对单站点的空气质量预测模型需要同时考虑时间因素和空间因素。

② 软硬件环境配置。模型分为三部分,时间预测模型、空间预测模型和预测聚合模型。其中时间预测模型主要考虑时间因素的影响,将预测的结果作为时间特征;而空间预测模型

主要考虑监测站点周边站点对当前站点的影响，将预测的结果作为空间特征；最后使用预测聚合模型将时间预测模型结果和空间预测模型结果作为对监测站的 $PM_{2.5}$ 浓度预测的不同观点进行聚合得到最终结果。

软硬件环境配置选择的深度学习框架为 TensorFlow，该框架是由 Google Brain 团队为深度神经网络（DNN）开发的功能强大的开源软件库，其易用性、灵活性、高效性和背后的支持均比其他框架强大，能使开发者轻松地构建和部署神经网络，更适用于构建和训练深度学习的高阶 API——Keras，可以实现快速原型设计、先进的研究和生产，更适合科研人员的科学研究应用。最终选用的具体软硬件配置如表 6-7 所示。

表 6-7 软硬件实验环境配置

名称	版本（型号）
CPU	Intel i7-4790K 4.00GHz
GPU	NVIDIA GTX 1080Ti
内存	16GB
操作系统	Ubuntu 16.04 64bit
语言	Python3.6
NVIDIA Driver	430.50
Keras	2.6.0
TensorFlow-GPU	2.6.2
CUDA	9.2.0
CUDNN	7.6.5

③ 模型性能评价指标。对回归预测模型所选用的评价指标分别为 RMSE、MAE、MAPE。以下是对检测预测模型的统计量的介绍。RMSE 又称为均方根误差，均方根误差是对均方误差进行开方，用于衡量观测值同真实值的偏差，其值越小说明拟合效果越好。MAE 又名平均绝对误差，作用是计算每一个样本的预测值和真实值的差的绝对值，然后将所有差进行求和取平均值，其值越小说明拟合效果越好。与在衡量模型准确度上有同等效果的 MSE 相比，数据中的异常值对 MAE 的影响要小于 MSE，即 MAE 的稳健性比 MSE 更好。MAPE 指平均绝对百分比误差，MAPE 结果用%表示，0%表示为完美模型，当 MAPE 大于 100%时则为劣质模型。RMSE、MAE 和 MAPE 的计算结果越小证明预测偏差越低，模型的预测效果越好。所有的评价指标计算公式如下所示：

$$\text{RMSE} = \sqrt{\frac{1}{n}\sum_{i=1}^{n}(\hat{y}_i - y_i)^2} \qquad (6\text{-}3)$$

$$\text{MAE} = \frac{1}{n}\sum_{i=1}^{n}|\hat{y}_i - y_i| \qquad (6\text{-}4)$$

$$\text{MAPE} = \frac{100\%}{n}\sum_{i=1}^{n}\left|\frac{\hat{y}_i - y_i}{y_i}\right| \qquad (6\text{-}5)$$

式中　y_i——$PM_{2.5}$ 浓度真实值；

　　　$\hat{y}_i$——$PM_{2.5}$ 浓度预测值；

　　RMSE——均方根误差；

　　MAE——平均绝对误差；

MAPE——平均绝对百分比误差。

（2）基于长短期记忆神经网络的时间预测模型 大气污染预测混合模型将时间预测模型的结果作为时间特征，主要考虑空气质量监测站点 T 本身的历史污染物浓度数据和气象数据。问题可以表述为当站点 S 位于时刻 t，对站点 T 的 $t+1$ 时刻的 $PM_{2.5}$ 浓度进行预测，需要考虑历史时刻 $t-1$、$t-2$、$t-3$、$\cdots$、$t-n$ 分别对应的 $PM_{2.5}$ 浓度、$PM_{2.5}$ 相关污染物浓度和气象数据。

时间预测模型的预测与时间类型数据相关，对时间预测模型提出使用长短期记忆神经网络进行拟合，原因如下：时间序列的关系为非线性，而神经网络可以很好地对非线性关系进行拟合；从缺失值处理的模型对比中可以知道，选择具有循环结构的神经网络进行时间预测效果比前馈神经网络更好；长短期记忆神经网络可以有效记忆历史数据，相比 RNN 神经网络能够更好地处理和学习时间类型的数据。

因此时间预测部分的神经网络选择使用 LSTM 神经网络进行时间预测。时间预测部分的神经网络使用四种不同类型的数据预测某一个监测站的 $PM_{2.5}$ 浓度：此监测站当前的 $PM_{2.5}$ 等污染物数据；在当前时间点 t_c 监测站气象数据（如天气情况，晴天、阴天、多云、有雾等，湿度情况，风速大小，风速方向）；过去 h 小时的气象数据和污染物数据。

时间预测模型需要预先设置几个超参数，其中包括 LSTM 层数、每个 LSTM 层中的节点数、全连接层数、每个全连接层中的节点数和滞后时长。首先是 LSTM 层，先将 LSTM 的初始神经单元设为 10 个节点，1 个全连接层，该层共 200 个节点。调用 model.summary()，查看模型的网络结构及各层的详细情况，如表 6-8 所示。

表 6-8 时间模型的神经网络结构

神经网络层	输出形状	参数个数/个
LSTM 层	(none,1,10)	2360
dense 层	(none,1,200)	2200
dense 层	(none,1,1)	201

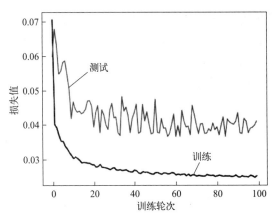

图 6-25 初始超参数的损失函数趋势图

时间预测模型的初始超参数配置如表 6-8 所示，初始超参数的损失函数趋势如图 6-25 所示。初始模型的 RMSE 得分为 15.356，MAE 得分为 9.633，MAPE 得分为 35.2%。从图 6-25 中可以看出，时间预测模型的初始激活函数的损失函数趋势十分不平滑。但总体来说并没有出现过拟合的情况。

① 激活函数优化。时空大气污染预测模型时间预测模型采用的 LSTM 的门控单元通常采用 Sigmoid 函数作为激活函数，而输出激活函数选择 Tanh。尝试更换激活函数以达到更好的预测效果。这里分别选择使用 Sigmoid 函数和 Softsign 函数进行调试。Sigmoid 为激活函数和 Softsign 为激活函数的损失函数收敛情况对比如图 6-26、图 6-27 所示。

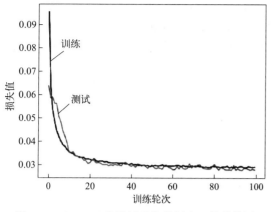 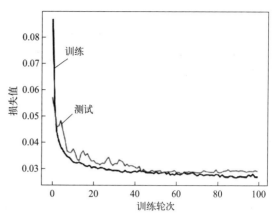

图 6-26 Sigmoid 为激活函数的损失函数趋势图   图 6-27 Softsign 为激活函数的损失函数趋势图

将 Sigmoid 和 Softsign 激活函数的模型评价得分进行汇总对比，如表 6-9 所示。

表 6-9 **Sigmoid 和 Softsign 的模型评价得分对比**

模型指标	Sigmoid	Softsign
RMSE	19.489	19.285
MAE	11.901	12.433
MAPE	26.6	24.3

通过表 6-9 的数据对比可以发现，当模型的损失函数固定时，Sigmoid 作为激活函数仅在 MAE 指标上略好于 Softsign 函数。两损失函数的运行时间相差不大，且 Softsign 作为激活函数时的损失函数传播得更为平滑。综合上述结果表明，在 LSTM 将激活函数换为 Softsign 函数可以得到更好的预测效果。

② 时间序列长度的确定。时间序列长度是时间序列和循环神经网络的一个重要参数。在模型的训练过程中，不同的滞后时间会对模型的准确度和模型的精确度产生影响。在相同的输入数据情况下，尝试将滞后时间从 1 小时到 24 小时建立模型进行训练。不同滞后时间的模型得分如表 6-10 所示。

表 6-10 不同滞后时间的模型得分

滞后时间/h	RMSE	MAE	MAPE
1	20.231	12.986	20.6%
2	20.038	12.702	20.9%
4	19.559	12.751	20.7%
8	19.433	12.598	25.3%
16	21.857	14.732	26.7%
24	23.718	16.528	27.9%

从表 6-10 中数据可以很显然发现模型的评价得分先随着滞后时间的增长而缓慢增长，到达 8 小时时获得了最佳评分，而后再增加滞后时间模型评分反而下降。这表明，距离预测点一定时间的信息是有用的，而更长的滞后时间的信息可能会带来噪声导致训练过程受到干扰，从而使模型的评价得分变低。通过观察损失函数趋势图和运行情况（图 6-28～图 6-

33），发现当滞后时长设置为 8 小时时 RMSE 评分表现最好，但 8 小时的 MAPE 相比 1 小时、2 小时、4 小时的 MAPE 却有所降低。综合训练的时长和模型的评分，在训练中使用过去 8 小时的历史数据可以获取最好的模型评分，且训练过程相对稳定和平滑。因此在接下来的模型中使用 8 小时的滞后时长。

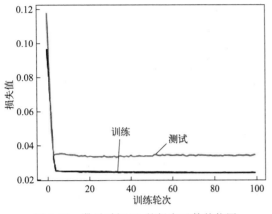

图 6-28　滞后时间 1h 的损失函数趋势图

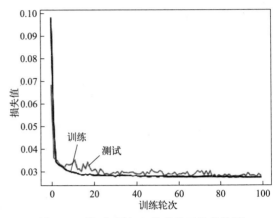

图 6-29　滞后时间 2h 的损失函数趋势图

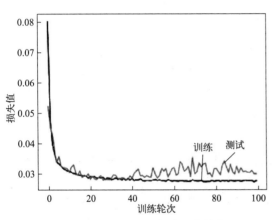

图 6-30　滞后时间 4h 的损失函数趋势图

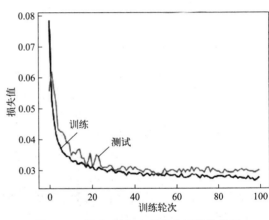

图 6-31　滞后时间 8h 的损失函数趋势图

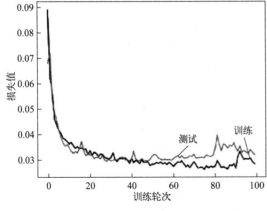

图 6-32　滞后时间 16h 的损失函数趋势图

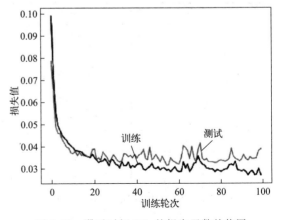

图 6-33　滞后时间 24h 的损失函数趋势图

③ 优化器优化。通常深度学习模型面对不同的问题会使用不同的损失函数，同样的优化方法也是可以进行选择的。合适的优化方法可以提高模型的训练速度和准确度。选取 Adam 优化器、Adagrad 优化器、SGD 优化器、RMSProp 优化器进行对比。从表 6-11 可以看出，使用 Adam 优化器在 RMSE、MAE 和 MAPE 上比 Adagrad 和 SGD 优化器均高出不少，但 Adam 优化器相比起 RMSProp 优化器，各项指标要略逊一筹。

表 6-11 各优化器的模型评分对比

优化器	RMSE	MAE	MAPE
Adam	19.886	13.671	24.6%
Adagrad	31.510	21.302	45.4%
SGD	21.139	13.815	22.4%
RMSProp	19.600	12.583	23.7%

Adam 优化器的损失函数趋势如图 6-34 所示。从图 6-35 可以看出，RMSProp 优化器虽然训练集损失函数收敛平滑，但是测试集的损失函数收敛的波动很大，可能是因为无法处理数据中的突变情况，给训练的过程中带来了噪声。从图 6-36 可以看出，SGD 优化器训练集和测试集的损失收敛很平滑，但是最终模型的评价均不如 Adam，在训练学习过程中学习到的模式相对较差。最后可以从图 6-37 可以看出，Adagrad 优化器的收敛速度缓慢，且各模型

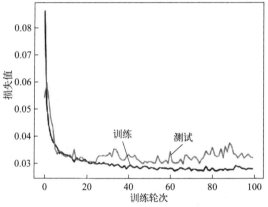

图 6-34 Adam 优化器的损失函数趋势图

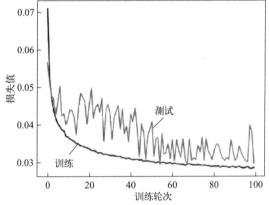

图 6-35 RMSProp 优化器的损失函数趋势图

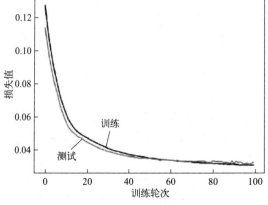

图 6-36 SGD 优化器的损失函数趋势图

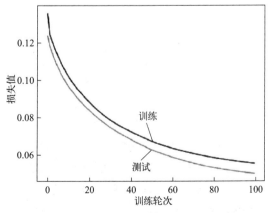

图 6-37 Adagrad 优化器的损失函数趋势图

的各项评价最低。综合运行情况、测试集和训练集的损失情况、模型的评估得分，Adam 优化器的运行时间适中，且训练的过程相对平稳，测试集和训练集的损失相比其他优化器不遑多让。因此在时空大气污染预测模型中使用 Adam 优化器最为合适。

④ 神经单元优化。在模型结构中，可以通过调整隐含层中的神经元数量来构建更快更好的模型，目前没有得出公认最佳神经元设置数量，因此为了充分验证神经元数量的影响，从数量12开始，以12为增长量逐步递增到108，依次对模型进行训练。不同神经元数量的情况下模型得分如表 6-12 所示。

表 6-12　不同神经元数量情况下模型得分情况

神经元数量/个	RMSE	MAE	MAPE
24	15.947	7.745	33.3%
36	15.738	7.553	31.9%
48	15.672	7.609	32.8%
60	15.634	7.480	29.9%
72	15.588	7.456	30.9%
84	15.537	7.461	30.4%
96	15.574	7.510	30.8%
108	15.654	7.474	30.6%

从不同神经元模型的运行情况的对比中可以发现，当神经元从12增加到60时，模型评分 RMSE、MAE、MAPE 不断升高，而当神经元数量从60往上达到84时，模型评分 RMSE、MAE、MAPE 已经不再有明显变化，但仍然小幅度升高。当神经元数量超过84后模型的评分 RMSE、MAE、MAPE 反而在降低。同时通过观察损失函数趋势图，当神经元数量低于60时，此时的模型不仅在训练集中每步运行都有更大的损失，同时在最后的测试集中模型的评分 RMSE、MAE、MAPE 也在逐步降低。在各神经单元的损失趋势图中，可以看见各损失趋势图均存在一定的波动，可能是数据集中的突变数据对训练过程造成影响。相对于神经单元少的模型，神经单元多的模型受噪声的影响更大，波动更加明显，且神经单元为60的模型在初始训练时不够稳定。

从各神经单元的最终结果可以看出，不同神经单元数量的模型运行时间接近，且训练集和验证集的损失程度接近，从运行情况来看，各神经单元的运行情况差别不大。由于各神经单元的运行情况差别不大，需要多考虑损失函数趋势图和模型评分对比表。综合损失函数趋势图和模型评分对比表，时间预测模型最适合的神经元个数为72~96，但72个神经单元和96个神经单元的损失函数趋势图的波动相比84个神经单元更大，因此模型的最佳神经元数量为84。

（3）基于空间特征的预测模型　监测站的空气质量不仅由本地的空气质量数据和气象数据决定，也取决于它附近监测站的空气质量，因为不同地方的空气污染物会有流动的可能。例如，假设有一个工厂排放污染物的地点距离监测站有50千米左右的距离，在排放的过程中正好风把它们吹向监测站，那么监测站会很快检测到空气质量下降；假如一个工厂排放污染物的地点在两山之间，即便有风也比较难以把空气污染物吹向监测站的附近，那么监测站附近的空气质量则不会受到特别大的影响。

大气污染预测混合模型将空间预测模型的结果作为空间特征,主要考虑空气质量监测站站点 T 周边的监测站点对站点 T 的影响。为了模拟不同地点空气质量的空间相关性,空间预测模型将站点 T 周边的站点进行聚合,站点 T 周边 300km 内以监测站为圆心划分为 3 个不同半径的圆,其半径分别为 30km、150km、300km。超过 300km 范围的监测站视为不足以影响当前监测站的空气质量,不作考虑。然后将不同半径的圆平均划分为 24 个部分,在本地监测站周边 300km 内的监测站按照实际经纬度坐标投射到划分图上,每个区域部分的空气质量数据和气象数据由区域内的监测站决定,拥有多个监测站的区域的空气质量数据和气象数据为监测站的均值。这样做的好处不仅减少了参加预测的参数数量,同时由于同一区域内不同监测站在同一时间监测到的风向可能是相冲突的,这样的输入会对预测模型造成混沌干扰,将区域内的数据进行统一有助于提升预测效果。空间预测模型的空间划分和站点风向聚合如图 6-38 所示,其经过整理组合后的 $PM_{2.5}$ 浓度效果如图 6-39 所示。

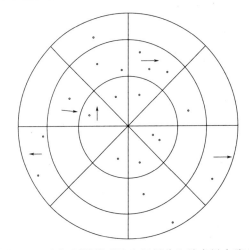

图 6-38 空间预测模型的空间划分和站点风向聚合　　图 6-39 空间预测模型的 $PM_{2.5}$ 浓度效果显示图

空间预测模型通过划分监测站周边的区域,并对监测站周边的空气质量数据和气象数据进行提取分类,形成共 24 个分区的聚合数据。同时使用当前监测站点周边的数据进行预测,类似于用全局的数据对某一节点进行预测,并且可以与时间预测模型结果形成不同的观点。空间预测模型的流程图如图 6-40 所示。

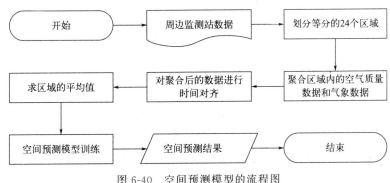

图 6-40 空间预测模型的流程图

空间预测模型使用全连接神经网络进行预测,共四层神经网络(两层隐含层)。神经网络的初始参数如表 6-13 所示。

表 6-13 空间预测模型初始参数配置

超参数名称	数值与方式
训练轮次(epoch)/次	200
批大小(batch size)	32
损失函数(loss function)	MAE
优化器(optimizer)	SGD 优化器
神经单元/个	36,18

调用 model.summary()，查看空间预测模型的网络结构及各层的详细情况，如表 6-14 所示。

表 6-14 空间模型的神经网络结构

神经网络层	输出形状	参数个数/个
dense 层	(none,72)	12168
dense 层	(none,36)	2628
dense 层	(none,1)	37

空间预测模型的模型评估标准使用均方根误差（RMSE）、平均绝对误差（MAE）和决定系数（R2）。初始空间预测模型的 RMSE 为 21.23，MAE 为 11.61，R2 指数为 0.495。从空间预测模型的训练损失函数趋势可以看出，空间预测模型在稳步学习周边监测站对当前监测站的 $PM_{2.5}$ 的分布情况。但从评估指标来看，RMSE 和 MAE 相比较时间预测模型相差较大，其 R2 指数也表明模型的预测值与真实值有较大的差距，仍需要进一步优化调整。空间预测模型的训练损失函数趋势图如图 6-41 所示。

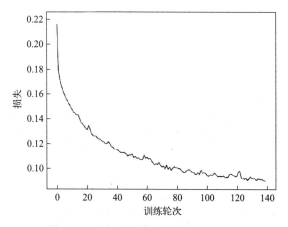

图 6-41 空间预测模型的损失函数趋势图

① 过拟合优化。过拟合是机器学习中普遍存在的一个问题。如果模型的参数太多，同时训练样本太少，则经过训练的模型会出现过拟合现象。进行训练的目标是让训练好的模型能够在没有见过的数据上仍然有好的预测表现，而过拟合现象的出现意味着模型仅在该训练集上的结果很好，而在其他数据集上的表现达不到在训练集上的表现。在训练神经网络初期时常常会出现过拟合的情况，因此对过拟合进行优化是神经网络搭建过程中十分重要的一环，可以有效提高模型的泛化能力和准确度。

为解决空间预测模型的过拟合问题，采用 Dropout 技术对空间预测模型进行正则化操作。Dropout 是由多伦多大学的 Geoffrey Hinton 和他的学生开发的，目前受到世界各地研究者的广泛关注。Dropout 技术是指在神经网络的训练过程中，按照一定比例随机地将一部分神经网络单元暂时丢弃，限制被丢弃单元之间的更新。Dropout 具体工作原理为在空间预测模型进行前向传播时让部分比例的神经元暂时停止计算，以防止神经网络在训练模型时出现过拟合现象，进一步增强空间预测模型的泛化性。在空间预测模型中将 Dropout 的参数设置为 0.25，随机使隐含层中 25% 的神经元节点不进入下次计算，避免模型从中学到一些偶然的模式，并使反向传播的修正值平衡地分布到各个参数上。Dropout 过拟合的解释过程如图 6-42 所示。

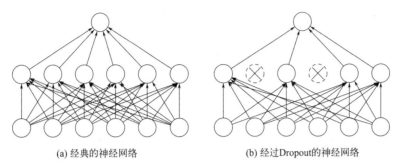

图 6-42　Dropout 过拟合优化

② 神经单元优化。空间预测模型采用两层全连接神经网络作为隐含层进行构造。首先对神经单元的数量进行实验，初始神经单元参数分别为 72 和 36，该实验将第一层神经网络和第二层神经网络的神经单元个数设置从 36，18；100，50；200，100；256，128 不同数目的组合中进行训练，模型经过多次训练和预测并记录不同神经单元个数下的模型误差。实验结果如表 6-15 所示。

表 6-15　空间预测模型不同神经元个数设置的评分

神经单元/个	RMSE	MAE	R2
36,18	21.23	11.61	0.495
72,36	18.00	9.41	0.66
100,50	15.68	7.822	0.74
200,100	14.65	7.078	0.767
256,128	12.89	6.19	0.807

从实验结果可以看出在神经单元个数分别设置为 256 和 128 时，模型的预测精度最高。因此将空间预测模型中的第一层神经网络的神经单元个数设为 256，第二层神经网络的神经单元个数设为 128。再通过对空间预测模型的其他参数进行手动调整优化，最终在训练集上取得拟合最好的效果。空间预测模型的训练参数具体设置如表 6-16 所示。

表 6-16　空间预测模型最终超参数配置

超参数名称	初始值与方式
训练轮次(epoch)/次	200
批大小(batch size)	32
损失函数(loss function)	MAE
优化器(optimizer)	Adam 优化器
神经单元/个	256,128
Dropout	0.25

优化器是搭建神经网络模型中两个主要参数之一，空间预测模型训练最终所选用的优化器为 Adam 优化函数，Adam 优化函数的初始学习率为 0.001，每次更新后的学习速度衰减率为 0。损失函数最终为平均绝对误差函数（MAE）。两层全连接层的激活函数为 ReLU 函数，由于 ReLU 函数在输入没有负数的情况时不存在梯度消失，因此在全连接层中选择使用 ReLU 函数作为激活函数。最终的输出函数选用 Linear 函数的预测效果最好。最终空间预测模型的预测精度为 79.37%，RMSE 为 12.89，MAE 为 6.19，R2 为 0.807。

（4）混合模型预测　时间预测模型使用一个监测站监测的本地时间序列数据，而空间预测模型使用的是监测站周边的监测时间序列数据，空间预测模型和时间预测模型使用非重叠的时间序列来预测一个地点的空气质量，可以提供不同的预测观点。因此，需要混合模型动态地集成空间预测模型和时间预测模型对时间序列的预测结果。有时空间预测模型结果比时间预测模型结果更重要，例如，当不同地方之间的空气流通较弱时，时间预测模型的结果会对当前监测站的空气质量影响更大；相反当风速非常高的时候，全球大气扩散可能是决定一个地方空气质量的一个主要因素。因此，需要着重考虑该地区当前的气象状况。与时间序列预测使用的数据集相比，预测混合模型将气象状况的所有特征数据如风速、风向、湿度、晴天/多云/阴天/雾天放入模型进行训练，来计算这两个预测的动态权重。回归树的训练流程如图 6-43 所示。

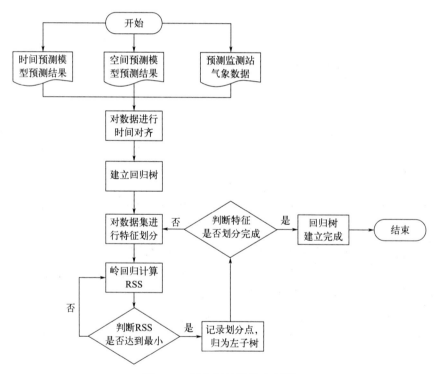

图 6-43　回归树的训练流程图

训练一个回归树（RT）来建模将这些因素和预测结果进行动态组合。回归树可以看作是决策树和线性回归的集成。一般情况下，它根据一些判别特征对数据进行层次划分，然后对叶节点上的每一组数据进行线性回归学习。虽然 RT 的第一步类似于决策树，但是 RT 可以同时处理连续和离散的特性。在处理连续特性时，它使用数据中方差的减少（某种程度上类似于决策树中的信息增益）来确定分区阈值。选择方差下降幅度最大的特征作为第一个节点,将数据分成两部分。该过程在数据的每个部分迭代执行,直到满足某些条件,例如树的深度或叶节点中的实例数量。为训练这样一个回归树,首先需要将空间预测结果、时间预测结果和当前监测站气象数据聚合在一个数据集中,同时将这个数据集与对应的 $PM_{2.5}$ 浓度进行时间配对;其次开始划分数据集中的特征,该回归树选择 RSS 函数作为评价标准,RSS 函数的值是否小于阈值或没有特征是是否停止递归的条件,在实际情况中特征数据的矩阵往往不是满秩矩阵或者某些列之间的相关性很强,为了防止优化过程中矩阵求值误差大和出现不可逆的情况,选择岭回归作为惩罚项;然后将计算出的各个特征的值与 RSS 系数进行对应,将数据集划分为两部分作为左右子树,最后对左右子树进行递归调用生成回归树。预测混合模型的回归树步骤如图 6-44 所示。

```
Input: 时间预测模型的 PM2.5 浓度预测结果;空间预测模型的 PM2.5 浓度
       预测结果;预测监测站的气象数据;停止计算的参数条件
Output: 回归树
1  从根节点开始,递归地对数据集中的每个结点进行如下操作
2  while 不满足终止条件 do
3    if 样本个数小于阈值或没有特征 return then
4      计算数据集的 RSS 系数并对比阈值
5    else
6      if 系数小于阈值 then
7        返回决策树子树,当前节点停止递归
8      else
9        岭回归优化系数
10     end
11     得出最优特征和最优特征值进行数据集划分
12   end
13   对左右的子节点递归调用
14 end
15 进行后剪枝
Result: 生成回归树
```

图 6-44　预测混合模型的回归树步骤

图 6-45 展示了训练回归树来预测北京一个监测站的空气质量的示例,菱形代表被选来归类 $PM_{2.5}$ 浓度的一个相关特征;在回归树模型中每个方形叶节点代表一个预测结果,该模型结合不同的特征来计算 $PM_{2.5}$ 浓度的最终值;每条边关联的数字是所选特征的阈值。例如,当 17 号特征的值小于 34 时进入左子树查看第 21 号特征的值,当 21 号特征的值大于 -40.6 时可以得出一个 $PM_{2.5}$ 浓度预测结果,若 21 号特征的值小于 -40.6,则进入判断第 17 号特征是否大于 63。在预测时使用了过去 3 小时的历史数据,因此会出现相同特征如气压等的多次判断。可以在每个监测站点上都进行预测混合模型的训练。

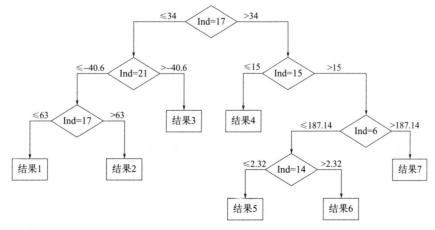

图 6-45　回归树的示例展示

(5) 大数据分析

① 时空大气污染预测模型的 $PM_{2.5}$ 预测实验。在实验进行前先对 2014 年 5 月 1 日到 2015 年 4 月 30 日的各种数据进行数据可视化操作。对数据进行可视化在研究初期可以在一定程度上帮助分辨特征的数据，加强对原始数据集的整体性把握。空气污染物数据可视化结果如图 6-46 所示，气象数据可视化结果如图 6-47 所示。

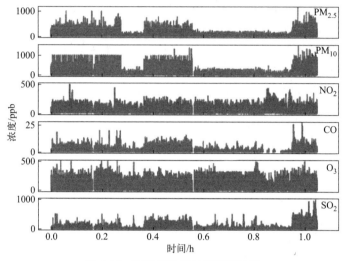

图 6-46 空气污染物时间序列线图

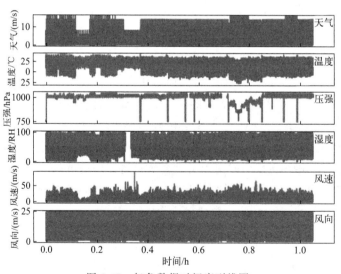

图 6-47 气象数据时间序列线图

② 基于深度学习的 $PM_{2.5}$ 预测实验。为对比验证大气污染预测模型的有效性及准确性，使用一种机器学习以及三种深度学习的经典算法模型进行预测。机器学习算法模型为 MLP，深度学习算法模型为 RNN、LSTM、GRU 三种。为保证实验的有效性，所有实验均在同一实验环境下进行，同时使用相同的数据集，设置同样大小的训练集和测试集。该实验中所有模型均使用 Keras 框架搭建，其中 RNN、LSTM、GRU 模型的数据时序步长均设置为四小时，且模型结构均为双层叠加模型。

实验过程以 RNN 模型为例，首先将经过缺失值填充处理完成的训练集放入构建好的 RNN 模型中不断地进行反向传播计算，之后再根据模型在训练集上的拟合程度调节模型参数,经过不断地调试参数后确定最佳的模型参数。在确定好最佳的模型参数之后,再将测试集放入训练好的 RNN 模型进行预测输出 $PM_{2.5}$ 浓度的预测值。最终根据预测值计算模型的评价指标。其他模型的预测过程与 RNN 模型相同,各模型的具体配置如表 6-17 所示。图 6-48、图 6-49、图 6-50 和图 6-51 显示了 MLP、RNN、LSTM、GRU 四个模型在训练集和测试集上每个 epoch 的损失误差。

表 6-17 对比模型的参数配置

超参数名称	MLP	RNN	LSTM	GRU
训练轮次(epoch)/次	100	100	100	100
批大小(batch size)	32	32	32	32
损失函数(loss function)	MAE	MAE	MAE	MAE
优化器(optimizer)	SGD 优化器	SGD 优化器	Adam 优化器	Adam 优化器
神经单元/个	200,100	200,100	200,100	200,100

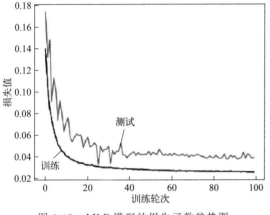

图 6-48 MLP 模型的损失函数趋势图

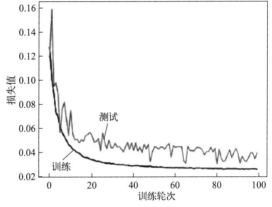

图 6-49 RNN 模型的损失函数趋势图

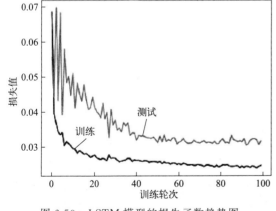

图 6-50 LSTM 模型的损失函数趋势图

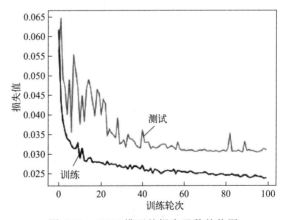

图 6-51 GRU 模型的损失函数趋势图

从损失函数趋势图可以看出,MLP 模型在学习过程中逐步震荡向下,最后在 20 轮左右开始趋于收敛。RNN 模型在初期下降速度十分快速,在 15 轮左右时开始趋于收敛,但在训练后期出现小幅度的震荡。LSTM 在训练初期震荡十分强烈,在 40 轮左右开始趋于收敛,相较 RNN 模型收敛速度要慢一点，但在训练后期几乎没有出现什么震荡。GRU 模型的情况与 LSTM 模型类似，初期训练震荡明显，但相较 LSTM 模型在 20 轮左右开始趋于收敛，说明 GRU 模型针对 LSTM 模型的模型改进有效，且在训练后期也无明显震荡情况。LSTM 模型和 GRU 模型虽然在初期训练震荡较大，但后期的训练情况好于 RNN 模型，可以说明基于 LSTM 和 GRU 模型的 $PM_{2.5}$ 浓度预测模型比 RNN 模型学习能力更要加出色。表 6-18 为对比实验模型的评价指标的具体数据。可以看出，MLP 模型在 RMSE 和 MAPE 评价指标上得分最低，仅在 MAE 得分上好于 RNN 模型，尤其是 MAPE 得分最低表示 MLP 模型的模拟程度是最差的，而属于深度学习模型的 RNN、LSTM、GRU 模型在大多数评分上均高于 MLP 模型，说明深度学习模型比 MLP 模型能更有效地预测 $PM_{2.5}$ 浓度。

表 6-18　对比实验模型的评价指标对比

对比模型	RMSE	MAE	MAPE
MLP	15.765	7.953	38.3%
RNN	15.527	9.497	34.7%
LSTM	14.747	7.598	31.6%
GRU	14.056	7.528	28.8%
ST	8.654	5.416	30.4%

深度学习的 RNN、LSTM 和 GRU 模型的各项评价指标得分接近，其中 LSTM 模型和 GRU 模型的各项评价指标得分均好于 RNN 模型，证明 LSTM 模型和 GRU 模型针对 RNN 的改良是有效的，同时三个模型均使用四小时后的时间数据进行预测，可以间接地说明 LSTM 模型和 GRU 模型较好地解决了 RNN 模型的长期依赖问题，没有出现梯度消失和梯度爆炸等问题。同时 GRU 模型各项指标均好于 LSTM，可以知道 GRU 模型相较 LSTM 模型更适合用于小范围地区的 $PM_{2.5}$ 浓度预测任务。所搭建的大气污染预测混合模型（以下简称 ST 模型）在 RMSE 和 MAE 评价指标上均好于 GRU 模型，仅在 MAPE 得分上低于 GRU 模型 1.6%。可能是填充过程或训练预测中出现一定的偏差导致模型评分降低，但 RMSE 和 MAE 的评分好于 GRU 模型可以说明 ST 模型比 GRU 模型更适合于小范围地区的 $PM_{2.5}$ 浓度预测任务。

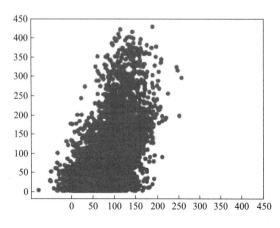

图 6-52　MLP 模型的散点图

接下来从模型整体的预测效果来看，将整体的预测效果通过可视化的形式展现。图 6-52～图 6-55 以散点图展现了模型整体的回归预测结果，横坐标为各模型的预测值，纵坐标为监测站的真实值。可以观察到，MLP 模型的聚合度最差，与 RNN、LSTM、GRU 模型的散点图相比，没有处于同一对角线上，且分散的程度及回归到中线的程度和 RNN、LSTM、GRU 模型相比都相差甚远。而 RNN、LSTM、GRU 模型大部分预测值和真实值均在回归线附近，三种对比模型在整体数值的预测程度上接近，只能从图像上看见一些细小不同的离散点，可以验证模型不存在局部最优解的情况。图 6-56 为 ST 模型的散点图，ST 模型与上述模型相比，与 RNN、LSTM、GRU 模型的散点图相接近，ST 模型的离群点相较上述模型更加聚合，且 ST 模型的评价指标同 GRU 相比，RMSE 降低了 38%，MAE 降低了 28%，多个方面说明了 ST 模型比对比模型的效果更好。

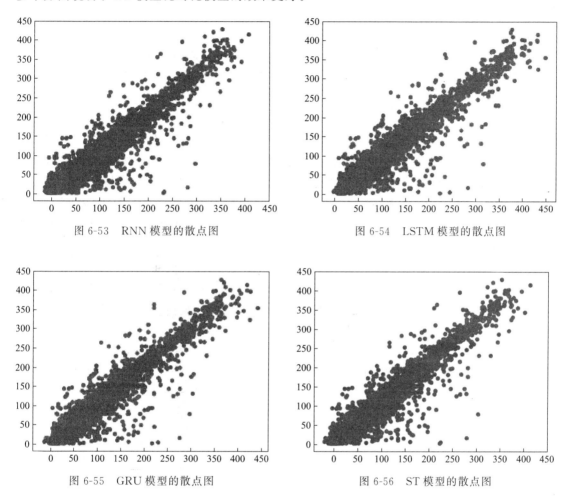

图 6-53　RNN 模型的散点图　　　　　　　图 6-54　LSTM 模型的散点图

图 6-55　GRU 模型的散点图　　　　　　　图 6-56　ST 模型的散点图

③ 不同数据集的模型实验对比分析。分别对模型使用气象数据对 $PM_{2.5}$ 浓度的影响和模型的空间特征有效性进行验证。为验证 ST 模型气象数据对 $PM_{2.5}$ 浓度的影响和提取空间特征的有效性，设计仅将监测站点的空气质量数据放入 RNN 模型进行训练预测，RNN 模型的结果作为验证气象数据的基线模型，该实验是为验证 ST 模型的气象数据有效性。对 ST 模型提取空间特征的有效性的验证，设计使用 LSTM 模型使用监测站点的空气质量数据和监测站点的气象数据进行训练预测。与 ST 模型相比，LSTM 模型仅使用本地监测站的历史数据包括空气质量数据和气象数据，而 ST 模型同时使用了周边监测站的历史数据。

RNN 模型和 LSTM 模型的参数设置和之前相同，气象数据有效性的实验结果如表 6-19 所示。从表 6-19 可以看到，ST 模型的 RMSE 和 MAE 得分均大幅度优于 RNN 模型，其模型评价指标提升巨大，仅在 MAPE 这项指标上略差于 RNN 模型。由评价得分可以知道，ST 模型在本地监测站的历史数据的表现远好于 RNN 模型，有效地说明了使用气象数据可以很好地提升模型的预测能力。

表 6-19　仅用污染物数据的模型和大气污染预测模型评分对比

对比模型	RMSE	MAE	MAPE
RNN	25.824	17.134	25.6%
ST	8.654	5.416	30.4%

空间特征有效性的实验结果如表 6-20 所示。

表 6-20　使用污染物气象数据的模型和大气污染预测模型评分对比

对比模型	RMSE	MAE	MAPE
LSTM	15.854	9.086	38.5%
ST	8.654	5.416	30.4%

从表 6-20 可以看到，ST 模型在各项模型评价指标上均好于 LSTM 模型，且模型的评价指标提升巨大。LSTM 模型使用的数据集中包含对应的污染物的气象数据，相比于气象数据有效性实验中的 RNN 模型，LSTM 模型在 MAPE 指标上也差于 RNN 模型，是指 LSTM 模型相比 RNN 模型在预测中出现了更多的离群点，也许是模型在对 $PM_{2.5}$ 浓度和数据的非线性拟合上出现了一定的过拟合导致模型的 MAPE 指标得分偏低。

但从其他评价得分可以发现，ST 模型使用本地监测站和周边监测站的数据的表现远好于 LSTM 模型，证明了 ST 模型在提取空间特征上的有效性，且提取空间特性可以很好地提高模型的预测能力。综合上述模型的效果对比，验证了分别使用加入气象数据和不加入气象数据的模型对比证明气象数据对 $PM_{2.5}$ 的浓度有影响，模型将这种影响考虑之后使模型的精度得到了提高。最后通过加入空间预测的结果和不加入空间预测结果模型的对比，可以发现通过不同观点的预测结果进行预测还可以使监测站的预测结果得到提高，证明对地理空间的考虑是有成效的。

使用 2014 年 4 月 30 日至 2015 年 5 月 1 日的北京市监测站污染物数据和气象数据对时空大气污染模型的时间预测部分进行训练。时间预测模型的最佳激活函数为 Softsign，最佳时间序列长度为 8 小时，最佳优化方法为 Adam，最佳神经单元个数为 84 个，其 RMSE 为 14.86，MAE 为 7.538，MAPE 得分为 30%，比初始时间预测模型的 RMSE 提高了 49.3%，MAE 提高了 56%，MAPE 提高了 37.8%。空间预测模型使用本地监测站和附近监测站的集合数据进行训练，最终预测精度为 79.37%，RMSE 为 12.89，MAE 为 6.19，R2 为 0.807，比初始空间预测模型的 RMSE 提高了 39%，MAE 提高了 40.5%，R2 提高了 63%。最后使用回归树将时间预测结果和空间预测结果进行聚合选择，最终得到 RMSE 为 8.654，MAE 为 5.416，MAPE 为 30.4%。

验证测试结果显示，时空大气污染模型预测的 $PM_{2.5}$ 值与实际所观测到的 $PM_{2.5}$ 趋势大致相同。可以得出结论，时空大气污染模型学习到了 $PM_{2.5}$ 浓度的扩散模式和分布情况。然后针对提出的时空大气污染预测模型进行基线对比。首先设置了 MLP、RNN、LSTM、GRU 模型进行效果对比，从实际结果看，提出的模型在评价指标上得分最好。其次对气象数据有效性进行实验，在 RNN 模型中仅使用空气污染物数据进行 $PM_{2.5}$ 的浓度预测，从实际结果看，在数据集中加入气象数据进行预测，可以提升模型 $PM_{2.5}$ 的预测浓度精度和准确度，证明气象数据的加入是有效的。

最后使用污染物浓度和气象数据综合数据进行预测，与时空大气污染模型进行对比，结

果表明模型的 $PM_{2.5}$ 的预测浓度性能和准确度均得到提升,表明提取的时空特征是有效的。通过与基线的对比,可以说所构建的时空大气污染模型是成功的。针对一般深度学习模型未考虑地理信息导致模型精准度不够等问题提出一种考虑了时空特征的大气污染混合预测模型。该模型主要使用京津冀地区 2014 年 4 月 30 日至 2015 年 5 月 1 日的监测站数据,时间预测模型通过对当前监测站的空气质量历史数据进行预测作为时间特征,空间预测模型通过对当前监测站的周边监测站空气质量历史数据进行预测作为空间特征,最后将时间预测结果和空间预测结果进行聚合,使时空大气污染预测模型能够较精确预测大气空气质量。

结果显示,训练完成的时空大气污染预测模型最终预测的 $PM_{2.5}$ 浓度与实际观测到的浓度大致相同。同时,使用更多的数据对时空大气污染预测模型进行训练,可以有效提高时空大气污染预测模型的精准度和泛化能力。最后该模型做到了快速、准确的 $PM_{2.5}$ 浓度预测,提高了相关部门工作人员对城市污染事件的决策能力,为民众和工作人员面对污染事件制定避免方案提供了有效支持。

6.3.1.3 大气环境预测预警平台的搭建

(1) 研究对象　大气环境监测中应用的大数据解析技术包括了十分复杂的数据,应在遵循数据分析原理的前提下,灵活选择有利于解决不同问题的监测数据。因此,研究内容与研究对象的确定需要结合解决问题的实际需求,例如,将城市局部地区作为大气环境监测对象,面向该区域实际污染情况应用大数据解析技术。按照规范标准将研究对象划分为若干个研究单元,每个单元对应一个研究内容,进而深入挖掘大气环境污染数据。从数学角度来看,大数据解析技术运用中的研究内容可以看作是目标函数,并且该研究内容中未设置自动监测网区域内的未知数据,是需要解析的主要目标。

(2) 数据特征量的选择　为了进一步提高分析未知数据的精准性,需要选择更多与未知数据相关的城市大气环境监测数据进行解析。在选择大量监测数据的过程中,需要对选择的数据类进行相关性分析,以此增强监测数据可分析性。在大气环境研究领域中,相关性的强弱与目标函数的关系大多呈现非线性,需要依据环境科学专业知识来优化数据解析基本条件。以分析城市局部区域 $PM_{2.5}$ 浓度为例,为了解决大气环境污染问题,选择的数据包括气象条件数据、自动监测网格内 $PM_{2.5}$ 浓度、网格道路状况数据、人类活动行为数据、网格坐标等,各类数据特征量确定情况如下。

① 选取自动监测网区域内历史上的 $PM_{2.5}$ 小时平均浓度作为特征量。
② 取研究区域内的风速、气温、相对湿度等作为特征量。
③ 取研究区域内交通情况、车辆数、平均车速等作为特征量。
④ 将研究区域内人员活动情况作为特征量。
⑤ 将自动监测网格内工厂、餐饮业、车站等场所产生的空气污染数据作为特征量。

利用归一化处理方式计算各特征量对目标函数的影响情况。具体公式如下:

$$\overline{x_k} = \frac{1}{n}\sum_{i=1}^{n} x_{ik} \qquad (6-6)$$

$$S_k = \sqrt{\frac{1}{n-1}\sum_{i=1}^{n}(x_{ik}-\overline{x_k})^2} \qquad (6-7)$$

$$x'_{ik} = \frac{x_{ik}-\overline{x_k}}{S_k} \qquad (6-8)$$

式中　x_{ik}——规划处理前的特征量数据;

$\overline{x}_k$——第 k 个特征量的平均值；

x'_{ik}——第 k 个特征量归一化处理后的第 i 个数据；

S_k——第 k 个特征量的标准差；

n——第 k 个特征量的数据个数；

i——第 k 个特征量的第 i 个数值。

(3) 系统程序设计

① 空间分类器（SC）。应用大数据解析技术的大气环境监测区域，其包括的特征量会随着时间变化而呈现出不同趋势。研究目标受到数据集包括的特征量的影响，会呈现出多层多节点传递现象，传递中节点的输出可以是线性的，也可以是非线性的，但是传递路线呈现线性变化趋势。由于数据集的变化过程是一个静态过程，可以选用神经网络法作为解析大数据的工具，大数据解析方法运用部分主要为输入部分、人造神经网络部分、数据集模拟预测部分。其中，输入部分是构建各数据空间特征量的关键，也是人造神经网络部分数据输入的重要保障。首先，在大气环境自动监测网格中选取与局部区域地理位置坐标网对应的特征量、污染物浓度值。其次，选择能够代表局部区域坐标的特征量与污染物浓度值，由此来表示需要预测的网格。最后，运用预测网格中的特征量与需要估计的污染物浓度，进行大数据分析。人造神经网络内输入的数据能够通过神经向目标值传递。在此基础上，采用反演法解决神经网络中感应层、节点权重以及非线性函数变换等问题。主要是将输入特征量各权重运用最小二乘法对模拟模型参数进行推演，然后在模型上加一个比例系数，再将大气环境污染自动监测网格中的数据进行反复训练与学习，使残差值与设定值无限接近。

② 时间分类器（TC）。在利用大数据解析技术的过程中，主要是根据大气污染度分析以及预测情况，对随时间变化的特征量进行解析，需要解析的数据包括气象条件数据以及交通状况数据、人员活动情况等，每一网格中数据产生的特征量可运用 $X = \{x_1, x_2, \cdots, x_n\}$ 集合来表示。将局部地区内随时间变化的污染物浓度对应的特征量记录在网格内，由此代表某一时刻大气环境污染物浓度的变化情况，在给定特征量序列之后，估计预测值会被定义为正态分布函数，根据概率理论可知，不同事件相交产生的概率相乘，则估计值出现的概率也呈现正态分布。由于大数据集中的特征值需要进行进一步的解析与推演，还应对空间分类器与时间分类器的研究内容进行优化，从而得到与大气环境监测问题解决需求相符的空间分类器、时间分类器。

(4) 客户端的应用　大数据解析技术在客户端层面的应用，主要是面向大气环境监测客户进行程序设计，以此保证大气环境监测数据能够实时展示在用户面前，帮助大气环境监测人员做出科学合理的决策。大数据解析技术在客户端最大的应用特点就是能够满足用户的个性化需求，具体分为数据传输、用户控制与数据处理三个模块。其中，数据传输具体分为数据请求与数据接收两个部分，用于收集大气环境监测数据；用户控制则是根据用户需求，响应数据接收或请求功能；数据处理则是对采集到的数据进行分析与处理，并使用图形或数值将结果直观地展示在用户面前，对提高大气环境监测的科学性与真实性具有十分重要的现实意义。大数据解析技术在客户端模块应用结构如图 6-57 所示。

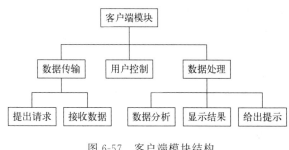

图 6-57　客户端模块结构

(5) 环境预测预警平台构建　在应用大数据解析技术对大气环境监测数据进行分析的过程中，不仅可以收集到实时的大气环境变化数据，对城市某地区内一段时间范围内大气环境质量变化趋势进行有效分析，还可利用大数据技术以及其他先进技术，建立空气质量预警系统，从而实现大气环境污染情况的实时预警。基于大数据解析技术的预判结果，空气质量预警系统可对此结果进行加工，然后将信息发布在开放性平台上，不仅能够提高数据信息采集、记录、挖掘的针对性，还可以动员社会成员参与到保护生态环境的工作中。大气环境监测数据的内部变化情况与外部因素有十分密切的联系，利用大数据解析技术还可以为用户提供解读结果的一系列可视化功能，充分发挥出空气质量预警的功能，对提高信息利用效率具有十分重要的现实意义。

(6) 采集大气环境监测数据　采集、记录大气环境监测数据属于大气环境监测管理中的基础性工作，需要针对不同的污染问题建立完善的环境监测档案，以此保证后续大气环境监测与管理工作的顺利开展。因此，在将大数据解析技术应用于大气环境监测的过程中，应面向环境学专家、气象学专家建立起完善的数据资源库，从而为对比环境监测数据提供有力保障，更加全面地了解大气环境污染现状与未来环境质量变化趋势。此外，社会活动产生的污染物十分复杂，且数量众多，充分发挥出大数据解析技术的优势与功能，可以有效降低环境监测工作人员收集信息的难度，保证工作效率、服务质量的提升，使数据在传递过程中实现信息共享，促使大气环境监测工作能够更好地结合区域地理环境、气象条件以及经济社会活动特征进行科学有效的数据分析。

(7) 挖掘大气环境监测数据　不同区域、不同地段、不同时间段的大气环境污染程度存在一定差异，为有效分析各时段大气环境发展情况，摸索污染变化规律，保证大气环境污染治理方案的科学合理性，需要利用大数据解析技术深层次挖掘大气环境监测数据，从而提高数据的真实性与代表性。利用大数据解析技术能够建立起共享交流的环境监测信息，构建出的大数据模型能够向从业人员直观地展示出污染变化情况，并利用大数据解析技术分析结果来提高环境治理的可行性。人们通过网上平台、手机 APP 等就可随时了解到大气环境污染治理的实时情况，充分调动社会成员参与大气环境保护的积极性与主动性，实现大气环境监测数据利用效率提升的目标。

(8) 分析大气环境监测数据

① 空气质量指数。空气质量指数是反映大气环境污染情况的重要指数，空气质量指数越大，说明大气污染情况越严重。大气环境中的污染物浓度决定了空气质量指数的变化情况，并且变化形象呈现较大的复杂性，与监测时间、地点等有十分密切的联系，其中固定与移动两种类型的污染物对空气质量指数的影响最大，包括垃圾焚烧、工业污染和汽车尾气排放等。随着城市规划密度的逐渐增大，SO_2、CO、$PM_{2.5}$、PM_{10} 等成为主要监测的空气污染物，根据这几种指标浓度，利用大数据解析技术对其变化趋势进行分析与预测，并将最大的子指标值作为某地区污染大气环境的主要污染物。空气质量指数共分为 0~50、51~100、101~150、151~200、201~300、>300 六项，空气质量指数级别、类别以及对健康影响情况也相应地分为六级，空气质量指数与相关的具体信息见表 6-21。

表 6-21 空气质量指数与相关信息

空气质量指数	空气质量指数级别	空气质量指数类别	对健康的影响情况
0～50	一级	优	无污染
51～100	二级	良	可接受
101～150	三级	轻度污染	轻度影响人类健康
151～200	四级	中度污染	影响心脏和呼吸系统
201～300	五级	重度污染	健康人群出现状况，心脏病、肺病患者症状加重
>300	六级	严重污染	出现强烈的症状、疾病

② 空气质量分布趋势。根据某地区一段时间内大气环境监测数据，对其时空序列以及空气质量数据进行分析，能够总结出空气质量分布趋势。利用大数据解析技术对趋势分布结果进行深层次的数据挖掘与分析，可知天气变化会对监测地区一定时间范围的空气质量产生一定影响，并且空气质量指数会随着气温的降低而出现下降的趋势，$PM_{2.5}$、SO_2、NO_2等污染物的浓度也会有所下降，说明大气环境有所改善。为了充分发挥大数据解析技术的优势，提高空气质量指数的利用效率，还应充分考虑我国各领域生态环境与国民健康之间的关系，利用大数据技术评价人体健康风险，从而更加深入地了解影响大气环境的有害因素，真正将人体健康与大气环境治理有机地结合在一起，从而为经济社会发展奠定坚实基础。

将大数据解析技术应用于大气环境监测中，可以有效提高环境监测工作效率与质量。大数据解析技术的应用，能够获得全国各地区、各区域、各时间段内大气环境的变化情况，系统在算法的作用下，采集、整理、分析大气环境监测数据，并将精准的结果直观地展示在相关人员面前，对满足社会发展需求具有重要意义。

6.3.2 环境工程大数据在水污染控制中的应用实例

6.3.2.1 神经网络模型应用案例

(1) 象山港介绍 象山港位于浙江省中部沿海六横岛西侧，是一个东北-西南走向的狭长的半封闭海湾，范围为120°03′E～121°25′E、29°24′N～29°48′N，汇水区的面积为1445km^2，港内平均水深约20m，最深处为55m。象山港水产养殖条件良好，是浙江省最大的水产养殖基地，2000年养殖网箱达4万余只。然而近年来，随着沿海区经济的飞速发展，富含氮、磷等的污染物不断地排放到象山港内，使得局部海区的富营养化日趋严重，赤潮频发。结合《海水水质标准》(GB 3097—1997)，近期象山港的溶解态无机氮(dissolved inorganic nitrogen，DIN)和溶解态无机磷(dissolved inorganic phosphorus，DIP)一直处于劣三类甚至劣四类状态，水质发生改变，影响到了当地的养殖业。这就需要根据象山港当前的水质状况建立象山港水环境承载力模型，做到实时和连续监测，为管理者提供科学而有效的指导。应用BP神经网络技术建立象山港水环境承载力模型，并在象山港水环境研究中加以应用。

(2) BP神经网络模型指标阈值 研究象山港水环境状况，选取象山港普遍关注的4个水质指标溶解氧(dissolved oxygen，DO)、化学需氧量(chemical oxygen demand，COD)、DIN和DIP建立预警模型。模型建立的第一任务是确定4个指标的阈值。选取5个站位，并统计这5个站位自2010年8月至2014年12月水体表层DO、COD、DIN和DIP等4个指标的时间变化序列，与《海水水质标准》(GB 3097—1997)中一类、二类、三类、四类水质标准相比较。

由于象山港为浙江省重要的水产养殖基地，按照要求，综合评价标准执行 GB 3097—1997 中一类海水水质标准，即 DO 为 6mg/L，COD 为 2mg/L，DIN 为 0.2mg/L，DIP 为 0.015mg/L。分析 2010 年 8 月至 2014 年 12 月几个站位的 DO、COD、DIN 和 DIP 连续监测数据发现，DO 和 COD 除几个月份外，大部分时间符合一类海水水质标准，而 DIN 则大部分时间劣于四类海水水质标准，DIP 大部分时间劣于三类海水水质标准。所以，从现有海水水质标准看，DIN 和 DIP 是长期不达标的，海水一直处于严重富营养状态。若以现有海水水质标准作为模型指标阈值，则水环境承载力将一直处于不达标的预警状态。显然，现有海水水质标准并不能作为确定指标阈值的依据。

由于 DO 的溶解度受温度影响明显，因此采用的 DO 指标一律换算为 DO 的饱和浓度百分比。鉴于有 DO、COD、DIN 和 DIP 等 4 个指标 2010 年 8 月至 2014 年 12 月的数据序列，以 2010 年 8 月至 2013 年 12 月的数据序列作为基础数据用于确定指标阈值来构建模型，而以 2014 年 1 月至 2014 年 12 月的数据序列用于模型分析。首先，对 2010 年 8 月至 2013 年 12 月 5 个站位的 DO、COD、DIN 和 DIP 所有数据进行统计分析和正态分布拟合（图 6-58），可见 4 个指标都近似符合正态分布。正态分布的概率密度函数计算式为：

$$f(x)=\frac{1}{\sqrt{2\pi}\sigma}\exp\left[-\frac{(x-\mu)^2}{2\sigma^2}\right] \tag{6-9}$$

式中　μ——DO、COD、DIN 和 DIP 正态拟合的均值；

　　　σ——DO、COD、DIN 和 DIP 正态拟合的方差。

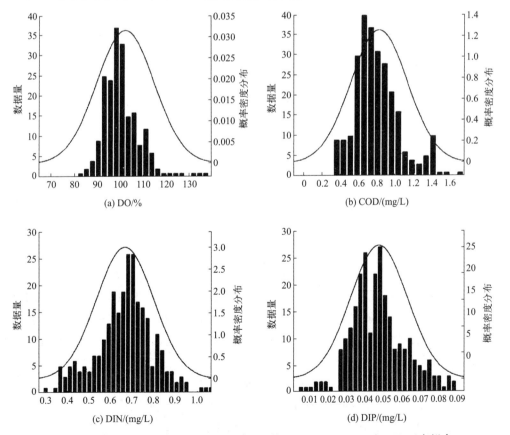

图 6-58　象山港 2010 年 8 月至 2013 年 12 月 DO、COD、DIN 和 DIP 正态拟合

拟合值列于表 6-22 中。

表 6-22　象山港 DO、COD、DIN、DIP 数据正态分布拟合均值 μ 和方差 σ

数据	DO/%	COD/(mg/L)	DIN/(mg/L)	DIP/(mg/L)
均值 μ	102.148	0.828	0.667	0.0475
方差 σ	12.569	0.314	0.132	0.0158

根据正态分布规律，近似 95.45% 的数据落在（$\mu-2\sigma$，$\mu+2\sigma$）区间内，近似 68.27% 的数据落在（$\mu-\sigma$，$\mu+\sigma$）的区间内。以（$\mu-2\sigma$，$\mu+2\sigma$）和（$\mu-\sigma$，$\mu+\sigma$）的区间分界点确定预警模型中 4 个指标的阈值。一般来讲水体中 DO 越大越好，所以 DO 最优值取 $\mu+2\sigma$，较优值取 $\mu+\sigma$，中间值取 μ，较差值取 $\mu-\sigma$，最差值取 $\mu-2\sigma$。而水体中 COD、DIN 和 DIP 则越小越好，所以 COD、DIN 和 DIP 最优值取 $\mu-2\sigma$，较优值取 $\mu-\sigma$，中间值取 μ，较差值取 $\mu+\sigma$，最差值取 $\mu+2\sigma$。为了保持 COD、DIN、DIP 与 DO 数据的统一，在实际模型中，采用 COD、DIN、DIP 的倒数作为模型参数，即模型参数为 DO、1/COD、1/DIN 和 1/DIP。

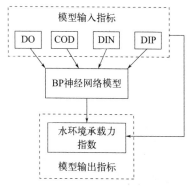

图 6-59　水环境承载力 BP 神经网络模型框图

(3) BP 神经网络模型建立　确定了指标阈值，然后设置 BP 神经网络模型中的相关参数。选择输入层神经元个数为 4，即模型输入 4 个指标 DO、COD、DIN 和 DIP。输出层神经元个数为 1，即模型输出单指标水环境承载力指数（water environmental carrying capacity index，WECCI）。其中，WECCI 介于 0~1 之间。WECCI 等于 0 时，表明水环境完全没有承载能力；WECCI 等于 1，表明水环境承载力最强。模型框图如图 6-59。

模型隐含层神经元个数采用试错法确定，试错法公式为：

$$t=\sqrt{m+n}+a \tag{6-10}$$

式中　t——隐含层神经元个数；
　　　m——输入层神经元个数；
　　　n——输出层神经元个数；
　　　a——1~10 之间的常数。

通过试错法确定 a 的数值，即当 a 取某一数值时模型误差最小，然后根据 a 的数值计算出几组样本数据的输入值和输出值来完成模型的训练，所以样本数据的选取成为 BP 神经网络模型建立的关键。选取之前确定的 DO、COD、DIN、DIP 指标阈值作为样本数据的输入值，由于样本数据服从正态分布规律，所以样本数据的输出值通过正态分布规律计算得到，计算过程如下。

当 DO、COD、DIN、DIP 这 4 组指标同时取最优值 $\mu+2\sigma$（DO）或 $\mu-2\sigma$（COD、DIN、DIP）时，正态分布区间中央部分概率为 0.9545，根据正态分布概率计算输出的 WECCI，即以小于最优值 $\mu+2\sigma$（DO）或大于最优值 $\mu-2\sigma$（COD、DIN、DIP）的概率作为此时的 WECCI 最优。所以，当几组指标取最优值 $\mu+2\sigma$（DO）或 $\mu-2\sigma$（COD、

DIN、DIP）时，WECCI 最优＝0.977，WECCI 较优为 0.841，WECCI 中间为 0.500，WECCI 较差为 0.159，WECCI 最差为 0.023。这样，就建立了样本数据的输入和输出对，对应样本数据输入和输出取值如表 6-23 所示。通过几组输入输出的样本数据就可以建立象山港水环境承载力研究的 BP 神经网络预警模型。模型建立过程中，网络学习 16 次，误差开始小于规定最小误差 ε（0.000029），此时训练终止，模型完全建立。模型网络结构及网络训练回归如图 6-60。可见，BP 神经网络拟合效果较好。

表 6-23　BP 神经网络模型样本数据输入输出取值

数据	样本数据输入							样本数据输出
	DO/%	COD /(mg/L)	1/COD /(L/mg)	DIN /(mg/L)	1/DIN /(L/mg)	DIP /(mg/L)	1/DIP /(L/mg)	
最优值	127.286	0.200	5.000	0.403	2.481	0.0159	62.893	0.977
较优值	114.717	0.514	1.946	0.535	1.869	0.0317	31.546	0.841
中间值	102.148	0.828	1.208	0.667	1.499	0.0475	21.053	0.500
较差值	89.579	1.142	0.876	0.799	1.252	0.0633	15.798	0.159
最差值	77.010	1.146	0.687	0.931	1.074	0.0791	12.646	0.023

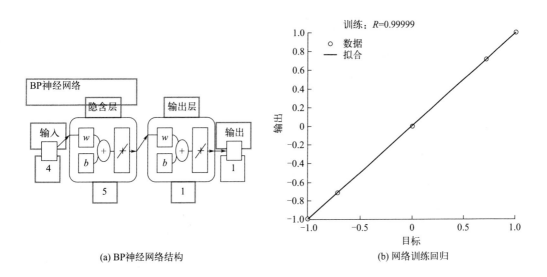

(a) BP神经网络结构　　(b) 网络训练回归

图 6-60　BP 神经网络结构及网络训练回归

模型得到的输入层到中间层的连接权值 V 为

$$V = \begin{vmatrix} 0.1321 & -0.8800 & -1.5735 & -0.3293 \\ 0.0509 & -0.3237 & 2.1081 & -0.0098 \\ 1.0144 & -0.5033 & 1.0467 & -0.7215 \\ 0.0504 & 0.6508 & -0.0638 & 0.0357 \\ 0.0140 & 0.6159 & 1.2206 & 0.0512 \end{vmatrix}$$

中间层阈值 $\theta 1$ 为

$$\theta 1 = \begin{vmatrix} 0.3026 \\ -8.6992 \\ 0.8830 \\ -7.1902 \\ -5.3502 \end{vmatrix}$$

中间层到输出层的连接权值 W 为

$$W = \begin{vmatrix} -1.5590 & -0.6268 & 3.0482 & 1.0217 & 0.5517 \end{vmatrix}$$

输出层阈值 $\theta 2$ 为 -0.2253。

(4) BP 神经网络模型应用　应用已构建的象山港水环境承载力 BP 神经网络模型，利用象山港 2014 年 1 月至 2014 年 12 月的 DO、COD、DIN、DIP 数据资料，选取象山港 2014 年春、夏、秋、冬 4 个典型月份（2 月、5 月、8 月、11 月）站位的表层 DO、COD、DIN、DIP 数据，放入模型中运行，得到象山港 2014 年 2 月、5 月、8 月、11 月站位的水环境承载力指数 WECCI，如表 6-24 所示。

表 6-24　象山港 2014 年 2 月、5 月、8 月、11 月表层 DO、COD、DIN、DIP 数据及 BP 神经网络模型运行结果

数据	输入数据				输出数据
	DO/%	COD/(mg/L)	DIN/(mg/L)	DIP(mg/L)	
站位 1					
2 月	103	0.69	0.837	0.0372	0.1627
5 月	99	0.78	0.659	0.0334	0.3414
8 月	96	0.71	0.780	0.0388	0.1180
11 月	97	1.43	0.706	0.0459	0.3811
均值	98.75	0.903	0.746	0.0388	0.2508
站位 3					
2 月	102	0.60	0.753	0.0380	0.2357
5 月	101	0.67	0.605	0.0356	0.5405
8 月	95	0.77	0.738	0.0453	0.2129
11 月	97	0.81	0.709	0.0461	0.3208
均值	98.75	0.710	0.701	0.0413	0.3275
站位 4					
2 月	100	0.58	0.648	0.0388	0.4172
5 月	100	0.86	0.610	0.0370	0.5276
8 月	92	0.69	0.726	0.0492	0.1782
11 月	100	0.75	0.780	0.0541	0.3098
均值	98.00	0.720	0.691	0.0448	0.3582
站位 7					
2 月	108	0.75	0.598	0.0333	0.6251
5 月	97	0.83	0.590	0.0362	0.5312
8 月	87	1.00	0.740	0.0565	0.1441
11 月	98	0.69	0.829	0.0604	0.2170
均值	97.50	0.820	0.689	0.0466	0.3794

续表

数据	输入数据				输出数据
	DO/%	COD/(mg/L)	DIN/(mg/L)	DIP(mg/L)	
站位9					
2月	107	0.88	0.667	0.0407	0.5352
5月	102	0.95	0.684	0.0429	0.4577
8月	97	0.85	0.794	0.0666	0.2961
11月	96	0.42	0.958	0.0720	0.0527
均值	100.50	0.780	0.776	0.0556	0.3354

象山港水环境承载力 BP 神经网络模型运行结果表明，2014 年象山港水环境承载力不理想，5 个站位季节平均的水环境承载力指数都在 0.4 以下。其中：站位 1 水环境承载力最差，在 0.3 以下；站位 7 相比其他站位相对较高，为 0.3794。几个站位的水环境承载力排序为：站位 7＞站位 4＞站位 9＞站位 3＞站位 1。从位置上讲，站位 1 和站位 3 靠近外海口，而站位 7、站位 4 和站位 9 位于湾内。所以，湾内的水环境承载力整体上高于外海。分析 DO、COD、DIN 和 DIP 等单项指标，站位 1 的低水环境承载力是由于当地较高的 COD 和 DIN，而站位 7 水环境承载力高是由于该站位的 DIN 较低。可见，营养盐是决定水环境承载力高低的关键。鉴于靠近外海的站位 1 和站位 3 的水环境承载力普遍低于湾内的站位 7、站位 4 和站位 9，所以分析可得象山港的营养盐污染主要是由外海带入的，而非是本地的工业、农业和养殖等活动产生的。站位 1 位于象山港湾口与外海交界处，直接受外海富含营养盐的水体影响，水环境承载力最低。站位 7 位于最内湾，与外界水体交换较少，受外海富营养水体的影响最小，所以水环境承载力最高。象山港的水动力及环境容量数值模拟也表明，调整象山港氮、磷的排放源强度后，对整个海域的氮、磷浓度水平影响不大，仅对港中氮、磷的削峰有一定作用，使高值区氮、磷水平降低约 10%。

从水环境承载力的季节变化来看，除站位 9 外，其他几个站位水环境承载力的最低值都出现在夏季 8 月。分析 DO、COD、DIN 和 DIP 等单项指标，发现这是由于夏季饱和溶解氧浓度达到最低。夏季生物活动较强，生物的呼吸作用对水体中溶解氧的消耗过大，而植物光合作用又不能及时补充，使得夏季饱和溶解氧浓度较低。站位 9 水环境承载力的最低值出现在秋季 11 月份，这是由于站位 9 当地的 DIN 和 DIP 出现异常高值。该区域的加工企业较多，DIN 和 DIP 的异常高值可能与局地工业废水的排放有关。

站位 3 和站位 4 的水环境承载力的最高值都出现在春季 5 月；站位 7 和站位 9 的水环境承载力最高值出现在冬季 2 月；站位 1 的水环境承载力相对其他站位全年均偏低，而秋季 11 月和春季 5 月相对其他月份稍高。分析 DO、COD、DIN 和 DIP 等单项指标，站位 3 和站位 4 春季饱和溶解氧含量高，无机氮和活性磷酸盐含量低，所以水环境承载力最高。站位 7 和站位 9 冬季饱和溶解氧含量高，无机氮和活性磷酸盐含量较低。站位 1 靠近外海口，受外海富营养水体的影响较大，所以水环境承载力全年偏低，不存在明显的季节变化。站位 3 和站位 4 位于海湾中部，春季浮游植物开始增殖，消耗掉水体中的氮和磷等营养盐，同时，光合作用产生大量溶解氧，使得水体中饱和溶解氧浓度较高。站位 7 和站位 9 位于内湾，与外面水体的交换相对较少，其水环境承载力的大小与该区域内企业的废水排放有关。

BP 神经网络模型可用于象山港水环境承载力问题的研究，建模只需要根据实际问题确定网络结构，而不需要了解所有变量之间的相互关系。通过样本数据的学习，得到网络权值，从而确定了研究象山港水环境承载力问题的 BP 神经网络模型。该模型建模方便、结构简单,且数据结果直观可靠。应用构建的象山港 BP 神经网络水环境承载力模型,对象山港 2014 年春、夏、秋、冬的水环境承载力进行分析。结果表明,2014 年象山港水环境承载力总体不理想,季节平均的水环境承载力指数在 0.4 以下。从位置上讲,象山港湾内的水环境承载力整体上高于外海。从季节变化上讲,水环境承载力的最低值多出现在夏季 8 月。水环境承载力的最高值出现季节随位置的不同而不同:湾中部出现在春季 5 月,而内湾出现在冬季 2 月。水环境承载力的夏季低值和湾中部的春季高值跟生物活动有关。内湾由于与外海水体的交换相对较少,其水环境承载力的季节变化与该区域内企业的废水排放有关;湾口受外海富营养水体的影响较大,水环境承载力全年偏低,不存在明显的季节变化。

6.3.2.2 QUAL 模型应用案例

(1) 农田排水污染现状 随着农业生产过程中化肥农药的使用量不断增加,农田排水带来的水环境恶化等问题也越发突出,农业非点源污染治理成为我国环境治理工作的一项重要内容。农业非点源污染的产生一般是在降雨、灌溉的过程中,化肥和农药等污染物随地表、地下径流进入农田排水系统。这不仅会造成农田的养分流失严重,而且会导致接纳水体污染物的超标,引起水体富营养化等一系列水环境污染问题。农业非点源污染具有污染源比较分散、涉及范围很广、控制难度较大等特点,是目前农业水环境治理问题的瓶颈。

农业排水沟塘系统作为一种连接农田与接纳水体的天然缓冲带,具有类似于湿地的功能,可以通过一系列生物化学过程去除农田排水中的化肥、农药等污染物。处在排水通道上的沟塘具备去除污染物的便利条件,是一种天然的、不可替代的生态资源。研究发现农田沟塘湿地系统对污染物的去除效果与沟塘在田间的分布特性密切相关,很多情况下,不利的分布和水力条件会影响沟塘系统的整体去污效率。

利用水质模型不仅能够模拟预测不同气象和农田灌排布置条件下复杂沟塘系统的去污能力,还能够探求优化沟塘水力联系。其中,河流水质模型可用来描述河流污染物的迁移和转化过程及它们之间的复杂联系,预测河流水质的变化情况。由美国环保署推出的 QUAL 系列河流水质模型经历了 4 个阶段的开发研究,最新的、比较完善的 QUAL2K 水质模型在国内外的应用比较广泛,其功能全面、通用性强,能够全面准确地反映污染物在不同水体中的转化规律。QUAL2K 模型在国内主要将其用于模拟一维、稳态的中小型河流水质变化情况。农田沟塘排水系统类似于枝状复杂河道水流汇集系统,但现有研究中对于应用相关水质模型模拟农田排水污染物的变化规律研究较少。

(2) 研究对象 以江苏省扬州市江都区京杭大运河东侧沿运灌区的一个农田排水沟塘系统为研究对象,选取污染物氨氮、总磷为控制因子,应用 QUAL2K 模型模拟农田排水过程中两种因子在排水沟水系内沿程的变化情况,在检验模型适用性的基础上,探讨优化排水沟塘系统的水质净化能力,研究结果可为类似农田沟塘系统污染物治理提供借鉴。

研究区位于江苏省扬州市江都区京杭大运河东侧的沿运灌区（119°25′E,32°22′N）,区内地势平坦,年平均温度 14.9℃,年降雨量约 1000mm。研究区内普遍实行稻麦轮作。图 6-61 为研究区农田与沟塘的分布及水力联系。区内农田总面积为 5.61hm^2,沟塘总面积为 0.80 hm^2,两者的面积比为 14.3%。研究区主要包括 3 个排水支路,但各支路控制的农田面积差异较大。支路 1 流程较长,包括 6 个阶段;其余 2 个支路的流程都很短,农田排水直接排入附近的池塘和支沟。因此,选取支路 1 进行 QUAL2K 模型的模拟研究。

图 6-62 为研究区排水支路 1 沟塘与农田排水网络的概化图。支路 1 包括 10 条排水农沟、5 条支沟和 1 个池塘。

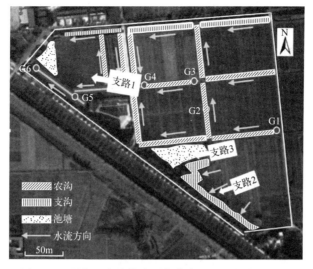

图 6-61 研究区沟塘排水系统分布以及排水分区情况

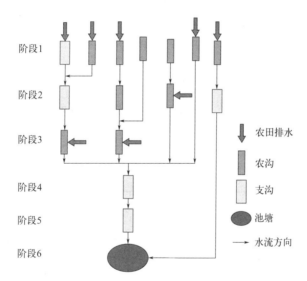

图 6-62 研究区排水支路 1 沟塘与农田排水网络概化图

根据实地调查监测，基于 QUAL2K 模型的原理，对支路 1 中的 13 个排水沟单元进行概化，其中排水沟分段的原则及水流汇入情况如下：根据水质模拟需要，首先将沟道划分成一系列恒定的非均匀流沟段（同一沟段要求具有相同的水力参数和水质特征），然后将划分好的各个沟段再划分为若干个等长的计算单元。研究区模拟的排水沟主干段全长 500m，分为 5 段，其中 2 条支流汇入，长度分别为 300m 和 200m，各划分为 3 段和 2 段，共划分 10 段。由于农田排水沟排水距离短、排水范围小，故在每个沟段设置 2 个计算单元；另外还有 3 处点源汇入。研究区沟段划分及污染源汇入情况如图 6-63 所示。

图 6-63 研究区模拟沟段划分及污染源汇入示意图

(3) QUAL2K 模型参数率定　模型涉及的主要参数为研究区排水沟塘的水力参数和水质参数,其中,实测输入数据包括排水沟氨氮和总磷浓度均值、气象数据及排水沟流量均值等。将 2017 年研究区稻作期间水质监测数据用于模型的率定,2018 年稻作期间水质监测数据用于模型的验证。主要水质参数包括有机氮水解系数 k_{hn}、氨氮硝化系数 k_{na}、有机磷水解系数 k_{hp} 等,其他参数均采用模型推荐值。基于文献报道的适宜参数取值范围,对上述参数进行合理调试,直至得到满意的拟合结果。主要水质参数取值如表 6-25 所列。

表 6-25　研究区 QUAL2K 模型水质参数率定结果

参数	指标	单位	符号	取值范围	取值
水解系数	有机氮	d^{-1}	k_{hn}	0~5	0.1
沉降系数	有机氮	m/d	v_{on}	0~2	1.0
硝化系数	氨氮	d^{-1}	k_{na}	0~10	0.3
水解系数	有机磷	d^{-1}	k_{hp}	0~5	0.3
沉降系数	有机磷	m/d	v_{op}	0~2	0.8

QUAL2K 模型提供了 3 种方法来计算各沟段水力学特征,分别是溢流堰法、流量系数法和曼宁系数法。本文采用了曼宁系数法,根据相关资料,研究区较大的排水支沟取值 0.04,排水农沟取值 0.02。率定后得到的水力学特征参数列于表 6-26。

表 6-26　研究区 QUAL2K 模型水力参数

河段类型	曼宁系数	河床底宽/m	河床比降	边坡坡度
排水农沟	0.02	0.4	0.001	1.67
排水支沟	0.04	8.0	0.001	0

(4) QUAL2K 模型模拟及验证　基于上述水质参数和水力参数,结合实际监测数据进行了模型的验证,2018 年稻作期间排水沟平均流量为 0.0015 m³/s,图 6-64 为排水沟流量过程图。

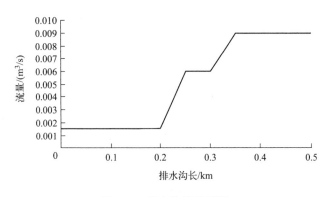

图 6-64　排水沟流量过程

研究区稻作期间农田排水沟污染物总磷、氨氮浓度实测值与 QUAL2K 模拟值的比较结果如表 6-27 和表 6-28 所列。

表 6-27　排水沟水质总磷实测值与模型模拟值比较

排水沟长/km	监测点	实测值/(μg/L)	模拟值/(μg/L)	绝对误差/(μg/L)	相对误差/%
0	G1	200	200	0	0
0.150	G2	221	235	14	6.33
0.202	G3	197	209	12	6.09
0.295	G4	269	255	-14	-5.20
0.405	G5	287	247	-40	-13.94
0.500	G6	146	149	3	2.05

表 6-28　排水沟水质氨氮实测值与模型模拟值比较

排水沟长/km	监测点	实测值/(μg/L)	模拟值/(μg/L)	绝对误差/(μg/L)	相对误差/%
0	G1	500	500	0	0
0.150	G2	395	340	-55	-13.92
0.202	G3	813	520	-293	-36.04
0.295	G4	867	610	-257	-29.64
0.405	G5	101	288	187	185.15
0.500	G6	253	221	-32	-12.65

数据显示，研究区监测点 G2、G3、G4、G5、G6 的 QUAL2K 总磷模拟值与实测值间平均相对误差为 6.72%；误差最小值位于排水沟长 0.500km 的 G6 监测点处，最小相对误差为 2.05%；误差最大值位于排水沟长 0.405km 的 G5 监测点处，最大相对误差为 13.94%。

研究区监测点 G2、G3、G4、G5、G6 的 QUAL2K 氨氮模拟值与实测值的平均相对误差为 55.48%；误差最小值位于排水沟长 0.500km 处的 G6 监测点处，相对误差为 12.65%，误差最大值位于排水沟长 0.405km 的 G5 监测点处，相对误差为 185.15%。若考虑实验监测过程中的过失误差，去除最大相对误差为 185.15% 的点，平均相对误差为 23.06%。

QUAL2K 模型对平原河网地区农田排水沟塘总磷、氨氮模拟结果的平均相对误差均在 20% 左右，说明 QUAL2K 模型能够较好地对该研究区农田排水沟塘水质状况进行模拟。表 6-29 列出了氨氮、总磷模拟精度评价结果，表中模拟值与实测值之间的相关系数 R^2 都在 90% 以上，纳什效率系数（NSE）值大多大于 0.50，模拟值和实测值拟合程度较好，表明 QUAL2K 模型能够较好地模拟农田沟塘排水过程中氨氮和总磷污染物的运移削减规律。

表 6-29　氨氮、总磷模拟精度评价结果

时期	R^2		NSE	
	氨氮	总磷	氨氮	总磷
率定期	0.90	0.91	0.42	—
验证期	0.91	0.94	0.59	0.84

（5）排水沟塘系统不同优化措施提升水质净化效果模拟　为了探讨提高研究区沟塘下游断面污染物去除效果的优化方案，根据以上模拟分析，结合排水系统现状，针对排水沟塘水力条件提出以下 3 种情景设置进行不同优化方案的模拟（表 6-30）。

表 6-30 情景设置方案

情景	实施方案	下游断面总磷/(μg/L)	下游断面氨氮/(μg/L)
现状		146	253
情景 1	调整沟塘流网系统	107	207
情景 2	减小排水流量	70	206
情景 3	截污	57	182

① 调整水力联系对沟塘水质净化效果的影响。南方平原地区排水沟塘交错分布，导致不同田块的排水从多点、多级进入/排出沟塘，几乎不存在单一的"出口-入口"的关系。目前的排水沟塘分布和水力联系受到自然、历史和农业生产等多种因素的影响，分布上存在一定的随机性。沟塘与农田面积匹配可能不合理，大面积农田的附近可能分布着较小的沟塘，或是小面积农田的附近分布着较大的沟塘，影响排水沟塘的水质净化功能。为了分析排水沟塘分布现状对排水水质净化效果的影响，以研究区沟塘系统为例，在不改变现有沟塘总体分布的情况下，利用 QUAL2K 模型进行排水系统流网优化（见图 6-65），目的是在水力条件允许的情况下，发挥尺寸较大排水支沟的作用。

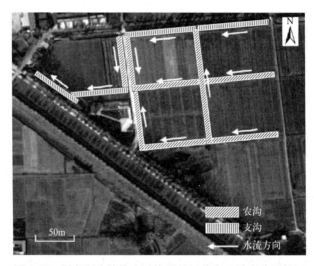

图 6-65 研究区沟塘排水系统调整后分布及排水分区情况

图 6-66 和图 6-67 为各情景下总磷、氨氮控制效果。由图可知，情景 1 通过调整水力联系，对排水系统流网进行优化后，在一定程度上改善了排水沟的水质。下游断面总磷质量浓度从优化前的 146μg/L 降至 107μg/L，降幅为 26.7%。下游断面氨氮质量浓度从优化前的 253μg/L 降至 207μg/L，降幅为 18.2%，可知优化效果劣于总磷。从排水过程上来看，排水主干沟前段部分沿程氨氮、总磷浓度下降较快，可见，较大支沟对于污染物的去除达到了较好的效果。

② 排水沟入流流量变化对沟塘水质净化效果的影响。农田排水沟塘在作物种植期间流量变化大，由于水稻种植需水量大，灌溉用水多，灌溉期排水流量大，排水速度过快，导致水力停留时间短，对氮磷污染物去除效果差。为保证排水沟对污染物的去除效果，可以通过控制田间排水技术，提高排水沟排水深度，减小排水流量，从而提高水力停留时间。在利用 QUAL2K 模型进行模拟时，使排水沟流量保持在 0.001m^3/s，以期达到类似的效果。此情

景实施下，排水沟下游断面总磷质量浓度减至 $70\mu g/L$，同比下降 52.1%，氨氮质量浓度减至 $206\mu g/L$，同比下降 18.6%（图 6-66 和图 6-67）。

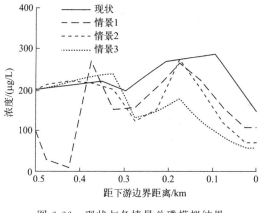

图 6-66　现状与各情景总磷模拟结果

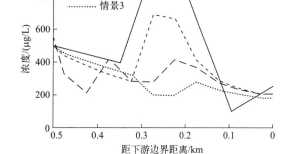

图 6-67　现状与各情景氨氮模拟结果

③ 排水沟截污治理对沟塘水质净化效果的影响。研究区农田排水集中分布在排水农沟，经统计，2018 年研究区某些排水农沟农田排水氮磷入沟质量浓度过高，排水沟取样时明显看出水样颜色偏深，营养物质含量丰富，因此，未来可对营养物质严重聚集的排水沟进行截污整治。在情景 3 实施后，排水沟水质得到很大程度的提升，排水沟下游断面总磷质量浓度减少至 $57\mu g/L$，下降了约 61%；氨氮质量浓度减少至 $182\mu g/L$，下降了 28.1%（图 6-66 和图 6-67）。

(6) 结果分析　3 种情景的排水沟塘水力条件优化措施均可提高水质净化能力，其水质净化效果排序为截污＞减小排水流量＞调整沟塘流网系统。农田排水沟塘系统作为去除氮磷污染物的最直接的净化场所，关于它的研究也不胜枚举，国内学者主要集中在沟塘底泥、水生植物、微生物方向，通过研究沟塘土壤吸附、微生物降解、水生植物吸收等作用实现对氮磷污染物的去除。针对沟塘现存问题，现有研究关于沟塘分布特性以及沟塘与农田之间的水力联系对于污染物去除关注不多。通过 QUAL2K 模型针对沟塘存在问题进行沟塘潜力优化，具有一定的创新性。但是对模型的精度评价可知 NSE 值并不是那么的理想，由于农田沟塘的不确定因素，包括一些人为及自然因素，对模型的模拟精度影响较大。后期需要定期观察水位的变化，加大排水水质的监测力度，注重排水流量过程监测，为模拟水质因子的日均沿程变化提供更加可靠的数据。

以扬州江都区京杭大运河东侧的沿运灌区为例，基于 QUAL2K 建立了农田排水沟的水质模型，对排水沟氨氮、总磷两种污染物的去除效果进行了模拟验证，并利用率定后的模型对研究区排水系统进行优化方案预测分析，结果表明：

① 应用 QUAL2K 模型对农田排水沟主干段 6 个监测点的水质指标模拟，除去个别监测点，平均相对误差均在 20% 左右，相关系数 R^2 和 NSE 大都大于 0.50，表明模拟值与实测值相关性较好，符合模型精度要求，表明 QUAL2K 模型能够较好地模拟农田沟塘排水过程中污染物氨氮和总磷在排水沟中的运移削减规律。

② 应用 QUAL2K 模型分 3 种情景进行模拟，对研究区沟塘水质改善进行了优化分析，3 种情景的实施效果为截污＞减小排水流量＞调整沟塘流网系统。

6.3.2.3 MIKE 模型应用案例

(1) 研究区介绍 以石首市城南污水处理厂的排污扩散为例，使用 MIKE 21 二维水动力模型及对流扩散模型，分析了正常与非正常两种工况下，入河排污口排放污水对受纳水体的影响范围和程度，可以为入河排污口的设置论证工作提供技术支持。石首市城南污水处理厂的排污口位于民建渠左岸，污水来源主要为石首市城南片区的生活污水。随着人口以及需水量的增长，生活污水总量也在不断增长，经常出现污水外溢问题。根据排污口所在地的水域状况，分别考虑不同工况下，生活污水对民建渠的影响。结合渠道地形资料，确定研究区范围为民建渠城南污水处理厂排污口上游约 50m 处至枣石高速陈家院附近，全长约为 4km，属于民建渠开发利用区，如图 6-68 所示。

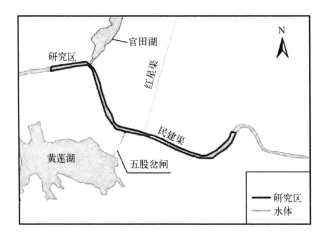

图 6-68 研究区示意图

(2) 建模方法

① 水动力方程。采用 N-S 方程来描述民建渠二维水流基本运动，其由连续性方程、横向（x 方向）的动量方程和纵向（y 方向）的动量方程组成。具体如下：

$$\frac{\partial h}{\partial t}+\frac{\partial h\bar{u}}{\partial x}+\frac{\partial h\bar{v}}{\partial y}=hS \tag{6-11}$$

$$\frac{\partial h\bar{u}}{\partial t}+\frac{\partial h\bar{u}^2}{\partial x}+\frac{\partial h\overline{uv}}{\partial y}=-f\bar{v}h-gh\frac{\partial \eta}{\partial x}-\frac{h}{\rho_0}\times\frac{\partial p_a}{\partial x}-\frac{gh^2}{2\rho_0}\times\frac{\partial \rho}{\partial x}+\frac{\tau_{sx}}{\rho_0}-\frac{\tau_{bx}}{\rho_0}-\frac{1}{\rho}\left(\frac{\partial S_{xx}}{\partial x}+\frac{\partial S_{xy}}{\partial x}\right)$$

$$+\frac{\partial}{\partial x}(hT_{xx})+\frac{\partial}{\partial x}(hT_{xy})+hu_sS \tag{6-12}$$

$$\frac{\partial h\bar{v}}{\partial t}+\frac{\partial h\bar{v}^2}{\partial x}+\frac{\partial h\overline{uv}}{\partial x}=-f\bar{u}h-gh\frac{\partial \eta}{\partial y}-\frac{h}{\rho_0}\times\frac{\partial p_a}{\partial y}-\frac{gh^2}{2\rho_0}\times\frac{\partial \rho}{\partial y}+\frac{\tau_{sy}}{\rho_0}-\frac{\tau_{by}}{\rho_0}-\frac{1}{\rho}\left(\frac{\partial S_{yx}}{\partial y}+\frac{\partial S_{yy}}{\partial x}\right)$$

$$+\frac{\partial}{\partial x}(hT_{yx})+\frac{\partial}{\partial x}(hT_{yy})+hv_sS \tag{6-13}$$

式中　　　　　h——静止水深，m；

t——时间，s；

u、v——流速在 x、y 方向上的分量，m/s；

$\bar{u}$、$\bar{v}$——沿水深的平均流速，m/s；

S——源汇项；

f——科里奥利（Coriolis）力参数，$f=2\Omega\sin\phi$，其中，$\Omega=0.729\times 10^{-4}\mathrm{~s}^{-1}$，为地球自转角速率；

ϕ——地理纬度；

g——重力加速度，$\mathrm{m/s^2}$；

η——水位，m；

ρ_0——参考水密度，$\mathrm{kg/m^3}$；

p_a——当地大气压，Pa；

ρ——水的密度，$\mathrm{kg/m^3}$；

τ_{sx}、τ_{sy}、τ_{bx}、τ_{by}——有效剪切力分量，$\mathrm{kg/mm^2}$；

S_{xx}、S_{xy}、S_{yx}、S_{yy}——辐射应力分量，$\mathrm{m^2/s^2}$；

T_{xx}、T_{xy}、T_{yx}、T_{yy}——水平黏滞应力项，N；

u_s、v_s——源汇项水流流速，m/s。

② 污染物运移方程。根据质量守恒定律，考虑民建渠污染物运移过程中的对流、扩散和降解等因素，得出污染物的运移方程为：

$$\frac{\partial(hc)}{\partial t}+\frac{\partial(uhc)}{\partial x}+\frac{\partial(vhc)}{\partial y}=\frac{\partial}{\partial x}\left(hD_x\frac{\partial c}{\partial x}\right)+\frac{\partial}{\partial y}\left(hD_y\frac{\partial c}{\partial y}\right)-Fhc+S \tag{6-14}$$

$$S=Q_s(c_s-c)$$

式中 c——污染物浓度，mg/L；

D_x、D_y——x方向和y方向上的扩散系数；

F——污染物衰减系数；

Q_s——排污口流量，$\mathrm{m^3/s}$；

c_s-c——污染物相对浓度，mg/L。

其他变量含义同水动力方程。

③ CFL值。采用显示法计算水动力与污染物运移方程的时间积分，理论上模拟计算步长需要使CFL值在1以内才能维持模型的稳定。但是，由于CFL值具有推测性，有时即使小于1，模型也会处于不稳定状态。经过多次实验验证，当CFL临界值取0.8时，模型的稳定性较好。CFL值的计算公式为：

$$\mathrm{CFL}_{\mathrm{HD}}=(\sqrt{gh}+|u|)\frac{\Delta t}{\Delta x}+(\sqrt{gh}+|v|)\frac{\Delta t}{\Delta y} \tag{6-15}$$

式中 g——重力加速度，$\mathrm{m/s^2}$；

h——总水深，m；

u、v——流速在x方向和y方向上的分量，m/s；

Δt——时间间距，s；

Δx、Δy——x方向和y方向上的特征长度，m。

(3) 模型建立 研究采用MIKE 21软件构建民建渠水动力及对流扩散模型。首先，收集民建渠建模所需数据，包括河道流速、流量、水下地形、降水蒸发以及水质等；其次，将研究区划分为多个计算网格，并设置边界条件；再次，采用实测数据率定验证模型；最后，耦合对流扩散模型，模拟民建渠在不同工况下的污染物运移情况。

① 网格划分。首先，对排污口所在纳污水体民建渠的9个过水断面进行流速、流量及

水质测量。9个断面分别位于排污口下游0m、50m、100m、150m、200m、500m、1000m、2000m和4000m处。然后，在以排污口为起始点至下游4000m处，每隔20m进行水下地形高程的勘测。

分析实测断面资料后，为了使模拟出来的河道更加精确，将研究范围内的渠道地形数据每隔5m插值后输入模型。在渠道的计算范围内使用MIKE 21 网格生成器（mesh generation）划分模拟网格，研究采用三角形网格。权衡网格的空间分辨率来确定最优网格数量，最终确定网格长度为10~30m，网格数量为1170个。具体如图6-69所示。

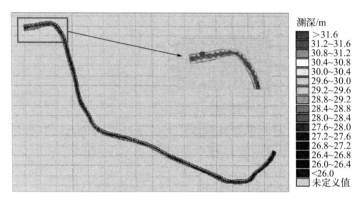

图 6-69 模型计算网格图

② 边界条件。模型的边界一般分为开边界和闭边界两种，开边界为水域边界，闭边界为水陆边界。该模型的开边界包括上边界入流口和下边界出流口，闭边界为民建渠岸线。上边界采用90%保证率的最枯月平均流量，下边界采用小湖口断面水位数据。

③ 模型参数。

a. 降水蒸发。由于民建渠无水文站，故以邻近的监利市气象资料为基础，采用水文比拟法进行频率分析。根据1961~2019年监利市降水资料，按照典型年的选取原则，选定1963年为典型年，设计保证率为90%，年降水量为961.15mm。采用1963年最枯月（2月）的降水蒸发资料作为降水蒸发模块的模拟条件。

b. 河床糙率。考虑到民建渠为较为规整的人工渠道，故在模型模拟范围内糙率取统一值。利用实测水位流量数据，经过多次糙率率定后，得到曼宁系数为$31.25m^{1/3}/s$。按照此糙率值模拟计算，水位误差在0.01~0.02m，流量误差在0.02~0.04m^3/s。

c. 污染物衰减系数。根据民建渠的地形资料和水质实测资料，经过MIKE 21模型率定，得到COD、NH_3-N、TN和TP的衰减系数分别为$0.12d^{-1}$、$0.11d^{-1}$、$0.17d^{-1}$和$0.17d^{-1}$。模拟出的污染物浓度结果与断面水质实测值的R^2分别为0.95、0.83、0.88和0.96。

④ 模型率定。采用2022年5月民建渠9个监测断面的实测水位流量数据，建立民建渠水动力模型，并进行多次调参率定，将率定最优的水位流量与实测水位流量进行对比，如图6-70所示。结果表明，水位模拟值与水位真实值的平均误差为4.3%，流量模拟值与流量真实值的平均误差为8.8%。模拟结果均可反映民建渠的实际情况，模型可用于模拟民建渠的水质情况。

⑤ 工况选取。以COD、NH_3-N、TN和TP为评价指标，排放流量为30000m^3/d，在正常和非正常两种工况下分析污水排放。其中，正常工况为城南污水处理厂正常运行，污水

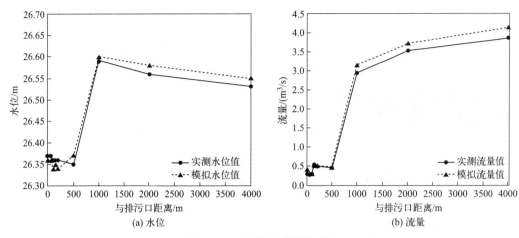

图 6-70 真实值与模拟值对比

经处理后达到《城镇污水处理厂污染物排放标准》(GB 18918—2002) 的一级 A 排放标准；非正常工况为污水处理厂停止运行，污水不经处理，污水中的污染物以原浓度排放到民建渠中。各工况下的背景浓度与排放浓度如表 6-31 所列。

表 6-31 背景与排放浓度

工况	浓度/(mg/L)	评价指标			
		COD	NH_3-N	TN	TP
正常	背景浓度	30.00	1.50	1.50	0.30
	排放浓度	50.00	8.00	15.00	0.50
非正常	背景浓度	30.00	1.50	1.50	0.30
	排放浓度	250.00	20.00	35.00	3.00

(4) 结果分析 将 MIKE 21 水动力模型及对流扩散模型耦合，然后对城南污水处理厂在正常工况与非正常工况下 COD、NH_3-N、TN 和 TP 的浓度扩散情况进行模拟计算，分析两种工况下的污染影响范围及程度。四个评价指标在两种工况下的浓度场见图 6-71，具体影响范围见表 6-32。

表 6-32 各评价指标的污染影响范围

工况	影响范围/m			
	COD	NH_3-N	TN	TP
正常	100	600	800	50
非正常	630	1100	1200	500

分析图 6-71 和表 6-32 可知，城南污水处理厂在正常运行时，污染影响范围仅限于民建渠。下游 COD 污染带范围长约 100m，宽约 45m；NH_3-N 污染带范围长约 600m，宽约 45m；TN 污染带范围长约 800m，宽约 45m；TP 污染带范围长约 50m，宽约 45m。非正常运行时，污水处理厂收集的污水未经处理直接排放，下游 COD 污染带范围长约 630m，宽约 45m；NH_3-N 污染带范围长约 1100m，宽约 45m；TN 污染带范围长约 1200m，宽约 45m；TP 污染带范围长约 500m，宽约 45m。

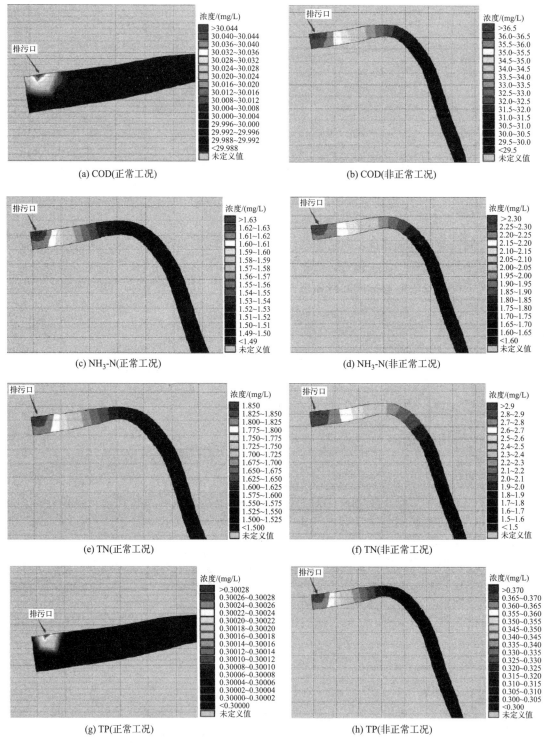

图 6-71 各评价指标的浓度场

由前述分析可知，若污水未及时处理，将会对下游河道的生态环境造成极大影响。可见，对污水进行及时有效的处理是必要的。

(5) 结论和展望　通过建立的民建渠水动力及对流扩散模型模拟了污水处理厂排放污水的扩散情况，经过多次率定得到曼宁系数为 31.25$m^{1/3}$/s。COD、NH_3-N、TN 和 TP 的衰减系数分别为 0.12d^{-1}、0.11d^{-1}、0.17d^{-1} 和 0.17d^{-1}。污染物浓度模拟值与断面水质实测值的 R^2 分别为 0.95、0.83、0.88 与 0.96。将水动力学模型与对流扩散模型进行耦合，在正常工况与非正常工况下，分析了 COD、NH_3-N、TN 及 TP 在受纳水体中的扩散情况。分析发现，污水经过处理后再排放时，污染带范围最长为 800m，宽 45m；不处理直排时，污染带范围最长为 1200m，宽 45m。污染带范围均属于本水功能区，未对下一个水功能区造成影响。污染物在水体中的扩散是一个相对复杂的过程，传统的物理模型并不能完整和精确地反映污染物迁移扩散的真实情况，且物理模型存在运行速度慢、需求参数多等问题。这些参数之间存在着线性或非线性的关系，下一步将引入机器学习方法，研究污染物在河段中的迁移扩散。

6.3.2.4　WASP 模型应用案例

(1) 研究区域概况　山区型河流是指源于山地和位于山区的河流，山区型河流大都属于中小型河流，往往是大江大河的源头。与平原河流相比，山区型河流相对海拔高，坡降陡而流速大，水流急。山区河流多为季节性河流，降雨少且季节分配不均，汛期和融雪期水流峰高量大；非汛期水资源比较缺乏，水力连通性差，不利于植被及微生物的生存，生态系统较不稳定。近几年城镇化速度加快、乱砍滥伐、开荒种植、采石开矿等因素导致山区型河流生态功能退化加剧，对下游重要河流水环境质量造成了潜在的或直接的影响，并在很大程度上制约了地区可持续发展目标的实现。因此，开展山区型河流的水环境生态保护，恢复山区型河流水环境质量刻不容缓，势在必行。

选取四川省东南山区的古蔺河为研究对象。古蔺河属于典型的山区型河流，其源头发源于古蔺县西部山区，由西向东最后汇入赤水河，古蔺河主河道长 70.7km，河道平均比降约 1.84%，区域内多年平均年径流深 445.6mm，年径流总量 $4.05 \times 10^8 m^3$，河口平均流量 12.85 m^3/s。古蔺河与普通的平原型河流相比，其径流主要由降雨补给，受气候因素影响，其枯水期持续时间较长为 11 月至次年 4 月，丰水期为 5~9 月。2016 年之前古蔺河水质常年保持在地表水 Ⅱ 类水质标准，近几年受城镇化发展、畜禽养殖量逐步提高、工业企业增多等因素影响，古蔺河水质逐步下降，出现 Ⅲ 类、Ⅳ 类水质的情况增多，个别月份古蔺河水质甚至达到 Ⅴ 类水质水平，古蔺河水环境质量已在逐步恶化。利用 WASP 模型模拟山区型河流古蔺河的水质情况，并基于污染源与水质响应关系，计算古蔺河各断面 COD、氨氮的削减量，对古蔺河水生态环境保护具有借鉴意义。

古蔺河受山区地势的影响，河床形态、流速、水位等边界条件变化不一。上游河床狭窄，弯曲河道较多，河流流速较快；下游河床由窄变宽，部分河段有河心洲、河漫滩出现，水面比降平缓，水流较为散乱。为保证模拟准确性，根据河床形态、水文等因素将古蔺河划分为 16 个计算单元。根据 2017 年古蔺县环境统计数据结合实际调研情况，该段共有排污口约 30 个，为方便水质模拟和计算，采用重心概化法将干流沿岸的排污口概化为 11 个，古蔺河河流概化如图 6-72 所示。

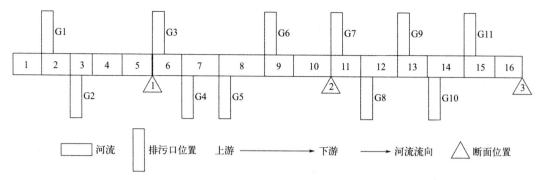

图 6-72 古蔺河河流概化示意图

(2) 基于 WASP 8.0 的河流水质模拟

① 参数率定。选取 WASP 8.0 中的富营养化模块 (EUTRO) 进行古蔺河流量、COD、氨氮的模拟计算。山区型河流丰水期流量与水位变幅很大,暴雨之后,山洪暴发,流量猛增,但洪水持续期短,来时快去时也快,考虑到模型模拟的稳定性,在利用 WASP 模型模拟时应选取流量较稳定、持续时间较长的枯水期流量作为水文设计条件,因此,流量、COD、氨氮的模拟选取枯水期保证率 90% 时河流流量模拟。模型水动力学模块选择一维网格动力波 (1D network kinematic wave) 模块,选用 Eular 方程进行差分求解,模型时间步长设为 1d。山区型河流河底坡度、糙率较大,坡度取值在 0.005~0.050 之间,糙率计算值在 0.05~0.06 之间,其他动力学参数与常数的取值参考 WASP 用户手册中的参数取值范围,如表 6-33 所列。

表 6-33 模型主要参数取值

控制单元	长度/m	流量/(m³/s)	坡度	糙率	20℃时的COD衰减速率/d⁻¹	20℃时的硝化速率/d⁻¹
1	17483	1.56	0.005~0.031	0.06	0.35	0.10
2	7489	2.12	0.009~0.010	0.05	0.30	0.08
3	33642	3.72	0.005~0.030	0.05	0.35	0.08

② 水质模拟结果。以各监测断面的 COD 浓度、NH_3-N 浓度为模拟指标,通过对所建立的 WASP 水质模型的模拟结果与相关科研部门提供的实测数据进行对比,验证所建立的 WASP 水质模型的准确性,模拟结果分别如图 6-73、图 6-74 和图 6-75 所示。

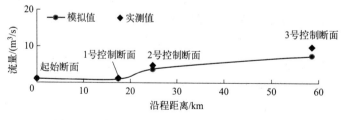

图 6-73 古蔺河流量模拟值和实测值沿程变化

通过对不同监测点沿程的流量、COD 浓度、NH_3-N 浓度的实测值与模拟值的对比可知,建立的 WASP 模型的模拟值与实测值的平均相对误差小于 25%,模拟值沿程变化趋势与实测值的变化趋势基本相同。因此,该模型能够较准确地模拟山区型河流中污染物转移扩散规律。

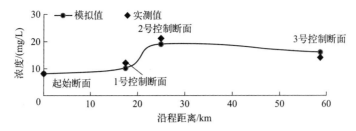

图 6-74　古蔺河 COD 模拟值和实测值沿程变化

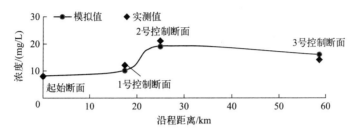

图 6-75　古蔺河氨氮模拟值和实测值沿程变化

(3) 古蔺河污染控制分析

① 古蔺河排污口各污染物贡献值及贡献度计算。采用 WASP 模型计算各个排污口对控制断面 COD、氨氮的贡献值和各个排污口单位污染物贡献度，排污口贡献值和贡献度如表 6-34 和表 6-35 所列。当贡献值与单位污染物贡献度为 0 时，说明该排污口不在该控制断面范围内，对该段河流水质无影响。G5 排污口对 2、3 号控制断面 COD、氨氮贡献值最大，G1 排污口对各控制断面 COD、氨氮贡献值最小，说明 G5 排污口的污染物排放强度最高，对水质影响最大；G1 排污口排放强度最小，对水质影响程度最小。同一排污口，离控制断面位置越远贡献值越小，即排污口贡献值与排污口与下控制断面距离、排污强度有关。从单位污染物贡献度来看，同一排污口对不同控制断面浓度贡献度不同，排污口离控制断面位置越远，单位污染物贡献度越小，即排污口对控制断面的影响随距离的增大而减小。

表 6-34　古蔺河排污口对控制断面 COD 贡献值和贡献度

排污口编号	1 号控制断面		2 号控制断面		3 号控制断面	
	贡献值 /(mg/L)	单位污染物贡献度 /(10^{-12}d/L)	贡献值 /(mg/L)	单位污染物贡献度 /(10^{-12}d/L)	贡献值 /(mg/L)	单位污染物贡献度 /(10^{-12}d/L)
G1	0.31	5.17	0.09	1.50	0.04	0.67
G2	2.02	5.21	0.62	1.60	0.27	0.70
G3	0	0	2.31	2.63	0.80	0.92
G4	0	0	2.65	2.66	0.95	0.96
G5	0	0	8.43	2.72	3.04	0.98
G6	0	0	1.10	2.86	0.40	1.04
G7	0	0	0	0	0.57	1.13
G8	0	0	0	0	1.21	1.21
G9	0	0	0	0	0.32	1.39
G10	0	0	0	0	2.49	1.48
G11	0	0	0	0	0.65	1.54

表 6-35　古蔺河排污口对控制断面氨氮贡献值和贡献度

排污口编号	1号控制断面		2号控制断面		3号控制断面	
	贡献值 /(mg/L)	单位污染物贡献度 /(10^{-12}d/L)	贡献值 /(mg/L)	单位污染物贡献度 /(10^{-12}d/L)	贡献值 /(mg/L)	单位污染物贡献度 /(10^{-12}d/L)
G1	0.051	5.31	0.021	2.09	0.009	0.52
G2	0.069	5.32	0.030	2.31	0.014	0.62
G3	0	0	0.053	2.91	0.023	1.26
G4	0	0	0.034	2.89	0.015	1.28
G5	0	0	0.830	2.90	0.375	1.31
G6	0	0	0.186	3.05	0.080	1.32
G7	0	0	0	0	0.015	1.44
G8	0	0	0	0	0.033	1.45
G9	0	0	0	0	0.050	1.47
G10	0	0	0	0	0.053	1.58
G11	0	0	0	0	0.015	1.59

1、2、3号断面COD贡献值累加与背景值之和分别为10.71mg/L、18.01mg/L、12.05mg/L，1、2、3号断面氨氮贡献值累加与背景值之和分别为0.359mg/L、1.285mg/L、0.691mg/L。通过排污口贡献值计算得到的各控制断面COD、氨氮浓度值与实际模拟值比较，最大误差不超过10%，最小误差为0.2%，平均误差为2.5%，可见通过排污口贡献值计算得到的各控制断面浓度值与实际模拟值基本一致。

因此，在一维水质模型计算条件下，多个排污口对河流的影响作用可以分解为单个排污口影响作用的线性累加，各个排污口对河流水质影响是相互独立的。排污口对河流产生误差的原因是单个排污口模拟误差累积，但误差依然处于可控范围内。

② 古蔺河污染物削减量计算。根据模拟结果与水质目标对比，2号断面氨氮超标，其模拟值为1.289mg/L，大于地表水Ⅲ类水质标准值（1.000mg/L），其余断面COD、氨氮均未超标。计算2号控制断面氨氮分担率、分担浓度值、各排污口允许入河量和削减量，如表6-36所列。

表 6-36　古蔺河氨氮削减量

排污口编号	分担率/%	分担浓度/(mg/L)	允许入河量/(kg/d)	削减量/(kg/d)
G1	1.74	0.02	7.20	2.39
G2	2.61	0.03	9.78	3.18
G3	4.35	0.05	13.71	4.48
G4	2.96	0.03	8.86	2.89
G5	72.17	0.72	215.46	70.94
G6	16.52	0.16	45.91	15.09

由表6-36可知,古蔺河氨氮削减总量为98.97kg/d,占古蔺河氨氮总入河量的32.89%,其中G5排污口氨氮削减量最大为70.94kg/d,而G1排污口氨氮削减量最小为2.39kg/d,主要原因是:G1排污口位于1号控制断面上游,排污量较小,离2号控制断面距离较远,其削减量较小,G5排污口污染排放量较大,对古蔺河2号控制断面水质影响最大,所以其削减量最大。

(4) 结论

① 与平原型河流模拟不同,山区型河流河床变化剧烈,不同河段水位、流速、坡度、糙率等边界条件变化不一,为确保模拟准确性,模拟时应增加计算单元个数。在模拟时段选择上,由于丰水期河流流量、水位变化波动较大,而平水期相对较短,选择流量较稳定、持续时间较长的枯水期流量作为水文设计条件。结果表明:WASP 8.0模型的模拟值与实测值的平均相对误差小于25%,模拟值沿程变化趋势与实测值的变化趋势基本相同,该模型能够较准确地模拟山区型河流中污染物转移扩散规律。

② 通过WASP水质模拟软件,计算古蔺河污染物削减量,结果得到古蔺河COD不需要削减,氨氮浓度在2号控制断面超标(Ⅲ类水质标准),古蔺河氨氮共需要削减98.97kg/d,其中G5排污口削减量最大为70.94kg/d,为古蔺河水环境质量改善、污染物控制提供理论依据。

③ 以排污口与河流水质响应关系为思路,计算各排污口在水质目标下的允许入河量和削减量。该方法易于理解,较传统容量总量控制计算方法,能省去环境容量的计算,对于排污口入河量削减更具有针对性,计算结果也更为可靠。但该方法计算较烦琐,对于流域水文、水质情况较简单,排污口较少的河流适用性较强。

6.3.3 环境工程大数据在固体废物污染控制中的应用实例

(1) 农村固体废物现状 伴随我国乡村振兴战略实施,农村产业结构发生变化,经济伴随发展,同时物流业也延伸至乡村,显著提升了乡村的消费水平,上述变化改变了农村固体废物的产生量和种类组成。农药和化肥是农村地区污染物的主要来源,其外包装是农村地区高风险固体废物的重要组成。目前,我国农村农药和化肥外包装固废处置水平存在较大差异,东南沿海地区普遍高于东北和西北地区。此外,随着农村医疗改革的深入推进,我国农村医疗水平极大改善,人均就医次数显著增加,与之相伴的个人药品类废物的人均产生量显著增加。在沿海等经济发达地区,村办企业数量多,其生产过程中产生的固体废物是农村固废的重要组成。因此,从全国尺度分析发现,农村中农药化肥外包装、乡村医疗和村办企业等固体废物种类日趋复杂,总量逐年增加,是农村环境重要污染源和潜在风险源。研究显示,农药类和重金属类污染物具有较高的生物毒性,在天然条件下较难被环境中的微生物利用和降解,是农村地区的典型污染物,具有环境持久性。农药类和重金属类污染物具有较强的迁移性,较易通过地表水、土壤(填埋或堆存地)、地下水等途径传输,直接或间接(农业食物链)进入人群食物链,威胁人群健康。因此,构建适合我国的农村固体废物健康风险评价方法对评估我国农村地区固体废物环境风险,指导农村地区固体废物管理,形成农村固体废物处理处置工程技术和模式具有实质意义。

(2) 模型参数选取与应用

① 模型选取。基于8个自然村落的现场调研分析,针对性选取污染源模块的填埋场和废物堆情景,筛选土壤及包气带、大气、地表水和蓄水层(地下水)等多介质模块,选取农

场食物链模块作为农村人群食物链基础模块,选取人体暴露和风险表征模块作为人群受体暴露/风险表征模块,研究 8 个自然村固体废物对周边人群受体的风险水平。3MRA 模型框架体系如图 6-76 所示。

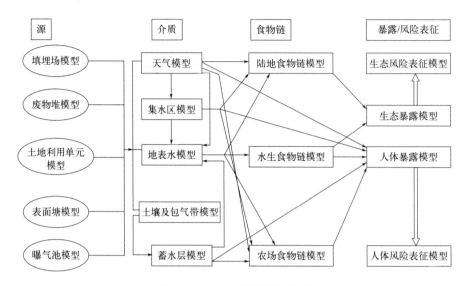

图 6-76　3MRA 模型框架体系

② 研究区域概况及数据来源。选取遍布我国河北、广东、河南、黑龙江、湖南、内蒙古、四川和山东 8 省(区)的 8 个自然村为研究对象,重点围绕行政村人群居住区,开展人群分布特征、固体废物组成、农作物与植被分布、农药化肥使用量、固体废物处置等相关参数搜集与整理,信息采集时间为 2011 年 4 月～2012 年 5 月(2018～2019 年部分补充)。选取的研究村分布于我国沿海及内陆 8 个省(区),在人群特点、地理气候、土壤及地下水类型等方面存在差异。因村落间产业结构、经济水平和耕作模式不同,8 个研究村涉及的固废类型、总量、占地面积和处置方式也存在较大差异。研究村基本信息见表 6-37。

(3) 模型污染物选取与参数设置　调研发现,8 个研究村固体废物中普遍存在农药包装瓶,农药类型以除草剂和杀虫剂为主,主要化学成分包含五氯苯酚、2,4-二氯苯氧基乙酸和甲氧滴滴涕等,该类污染物具有高致癌风险和持久性污染特性,农药包装瓶中残留农药释放将造成土壤污染,雨水下渗和地表径流作用又将加大其对周边地表水和地下水污染风险,进而对人群受体构成健康风险,环境隐患巨大。

部分研究村固体废物中包含矿渣和水泥生产废物,采矿作业和水泥加工将促进重金属类污染物 As 和 Cr(Ⅵ)等的释放,造成土壤、地表水和地下水污染,危害人群健康。因此,基于研究村废物类型和污染物组成情况,选取五氯苯酚、2,4-二氯苯氧基乙酸、砷(As)、甲氧滴滴涕和六价铬 5 种特征污染物,同时考虑研究村存在滴滴涕农药施用历史和废旧电池 Pb 释放,加选滴滴涕降解中间产物氯苯和 Pb 2 种特征污染物。选用 3MRA 模型中大气扩散与沉降、土壤径流与迁移、地表水流动、地下水迁移转化、农作物吸收富集、受体人群暴露和健康风险表征 7 个次级子模块,构建农村固体废物典型污染物在土壤—水—农作物途径下的溶出扩散和迁移转化,基于理论模型计算,量化特征污染物通过多介质迁移转化对周围人群受体造成的潜在健康风险。其中,模拟情景主要选取堆存和填埋 2 种方式,模型置信水平设为 95%,置信区间设为 99%。

第6章 环境工程大数据的分析与应用实例

表 6-37 研究村基本信息

研究村	堆高/m	废物占地面积/m²	废物总量/t	废物种类	土壤类型	地下水类型	气候类型	年耕作时间/月	作物种类	灌溉水来源	年降水量/mm	饮用水来源	生活用水量/[m³/(人·a)]	村屯常住人口数量/人
河北 a 村	2.69~3.54	204.55	2300	生活垃圾、电池、农药瓶、粉煤灰、水泥生产废物等	棕壤	砂岩孔隙水	温带季风气候	7	粮食作物	地下水	413	深层地下水	396	128
广东 b 村	0.53~3.22	607.05	4812	生活垃圾、塑料、建筑废物、医疗废物等	红壤	砂岩孔隙水	亚热带季风气候	11	粮食作物、蔬菜	地表水	1800	深层地下水	905	377
河南 c 村	5.22~6.98	337.60	15886	生活垃圾、塑料、电池、农药瓶等	褐土	基岩裂隙水	温带季风气候	10	粮食作物、蔬菜	地表水、地下水	722	深层地下水	534	248
黑龙江 d 村	3.53~4.91	287.00	3477	生活垃圾、电池、煤灰、农药瓶、医疗废物、矿物废料等	黑土	砂岩孔隙水	温带大陆性气候	6	粮食作物	地下水	532	深层地下水	258	133
湖南 e 村	2.30~4.52	153.00	2443	生活垃圾、电池、畜禽粪便等	红壤	基岩裂隙水	亚热带湿润气候	11	粮食作物、蔬菜	地表水、地下水	1350	深层地下水	415	112
内蒙古 f 村	0.51~1.14	52.00	442	生活垃圾、电池、畜禽粪便、矿物废料等	栗钙土	砂岩孔隙水	中温带季风气候	6	粮食作物	地下水	312	浅层地下水	171	51
四川 g 村	3.27~5.31	87.00	1088	生活垃圾、塑料、农药瓶、医疗废物等	红壤	砂岩孔隙水	亚热带季风气候	11	粮食作物、蔬菜	地表水、地下水	1244	浅层地下水	422	88
山东 h 村	3.11~4.43	182.00	766	生活垃圾、塑料、农药瓶、电池、畜禽粪便等	褐土	基岩裂隙水	温带大陆性季风气候	10	粮食作物、蔬菜	地表水、地下水	765	深层地下水	372	75

（4）固体废物健康风险分析

① 堆存模式固体废物健康风险。模型运行结果显示，选取的 7 种特征污染物在堆存模式下对周围人群受体的潜在健康风险水平具有差异性，其中农药类污染物甲氧滴滴涕、氯苯、2,4-二氯苯氧基乙酸和五氯苯酚四者间的差异相对较小，因此将农药类污染物作为整体进行分析，并以 4 种农药类污染物的健康风险平均值作为该类污染物的最终健康风险。堆存模式研究村固体废物健康风险如图 6-77 所示。

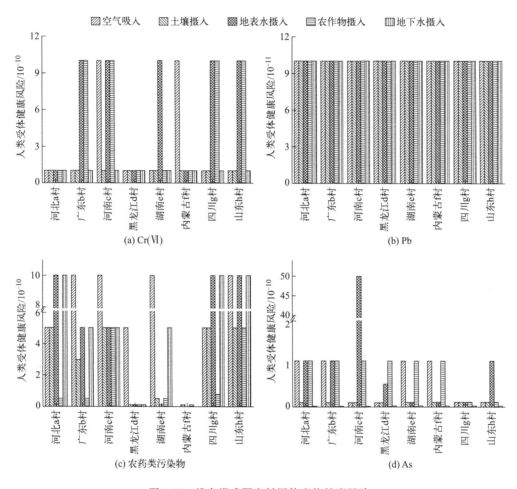

图 6-77　堆存模式研究村固体废物健康风险

在堆存情景下，4 类（7 种）污染物对周围人群受体构成的健康风险由高到低排序为农药类污染物＞As＞Cr（Ⅵ）＞Pb。此外，其他 3 类污染物（Pb 除外）在大气、地表水、土壤、地下水和农作物传递 5 种暴露途径下，对周边人群受体的潜在健康风险也存在村落间差异。研究结果显示，特征污染物 Cr（Ⅵ）的潜在健康风险为 $1.0 \times 10^{-10} \sim 1.0 \times 10^{-9}$，该结果与填埋场周边 $0.5 \sim 2km$ 半径区域内 Cr（Ⅵ）在淋浴暴露途径下的潜在健康风险值较接近，但不同的是模拟对象为自然村落产生的固体废物，与填埋场存在一定差异。

在用水方面，自然村落人群年人均淋浴次数也显著低于填埋场工作人员，这一生活习惯上的差异是造成淋浴暴露途径健康风险差异的主要原因。因此，模拟结果反映出，暴露于特征污染物的人群受体的健康风险受人群生产生活习惯影响显著。

模拟数据显示，8个自然村中，河南c村、四川g村、广东b村和山东h村固体废物中赋存的特征污染物在地表水和农作物途径下对周围人群受体构成的健康风险显著高于同点位下大气、土壤和地下水暴露途径，湖南e村的地表水途径的健康风险显著高于该村点位的其他4种暴露途径。研究结果表明，堆存情景下农作物和地表水暴露途径是特征污染物Cr(Ⅵ)的高健康风险暴露途径。农药类污染物是我国农村地区高致癌风险的典型污染物，结果进一步证实了其突出的健康风险，相比于其他3种污染物，农药类污染物的健康风险高出3~4个数量级。农药类污染物以氯代苯系物居多，污染物苯填埋场区域人群受体的健康风险处于较低水平，与填埋场重金属类污染物健康风险较为接近。

农药类污染物健康风险较高主要有2个原因：①农村地区农药使用量较大，致使研究区农药本底浓度较高，人群暴露剂量较大，健康风险较高；②农药类污染物水溶性较高，在土壤和地下水中的迁移性较强，致使其暴露途径较多，风险较大。受村落人群受体组成、废物类型和生活习惯等影响，8个自然村对应的高健康风险暴露途径也存在差异。

土壤和农作物途径下人群受体的健康风险整体呈较低水平。但与之对应的大气、地表水和地下水暴露途径下的健康风险则处于相对较高水平，揭示了在自然村环境中，大气、地表水、地下水3种暴露途径是特征污染物如农药类等再堆存情景下的高健康风险途径。相比于农药类污染物，类金属污染物As的健康风险较为适中，河南c村点位的As健康风险居于8个自然村之首。同时，As在地表水和农作物暴露途径下的人体健康风险水平也整体高于大气土壤和地下水途径，说明地表水和农作物暴露途径是类金属As的特征暴露途径，通过这2种途径污染物As对周边人群受体构成较高的健康风险。

综合堆存情景下4类特征污染物的健康风险特点，发现自然村中地表水暴露途径是对其周边人群受体构成高健康风险的关键途径。揭示了农村固体废物中赋存的特征污染物极易通过雨水淋溶和地表径流的方式溶出迁移，进而污染周边地表水体，最终对周边的人群受体构成健康风险。与此同时，大气、农作物和地下水途径下的健康风险水平在不同类型污染物间呈现出较大差异，总体上土壤途径下的健康风险较低。

② 填埋模式固体废物健康风险。填埋处置方式是我国农村地区普遍采用的固体废物无害化处置手段，该方法处置成本低廉，技术门槛低，在农村地区具有广泛的适用性。基于此，模拟8个自然村产生的固体废物在填埋处置过程中健康风险水平变化，利用3MRA模型量化评估特征污染物在填埋情景中通过土壤—水—农作物途径对周边人群受体所构成的健康风险。

8个研究村固体废物中的特征污染物在经填埋处置后，其健康风险水平整体降低，其中Cr(Ⅵ)的健康风险由堆存情景中的1.2×10^{-10}降至1.0×10^{-10}水平，整体约降低了一个数量级。重金属Pb的健康风险未发生显著变化，依然维持在1.0×10^{-10}水平。对比同种污染物在8个不同自然村中填埋处置后的健康风险发现，填埋处置后污染物的风险差异显著降低，表明固体废物填埋处置可以有效降低农村固体废物中重金属类物质如Cr(Ⅵ)的人群健康风险。

与重金属类污染物类似，填埋处置也有效地降低了固体废物中农药类污染物的健康风险，相比于地下水途径，大气、土壤和地表水暴露途径下的健康风险降低得更为显著，表明农村固体废物赋存的农药类污染物由于填埋的阻隔，显著降低了地表径流量，进而有效减少了污染物向地表水体输入，降低了地表水的污染，最终有效降低了农药类污染物在地表水暴露途径中的人群健康风险。

与此相对，固体废物中赋存的农药类污染在模拟物填埋处置后其在地下水暴露途径中的健康风险呈上升趋势，表明在不设置填埋防渗层的填埋处置情景中，填埋于地下的农药瓶等固体废物，其残存的农药类污染物在雨水淋溶引发的重力水下渗过程中会释放溶出并向地下水中迁移，形成对地下水的污染，提高了地下水暴露途径的人群受体健康风险。

类金属 As 在模拟填埋处置中对人群受体造成的健康风险变化与农药类污染物较为相似，健康风险整体上降低，主要的降低途径为地表水和农作物传递，地下水暴露途径下的健康风险有所上升，揭示了无防渗措施填埋有效降低类金属 As 在地表水及农作物途径中人群受体的健康风险，但也推升了其向地下水中的输入，进而增加了其在地下水途径中的健康风险。通过综合对比堆存情景下 8 个自然村固体废物健康风险变化，发现受地理气候等影响，简易填埋对固体废物中特征污染的阻控效果也存在差异。内蒙古 e 村和黑龙江 d 村在简易填埋过程中地下水暴露途径下的健康风险水平上升幅度高于其他 6 个自然村点位，潜在的原因是内蒙古和黑龙江 2 个村落的地下水类型均属砂岩孔隙水，渗透系数较大，导致污染物在地下水中具有较强的扩散迁移能力，而填埋处置由于剔除了土壤包气带对污染物的天然阻隔，进而增加了特征污染物在地下水中的健康风险。填埋模式研究村固体废物健康风险如图 6-78 所示。

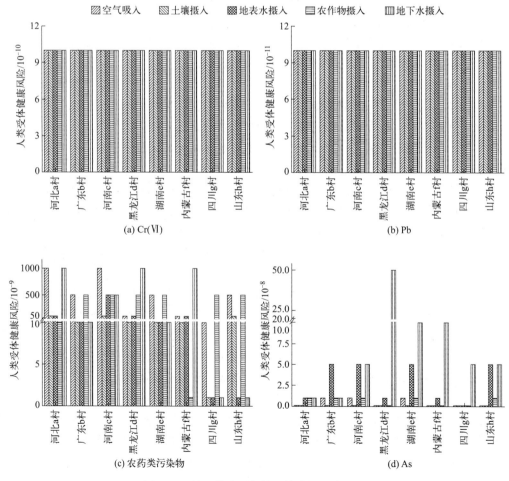

图 6-78 填埋模式研究村固体废物健康风险

③ 废物安全填埋阈值。在我国现行的固体废物处置与管理中，主要将固体废物分为两类进行分类处置：一类是普通废物，主要包括生活垃圾、农林废物等低风险固废；另一类为危险废物，主要包括高风险工业固废、焚烧飞灰和医疗废物等。其中，农林废物目前主要以资源化的处置手段为主，其在处置过程中对周边人群健康风险较小，而生活垃圾在农村地区主要通过简易填埋的方式进行无害化处置。危险废物则需要通过分类收集后予以安全填埋。

危险废物的处理处置成本要高于普通废物，因此危险废物定性是废物处置的首要环节，3MRA 风险评估模型的主要功能就是通过科学理论模型的构建，系统分析并评估固体废物中赋存的特征污染物在拟定的处置情景中对周边人群受体的健康风险水平。利用 3MRA 模型对 8 个研究村的固体废物中 4 类特征污染物的安全填埋安全阈值进行模拟预测。依据相关要求，固体废物中污染物浓度高于模拟阈值的废物需按照危险废物处置要求进行分类收集和安全填埋，而低于阈值的固体废物则可以按普通废物予以常规填埋。

农村地区的人群结构和废物类型显著有别于城市人群，量化其固体废物中特征污染物的安全阈值对指导农村固废分类处置和保障农村人群健康具有重要意义。结合 3MRA 模型特征，选定模型运行参数，致癌风险为 1.0×10^{-6}，危害商为 1，置信水平为 95%，置信区间为 99%。

农村固体废物污染物最低安全填埋阈值见表 6-38。

表 6-38 农村固体废物污染物最低安全填埋阈值　　　　单位：$\mu g/g$

研究村	农药类污染物	As	Cr(Ⅵ)	Pb
河北 a 村	100	1	100	5000
广东 b 村	100	1	100	5000
河南 c 村	100	1	100	5000
黑龙江 d 村	100	1	10	5000
湖南 e 村	100	1	10	5000
内蒙古 f 村	100	1	10	5000
四川 g 村	1000	1	100	5000
山东 h 村	1000	1	100	5000

从表 6-38 可以看出，4 种农药类污染物的安全填埋阈值相同，但整体上低于填埋场区域污染物苯的安全填埋阈值，表明农村地区农药类污染物属高风险污染物，对于混合有农药包装的废物应考虑将其从废物堆中筛分出来再予以处理处置，避免其在废物堆、土壤、地下水等介质中的释放和迁移转化，进而增加废物处理处置成本。该结果同时表明，农药包装废物作为高风险废物应当考虑将其作为危险废物进行集中收集处置，以减少其暴露途径，降低周围人类受体健康风险。

8 个研究村中，山东 h 村和四川 g 村中产生固体废物中农药类污染物在填埋情景中的安全阈值相对较高，约为 $1000\mu g/g$，说明当固体废物中农药类污染物浓度高于该值时，此类废物需要以分类收集的方式进行储运，并以危险废物进行安全填埋。其他 6 个研究村农药类污染物的安全阈值则相对较低，为 $100\mu g/g$。对比 8 个研究村发现，类金属 As 的安全阈值最低，均为 $1\mu g/g$，低于填埋情景中 As 的最低安全阈值，表明我国农村地区 As 污染脆弱性较高，在无防护、防渗措施的条件下对周围人群受体构成较高风险，应对废物堆中 As 浓度进行严格监测，识别含 As 废物，降低其对周围人群受体的健康风险。

污染物 Cr(Ⅵ) 在内蒙古 f 村、黑龙江 d 村和湖南 e 村的安全阈值相对较低，约为 $10\mu g/g$，高于填埋场区域 Cr(Ⅵ) 健康风险。填埋场防渗措施可以较为有效地降低 Cr(Ⅵ) 的暴露途径和暴露剂量，降低其健康风险。河北、广东、四川、山东和河南 5 个研究村固体废物中 Cr(Ⅵ) 的安全阈值为 $100\mu g/g$。重金属 Pb 的安全阈值最高，约为 $5000\mu g/g$。不同自然村固体废物安全填埋阈值差异揭示了我国农村地区的污染风险防控性存在差异。

（5）健康风险分析 河北 a 村、黑龙江 d 村和内蒙古 f 村废物中污染物 Cr(Ⅵ) 的健康风险明显低于其他 5 个研究村，而这 3 个研究村所在区域的年降水量、土地年平均耕作时间以及作物种植种类也相应地低于其他 5 个研究村。此外，5 个高风险研究村的主要暴露途径为地表水和农作物途径，而这 2 个暴露途径受地区年降水量、土地年平均耕作时间和作物种植种类的影响较大。可能的原因是，充沛的降雨促进废物中 Cr(Ⅵ) 的地表径流，进而污染周边地表水体，地表水体又作为研究村农业生产的灌溉用水被回灌农田，而且相比于传统粮食作物，蔬菜作物的耕作时间更短，用水量更大，这进一步增加了污染物 Cr(Ⅵ) 在高降水量地区的农作物富集，进而加大了农作物暴露途径的健康风险。填埋处置后 5 个 Cr(Ⅵ) 高风险研究村的健康风险均显著降低，表明填埋处置可以有效降低 Cr(Ⅵ) 地表径流和农作物富集，进而可以从整体上降低废物中 Cr(Ⅵ) 的健康风险。基于此，建议在年降水量较高、蔬菜种植量较大、地下水孔隙度较小的农村地区，对含 Cr(Ⅵ) 的固体废物采取填埋处置。

农村固体废物中污染物 Pb 的健康风险较低，其安全阈值也相对较高，这主要与 Pb 本身相对较低的毒性有关。对比于其他 3 种污染物，Pb 的单位剂量致癌风险最低，且其在土壤和地下水中迁移能力也相对较弱，因此其健康风险相对较小。污染物 Pb 主要富集于废旧电池中，因此，建议在农村设置废旧电池回收箱以降低 Pb 环境污染风险。

农村固体废物中农药类污染物主要来源于农药包装废物中农药的残留，它具有较高的健康风险。堆存模式下农药类污染物的高风险途径是大气、地表水、土壤和地下水，具有较为广泛的污染性，主要的原因是农药类污染物普遍含有苯环结构，难以被环境中的微生物降解，具有持久性污染的特性。一旦其发生泄漏，将通过大气扩散、土壤吸附、地表径流、地下渗透以及地表、地下水补给等多种途径进行迁移和转化，进而对周边人群受体构成较高健康风险。

填埋处置方式虽然可以有效降低农药类污染物土壤和地表水途径中的人群健康风险，但同时也显著增加了其地下水途径的健康风险，而 8 个研究村均以地下水作为饮用水源，一旦地下水受到污染将严重危害人群受体健康。此外，在黑龙江、内蒙古和河北等地，地下水除作为该地区的主要饮用水源外也作为农业灌溉的主要水源，一旦该地区地下水遭到污染将引发其他环境介质的污染，具有更为巨大的环境隐患。因此，建议在农村设置农药瓶回收箱，并将其作为危险废物进行安全处理，以降低其对农村地区人群受体的健康风险。

污染物 As 在 4 种途径下的健康风险与农药类污染物较为相似，填埋模式下其高风险暴露途径主要是地表水和农作物途径，可能的原因是污染物 As 经降雨以地表径流的方式汇入研究村周边的地表水体，造成地表水体污染。同时，赋存于土壤中的 As 可以通过植物蒸腾作用被植物根系吸收进而富集于农作物并对人群受体构成健康风险。模拟结果显示，填埋处置同样可以降低 As 在地表水和农作物途径下的健康风险，但也增加了其在地下水途径的健康风险。此外，作为高致癌风险污染物，As 的安全填埋安全阈值也最低，应严格监控其在废物中的浓度以降低其对周边人群受体的健康风险。

北方村落固体废物 Cr(Ⅵ) 风险显著低于南方村落,主要的原因在于北方降水量较小,减少了固体废物中污染物的径流输入。固体废物中 Pb 在全国范围内风险情况较为相近,安全阈值均在 $5000\mu g/g$。固体废物中农药类污染风险及安全阈值未呈现出显著的南北差异。

建议在我国农药使用量较大的农村地区设置农药瓶回收装置并进行专项储运和无害化处置。对于高降水量的农村地区,依据固体废物中特征污染物浓度特点,将低于安全填埋阈值的固体废物作为普通废物予以填埋处置。对于地下水埋深较浅且地下水功能价值较高的农村地区,对固体废物进行集中收集并规范化处置,以降低其对区域地下水的污染风险,保护环境安全和周边人群受体健康。

6.3.4 环境工程大数据在物理性污染控制中的应用案例

6.3.4.1 GPS 噪声研究

目前,利用 GPS 位置时间序列估计速度已广泛用于研究地表形变、板块运动等,然而 GPS 速度值的精度如何评定尚需探讨。由于 GPS 位置时间序列中不仅含有随机噪声(白噪声),还含有与时间相关的噪声。如果只使用纯白噪声模型,速度的精度会被严重高估。大量研究表明,仅用纯白噪声模型进行精度估计,速度的精度会被高估 3~38 倍。因此,必须采用正确的噪声模型来估计 GPS 速度的精度。以"中国地壳运动观测网络"和"中国大陆构造环境监测网络"(CMONOC-Ⅰ/Ⅱ)所有 GPS 连续站的坐标时间序列为基础,利用极大似然估计法和频谱分析法计算其光谱指数,同时采用白噪声+幂律噪声、白噪声+闪烁噪声和白噪声+闪烁噪声+随机游走噪声等模型计算了速度的不确定性,并绘制了陆态网络连续站的速度场。

(1) 数据来源与 GPS 时间序列解算 研究使用 CMONOC-Ⅰ/Ⅱ 共 264 个 GPS 连续站的数据。其中 CMONOC-Ⅰ是从 1999 年观测至今的 27 个连续站点,CMONOC-Ⅱ于 2009 年开始观测,共有 237 个连续站点;时间跨度在 4~9a 的有 59 个测站,10a 及 10a 以上的有 205 个测站,如图 6-79 所示。研究使用武汉大学的 PANDA 软件进行解算,采用精密单点定位模式获取所有测站的单日解。在解算中,先后进行了接收机差分码偏差改正、地球自转改正和相对天线相位中心模型改正。

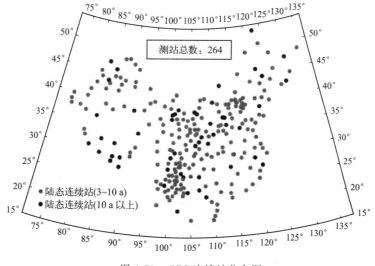

图 6-79 GPS 连续站分布图

（2）基本原理与方法　基于 GPS 坐标时间序列，利用加权最小二乘法和极大似然估计方法计算测站的速度及其不确定性。先对原始观测值进行粗差及异常阶跃的改正，获取干净的时间序列。随后通过单位权阵获取观测值的改正值，根据改正值和选取的噪声模型采用极大似然估计获取最适合描述观测值的协方差矩阵。最后通过确定的协方差矩阵计算出正确的测站速度及其不确定性。

GPS 观测值常常由于野外测量中出现的突发状况（如地震、接收机故障等）出现异常。因此使用中位数和四分位范围统计来确定粗差，再利用地震目录中的地震时刻检测时间序列中由地震引起的阶跃，其余未知的阶跃使用改进的启发式分割算法进行阶跃探测。图 6-80 为 YANC 测站的时间序列图，其中灰色为正常点，黑色为粗差点，竖线为探测出的阶跃。

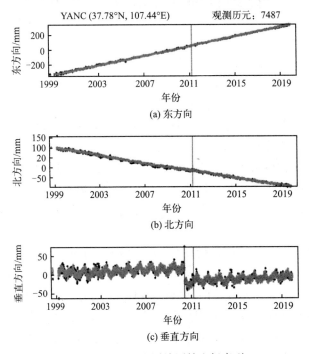

图 6-80　YANC 测站原始坐标序列

采用加权最小二乘法进行 GPS 测站的速度及速度不确定性的计算。利用 Lomb-Scargle 周期图法获得每个测站、每个方向残差噪声的功率谱图，该方法的优点是只对测量时间的时间序列数据进行评估，不需要连续的时间序列即可计算出功率谱。在极大似然估计中，不同的噪声模型会计算出不同的极大似然估计值，数值越大往往越可靠。但噪声模型参数的数量也会对模型的可靠性造成影响，因此，为了保证结果的可靠性，采用贝叶斯信息（BIC）准则对不同模型的 BIC 值进行计算，依据 BIC 值最小的原则选取最优模型。

（3）大数据分析

① 光谱指数。在剔除 GPS 坐标时间序列中的粗差、趋势项、周期项、半周期项和阶跃后，得到 GPS 噪声时间序列。通过利用频谱分析法，估计了所有陆态连续站 ENU（东方向、北方向和垂直方向）3 个方向的功率谱。图 6-81 为 KMIN 站的功率谱图，时间间隔大于 14d（即频率低于 1/14）的噪声功率是恒定的，此时主要以白噪声为主，随着时间间隔的增加，噪声信号的相对功率明显上升。因此选取时间间隔高于 14d 的数据进行简单的最小二乘拟合，图中以直线标出，直线的斜率为光谱指数。由图可知，东方向光谱指数的范围为

$-1.31\sim-0.48$，北方向为$-1.23\sim-0.55$，垂直方向为$-0.31\sim-1.244$，不同方向上噪声光谱的特性没有明显差异。经计算，东、北、垂直方向的加权平均数分别为-0.82、-0.84、-0.63，所有光谱指数的加权平均值为-0.76。光谱指数是一个可以描述噪声源的指标，光谱指数的范围为$-1<K<3$，在$-1<K<1$中，$K=0$时，噪声源为白噪声，$K=-1$时为闪烁噪声，$K=-2$时为随机游走噪声。因而中国大陆GPS位置时间序列主要以白噪声和闪烁噪声为主。

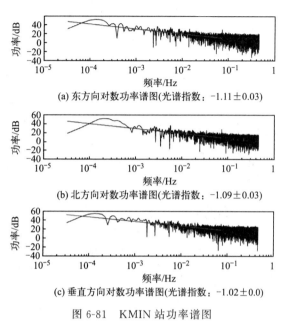

图 6-81　KMIN 站功率谱图

从直方图 6-82(a) 可以看出，东、北方向频次峰值为-0.75，而垂直方向频次峰值为-0.5。造成该现象的原因是垂直方向的白噪声过大，掩盖了闪烁噪声的特性。从图 6-82 (b) 可以看出东方向光谱指数的范围为$-1.56\sim-0.58$，北方向为$-1.43\sim-0.70$，垂直方向为$-1.40\sim-0.48$。它们的加权平均数分别为-1.02、-1.01、-0.83。从图 6-82 看出，各个方向没有明显的差异，垂直方向的光谱指数相对水平方向偏低，但光谱指数普遍在-1附近。上述两种结果表明：中国陆态连续站普遍具有闪烁噪声。同时，利用极大似然估计得到的光谱指数普遍比频谱分析的要小。在频谱分析中，光谱指数可能会被高估，这也验证了该结论。

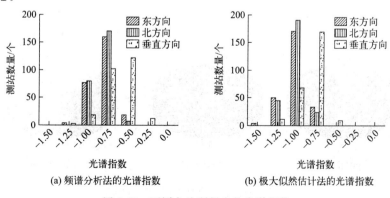

图 6-82　不同方法所得出的光谱指数

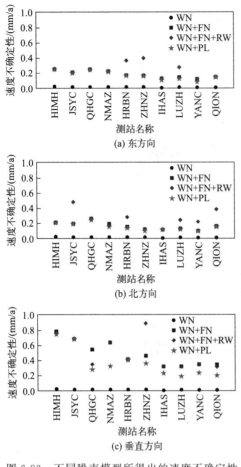

图 6-83 不同噪声模型所得出的速度不确定性

② 速度不确定性分析。大数据计算了 792 个 GPS 坐标时间序列，发现如果仅使用白噪声模型（WN）进行速度不确定性的估计，速度不确定性会被严重低估。图 6-83 为其中 10 个测站使用不同的噪声类型所估计的速度不确定性。从图 6-83 可以看出，利用白噪声模型估计速度的不确定性均低于 0.05mm/a，在白噪声模型中加入闪烁噪声模型（FN）、随机游走噪声模型（RW）以及幂律噪声模型（PL）后，速度不确定性会扩大 10 倍以上。因此，不同的噪声模型会对测站速度以及速度不确定性造成影响，选择合适的噪声模型尤为重要。研究选择贝叶斯信息准则计算每个模型的极大似然估计值，以此选取每个测站的最优噪声模型。

图 6-84 给出了根据贝叶斯信息准则选取的 264 个连续站共 792 个分量的最优噪声模型分布情况。整体而言，所有的噪声分量以 WN+FN 为主。在水平方向上，东方向和北方向 WN+FN 噪声模型分别高达 87% 和 90%。而在垂直方向上，以 WN+PL 噪声模型为主，占比为 59%。因此，CMONOC 连续站主要以 WN+FN 噪声模型为主。利用计算出来的速度及其不确定性，绘制了中国大陆连续站的速度场（见图 6-85），箭头表示速度，椭圆表示速度不确定性。由图 6-85 可得，部分点 [TJWQ（117.130°E，39.375°N），HETS（118.295°E，39.736°N）等] 的不确定性远大于其他点，这是由于通过贝叶斯信息准则判断出这些点更加符合 WN+FN+RW 噪声模型，不确定性会被扩大。当测站的 GPS 时间序列具有随机游走噪声特性时，测站石墩的稳定性可能较弱。因此根据速度不确定性的解算结果，这些测站石墩可能存在不稳定的情况。

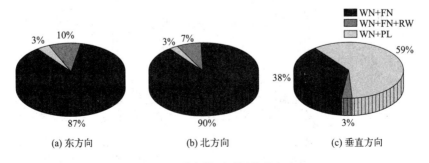

图 6-84 噪声模型不同分量占比

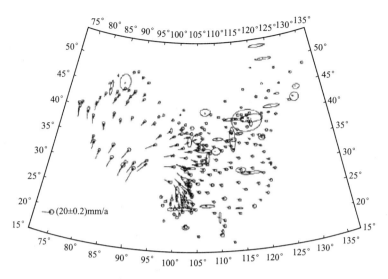

图 6-85 中国大陆连续站速度场及其速度不确定性

③ 白噪声振幅大小与纬度关系。利用 23 个全球连续站发现白噪声振幅在赤道上最大。因此，对空间范围纬度为 15°～50°，经度为 75°～135°区域的白噪声振幅进行空间分析。图 6-86 显示了东、北和垂直方向上白噪声振幅与站点纬度的关系图。图中各个方向的关系图存在个别离散点离拟合直线较远，这是由于部分 GPS 测站受外界因素影响（天线、接收机故障等）而白噪声增大。在图中能够看出垂直方向的白噪声振幅是水平方向上的 2～3 倍。三个方向的白噪声振幅都会随着纬度的下降而增大，这表明白噪声具有纬度依赖性。

（4）GPS 连续站时间序列噪声分析　将利用纯白噪声模型与最佳噪声模型计算的速度不确定性进行了对比，最优噪声模型计算的速度不确定性是只使用白噪声模型的 6～43 倍。虽然利用最大似然估计的方法计算的速度不确定性是准确的，但计算效率较低。因此与在 GLOBK 软件中利用 FOGMEx 模型计算速度不确定性的方法也进行了比较。该软件通过缩放协方差矩阵的方式来近似估计速度不确定性，无须利用极大似然估计方法，具有速度快的特点。

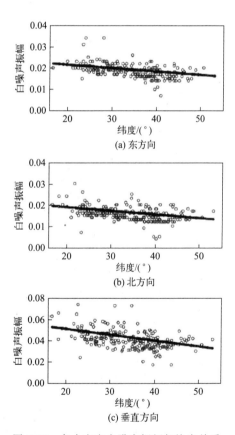

图 6-86 各个方向白噪声振幅与纬度关系

图 6-87 是白噪声模型、选取的最佳噪声模型和 GLOBK 软件利用 FOGMEx 模型所计算的速度及其不确定性对比图。从图 6-87 可看出，东、北方向的白噪声模型所计算的速度不确定性均低于 0.1mm/a，垂直方向的速度不确定性少数在 0.1～0.2mm/a 之间，利用最佳

噪声模型所计算的速度不确定性比利用FOGMEx模型所计算的略大且垂直方向上具有明显差异。对于测站速度，在东、北方向上两种方法所计算的速度差异不大，94%的测站速度差值的绝对值小于0.2mm/a，影响不大。在垂直方向中，可以看出利用最佳噪声模型所计算的速度不确定性普遍高于利用FOGMEx模型所计算的速度不确定性，具有明显差异，并且22%的测站会存在速度差值过大的情况，具体差异如表6-39所示。

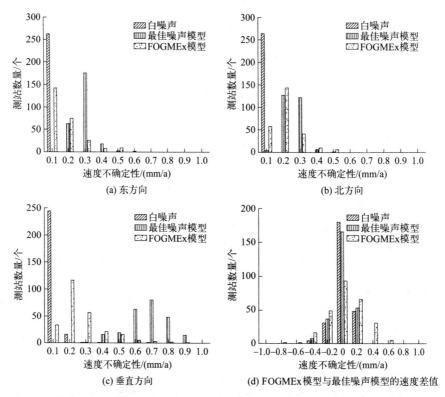

图6-87 测站数量与速度不确定性的关系图

表6-39 白噪声、最佳噪声模型与FOGMEx模型对比统计

统计量类型		白噪声与最佳噪声模型对比					FOGMEx模型与最佳噪声模型对比				
		差异平均值/(mm/a)	最大差异/(mm/a)	平均倍数	最小倍数	最大倍数	差异平均值/(mm/a)	最大差异/(mm/a)	平均倍数	最小倍数	最大倍数
速度	东方向	0.14±0.08	0.36	1.0±0.0	1.0	1.0	0.14±0.08	0.36	1.0±0.0	1.0	1.0
	北方向	0.14±0.08	0.34	1.0±0.1	1.0	1.0	0.14±0.08	0.34	1.0±0.1	1.0	1.0
	垂直方向	0.22±0.12	0.80	1.1±0.3	0.9	1.1	0.22±0.12	0.80	1.1±0.3	0.9	1.1
速度不确定性	东方向	0.21±0.06	0.65	11.5±2.1	6.1	22.6	0.13±0.08	0.21	2.8±1.5	0.7	6.4
	北方向	0.19±0.05	0.53	12.9±2.9	6.3	25.2	0.10±0.12	0.19	1.5±0.7	0.6	5.2
	垂直方向	0.61±0.17	1.72	14.8±3.7	8.4	42.8	0.53±1.09	0.78	3.5±2.8	0.7	10.1

在东、北方向上，速度及速度不确定性的差异平均值都为 0.1mm/a 左右，不具有明显差异。而垂直方向上，速度的不确定性差异平均值为（0.53±1.09）mm/a，具有明显差异。对两者的计算结果统计了倍数关系，可以发现两者并不具有明显的倍数关系，不能利用简单的相乘系数来获取精确的速度不确定性。由此可以得出：对于毫米级地表形变和板块运动研究来说，在东、北方向上，两种方式所计算的速度不确定性不具有明显的倍数关系，但是两者的结果不具有明显差异，可以利用 GLOBK 软件中的 FOGMEx 模型较为快速地获取测站的速度不确定性。而垂直方向上两者存在差异，利用 GLOBK 软件无法获得准确的速度不确定性。

对比利用频谱分析和极大似然估计的方法对 CMONOC 连续站的 792 个 GPS 坐标时间序列噪声特性进行了频谱分析。并且利用极大似然估计的方法估计并且判断出每个测站的噪声类型和速度不确定性。通过实验分析可以得出以下结论。

① 在频谱分析和极大似然估计方法中，频谱分析所计算出的光谱指数普遍要比极大似然估计方法得出来的光谱指数大。但两种结果均表明 CMONOC 连续站的噪声主要为白噪声和闪烁噪声。

② CMONOC 连续站存在噪声多样性，并且不同方向上时间序列的噪声类型也有所不同。其中 WN+FN 噪声模型占所有 GPS 坐标时间序列的 73%。7% 的 GPS 时间序列属于 WN+FN+RW 噪声模型，20% 的 GPS 时间序列属于 WN+PL 噪声模型。

③ 通过噪声分析，发现有 17 个测站的随机游走噪声振幅偏大，极有可能是观测石墩不稳定造成的。

④ CMONOC 连续站 GPS 坐标时间序列的白噪声具有纬度依赖性，随着纬度的降低，白噪声振幅增大。

⑤ 在东、北、垂直方向上，最优噪声模型计算的速度不确定性分别是只使用白噪声模型的（11.5±2.1）倍、（12.9±2.9）倍和（14.8±3.7）倍；利用极大似然估计方法与 FOGMEx 方法所计算的速度差距不大，利用极大似然估计方法所计算的速度不确定性分别是 FOGMEx 方法的（2.8±1.5）倍、（1.5±0.7）倍和（3.5±2.8）倍。

6.3.4.2 交通噪声与交通流因素的相关性分析

(1) 研究区域介绍　福州市三环路交通量较大，车速也较快，且不会有生活噪声等其他因素的干扰，在这样的道路条件下进行交通流数据与噪声数据的采集，对数据进行分析，建立的交通噪声预测模型会具有科学性和现实意义。交通流量和噪声调查根据《环境噪声监测技术规范　城市声环境常规监测》（HJ 640—2012）和《声环境质量标准》（GB 3096—2008）规范要求进行。

(2) 交通噪声与交通流因素的相关性分析

① 交通量与交通噪声的相关性分析。交通量是产生交通噪声的重要因素，在一定的范围内，交通量增加一倍，交通噪声等效声级会增加 3~5dB。为更直观准确地研究两者之间的相关性，做出交通量与交通噪声（等效声级）的散点图（图 6-88）。

通过图 6-88 可以看出，总交通量与等效声级（L_{eq}）之间存在明显的正相关，等效声级随总交通量的增加呈现相应程度的增加。采集数据的时间是 7：00~22：00，时间跨度较大，交通量呈较大的变化幅度，从最低值 2324pcu 到最高值超过 14000pcu，单位小时的交通量大多处于 5000~8000pcu。每天单位小时交通总量的最大值一般在早高峰 7：00~8：00

或者 8：00～9：00，其数值都在 10000 以上，大约是交通量最低值的 5 倍，交通噪声的等效声级也随之增加约 20dB。等效声级数值范围在 62.9～86.5dB，交通量增加，等效声级也会随之增加。通过对交通量与噪声数据的精细对比分析，选取尽可能保持车型比不变，且车速也基本持平的交通流数据与噪声的等效声级数据，发现当交通量增加一倍，等效声级会增加约 5dB，大中型车的比例增加时，等效声级的增加会更大。除了交通量，车型比和车速也是影响交通噪声的重要因素。运用 SPSS 软件，对总交通量与等效声级进行 Pearson 相关性分析，两者的相关性系数为 0.915，显著性水平为 0.000，表明可以确信两者具有正相关，等效声级与总交通量的相关性很强，总交通量是造成交通噪声的主要因素。

② 车速与交通噪声的相关性分析。车速是造成交通噪声的另一重要因素，在交通量变化不大的情况下，车速增加一定会加剧交通噪声污染。将大、中、小车型车速进行平均化，然后做出车速与交通噪声的散点图（图 6-89），并进行相关性分析。

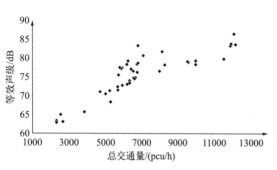

图 6-88　交通噪声与总交通量变化散点图

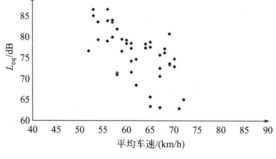

图 6-89　交通噪声与平均车速变化散点图

从图 6-89 可看出，交通噪声与平均车速呈现负相关。运用 SPSS 软件，研究两者之间的 Pearson 相关性，相关性系数为 -0.586，显著性水平为 0.000，说明两者存在负相关，这与传统研究结论正好相反。这主要是因为车速不是决定交通噪声的唯一影响因素，在研究平均车速与交通噪声的相互关系时，并没有控制交通量不变，而交通量越大，车速会受到相应的限制。在一定的范围内，交通量与车速成反比。交通量与交通噪声是正相关的，交通量越大，平均车速也会越低，交通噪声也就越大；交通量越小，平均车速也会越大，交通噪声也会越小。

另外，因研究路段是快速路，整体车速差别不是很大，也较难研究车速对交通噪声的影响。为了研究车速对交通噪声的影响，需要对数据进行综合处理。选取交通量尽可能保持不变、车速不一致的数据进行分析发现，在交通量与车型比相对一致的情况下，平均车速越大，交通噪声也会越大，车速增加 10km/h，等效声级将增加 2～3 dB。在这样的情境下，两者确实是呈现正相关关系。但是在实际的道路交通流中，由于道路空间的有限性，交通量与车速大多呈现负相关，交通量越大，道路越拥堵，车速也会越低，所以导致车速与交通噪声是负相关的。

③ 车型与交通噪声的相关性分析。车型是影响交通噪声的关键因素，在同样的交通量中，大中型比例越大，交通噪声污染也会越严重。在所有的交通噪声预测模型中，均会考虑车型这一重要因素。将三种车型与交通噪声等效声级进行相关性分析。可以发现，L_{eq} 与小型车车流量存在明显的正相关，相关性系数为 0.910，显著性水平为 0.000，可以确信两者存在正相关，但是 L_{eq} 与中型车车流量不存在相关性（相关性系数 0.238，显著性水平

0.115），L_{eq} 与大型车车流量具有负的相关性（相关性系数 -0.589，显著性水平 0.000），这与大多数交通噪声预测模型中的大中车型对交通噪声贡献率更大相悖。

通过对调查数据进行对比分析发现，小型车的车流量占总体车流量的比例为 92.15%，中型车的车流量占总体车流量的比例为 4.33%，大型车的车流量占总体车流量的比例为 3.52%。在这种小型车车流占据主要交通流量的道路中，虽然从个体来看，大中型车产生噪声较小型车更大，但是交通总量占绝对优势的小型车才是交通噪声的主要贡献者。中型车与大型车由于车流量太低，对整个车流产生的交通噪声影响甚微，所以导致在本次研究中大中型车流量与交通噪声的等效声级并非正相关，出现中型车车流量与等效声级相关性不明显，大型车车流量与等效声级呈现负相关。

（3）交通噪声预测模型的构建　基于总交通量、平均车速、车型与交通噪声等效声级的相关性分析，可以得出在中型车与大型车的车流量占比较低的道路，研究这两类车型对交通噪声的影响效果不显著，因道路实际车辆运行状况，即使进行大量的调查也很难获取大中车型占比较大的车流数据，所以在进行模型建立时，采用等效车流量与等效车速的方法，将大中型车的车流量与车速转化成小型车的车流量与车速，可以将多个因子转为一个因子，既简化了模型，也增加了精确度。等效车流量与等效车速计算方法如下。

等效车流量：
$$Q_\text{总} = Q_1 + mQ_2 + nQ_3 \tag{6-16}$$

等效车速：
$$v = Q_1 v_1 + mQ_2 v_2 + nQ_3 v_3 \tag{6-17}$$

式中　$Q_\text{总}$——转换后总的车流量，pcu/h；

Q_1、Q_2、Q_3——小型车、中型车、大型车的车流量，pcu/h；

m、n——一辆中型车、大型车产生的噪声折算成几辆小型车产生噪声的系数；

v——等效车速，km/h；

v_1、v_2、v_3——小型车、中型车、大型车实际测量平均车速，km/h。

中型车、大型车产生的噪声折算成几辆小型车产生的噪声的系数 m、n 的确定依据《高速公路交通噪声监测技术规定（试行）》，所以在上述公式中 m、n 分别取 3.5 和 8。综合美国的 FHWA 模型、英国的 CoRTN 模型、我国交通运输部的规范模型（JTG B03—2006）和生态环境部导则模型（HJ 2.4—2021），可以发现，在这些模型中交通噪声与交通量和车速的对数具有线性回归关系。因此在进行快速路交通噪声的模型搭建时，将等效车流量与等效车速进行对数处理，借助 SPSS 软件，建立交通噪声等效声级与等效交通量、等效车速的回归模型，数理分析统计结果如图 6-90 所示。

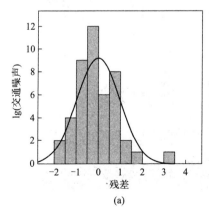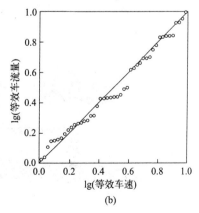

图 6-90　残差分布直方图（a）和累积概率图的散点图（b）

通过图 6-90 结果可以发现，R^2 值为 0.875，F 值为 146.490，$\text{Sig.} F = 0.000$，标准残差为 0.997 dB，说明模型的拟合效果较好，表明建立的回归模型显著性较高，该模型对快速交通噪声的预测具有重要现实意义。最终建立的快速路交通噪声模型如下：

$$L_{eq}=40.02\lg(Q_{总})-14.74\lg(v)+10\lg\left(\frac{7.5}{r}\right)-49.58 \tag{6-18}$$

式中 $Q_{总}$——转换后总的车流量，pcu/h；

v——等效车速，km/h；

r——车道中心线到预测点的平均距离，m。

（4）结论 对福州市三环路进行实地交通流与交通噪声的数据采集，结合国内外交通噪声的研究现状，对实测数据进行统计分析，借助 SPSS 软件，进行交通量、车速与交通噪声的相关性分析，根据分析结果，采用等效办法，将大中型车的车流量与车速转化为小型车的车流量与车速，最终构建交通噪声与等效车流量和等效车速的回归模型，回归模型总体拟合效果较好。同时，由于道路车辆实际状况，数据采集样本有限，后续还需选取更多路段进行大量的数据调查，获取更多类型的车型比，对模型不断进行优化与调整，使其可以对车型更为多样化的快速路进行噪声预测。

6.3.5 "碳中和"核算中大数据技术的应用

6.3.5.1 "碳中和"概念

在全球应对气候变化与减少温室气体排放的背景下，我国提出二氧化碳排放力争于 2030 年前达到峰值，努力争取 2060 年前实现碳中和的目标愿景。碳中和是指国家、企业或个人在一定时间内直接或间接产生的二氧化碳或温室气体排放总量，通过植树造林、节能减排等形式，以抵消自身产生的二氧化碳或温室气体排放量，实现正负抵消，达到相对"零排放"（图 6-91）。城市是人口、工业、建筑、交通的集中地，呈现高耗能、高碳排放的特征。据统计，城市碳排放占全球碳排放总量的 75%。碳中和是彰显规划理念与地位的良机，城市空间的结构、形态对碳排放有重大而直接的影响。在城市规划中融入低碳发展的元素，是减少碳排放的有效途径。

图 6-91 碳中和示意图

6.3.5.2 "碳中和"平台建设现状

(1) 基于"能源+双碳"的碳监测服务平台　实现碳达峰、碳中和，能源行业是主战场。目前市面上大部分"碳中和"智慧化平台是基于耗能的核算，如通过接入用水、用电、用气等数据，计算城市运行过程中的碳排放量，并基于此建立城市运行系统的碳排放监测和服务平台。这类型的双碳服务平台建设很好地支撑辅助城市级碳核查、碳监测和碳交易等活动开展，但存在两个方面的短板。一方面，能耗核算方式涉及数据面广（跨多个政府部门和运营公司）、需求大（数据实时接入、动态监测），对城市部门之间数据打通、系统打通有较强的依赖，因此目前市面上大多是基于单个系统的能耗平台建设，如电力系统碳排放平台等。另一方面，能耗核算方式仅能反映城市碳排放的运行情况现状，不能直观反映碳排放与城市空间之间的关系。

(2) 基于土地利用变化的碳排放核算平台　截至目前，基于土地利用碳排放核算方法很多，包括碳排放清单法、样地清查法、遥感估算模型等。2021年自然资源部碳中和与国土空间优化重点实验室、南京大学地理与海洋科学学院发布了"国土空间碳排放核算系统"，探索利用遥感解译的土地利用变化数据，结合相关社会经济数据，共同推算土地利用在保持和变化中产生的碳排放，并通过建立自动化核算系统，实现土地利用碳排放管理便捷化、减碳评估工具化等。该类型的核算平台从土地利用变化视角挖掘了地理空间与碳排放之间的关系，但其聚焦于不同类型的土地利用数据，如林地、草地、湿地等植被的固碳能力和碳储量等核算，对城市运行空间内部变化的碳排放分析研究相对较少。

(3) 基于人的行为大数据的碳排放核算和决策支持　近几年，以物联网、信息网络为基础的第四代信息技术（ICT）的快速发展为城市治理和社会治理提供了强大的技术支撑，为城市能耗、碳排放核算、模拟等方面的研究提供了一个新视角。大数据应用的推广使得基于海量的个人行为出行选择计算成为可能，有条件通过个人空间行为的大样本数据分析和模拟，精准及时地建立空间布局对城市能耗的正负反馈关系，从而实现"以人为本"的碳排放核算和决策支持分析。"碳中和"核算以及决策支持平台的建设尝试从基于人的位置大数据出发，通过耦合城市空间数据，形成建筑、市政、交通、绿地等四个方面的碳排放、碳汇核算和模拟，支撑精准分析规划空间方案布局与碳排放之间的关系。

6.3.5.3 "碳中和"决策支持平台的数据建设和算法实现

(1) 数据来源与处理　平台数据主要包括基于人的位置画像和大数据、土地利用数据、社会经济数据以及空间基础要素数据等。

① 基于人的位置画像和大数据。位置大数据指的是带有较为连续地理位置标签的大数据，常见的位置大数据的种类包括移动互联网基于位置的服务（LBS）定位数据（如各种APP）、浮动车数据（如带GPS功能的出租车、公交车、卡车等）、手机信令数据等。相比传统数据，该类型数据具有流动性、动态性、精细度三个方面的优势。平台选择了百度移动互联网LBS定位数据作为分析人行为和空间关联的出发点，并基于此计算了人口分布、基于人位置的通勤联系分布、通勤联系画像（通勤方式、通勤分担率、平均通勤距离等）、人口密度分布等指标。

② 土地利用数据。与目前已有的土地利用碳排放核算方法不同，本次平台所需的土地利用数据需要体现建筑层次的深度。现状层面，土地利用数据可以依托地市的建筑普查数据、国土用地调查数据以及遥感影像解译数据等，结合容积率研判，实现对居住（可分为城中村和普通住宅）、工业、公共建筑的建筑类型和建筑量进行分别计算。规划层面，土地利

用数据则是依托输入的规划用地布局方案和规划容积率,实现对不同类型建筑空间分布和建筑开发量的计算。

③ 社会经济统计数据。基于城市统计年鉴数据,多为静态数据,主要包括经济、生态环境、资源利用、交通等方面。核心是作为位置大数据核算验证的依据,以及为平台模块计算中一些参数设定提供参考。

④ 空间基础要素数据。包括行政区划、河流水系、山体等空间基础要素底板数据,作为分析碳排放量与空间用地布局关系的基础底板数据。

(2) 算法实现

① 建筑碳排算法。能源消耗法:建筑运行能源需求主要为电力、燃气和热力。结合城市运行监测系统获取建筑消耗的不同能源量,可计算建筑碳排放,公式如下:

$$C = \sum_n \sum_i E_i F_i \tag{6-19}$$

式中　C——建筑碳排放量,t;

　　　n——建筑数目;

　　　i——能源类型;

　　　E——能源消耗量,kW·h 或 m³ 或 kJ;

　　　F——单位能耗碳排放系数,t/(kW·h) 或 t/m³ 或 t/kJ。

② 交通碳排算法。根据联合国政府间气候变化专门委员会(IPCC)指南,交通领域碳排放分为基于能源消耗量和基于交通距离的计算方法两种。为更好地将碳排放计算与居民出行数据、城市交通结构数据相联系,以及考虑到相关数据获取的可靠性、便捷性,平台将采用基于交通出行距离的计算方法进行交通碳排放测算分析,其中出行人数采用互联网位置数据、出行距离和出行比例,不同交通方式所对应的碳排放因子主要来自 IPCC 公布的温室气体排放因子数据库和相关文献,公式如下所示:

$$C = \sum C_i PDS_i \tag{6-20}$$

式中　C——交通出行碳排放量,t;

　　　C_i——该种交通方式的碳排放系数,t/(p·km);

　　　P——出行总人数,p;

　　　D——出行距离,km;

　　　S_i——该种交通方式的分担率,%。

③ 市政碳排算法。城市固体废物和生活污水及工业废水处理可以排放甲烷、二氧化碳和氧化亚氮气体,是温室气体的重要来源。IPCC 通过人类活动程度的信息(称作"活动数据")与量化单位活动排放量的系数(称作"排放因子")相乘得到碳排放量。

a. 污水处理碳排放。

$$C = PwM \tag{6-21}$$

式中　C——污水处理碳排放量,t;

　　　P——人口数;

　　　w——单位人口污水产生量,t/人;

　　　M——处理单位污水温室气体排放强度(以 CO_2 计),t/t。

b. 废弃物处理碳排放。

$$C = \sum Pqr_i Q_i \tag{6-22}$$

式中　C——废弃物处理碳排放量,t;

P——人口数；

q——单位人口废弃物产生量，t/人；

r_i——各类废弃物处理方式占比，%；

Q——废弃物处理方式碳排放系数，t/t；

i——废弃物处理方式。

④ 绿地碳汇算法。生态系统碳汇模型由森林、湿地、草地、农田等组成。本模型根据城市规划的特点，按用地面积中的碳汇用地计算城市碳汇量。

$$C=\sum Sp_i g_i \tag{6-23}$$

式中　C——碳汇量，t；

　　　S——地块面积，m²；

　　　p——各类生态系统面积占比，%；

　　　g——生态系统固碳速率，t/m²；

　　　i——生态系统类型。

6.3.5.4 "碳中和"决策支持平台架构

(1) 总体架构设计　"碳中和"决策支持平台总体架构采用高内聚低耦合的多层架构，自下而上由基础设施层、数据层、服务层和应用层等四个具有内在联系、结构分明的层次有机组成。其中，基础设施层为平台运行提供网络环境和软硬件环境支持；数据层梳理构建碳中和运算的数据资源分级目录体系，包括基础数据库、模型库以及核算结果数据库；服务层为应用层提供必要的基础服务，包括接口服务、数据管理服务、安全控制、日志服务等；应用层面向用户提供模型管理、核算分析管理、"碳中和"一张图以及任务管理四个功能模块（见图 6-92）。

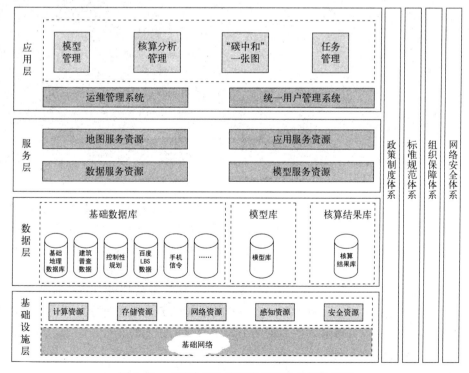

图 6-92　"碳中和"决策支持平台总体架构图

(2) 数据组织与数据库设计　"碳中和"决策支持平台数据库存储支撑"碳中和"核算分析的数据，主要包括基础数据库、模型库、核算结果数据库。

① 基础数据库。由于"碳中和"的核算是动态核算某个试点的碳排放量和碳汇量，因此所需的基础数据种类繁多并且需要通过各种途径动态获取存储。

② 模型库。集成存储了四套模型算法：建筑碳排模型、交通碳排模型、市政碳排模型、绿地碳汇模型。模型库包括对模型指标和运算系数的管理，同时支持对模型算法的历史版本管理。

③ 核算结果数据库。存储并管理"碳中和"核算分析的历次运算结果，包括建筑碳排、交通碳排、市政碳排以及绿地碳汇核算分析的结果，并通过版本管理对历史核算结果进行存储和分析。

(3) 平台功能模块　为提高"碳中和"决策支持平台用户体验，以及增强可扩展性及兼容性，将系统划分为模型管理、核算分析管理、"碳中和"一张图以及任务管理四个功能模块，各模块之间通过功能服务接口和数据服务接口实现联通。

① 模型管理模块。模型管理模块为系统碳中和核算分析提供核算模型管理功能，主要包括模型的新增、查询、更新、删除等功能，模块集成了建筑碳排模型、交通碳排模型、市政碳排模型、绿地碳汇模型四大类模型，同时对模型的以往版本进行管理并支持查询。

② 核算分析管理模块。核算分析管理模块用于运算建筑碳排、交通碳排、市政碳排以及绿地碳汇。通过数据输入、模型计算，评估现状碳排碳汇情况，并可视化表达。设定不同情景模式，输入减碳措施，优化规划设计方案（见图6-93）。

图6-93　"碳中和"决策支持平台核算分析管理模块示意图

③ "碳中和"一张图。"碳中和"一张图是对碳核算结果数据和分析结论的呈现，对于分析研究结果能有直观的展示。研究分析人员只需要传入数据就能得到结果，可以更加简便、快捷地实现分析结果数据的可视化，不仅节约了时间，也能达到更好的表达效果，可以把更多的时间留给结果研究解读，减少可视化表达、图表制作的工作量。

④ 任务管理模块。对通过系统运算的"碳中和"核算分析任务进行查询并监控核算分析进度，用户通过任务名称能够查看到本人所有的运算任务，并通过任务详情查询任务运算的进度，同时也可以下载任务管理模型的结果用于其他更深入的分析。

6.3.5.5　技术突破与创新

(1) 海量数据运算　"碳中和"决策支持平台中碳排、碳汇的核算是基于人的位置和交通出行大数据,该数据的主要特点为颗粒度更小,数据量更大,数据维度更多,并且跨市、跨界数据运算过程复杂。此类数据对整个平台的运行效率都有很大的考验,为了提升整个核算过程的效率,平台探索把整个区域划分空间分析单元,以此获取能够用来统计和分析的空间分区,随后建立起人口和交通出行数据和空间分析的关系,根据空间分区要求来对人口和交通数据进行相应的参数计算和统计,进而减少碳排、碳汇核算过程中的数据运算量。

(2) 基于大数据的多尺度灵活核算方法　基于人的位置大数据的运算,决策支持平台不仅可以运算行政边界区划内的空间方案碳排数据,还可以对不同尺度研究范围的碳排放进行定量分析,如基于社区/完整社区等在传统社会经济数据中缺失的统计单元尺度,以及核算研究跨市、跨区、跨界地区的碳排放结构。

(3) 多层次多专题的空间服务可视化技术　"碳中和"决策支持平台基于图论,设计了多层次、多专题的空间信息服务可视化技术,构建基础时空数据、人口和交通出行数据、核算分析结果的聚合流程,将分布于各节点中的基础时空数据服务、人口和交通出行数据、核算分析结果按照专题动态展示到一张图中,实现多层次多专题时空数据展示,以满足不同城市规划方案在不同的场景中的可视化展示需求。

针对城市空间布局与碳排放核算的空间关系,以人的行为视角为出发点,选择耦合城市空间数据,形成建筑、市政、交通、绿地等四个方面的碳排放、碳汇核算模型,构建了"碳中和"决策支持平台,该平台有以下特点。

① 通过平台能够实现大范围、多尺度、多时相"碳中和"核算分析;
② 可以支撑评估不同情景的减碳措施下给空间方案碳排放带来的变化,为"双碳"目标下规划方案设计的调整提供决策支持;
③ 系统页面简洁明了,向导式操作,使用简便。

针对"碳中和"核算分析的研究目前还处于一个不断摸索和进步的过程,本次平台建设仅是提供了一个新的核算视角和方式,模型算法也在不断地优化改进,平台的"碳中和"算法模型库也在从新的研究中吸取新的思路,实现模型库的可持续迭代优化。

习题

1. 简述传统环境数据建模的劣势。
2. 什么是数据挖掘?
3. 基于学习目标,机器学习可以分为哪几类?
4. 什么是模式识别?目前模式识别的研究主要有哪些?
5. 简述大数据核验的主要方法。
6. 分析环境工程大数据建模和分析技术对科学研究、商业活动以及政府决策的关键作用。
7. 分析时间预测模型、空间预测模型、混合预测模型这三类大气环境预测模型的优缺点。
8. 如何提高分析大气环境数据的精准性?
9. 简述水环境大数据建模中 WASP 模型的特点。
10. 简述"碳中和"决策支持平台的总体架构设计思路。

第7章
环境工程大数据的产业现状及就业机会

7.1 全球大数据时代

7.1.1 全球开启大数据时代

全球大数据时代是指以互联网、物联网和其他信息技术手段为基础,产生大量数据并进行存储、处理和分析的时代。全球互联网的快速发展带来了海量的数据,包括社交媒体、电子商务、物联网等各个领域都产生了大量的数据。这些数据的规模不断增加,为开启大数据时代奠定了基础。随着存储技术的发展,存储设备容量越来越大,成本也逐渐降低,使得存储大规模数据成为可能。同时,分布式计算、云计算和并行处理等技术的发展,使得大规模数据处理变得更加高效和可行。数据挖掘和机器学习算法的不断改进和突破,使得从大数据中提取有价值的信息变得更加容易。数据挖掘和机器学习技术的应用可以帮助企业、政府和学术机构进行更好的决策和预测。大数据分析为企业带来了巨大的商业机会,从市场趋势分析、消费者行为预测到个性化推荐等应用都可以通过大数据分析来实现,并带来巨大的商业价值。这就推动了更多企业将大数据分析作为核心的战略和竞争力。政府部门逐渐认识到大数据对经济和社会的重要性,纷纷制定相关政策和法规来推动大数据的发展和应用。政府部门与企业和学术机构的合作,也进一步推动了大数据时代的到来。

大数据时代的历史沿革可以追溯到计算机和信息技术的发展过程中。目前认为,全球开启大数据时代的一些重要里程碑和事件如下。

(1) 1940~1969 年

① 1944 年,哈佛大学教授霍华德·艾肯(Howard Aiken)开始开发"马克一号"计算机,这是世界上最早的电子计算机之一。

② 1951 年,英国数学家艾伦·图灵(Alan Turing)提出了"计算机能够思考"的概念。

③ 1956 年,IBM 推出了第一台磁盘硬盘驱动器,使得大规模数据存储成为可能。

(2) 1970~1989 年

① 1970 年,埃德加·科德(Edgar F. Codd)提出关系数据库管理系统(RDBMS)的概念,奠定了后来数据管理和查询的基础。

② 1977 年,甲骨文(Oracle)公司发布了第一个商用关系数据库管理系统(Oracle RDBMS)。

③ 1983年，美国国家科学基金会（NSF）在多个大学建立了超级计算中心，用于处理大规模科学计算问题。

（3）1990～1999年

① 1990年，互联网的商业化开始，人们开始通过网络进行信息交流和共享。

② 1995年，亚马逊成为首家向消费者销售商品的在线商店，开始收集和分析大量消费者行为数据。

③ 1998年，Google成立，并在后来开发了PageRank算法，将网页排序与用户搜索相关联。

（4）2000～2009年

① 2004年，Facebook成立，为人们提供在线社交和信息共享平台。

② 2006年，亚马逊推出Elastic Compute Cloud（EC2）服务，使用户能够按需获得可扩展的计算资源。

③ 2008年，谷歌发布了Hadoop，这是一个用于处理大规模数据集的开源软件框架。

（5）2010～2019年

① 2011年，IBM的超级计算机"沃森"在美国电视节目《危险边缘》中战胜人类参赛选手，引起广泛关注。

② 2012年，谷歌推出了Google Brain项目，利用深度学习算法进行大规模数据分析和图像识别。

③ 2013年，斯诺登曝光美国国家安全局（NSA）的大规模监控计划，引发对数据隐私和安全的广泛讨论。

④ 2016年，欧洲《通用数据保护条例》（GDPR）生效，加强了对个人数据隐私的保护。

⑤ 2017年，人工智能（AI）和机器学习（ML）的发展推动了大数据分析的进一步发展。

（6）2020年至今

① 2020年，大数据在病毒监测、传播模型和医疗资源管理方面发挥了重要作用。

② 2021年，全球大数据市场规模达到约1690亿美元，并继续快速增长。

这些事件和技术的不断发展促成了现代大数据时代的开启，大数据已经成为社会各个领域的关键驱动力，对决策制定、创新和发展产生了重大影响。

7.1.2 全球大数据产业的应用现状

在全球范围内，大数据正在迅速积累和增长。许多领域都产生了海量的数据，包括社交媒体、电子商务、医疗保健、金融服务、交通运输、能源等。同时，数据的类型也变得更加多样化，包括结构化数据（如数据库记录）、半结构化数据（如日志文件）和非结构化数据（如图像、视频、文本等）。基于此，全球大数据产业的应用领域非常广泛，涉及各个领域、企业和相关技术，许多企业在不同领域都积极运用大数据技术来改善业务流程、提升决策能力和创造商业价值。以下是一些具体的应用。

（1）零售和电子商务领域　大数据在商业和市场营销领域扮演着重要角色。零售商和电子商务平台通过分析大数据可以了解消费者的购买历史和在线活动，从而进行精准的营销和客户细分，提供个性化的购物推荐并进行精准定价和促销活动，从而提高销售额和顾客满意度。同时，大数据也可以帮助企业进行市场营销、库存管理和客户关系管理等方面的优化。

（2）金融领域　大数据在金融领域的应用非常广泛，包括风险管理、欺诈检测、客户信用评估等。大数据技术可以分析海量的金融数据，识别潜在的风险和欺诈行为，并提供实时的决策支持，以保护金融机构和客户的利益。大数据可以为金融机构提供更准确、更及时的市场数据和客户信息，帮助他们做出更准确的决策。

（3）医疗保健领域　大数据在健康医疗领域有着重要的应用，包括疾病预测、诊断辅助、药物研发等。通过整合和分析临床数据、电子病历、基因组数据和生物传感器数据，医疗机构可以提供更准确和个性化的诊断和治疗方案，提高治疗效果。

（4）制造业领域　制造业将越来越注重数据驱动的智能制造和工业物联网。大数据在制造业中可以应用于生产优化、供应链管理和质量控制等方面。通过实时监测和分析生产过程中的数据，制造商可以及时发现潜在问题并采取措施优化生产流程，并实现预测性维护，提高生产效率和产品质量。

（5）交通和物流领域　交通和物流公司可以利用大数据分析来提高运输安全性和效率。通过对交通流量、道路情况等数据的分析，可以预测交通拥堵情况并提供导航建议，同时也可以优化物流配送路线和货物跟踪。从交通管理到货物追踪和路线优化，大数据分析将帮助企业减少物流成本、提高交付速度，并降低环境影响。

（6）媒体和娱乐领域　大数据对于媒体和娱乐业的影响日益增大。通过分析用户行为数据和内容偏好，媒体公司和平台可以提供更准确的推荐和个性化的内容体验，吸引用户并提高用户留存率。媒体和娱乐公司可以利用大数据分析来推荐个性化的内容和广告。通过分析用户的浏览记录、点击行为和兴趣，可以为用户提供符合其喜好的内容和广告，提高用户的体验和广告的转化率。

（7）城市管理　大数据在城市管理中被广泛使用，包括交通管理、能源消耗优化和智慧城市建设等。通过收集和分析交通流量数据、能源使用数据和社会媒体数据，城市管理者可以更好地了解城市运行情况，制定有效的交通规划和资源分配策略。智能计量和监控系统收集并分析能源使用数据，从而支持能源规划、需求响应和可持续发展，促进更高效、智能和可持续的城市发展。

（8）教育领域　大数据技术在教育领域的应用有助于学校和教育机构进行个性化教学和学习评估。通过分析学生的学习数据、行为和兴趣，教育机构可以更好地了解学生学习需求、评估学习成果，从而为每个学生提供定制化的教学内容和资源，促进学生的学习和个人发展。

在全球大数据产业的应用现状中，中国企业发挥着重要的作用。中国企业在数据收集、处理和分析方面具备强大的技术和资源优势，以及庞大的市场规模，因此他们在全球大数据产业中具有较高的竞争力。中国的互联网公司如阿里巴巴、腾讯和百度等，已经积累了大量的用户数据和消费行为数据。这些公司运用数据分析技术，能够更好地理解用户需求、行为模式和市场趋势，进而提供更精准的个性化服务和产品推荐。

阿里巴巴集团作为中国最大的电子商务公司之一，利用大数据分析技术来提高用户购物体验和销售效果。通过分析用户的在线浏览和购买行为，阿里巴巴能够为用户提供个性化的产品推荐和服务，从而提高用户忠诚度和交易量。其依靠海量用户数据和各类消费行为数据进行精准的市场推广和用户个性化推荐，实现了快速发展并占据了国内电商市场的龙头地位。同时，阿里巴巴还通过大数据技术提供供应链金融服务，为中小型电商企业提供融资支持。

腾讯集团作为中国最大的互联网服务提供商之一，利用大数据分析来优化其广告投放策略。通过分析用户的社交媒体活动和兴趣偏好，腾讯能够为广告主提供更精准的目标受众，提高广告效果并增加广告收入。

华为技术有限公司作为全球领先的电信设备供应商之一，利用大数据分析来优化其产品设计和供应链管理。通过分析海量的用户数据和市场趋势，华为能够及时了解用户需求和行业变化，从而更好地满足客户需求并提高产品质量和交货准时率。通过收集和分析生产线上的各种数据，实现工艺流程的精细化管理，从而提高产品质量和生产能力。

滴滴出行作为全球最大的打车软件之一，利用大数据分析来优化其车辆调度和乘车体验。通过分析用户的实时位置和交通状况，滴滴能够准确预测和调度车辆，提供更快速、更便捷的乘车服务，同时减少拥堵和空驶率。

京东集团作为中国最大的综合电商公司之一，利用大数据分析来优化其供应链管理和仓储运营。通过分析用户的购买和退货行为，京东能够预测和规划库存需求，提高库存周转率和运营效率，同时实现更快速的订单处理和配送。

在制造业层面，大疆创新则通过无人机数据采集和分析，优化飞行控制算法，提高无人机的飞行稳定性和精准度，保持了无人机领域的领先技术和创新能力，被称为实现全球科技垄断的中国企业之一。中国的汽车制造企业华为、小鹏汽车等都将大数据技术应用于汽车的研发和生产过程中。利用大数据分析，这些企业可以获取车辆的运行数据、驾驶习惯等信息，并通过对数据的分析和挖掘实现智能驾驶、智慧交通等功能。

总的来说，中国企业在全球大数据产业的应用现状非常丰富和广泛。他们利用大数据技术来提升产品和服务的个性化程度，优化市场营销和广告投放效果，改进供应链和物流管理，提高风险评估准确性，优化客户服务等。这些应用将为中国企业带来更多商机和竞争优势，同时也为全球大数据产业的发展做出了积极贡献。

7.1.3 大数据产业的发展趋势

大数据产业的发展趋势之一是数据爆炸和数据价值的释放。随着互联网、物联网、社交媒体等技术的蓬勃发展，产生了大量的数据。未来，数据的产生速度将大幅上升。随着物联网设备的普及和传感器技术的进步，大量的传感器数据将不断涌现，加上社交媒体、移动应用和云计算等的广泛使用，都将导致数据规模的急剧增长。

大数据技术和工具的出现，使得人们能够更好地分析、处理和应用这些海量数据，从而发现数据中蕴藏的各种商业和科学价值。未来的大数据环境中，数据类型和来源将变得更加多样化：不仅会有结构化数据（如数据库和传统企业数据），还会有非结构化数据（如社交媒体数据、文本数据、图像和视频数据等）。这种多样性将为数据分析提供更广阔的视角和思路。人工智能（AI）技术的快速发展也推动了大数据产业的发展。大数据为人工智能提供了丰富的数据基础，而人工智能的算法和模型则可以为大数据分析提供更准确、高效的解决方案。两者相互促进，共同推动着智能化和自动化的发展。未来，随着AI技术的不断进步和应用，大数据产业将更加依赖于AI算法来挖掘数据潜力、提升数据分析能力，并产生更高级的智能应用，如智能推荐、智能风险管理等。

随着云计算和边缘计算技术的不断进步，大数据处理和存储能力将进一步提升。云计算提供了弹性和高可用性的计算资源，使得大数据处理变得更加便捷和经济，边缘计算则提供了更快速的数据处理和低延迟的响应能力。由于业务的快速变化和竞争日益激烈，实时数据分析将成为大数据产业的重要特性。企业和相关机构需要能够实时监控和分析数据，以便迅速作出决策并及时采取行动。

大数据产业发展的另一趋势是加强数据安全和隐私保护的能力。大数据的产生和使用涉及大量的个人和敏感信息，未来大数据产业将面临更多的数据安全威胁和隐私保护挑战。如今，大数据由各个组织、机构和企业所拥有，未来的发展将更加强调数据的共享和合作。通过共享数据，不同组织之间可以获得更全面和准确的洞察力，实现更有价值的大数据应用，同时也可能需要建立更加严格的数据管理和合作机制。因此，数据加密、访问控制和身份验证等安全技术将成为大数据产业发展的重要组成部分。随着数据泄露和滥用事件的频发，政府和监管机构对于数据合规性的要求越来越高。大数据产业需要加强数据的合规性管理，制定更加规范的数据使用和共享规则，并推动数据伦理的研究和实践，以充分保护个人与组织的权益和隐私。企业和机构需要建立更加完善的数据安全体系，制定更严格的数据隐私保护政策，确保数据的安全性和合规性。因此，未来大数据产业将更加注重数据伦理和合规性。

以上这些趋势表明，全球大数据产业在技术层面上正快速发展，预计未来几年仍将继续迅猛发展，并对各个行业产生深远影响。随着技术的不断进步和创新，大数据的应用前景将变得更加广阔。

7.2 环境工程大数据的产业发展现状和机遇

7.2.1 环境工程大数据产业现状

近年来，环境工程大数据的相关产业得到了快速发展，呈现出不断创新和拓展的态势。随着科技的进步和环境问题的日益凸显，环境工程大数据的应用潜力越来越受到重视，并且在各个领域都有广阔的应用前景和市场需求。

环境工程大数据分析可以帮助企业识别和优化资源利用的问题，提高节能、减排、降低成本的效果。通过优化生产线和工艺流程，降低原材料和能源的消耗，企业可以实现更高效的生产和运营，提高经济效益。环境工程大数据产业的发展有助于推动经济的绿色转型，促进可持续发展和生态文明建设。通过环境工程大数据的应用，可以实现资源的有效利用和循环利用，推动低碳经济的发展，减少对自然环境的压力，实现可持续发展目标。环境工程大数据分析可以帮助企业开发环境友好型产品、发展绿色产业，满足市场对环保产品的需求。绿色经济的发展不仅可以带动产业链上下游的就业和经济活动，还可以提高企业品牌形象，增加市场竞争力。环境工程大数据产业需要依托于先进的信息技术，推动数据采集、处理、分析和利用的创新。这将促进相关产业链的协同创新和升级，推动整个行业的转型升级，进一步提高产业的经济效益。

环境工程大数据产业主要包括环境监测与数据管理系统、环境风险评估与预警系统、环境污染治理与修复技术等。这些产业的发展与应用可以有效地促进环境保护和生态环境治理。

以环境监测与数据管理系统为例,通过建立监测设备和传感器网络,可以实时采集和传输环境数据。这些数据经过处理和分析,可形成数据平台和信息系统,为政府和企业提供决策参考和监测报告。如中国环境监测总站(CNEMC)建立了全国性的环境监测网络,实时采集大量环境数据,对空气质量、水质等环境指标进行监测和预警。这样的系统在城市规划、环境保护和科学研究等方面发挥了重要作用。

环境风险评估与预警系统也是环境工程大数据的重要应用领域。通过大数据分析和模型建立,可以对环境风险进行定量评估和预测。例如,生态环境部在长三角地区建立了大气环境风险监测与预警系统,通过实时监测和分析,对重点区域的大气污染风险进行监测和预警,有助于及时采取环境治理措施,减少污染的影响。

在环境污染治理与修复技术方面,大数据的应用也得到了快速发展。通过大数据分析,可以统计和分析环境污染的来源和分布规律,为环境治理提供科学依据。例如,中国通过建立地下水污染的大数据平台,对全国范围内的地下水污染进行跟踪和治理。这样的平台可以实时监测地下水质量,同时提供数据支持和指导,为环境工程师和决策者提供治理方案。

中国在环境工程大数据领域积极布局,推动了该产业的发展。北京大气污染预警系统通过收集大气污染监测数据和气象数据,结合空气质量模型进行分析预测,从而提供了重要的决策支持,帮助政府及企业实施针对性的环境治理措施。深圳用大数据分析监控城市交通流量,通过实时调度交通信号灯,优化交通拥堵问题,提高路网通行效率,改善城市环境。阿里巴巴在环境保护和可持续发展方面积极探索,并利用大数据技术开展环境工程大数据相关业务。例如,阿里巴巴旗下的菜鸟网络利用物流大数据,开展绿色配送、减少碳排放等可持续发展行动。菜鸟网络通过对大数据的分析,优化配送路线,避免空载和违规装载行为,减少了能源消耗和环境污染。华为在大数据技术领域有着领先的实力,并将其应用于环境工程大数据相关业务。华为通过智能城市解决方案,整合了空气质量、噪声水平、交通流量等各类环境数据,为城市提供全面的环境监测和管理服务。这些数据可以用于预测和预防环境问题,提升城市的环境品质。中国石化集团运用大数据分析技术,在石油化工领域建立了环境突发事件监测预警系统,能够实时监测石油化工企业的环境指标,并在发现异常情况时自动报警,提高了环境应急管理的能力。中国企业在该领域的积极参与和创新将推动环境工程大数据产业的进一步发展。

环境工程大数据的相关产业在不同领域都有一定的应用,但仍存在一些挑战,如数据的质量和完整性、数据的隐私保护以及数据的集成和分析能力等。随着技术的不断进步和应用场景的拓展,环境工程大数据的发展潜力巨大,并将为环境监测与治理、智慧城市建设等领域带来更多的创新与发展机会。

7.2.2 环境工程大数据产业的机遇与挑战

随着全球环境问题的日益突出,环境保护和治理成为各国政府关注的重点,并纳入其发展规划。环境工程大数据技术可以收集、整理和分析各种环境数据,包括气候、水质、土壤、噪声等因素的监测数据,从而提供更准确、全面的环境监测和预测。在此基础上,政府、企业和公众可以更好地了解环境情况,制定科学的环境保护政策和措施。因此,环境工程大数据产业有着巨大的市场需求潜力。

为促进环境保护和治理，各国政府也纷纷加大对环境工程大数据技术的政策支持力度。例如，加强环境监管、推动环境信息公开、建设环境监测网络等一系列政策措施都将促进环境工程大数据产业的发展。反过来，大数据分析又可以为环境决策和政策制定提供可靠的依据。通过分析大量的环境数据，并使用相应的模型和算法，可以得出准确的环境指标，为环境决策提供科学依据。

随着大数据分析、人工智能、云计算等技术的迅速发展，环境工程大数据的采集、存储、分析和应用能力不断提升。这为环境工程大数据产业创造了更多的机会，也提高了其在环境保护和治理中的应用效果。通过大数据分析，可以发现环境工程领域的创新机会和技术需求，推动环境技术的创新和发展。例如，通过分析大量的环境数据，可以发现新的清洁能源的应用领域和技术路径，并针对性地研发相关的技术和产品。

同时，环境工程大数据产业与其他领域的结合应用，可以产生更大的效益。例如，与城市规划、交通管理、能源管理等领域结合，可以提高城市环境质量和可持续发展水平；与农业、水资源管理等领域结合，可以提高农业生产效率和资源利用效率。大数据技术可以支持环境服务平台的建设和商业模式的创新。通过整合各类环境数据和资源，建立开放性的环境服务平台，可以为环境工程领域提供更多的商业机会。例如，基于大数据的环境监测和治理平台可以为政府和企业提供定制化的解决方案，实现环境问题的监控和治理。

由于环境工程领域涉及多个复杂和多元化的数据源，这些数据需要进行采集、管理、分析和应用，而且数据的质量、数量和产生速度都可能存在问题，使得环境工程大数据的有效利用和应用变得困难。解决这些问题需要综合运用技术、政策、法律等手段，并与相关部门和利益方进行合作和协调。

环境工程大数据的质量直接影响到后续数据分析和决策的准确性、可靠性。数据的获得需要依靠传感器、监测装置等收集环境相关信息，但目前这些装置的数量和分布可能不足以满足大规模数据收集的需求。由于环境数据具有特殊性，需要复杂的监测手段和设备。数据质量的保证和准确性的验证是一个复杂的过程，需要考虑数据源的可靠性、测量误差、数据传输过程中的信息丢失和数据处理过程中的处理误差等因素。由于环境工程大数据的规模庞大，存储和管理这些数据也面临挑战。传统的数据库和存储系统可能无法处理如此大规模的数据，因此需要使用分布式存储和管理技术。环境工程大数据通常具有多个不同类型的数据源和数据格式，对数据的整合和组织也是一个挑战。

环境工程大数据的复杂性和高维度使得数据分析和模型建立变得困难。传统的数据分析方法可能无法有效处理如此大规模的数据集，因此需要开发新的分析方法和算法。此外，环境工程大数据通常具有多样性和不确定性，还具有多维、多源、高维度、高复杂度等特点，这也增加了数据分析和模型建立的难度。环境工程大数据的海量数据往往需要进行实时处理和分析，以便对环境状况做出及时响应和调整，处理和存储这些数据需要强大的计算能力和存储设备。如何有效地分析和挖掘大数据中的关联性、异常性和规律性，并进行精准建模，需要在算法和模型技术上不断创新。

合理利用环境工程大数据对数据进行挖掘和分析，需要建立有效的数据开放平台和机制。环境工程大数据的共享和开放可以促进跨领域合作和创新，但也需要解决数据所有权、数据标准、数据交换和数据访问权限等问题。环境工程大数据可能成为黑客攻击和数据泄露的目标，增加了数据安全的风险。

7.2.3 环境工程大数据的产业发展展望

总的来说，环境工程大数据的产业发展前景十分广阔。随着大数据技术不断发展和应用，环境工程大数据将在环境监测、风险评估、资源管理、环境治理、可持续发展等方面发挥重要作用，并为环境保护和可持续发展做出更大的贡献。不过，在实际应用过程中仍然需要解决隐私保护、数据安全、数据质量等问题，同时也需要统一标准和规范，加强人才培养和技术创新，进一步推动环境工程大数据的发展。在未来，环境工程大数据有望在以下几个方面持续产生积极的影响。

(1) 环境监测与污染治理　人民对美好生活的需求日益增长，对环境质量的监测需求也越来越高。环境工程大数据可以用于实时监测大气、水质、土壤、噪声等环境参数，通过分析大数据可以帮助环境监测部门更准确地评估环境风险，及时发现问题、发出预警并采取相应措施。通过对历史数据和实时数据的分析，也可以提前发现潜在的环境风险，从而采取预防措施，降低环境风险。通过环境工程大数据的分析，可以对污染源进行准确定位和监控，提供更科学的治理方案和技术支持，从而改善环境质量。环境工程大数据可以为环境政策的制定和决策提供科学依据。通过对各种环境数据的分析，可以为政府和企业提供数据支持，辅助决策，优化环境治理措施。

(2) 资源管理与节约　环境工程大数据的应用也可以推动资源的高效利用与可持续发展。大数据技术可以对环境资源使用情况进行监测和分析，可以找到资源利用的瓶颈和改进空间，帮助优化资源利用，提高资源利用效率，帮助企业和政府制定节能减排策略。

(3) 环境教育和公众参与　通过将环境工程大数据公开透明地向公众展示，可以提高公众对环境问题的认知和参与度，推动公众参与环境保护活动，形成全社会共同治理的格局。

7.2.4 环境工程大数据的未来

随着信息技术的飞速发展，环境工程大数据在解决环境问题上发挥的作用日益凸显，未来必将成为环境领域中不可或缺的重要工具。

环境工程大数据将为环境保护提供更精准的决策支持。通过采集和分析大量的环境数据，不仅可以更准确地了解环境状况和变化趋势，还可以通过建立模型和算法，预测环境问题的发生概率和可能影响范围，为环境保护的决策制定提供科学依据。

环境工程大数据将促进环境管理的精细化和智能化。利用大数据技术，可以实时监测和分析环境因素，提前发现异常情况并进行预警，从而及时采取相应的措施，避免或减少环境风险的发生。此外，通过建立大数据平台，可以对环境属性、资源利用、排放等方面的数据进行集中管理和分析，实现环境管理的智能化、集约化和可持续发展。

环境工程大数据将提升环境治理的效率和效果。借助大数据技术，可以对环境工程项目进行全过程监控和评估，及时发现问题和风险隐患，确保环境治理措施的有效实施。同时，通过大数据分析，可以全面了解环境治理工作的进展和效果，及时调整和优化治理手段，提高治理效率和治理效果。

环境工程大数据具有极大的潜力和广阔的前景。未来，随着数据采集技术和数据处理技术的不断创新和提升，环境工程大数据的应用领域将更加广泛，应用效果将更加显著，对解决环境问题和实现可持续发展将发挥重要的推动作用。同时，我们也需要面对数据安全、隐私保护等问题，建立健全的数据管理和使用制度，确保环境工程大数据的可持续利用。

7.3 环境工程大数据产业中的就业机会

7.3.1 专业融合和创新

7.3.1.1 专业融合

环境工程大数据产业中的就业机会涵盖了数据科学、数据工程、数据分析、可视化、政策分析和环境监测等多个领域，需要各类专业人才的参与和贡献。随着大数据技术的不断发展，相关就业机会有望进一步增加。具体包含以下专业间的融合。

(1) 环境科学与数据科学的融合　环境工程领域需要处理大量的监测数据、模拟数据和遥感数据等，而数据科学提供了处理、分析和挖掘这些数据的技术手段。将环境科学和数据科学相结合，可以更好地理解环境系统的运行规律和环境问题的成因，为环境治理和决策提供科学依据。

(2) 传统环境工程技术与物联网技术的融合　物联网技术可以实现环境监测设备的互联互通，使得环境监测网络更加智能化和高效化。传统的环境工程技术如水质监测、空气质量监测等可以借助物联网技术实现远程监测、自动化采样等功能，从而提高监测效率和数据准确性。

(3) 人工智能与环境模型的融合　人工智能技术如机器学习和深度学习可以利用大数据快速建立和优化环境模型，实现对环境系统的精确建模和预测。将人工智能技术应用于环境工程大数据分析中，可以挖掘出更深层次的规律和关联，为环境问题的解决提供更有效的方案。

(4) 数据可视化与沟通的创新　环境工程大数据产生的结果通常是庞大且复杂的，要想将这些数据转化为可理解和可应用的信息，需要进行数据可视化和沟通的创新。设计直观、交互式的数据可视化工具，可以帮助决策者和公众更好地理解环境问题和解决方案，促进环境保护意识的提高。

7.3.1.2 综合应用

环境工程大数据产业需要涉及多个学科和行业的专业知识。环境科学、数据科学和工程技术相关的专业人员需要与计算机科学家、统计学家、经济学家以及政策制定者等其他领域的专业人员进行跨学科合作，共同迎接环境工程大数据产业面临的挑战。此外，还需要跨行业融合，将环境工程大数据应用于城市规划、能源管理、可持续发展和智慧环境等领域。这些专业融合和创新方面的综合应用将推动环境工程大数据产业的发展，提高环境保护和可持续发展的效率和效果。下面将介绍几个相关细分行业、专业和领域以及相关的专业融合和创新。

(1) 大气污染治理和监测
① 环境科学与工程：提供污染物来源与传输模型的开发和优化。
② 数据科学与机器学习：分析大气污染监测数据，构建预测模型和智能监测系统。
③ 通信技术：应用物联网和无线传感器网络技术，实现远程监控和数据采集。

(2) 水质监测和水资源管理
① 环境工程：设计和优化水处理设施，改善水质。

② 地理信息系统（GIS）和遥感技术：用于水资源调查和监测，支持水资源管理决策。

③ 数据分析和模型建立：通过分析大量水质监测数据，预测水资源供需，制定有效管理策略。

（3）城市环境规划和可持续发展

① 城市规划：整合环境和城市规划，促进城市可持续发展。

② 能源工程：开发清洁能源技术，减少城市污染和温室气体排放。

③ 社会科学和经济学：考虑社会、经济和环境因素，制定有利于可持续发展的政策。

（4）废物管理和资源回收

① 环境工程和化学工程：设计高效的废物处理和资源回收工艺。

② 物流与供应链管理：优化废物收集、运输和处理过程，最大限度地回收资源。

③ 循环经济和工业生态学：提倡废物资源化利用，促进循环经济模式的发展。

（5）生态保护和自然资源管理

① 生物学和生态学：研究生态系统结构和功能，评估人类活动对生态环境的影响。

② 数据分析和空间建模：整合遥感数据和生态监测数据，预测生态系统变化，并制定保护计划。

③ 法律和政策：制定和执行环境保护法规，管理自然资源利用。

以上只是环境工程大数据产业中的一些示例，实际上，随着技术的不断发展和行业需求的变化，不同的专业融合和创新将不断涌现，推动环境工程领域的进步与发展。

7.3.2　必备就业技能

由于环境工程大数据产业处于快速发展阶段，新技术和方法不断涌现，从业者需要不断更新知识和技能，以适应行业的变化和挑战。

（1）环境工程专业知识　了解环境工程领域的基本理论、原则和技术，具备扎实的环境科学、环境工程等专业知识，了解环境监测、环境评估、环境保护等核心理论和技术，包括环境污染控制、废物处理与资源回收、水资源管理等方面的知识。能够与环境工程师合作，解决实际问题。熟悉环境监测技术和传感器原理，了解常用的环境监测设备和仪器，能够进行环境数据采集、传输和处理。

（2）数据分析与处理能力　环境工程大数据产业涉及大量的数据收集、整理和分析。从业者需要熟练掌握数据处理软件和编程语言（如 Python），能够进行数据清洗、转换、可视化和统计分析。熟悉大数据处理和管理的技术和工具，包括 Hadoop、Spark、NoSQL 数据库等，能够处理大规模数据集，进行数据存储、处理和查询。掌握数据挖掘和机器学习技术，可以帮助从海量数据中发现隐藏的模式和关联。具备数据建模和模型设计的能力，能够根据业务需求构建合适的数据模型，进行环境工程问题的建模和仿真分析。这些技能可以用于预测环境变化、优化环境管理和制定政策建议。

（3）数据可视化能力　GIS 技术在环境工程中起着重要作用，用于空间数据的收集、存储、管理和分析。从业者应该了解 GIS 软件和数据处理工具，能够进行空间分析和地图制图，有助于环境问题的可视化和空间决策。了解地理信息系统的原理和应用，能够使用 GIS 软件进行空间数据处理、分析和可视化，辅助环境工程的决策和规划。能够使用相关工具和软件（如 Tableau、D3.js）将分析结果可视化，以便向非技术人员传达复杂的数据分析成果。

(4) 熟悉相关的法律法规　了解可持续发展理念和环境政策，了解相关国际和国内环境法规，能够将大数据技术应用于环境保护和可持续发展领域。环境工程大数据涉及敏感信息和隐私数据，从业者需要了解数据安全和隐私保护的法律法规，并掌握相应的数据安全技术和隐私保护方法，确保数据的安全性和合规性。

(5) 项目管理和沟通能力　具备良好的项目管理能力和团队合作能力，在多人合作的环境中能够有效组织和协调工作，完成项目任务。具备良好的沟通和表达能力，能够与不同背景的人合作，并且能够清晰地向非专业人士解释复杂的数据和分析结果。具备创新思维和解决问题的能力，能够通过数据分析和建模，提供解决环境工程领域问题的方案和建议。

7.3.3　就业机会思考

环境工程大数据领域就业前景广阔，市场需求不断增长。近年来，随着环境保护和可持续发展的重要性日益凸显，大数据技术在环境领域的应用得到了广泛关注和推动。许多国家和地区都加大了对环境数据收集、分析和利用的投入，这为环境工程大数据专业人才提供了丰富的就业机会。随着环境监测技术的不断改进和环境数据的积累，需要专业的大数据分析师和科学家来处理、解读和利用这些数据。同时，政府的法规和政策对环境保护的要求也越来越高，这将进一步推动环境工程大数据行业的发展。此外，在城市化进程加快的背景下，城市环境问题日益突出，对环境工程大数据的需求也将持续增加。长期来看，环境工程大数据行业具有良好的前景和潜力。随着科技的不断进步和社会对环境保护的关注度不断提高，环境工程大数据将在许多领域发挥重要作用。例如，气候变化研究、水资源管理、环境风险评估等领域都需要大数据分析来支持决策和解决问题。同时，随着人工智能和机器学习等技术的发展，环境工程大数据行业也将与这些技术相结合，实现更高效、准确的数据分析和预测。行业报告显示，环境工程大数据产业在就业岗位数量上呈现持续增长的趋势，以下是环境工程大数据产业中的一些就业岗位。

(1) 环境数据采集技术员　负责采集环境数据，运用各类传感器和测量仪器，确保数据的准确性和可靠性。

(2) 数据工程师　数据工程师负责构建和维护环境工程大数据平台，包括数据采集、存储、处理和查询等方面。负责环境信息系统的网络架构设计和维护，保障环境数据的高效传输和访问。负责制定和执行环境数据的管理策略，包括数据质量控制、数据隐私保护和数据共享规范等。需要具备数据库管理和编程技能，能够设计和实施高效的数据处理流程。设计和开发环境数据门户网站和移动应用，提供便捷的数据查询、共享和应用服务。可协调各方面环境数据的整合和共享，确保环境工程的信息化和数字化建设顺利进行。

(3) 数据分析师/科学家　环境工程大数据产业需要专业的分析师来处理、分析和解释海量的环境数据。数据分析师/科学家需要熟悉环境工程知识和数据分析方法，能够识别数据中的模式和趋势，并提供相关的解释和建议。数据科学家可以开发模型和算法，从大数据中提取有价值的信息，预测环境变化趋势、评估环境影响和制定环境规划，为环境保护和可持续发展提供支持。根据中国数据分析行业协会的数据，截至2020年，中国数据分析师的就业人数已超过30万人。

(4) 可视化专家　可视化专家将环境数据转化为易于理解和沟通的可视化形式，帮助决策者和公众更好地理解环境问题。需要具备数据可视化工具和设计技能，能够创建各种类型的图表、地图和交互式界面。

（5）环境政策分析师　环境工程大数据产业需要专业人士来分析和评估环境政策的效果和影响。环境政策分析师可以利用大数据方法，评估环境政策和措施的有效性和可行性，为政府和组织提供决策支持。

（6）环境监测和风险评估专家　环境工程大数据产生了大量的环境监测数据，需要专业人士进行数据管理、质量控制和风险评估。环境监测和风险评估专家可以利用大数据分析方法，识别和评估环境污染和生态风险，并提出相应的管理建议。

（7）人工智能工程师　运用机器学习和深度学习技术，开发智能环境监测和预警系统，提高环境监测的自动化水平。

（8）数据安全专家　确保环境数据的安全存储和传输，防止数据泄露和滥用，进行数据安全风险评估和管理。

（9）项目经理/顾问　负责环境大数据项目的规划、组织和实施，协调各方资源，确保项目的进展和达成目标。

以上岗位仅是环境工程大数据产业中的一部分，随着技术的发展和应用的不断拓展，还会涌现出其他新的就业岗位。总体而言，环境工程大数据就业前景广阔，市场需求不断增长。随着环境保护意识的提升和科技的发展，环境工程大数据专业人才将在未来的就业市场上拥有更多机会，而且该行业的发展潜力也很大。然而，要在这个领域取得成功，除了具备专业知识和技能外，不断学习和跟进技术发展也是非常重要的。

习题

1. 环境工程大数据产业的发展趋势是怎样的？未来可能会面临哪些问题？
2. 环境工程大数据在环境保护方面的应用有哪些？它们的效果如何？
3. 环境工程大数据技术的发展趋势是怎样的？未来可能会面临哪些问题？
4. 环境工程大数据的机遇有哪些？如何抓住这些机遇？
5. 环境工程大数据的挑战有哪些？如何应对这些挑战？
6. 如何平衡环境工程大数据的发展与保护个人隐私之间的关系？
7. 环境工程大数据领域的就业前景是怎样的？需要哪些技能和素质？
8. 在环境工程大数据领域，主要的就业岗位有哪些？需要哪些技能和素质？
9. 如何提高自己在环境工程大数据领域的竞争力，以便更好地就业？
10. 在环境工程大数据领域，如何进行职业规划和发展路径规划？

参考文献

[1] 王金祥．落实大数据战略 科学推进数据中心建设［J］．中国建设信息化，2016（5）：10-13．

[2] 王晶晶．分布式存储：大数据中心建设解决方案研究［J］．电脑知识与技术，2017，13：14-16．

[3] 王家耀，武芳，郭建忠，等．时空大数据面临的挑战与机遇［J］．测绘科学，2017，42：1-7．

[4] 卞航．大数据技术支持下的我国环境决策路径［D］．秦皇岛：燕山大学，2016．

[5] 姜相争，李凯，李贵茹，等．云环境条件下智能决策支持系统理论研究［J］．现代防御技术，2023，51：35-41．

[6] 安晓奕．大数据技术在环境监测中的应用分析［J］．上海轻工业，2023（1）：156-158．

[7] 刘凡平．大数据搜索引擎原理分析［M］．北京：电子工业出版社，2018．

[8] 杨婕．时序数据库发展研究［J］．广东通信技术，2020，3：46-48．

[9] 姜楠．时序数据库压缩技术研究［D］．哈尔滨：哈尔滨工业大学，2022．

[10] 豆腾腾．基于大数据的关系型数据库应用研究［J］．信息与电脑，2023，7：5-8．

[11] 李立猛．关系型数据库与NOSQL数据库的应用场景［J］．电子技术与软件工程，2022（16）：184-187．

[12] 钱余发，张玲．基于大数据的数据清洗技术及运用［J］．数字技术与应用，2023，3：84-86．

[13] 廖书妍．数据清洗研究综述［J］．电脑知识与技术，2020，16（20）：44-47．

[14] 张佳鸿，陈兴晖．南山区智慧水务系统及大数据清洗模型的构建与应用［J］．2021，12：32-35．

[15] 王英华．基于大数据架构的异构系统数据集成技术研究与应用［J］．科技世界，2023，11：75-79．

[16] 陈明．大数据可视化分析［J］．计算机教育，2015，5：94-97．

[17] 卢弘杰．大数据可视化与可视分析［J］．电脑知识与技术，2021，8：27-29．

[18] 秦渤．环境保护工作中大数据信息安全防护技术及安全监管体系的搭建探析［J］．环境与发展，2019，10：252-253．

[19] 卫菊红．大数据在山西省生态环境监管中的应用研究［J］．图书情报导刊，2022，11：58-62．

[20] 薛新瑞．分布式数据集成平台的设计与实现［D］．西安：西安电子科技大学，2021．

[21] 毕永良，杨任能．生态环境监测物联网关键技术应用分析［J］．皮革制作与环保科技，2022，3（17）：48-50．

[22] 罗煜权．分布式大数据采集关键技术研究与实现分析［J］．电子技术与软件工程，2021（17）：157-158．

[23] 林晓昇，杨亮亮．卫星影像遥感技术在水污染监测的应用［J］．四川环境，2023，42（1）：306-314．

[24] 李儒，刘波，房成法．新时代的航空遥感［J］．现代物理知识，2015，27（2）：54-60．

[25] 王祥，王新新，苏岫，等．无人机平台航空遥感监测核电站温排水：以辽宁省红沿河核电站为例［J］．国土资源遥感，2018，30（4）：182-186．

[26] 刘冰，宋柳洋，赵雅雯，等．空天地一体化环境监测体系研究和应用进展［J］．三峡生态环境监测，2023，8（2）：17-25．

[27] 常庆瑞．遥感技术导论［M］．北京：科学出版社，2004．

[28] 石杉，郑伟，李晓鹏．基于人工智能的大数据分析方法［J］．数字技术与应用，2023，41（2）：110-112．

[29] 陈志，胡健民．电力负荷聚类建模及特性分析［J］．光源与照明，2021（4）：82-83．

[30] 刘宁，邹滨，张鸿辉．地理加权回归建模结果不确定性度量与约束方法［J］．测绘学报，2023，52（2）：307-317．

[31] 盛铭．基于因子分析模型的医养服务企业财务风险评价：以FY养老公寓为例［J］．阜阳职业技术学院学报，2023，34（1）：87-91．

[32] 蔡军，赵黎明，许丽人，等．大气环境建模与仿真技术［J］．计算机工程与设计，2011，32（5）：1815-1819．

[33] 李锋，万刚，曹雪峰，等．近地空间大气环境可视化技术研究［J］．系统仿真学报，2013，25（S1）：35-37，42．

[34] 许丽人，徐幼平，李鲲，等．大气环境仿真建模方法研究［J］．系统仿真学报，2006（S2）：24-27．

[35] 钱坤，张克凡．大数据融合在空气质量预测领域的应用：以宁波市为例［J］．中国管理信息化，2023，26（11）：178-182．

[36] 李娜，范海梅，许鹏，等．BP神经网络模型在象山港水环境承载力研究中的应用［J］．上海海洋大学学报，2019，28（1）：125-133．

[37] 王惠．模糊神经网络模型在水环境质量评价中的应用［J］．硅谷，2012，5（20）：123，82．

[38] 洪建权，邹家荣，丁世洪，等．基于QUAL2K模型的农田排水沟塘去污能力研究［J］．人民长江，2021，52（11）：56-61．

[39] 董玉茹，陈燕飞，陈威，等．基于MIKE 21模型的污水排放对水环境影响分析［J］．甘肃水利水电技术，2023，59（6）：19-23，46．

[40] 赵子豪，姚建．基于WASP模型的山区型河流水污染控制研究［J］．人民长江，2021，52（S1）：38-41．

[41] 何越，唐军，袁野，等．基于3MRA模型的农村固体废物土壤—水—农作物暴露途径健康风险评价［J］．煤炭与化工，2023，46（2）：153-160．

[42] 郑博文，杜向峰，詹松辉，等．中国大陆GPS连续站时间序列噪声分析［J］．广东工业大学学报，2022，39（3）：70-76，82．

[43] 史本杰，叶丽敏．城市快速路交通噪声预测模型研究［J］．交通节能与环保，2022，18（6）：103-107．

[44] 程崴知，王瑞静，郑琦，等．基于人的行为大数据的城市规划"碳中和"核算以及决策支持平台设计与实现［J］．智能建筑与智慧城市，2023（3）：6-10．

[45] Zhang W，Cun X，Wang X，et al. SadTalker：Learning Realistic 3D Motion Coefficients for Stylized Audio-Driven Single Image Talking Face Animation［C］//Proceedings of the IEEE/CVF Conference on Computer Vision and Pattern Recognition. 2023：8652-8661．

附 录
数字人简介与实例

一、什么是数字人?

  数字人,也被称为虚拟人或数字化人物,是一种通过计算机技术创建的虚拟角色,是运用数字技术创造出来的、与人类形象接近的数字化人物形象。这些角色可以是二维或三维的,具有人类的形象和行为特征。数字人的创建通常涉及人工智能、机器学习、计算机图形学和动画等领域的技术。狭义的数字人是信息科学与生命科学融合的产物,是利用信息科学的方法对人体在不同水平的形态和功能进行虚拟仿真。其研究过程包括四个交叉重叠的发展阶段,"可视人"、"物理人"、"生理人"、"智能人",最终建立多学科和多层次的数字模型并达到对人体从微观到宏观的精确模拟。广义的数字人是指数字技术在人体解剖、物理、生理及智能各个层次、各个阶段的渗透。数字人是正在发展阶段的相关领域的统称。

二、数字人的应用场景

  数字人可应用于多个领域,包括娱乐、教育、商业和医疗等。例如,它们可以作为电影、视频、游戏或虚拟现实体验中的角色。在教育领域,数字人可以作为模拟教学的工具,帮助学生理解复杂的概念。在商业领域,数字人可以作为品牌代言人或客户服务代表,提供 24/7 的服务。在医疗领域,数字人可以用于医学教育和患者咨询。

  在北京冬奥会上,虚拟数字人技术被广泛应用,成为一大亮点。这些虚拟数字人不仅为观众提供了丰富的互动体验,还具有打破语言障碍、提高服务效率、展示技术实力和推动文化交流等多重价值和意义。以下是一些在冬奥会期间出现的虚拟数字人。拓尔思旗下的虚拟数字人小思:在冬奥会期间,小思连续进行冬奥热点播报,并正式加盟了国家体育总局官方媒体《中国体育报》。小思可以实现自动采编、智能写稿和虚拟播报等全自动功能。虚拟歌手洛天依:在开幕式上,洛天依演唱了一曲 Time to Shine,引发了全球网友的关注。运动员谷爱凌的数字化身 Meet Gu:这是一个代表运动员谷爱凌的虚拟数字人,展示了运动员的风采。中央广播电视总台的 AI 手语虚拟主播:这个虚拟主播专门报道冬奥会新闻,并进行赛事手语直播,确保信息准确、及时传递。

随着技术的不断进步和发展，相信未来还会有更多种类的数字人出现，为人们的生活带来更多的便利和惊喜。

三、关键技术要点

1. 3D 建模

3D 建模是数字人技术中的基础，它通过使用 3D 软件和扫描设备来创建数字人的外观和形态。3D 建模的关键在于细节的捕捉，包括面部特征、发型、服装等。同时，为了使数字人的模型更加逼真，还需要考虑光线、阴影、纹理等方面的渲染。

2. 运动捕捉技术

运动捕捉技术是数字人技术的核心，它通过使用传感器和摄像头来捕捉数字人的动作和表情，并将其转化为数字信息。运动捕捉的关键在于准确性、稳定性和实时性。准确性是指能够准确地捕捉到数字人的动作和表情；稳定性是指运动捕捉系统的性能要稳定，不会出现数据丢失或漂移的情况；实时性是指运动捕捉系统能够实时地处理和传输数据，以实现流畅的动画效果。

3. 人工智能技术

人工智能技术是数字人技术的灵魂，它通过训练模型来赋予数字人智能，使其能够进行自我决策和执行任务。人工智能的关键在于算法的选择和模型的训练。算法的选择要根据具体的任务来确定，模型的训练要基于大量的数据来进行。同时，为了使数字人更加智能化，还需要不断地优化和更新算法模型。

4. 语音识别和合成技术

语音识别和合成技术是数字人实现交互的重要手段之一。语音识别技术用于将数字人的语音转换为文本信息，而语音合成技术则将文本信息转换为语音信号。语音识别和合成的关键在于清晰度、流畅度和自然度。清晰度是指语音识别和合成的声音要清晰、易懂；流畅度是指语音识别和合成的声音要流畅、自然；自然度是指语音识别和合成的声音要与真人的声音相似，以实现更加自然的交互体验。

5. 图像识别技术

图像识别技术是数字人实现视觉交互的关键之一。图像识别技术用于识别数字人的视觉信息，并将其转化为数字信号。图像识别的关键在于准确性和实时性。准确性是指能够准确地识别出数字人的视觉信息；实时性是指图像识别系统能够实时地处理和传输数据，以实现流畅的视觉交互效果。

6. 虚拟现实技术

虚拟现实技术是数字人实现沉浸式交互体验的关键之一。虚拟现实技术通过模拟真实场景来创造出虚拟的数字环境，并让数字人在其中进行交互。虚拟现实的关键在于逼真度、沉浸感和交互性。逼真度是指虚拟环境要与真实场景相似；沉浸感是指要让人感受到身临其境的感觉；交互性是指数字人能够在虚拟环境中进行自然的交互。

7. 云计算技术

云计算技术是数字人实现高效运算和存储的关键之一。云计算技术通过将数据存储在云端服务器上，并使用高效的算法来进行数据处理和传输。云计算的关键在于安全性、稳定性和灵活性。安全性是指云端数据要受到保护，以防止泄露或被攻击；稳定性是指云端服务器的性能要稳定，以保证数据的存储和处理效率；灵活性是指云计算平台要具有灵活的扩展性，以满足不同规模的数据处理需求。

四、一个简单的数字人

为了深化读者对数字人技术的理解，我们采用了开源模型 SadTalker。通过输入一张人物的静态图像（附图1.1）和相应的音频片段，SadTalker 能够生成一个生动的视频，呈现出仿佛人物正在真实讲话的效果。我们运用这个引人入胜的视频，对本书进行了简要而生动的介绍，数字人制作思维导图如附图1.2所示。

附图1.1 数字人外观图

SadTalker 需要根据一段讲话的音频才能驱动一个静态图像变为视频。我们使用了讯飞的文本音频合成工具，通过提取本书简介的要点内容生成了一段富有真实感的音频文件。接下来，我们运用了一个以真实人物照片为基础构建的漫画风格人物形象输入模型，将其作为人物形象基座。

这一过程中，讯飞的文本合成工具为我们提供了高质量的语音素材，使得生成的音频更加逼真生动。而漫画风格人物形象输入模型则为我们提供了独特的人物形象，将静态图像赋

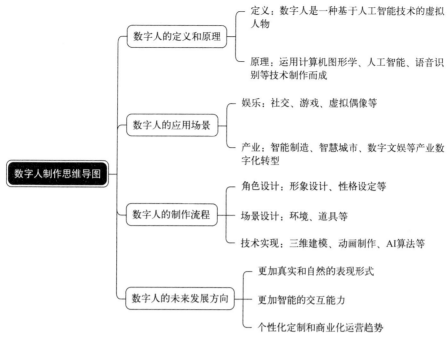

附图1.2 数字人制作思维导图

予了更丰富的动态表达。

通过这些先进的技术，SadTalker能够将书籍简介的文字信息转化为具有音频表现力和视觉动感的视频呈现。这种融合创意和技术的方法为内容创作提供了全新的可能性，使得书籍简介能够以更为生动的方式传达给观众。

五、环境工程大数据数字人

环境工程大数据是指在环境工程领域收集、存储、管理和分析的大量、多样化的数据。这些数据涉及环境保护、资源管理、污染控制、可持续发展等方面的信息。环境工程大数据的收集和分析有助于更好地理解环境问题、制定科学的环境政策、实施有效的环境管理措施，进而推动可持续发展。

大数据时代背景下环境工程的数据量与日俱增，已经具有数据体量大、数据类型多、数据处理速度快、数据价值密度低的大数据特征，传统的基于统计分析的方法已经难以应对。在此背景下，本书将环境工程时代发展与大数据技术相结合，通过大数据思维和技术来处理和分析环境工程数据，从而实现更准确、高效的环境保护和治理，将看似相互之间毫无关联、碎片化的环境工程数据信息进行深层次分析和挖掘，发现问题、预测趋势、把握规律，实现环境工程"用数据说话，用数据管理，用数据决策"的目的。本书主要分为数字中国与大数据时代、环境工程大数据、环境工程大数据资源中心的设计及构建、环境工程大数据的采集、环境工程大数据建模技术、环境工程大数据的分析与应用实例、环境工程大数据的产业现状及就业机会共计七个章节。

本书环境工程数字人制作流程如附图1.3所示，环境工程大数据数字人所要讲解的本书简介的文字信息如附图1.4所示。

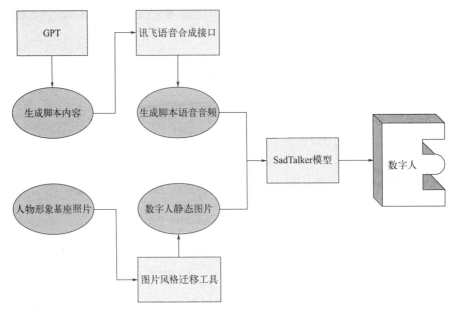

附图1.3　环境工程数字人制作流程图

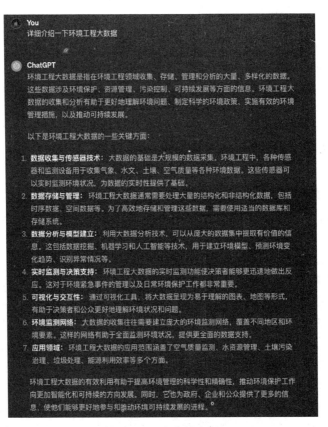

附图1.4　书籍简介图